DIE WIRTSCHAFTLICHKEIT DES GEPLANTEN AUTOMATISCHEN NETZGRUPPENSYSTEMS IN DEN ORTSFERNSPRECHANLAGEN BAYERNS

VERFASST VON

DR.-ING. SCHREIBER

VORSTAND DES TELEGRAPHEN-KONSTRUKTIONSAMTES DER
ABTEILUNG MÜNCHEN DES REICHSPOSTMINISTERIUMS

MIT
EINEM VORWORT VON

DR.-ING. STEIDLE

MINISTERIALRAT DER ABTEILUNG MÜNCHEN
DES REICHSPOSTMINISTERIUMS

UND EINEM ANHANG

————

DRUCK UND VERLAG VON R. OLDENBOURG
MÜNCHEN UND BERLIN 1926

Vorwort.

1. Die Ziele der automatischen Telephonie.

So wirkungsvoll die Entwicklung im Mechanisierungsprozeß des Fernsprechbetriebes heute schon erscheint, die wirtschaftlichen und verkehrstechnischen Möglichkeiten der Selbstanschlußtechnik werden damit keineswegs erschöpft. Denn was wir bisher bei der Umwandlung von Handbetriebsnetzen in Selbstanschlußanlagen erlebt haben, ist im wesentlichen doch nur ein Vorgang des Ersatzes von manueller Arbeit durch maschinelle im Rahmen jener Bau- und Betriebsgrundsätze, die sich unter der Herrschaft eines jahrzehntelangen Handbetriebes herausgebildet haben. Die Selbstanschlußtechnik birgt in sich aber noch weitere für die Betriebsverwaltung wie für die Verkehrswelt gleich bedeutungsvolle Entwicklungsmöglichkeiten.

Ihrer Grundnatur nach eine Materialisation des mathematischen Prinzips im Zahlenaufbau ermöglicht sie weitestgehende Gliederung der Netzschaltpunkte, als ein Stück Gehirnmechanik erschließt sie zwanglos neue Quellen zu namhafter Erweiterung der bisherigen Mechanisierungsgrenzen. Hier nicht restlos die praktischen Folgerungen ziehen, hieße Talente vergraben.

Πάντα ῥεῖ! Im Fluß solcher Technik, von der aus richtig gesehen die heutige Fernsprechentwicklung sich ausnimmt, als wäre sie wieder in Kinderschuhen, werden alle Dinge ihres Wirkbereiches ins Rollen kommen. Bisherige Grundsätze in Projektierung, Bau und Betrieb werden neuen weichen, und entscheidende Rückwirkungen auf Tarifpolitik und Tarifgestaltung sind wegen des organischen Zusammenhanges von Tarif und Technik unausbleiblich.

Praktische Zukunftsaufgaben sind Gegenwartsprobleme. Dies liegt in der Natur aller technischen Entwicklung. Je umfassender demnach Projekte in die Zukunft greifen und je klarer sie in ihren Grundlagen bereits den Keim weit ausschauender Entwicklung erkennen lassen, desto geringer werden die Kapitalsverluste auf dem Wege zum schließlichen Ziele sein, desto wirtschaftlicher muß der künftige Betrieb werden.

Wir müssen den Blick aus der Zeit extremer Zentralisierung der Netze über die gegenwärtige Entwicklungsstufe hinweg in eine Zukunft extremer Dezentralisierung lenken, um das ganze Spektrum technisch-wirtschaftlicher Möglichkeiten im Werdegang des Fernsprechbaues klar vor uns zu sehen, wir müssen die Gedanken aus den bescheidenen Anfängen der Elektromechanik des Handbetriebes über die Durchgangsform der automanuellen Betriebsform auf die für die Auswertung des Mechanisierungsgedankens schier unerschöpfliche Schaltungskunst der Vollautomatik gründlich einstellen, um rechtzeitig die großen Ziele des Fernsprechbetriebes zu erkennen.

Nur wenn wir so vorgehen, rollen sich weittragende Probleme auf. Hierher gehört das Problem des vollautomatischen Großnebenstellenbetriebes unter dem elektrotechnischen Gesichtspunkte einer organischen Verzahnung der zugehörigen Schalteinrichtungen mit den entsprechenden Schaltstufen der Wählerämter. Hierher gehört das Problem des ständigen Fernsprechanschlusses, der wie Gas, Wasser und elektrisches Licht als stationäres Zubehör zu den Wohnungen die unwirtschaftliche Bewegung in den Anschlußverhältnissen der großen Fernsprechnetze eindämmen, die Art und Weise ihrer Erweiterung auf eine andere, wirtschaftlichere Grundlage stellen und damit für weitestgehende Popularisierung des Fernsprechers die Wege ebnen wird.

Hierher gehört das Problem der Verzonung des immer unwirtschaftlicher sich ausdehnenden Anschlußbereiches der Großstadtnetze und endlich das umfassendste Problem, die Mechanisierung des Überlandfernsprechverkehrs, das in seinen Folgerungen zugleich am tiefsten Technik und Betrieb, Verkehrsorganisation und Gestaltung des Tarifes, kurz die gesamten technisch-wirtschaftlichen und betrieblichen Zusammenhänge des Fernsprechwesens entscheidend beeinflußt. Diesen Fragenkomplex hat ein engerer Kreis von Ingenieuren der vormaligen bayerischen Telegraphenverwaltung, des nunmehrigen bayerischen Verwaltungsgebietes der Deutschen Reichspost, in erfolgreichem Zusammenwirken mit der beteiligten Industrie, vor allem mit der in der Automatik verdienstvollst vorangegangenen Siemens &

Halske A.-G. seit Jahren in den Bereich der Entwicklungsarbeit einbezogen. Zu greifbaren Ergebnissen für eine umfassende Projektaufstellung mit eingehender Wirtschaftsrechnung ist es aber erst in jüngster Zeit gekommen. Für das letzte der vorbezeichneten Probleme liegt diese Arbeit nun in dem hier erscheinenden Buche vor. Sie stammt aus der Feder eines durch bewährte Gestaltungsarbeit und umfangreiche Veröffentlichungen technisch-wirtschaftlicher Art bekannten Fachmannes auf dem Gebiete der Fernmeldetechnik.

In allen Teilen fußen die angestellten Untersuchungen streng auf den lebendigen Erfahrungszahlen des praktischen Fernsprechbaues und -betriebes. Die Technik zur Durchführung des groß angelegten Planes und zur Verwirklichung seiner auf breitester Grundlage errechneten wirtschaftlichen Ziele setzt der Verfasser als gegeben voraus. Mit Recht! Denn an den in Bayern erstmals geschaffenen und erprobten technischen Betriebseinrichtungen im Bezirk Weilheim fehlt da und dort nur mehr der Strich der Schlichtfeile.

Die technischen Mittel zur Durchführung eines mehr als 70% des gesamten Fernverkehrs umfassenden Selbstanschlußbetriebes sind vorhanden, die Möglichkeit einer wirtschaftlichen Wählerfernsteuerung von einem Netzgruppenfernamt über die Bezirksverbindungsleitungen in benachbarte Netzgruppen ist erwiesen, die anfänglichen Schwierigkeiten beim selbstanschlußmäßigen Verband weit verstreuter Ortsnetze im Störbereich elektrischer Wechselstrombahnen sind durch grundsätzliche Umstellung der Schaltungen auf erdfreie Wechselstromfernsteuerung beseitigt. Mehr als technische Entwicklungsarbeit solcher Art ist in der Abhandlung aber nicht vorausgesetzt.

Schließlich liefert die vorliegende Arbeit mittelbar auch zu der noch viel umstrittenen allgemeinen Frage des Wählersystemes wie die Behandlung der übrigen, eingangs erwähnten Probleme mittelbar einen bemerkenswerten Beitrag, indem sie zeigt, daß zur Erzielung der entwickelten wirtschaftlichen und verkehrstechnischen Ergebnisse nur ein System geeignet erscheint, das, wie das Strowgersystem, eine weitgehende Dezentralisierung der Wählereinrichtungen mit einfachen technischen Mitteln gestattet.

2. Das Netzgruppenproblem.
(Allgemeiner Überblick.)

In großen und größten Ortsfernsprechnetzen bedeutet die Einführung des Selbstanschlußbetriebes nicht nur einen allgemeinen Verkehrsfortschritt, sondern vor allem auch ein wirtschaftlich beachtliches Unternehmen. In Ortsfernsprechnetzen mittleren Umfanges treten die wirtschaftlichen Vorzüge des Selbstanschlußsystems gegenüber dem Handbetriebssystem schon mehr und mehr zurück. Wo die Grenze liegt und schließlich der Handbetrieb auch weiterhin beizubehalten wäre, läßt sich nicht auf eine eindeutige Formel bringen. Es hängt dies einmal von den örtlichen Verhältnissen der Netzgestaltung, von der Gesprächsziffer, den Gehaltsverhältnissen des Personales und nicht zuletzt davon ab, in welchem Umfange die Betriebsverwaltung den Nachtdienst bei den Vermittlungsstellen durchführt. In den kleinen ländlichen Ortsfernsprechnetzen läßt sich aber der Ersatz des Handbetriebes durch SA-Betrieb nach dem gegenwärtigen Stande der Technik und Betriebsführung an sich jedenfalls nur unter finanziellen Opfern vollziehen und daher nur als Begleiterscheinung anderer Art, wie beispielsweise aus wirtschaftlichen Rückwirkungen auf den sonstigen Betrieb örtlicher Verkehrsanstalten oder auf Grund von Baukostenzuschüssen aus Interessentenkreisen begründen.

So ergeben sich bei der Prüfung des wirtschaftlichen Wirkbereiches der automatischen Telephonie innerhalb des ganzen Verkehrsgebietes weite Brachstellen, eine Tatsache, die einer umfassenden Verwirklichung des Mechanisierungsgedankens zunächst außerordentlich im Wege steht.

Der Abfall in der Ökonomie des SA-Betriebes beim Übergang von Großstadtnetzen in ländliche Ortsfernsprechbezirke hat seine Ursache im erheblichen Abfall der Ortsgesprächsziffer und weiter in dem Umstand, daß in ländlichen Bezirken nur jeweils die Vermittlungsleistung einer Arbeitskraft durch Selbstanschlußbetrieb erspart werden kann, während im großstädtischen Ortsverkehr die Vermittlungsarbeit je zweier Bedienungskräfte durch die Maschine ersetzt wird. Andererseits erscheint vom Standpunkt des allgemeinen Verkehrsinteresses gerade in den mittleren und kleinen Ortsnetzen eine Mechanisierung des Fernsprechbetriebes ein dringendes Bedürfnis. Mehr noch! Weil ein erheblicher Teil der Gespräche in den ländlichen Bezirken zwischen benachbarten Ortsnetzen im größeren Umkreis sich abwickelt, kommt naturgemäß auch für diesen eine möglichst unbeschränkte Verkehrszeit in Betracht.

Hier begegnen sich nun glücklicherweise Verkehrsinteressen mit technischen Möglichkeiten, die zugleich Stadt und Land mit gleichmäßigem wirtschaftlichen Erfolge dem SA-Betrieb erschließen lassen. Wenn es nämlich gelingt, etwa im 25-km-Umkreis der größeren Verkehrszentren den Gesamtfernsprechverkehr selbsttätig abwickeln zu lassen, dann ergeben sich in solchen Netzgruppen beim Übergang vom Handbetrieb zum SA-Betrieb wirtschaftlich ähnliche Verhältnisse wie bei dem gleichen Vorgang in Großstadtnetzen. Denn es wird dann in ländlichen Bezirken für einen großen Teil der Gesprächsverbindungen manuelle Arbeit jeweils zweier Arbeitskräfte durch maschinelle Leistung ersetzt, und da es sich hierbei wegen fernverkehrsmäßiger Behandlung um verhältnismäßig wesentlich erweiterte, mithin kostspieligere Personalleistungen handelt als im reinen Ortsverkehr, muß sich der Ersatz dieser Arbeit durch Selbstanschluß auch finanziell besonders einschneidend auswirken. Betrachtet man unter diesem Gesichtspunkte beispielsweise die Fernsprechstatistik vom 1. Januar 1925, so ersieht man daraus, daß von den in Bayern im Jahre 1924 geführten rd. 23 Millionen Ferngesprächen rd. 60% in die für den erweiterten Selbstanschlußbetrieb in Betracht gezogenen Fernzonen fallen. Und dabei handelt es sich gerade um jenen Teil des Fernverkehrs, der die Selbstkosten im Falle handbetriebsmäßiger Abwicklung kaum zu decken vermag.

Der Gedanke an eine Ausdehnung des SA-Betriebes über die Grenzen der Ortsbereiche erhält aber auch noch von anderer Seite her Nahrung. Betrachten wir jetzt die Verkehrsbeziehungen mehrerer SA-Netzgruppen untereinander, so ergibt sich als neue Quelle wirtschaftlicher Ausbeute der gegenseitige Selbstanschluß der Netzgruppen-Fernämter mit den Teilnehmern der Nachbar-Netzgruppen, so daß im Vorbereitungsfernverkehr von Netzgruppe zu Netzgruppe jeweils nur mehr eine Arbeitskraft erforderlich wird. Es entfallen also mit der Netzgruppenbildung in der gedachten Form nicht nur die bisherigen technischen Einrichtungen für den Fernverkehr der ersten 3—4 Zonen samt dem zugehörigen Bedienungspersonal, sondern es schwinden auch die Fernplätze für den Verkehr von Netzgruppe zu Netzgruppe einschließlich der hierzu erforderlichen Bedienung etwa auf die Hälfte des sonstigen Bedarfes herab. Durch dieses Mehr an maschineller Leistung werden weitere 15% des gesamten Fernverkehrs wirtschaftlicher gestaltet.

Ziehen wir die Kreise unserer Überlegungen schließlich noch weiter und denken uns ein größeres Verkehrsgebiet mit Selbstanschlußnetzgruppen überlagert, so ergibt sich ganz zwanglos die weitere Vorstellung, den größten Teil der Netzgruppen unter Umgehung ihrer Bezirksfernämter während der Nachtzeit auf wenige Netzgruppenfernämter zusammenzuschließen, was unbedenklich erscheint, da in der Zeit schwachen Verkehrs den Bezirksfernleitungen auch die Aufnahme der Ferngesprächsanmeldungen ohne Gefahr für einen glatten Verkehrsabfluß zugemutet werden kann. Damit bringt uns aber die Netzgruppenautomatik nochmals wirtschaftliche Vorteile gegenüber dem Handbetrieb, und dies bedeutet eine weitere Minderung von Personalausgaben um rd. 20%.

Endlich bedarf noch ein Ausblick ins wirtschaftliche Neuland der Selbstanschlußtechnik der Erwähnung, wenn auch zur praktischen Umsetzung desselben in den geltenden Tarifbestimmungen ein Boden noch nicht vorhanden ist. Die Ausdehnung des Selbstanschlußbetriebes über die Grenzen der Ortsbereiche der Fernsprechnetze setzt eine automatische Registrierung der Ferngespräche nach Zone und Zeit durch elektromechanische Mehrfachzählung in Einheiten der Ortsgebühr voraus. Da diese Mehrfachzählung unter der Einwirkung eines Zeitkontaktwerkes sich vollzieht, liegt der Gedanke nahe, künftig durch Anpassung des Ablaufes dieser Vorrichtung an die Erfordernisse eines Doppeltarifs wirtschaftlichen Einfluß auf die Verkehrsverteilung über die Tag- und Nachtzeit zu gewinnen. Was hierin die Automatik für die Steigerung der Betriebsökonomie noch bedeuten kann, läßt sich zurzeit freilich nicht absehen. Das kann nur die Praxis ergeben.

Nun hat die Abteilung München des Reichspostministeriums bereits im Jahre 1922 den Entschluß gefaßt, im Verkehrsgebiete von Weilheim, einem kleineren Orte Oberbayerns, der praktischen Erprobung des SA-Netzgruppenbetriebes mit automatischer Zeit- und Zonenzählung für den Fernverkehr nach den damals gemeinsam mit der Firma Siemens & Halske entwickelten Richtlinien näherzutreten. Dadurch war schon frühzeitig Gelegenheit gegeben, an den Erfahrungen des Studienbetriebes die betriebliche und wirtschaftliche Einstellung auf die Materie zu vertiefen und allmählich die Technik den erweiterten Gesichtspunkten anzupassen.

Diese Entwicklungsarbeit ist, nachdem nun auch noch die Einflüsse des Störfeldes der elektrischen Bahnen beseitigt wurden, in allen grundsätzlichen Punkten als abgeschlossen zu betrachten. Es konnte daher an die Prüfung der wirtschaftlichen Frage des ganzen Problems mit praktischen Unterlagen gegangen werden. Verfahren und Ergebnis dieser Untersuchungen sind in dem vorliegenden Buche vollständig niedergelegt, und es ist damit dem Leser eine gründliche Durchdringung des ganzen Materials möglich gemacht.

Bevor auf die Einzelheiten der Arbeit überzugehen sein wird, erscheint es zweckmäßig, über ihren grundsätzlichen Aufbau und die allgemeinen Gesichtspunkte hiefür einiges vorauszuschicken.

Leitender Gedanke mußte nach vorstehenden Betrachtungen sein, die Berechnungen in allen Teilen auf ein größeres Verkehrsgebiet auszudehnen, um alle für das Gesamtergebnis wirtschaftlich in Frage kommenden Komponenten zur Wirkung gelangen zu lassen. Leitender Gedanke mußte weiter sein, die Rechnung und die Schlußfolgerungen daraus durchweg auf klares Erfahrungsmaterial zu stützen und deshalb überall da, wo es sich um besonders einschneidende Grundzahlen handelt, diese durch Untersuchungen von verschiedenen Ausgangspunkten her zu erhärten.

Als Verkehrsgebiet ist der Arbeit der bayerische Verwaltungsbereich der DRP, das rechtsrheinische Bayern und die Rheinpfalz zugrunde gelegt. Unter annähernder Abgrenzung des SA-Betriebes auf den 25-km-Kreis ist das angegebene Verkehrsgebiet in 53 Netzgruppen aufgeteilt worden. Für jede dieser Netzgruppen mußten sodann die zur Aufstellung der gesamten Wirtschaftsrechnung und des Wirtschaftsvergleichs erforderlichen umfangreichen Unterlagen geschaffen werden.

Es ist klar, daß sowohl die Vorarbeiten für die Wirtschaftsrechnung wie der schließliche Wirtschaftsvergleich nicht auf das Urmaterial aus den 53 Netzgruppen im einzelnen ausgedehnt werden konnten, sondern eine Zusammenfassung aller Komponenten gleicher Gattung aus den generellen Einzelplänen in ein Einheitsnetzgebilde vorgenommen werden mußte, das in seiner Struktur zwar fiktiv, in seinen Elementen aber netztechnisch wie betriebswirtschaftlich eine restlose Projektion sämtlicher Originalverhältnisse darstellt. Dieses Einheitsnetzgebilde ist in der Arbeit als Mittelwertsnetzgruppe bezeichnet.

Wir haben hier ein Verfahren der rationellen Zusammenfassung in Massen auftretender Einflußgrößen vor uns, wie es auch aus anderen Gebieten der Technik, beispielsweise aus der Behandlung des Schwerpunktsproblemes, der Berechnung der Trägheitsmomente, der Erforschung der Leistungsübertragung in Transformatoren, der Berechnung der Energieverteilung in verwickelten elektrischen Licht- und Kraftversorgungsnetzen u. dgl. mehr bekannt ist.

In einem Arbeitsfelde fest gefügter technisch-wirtschaftlicher Zusammenhänge macht es meist keine Schwierigkeit, auch Wirkungen größerer Veränderungen an der Hand bewährter Erfahrungszahlen und guten technischen Gefühles verhältnismäßig rasch zu überblicken. Dem gewiegten Fachmann gelingen solche Gedankenexperimente zudem auch mit beachtlicher Treffsicherheit, und für ihn erscheint das eigentliche Detailprojekt oft lediglich als Nachweis eines bereits vorliegenden Ergebnisses und als die notwendige Unterlage für die Bauausführung. Anders liegen die Verhältnisse, wenn durch grundlegende Neuerungen technischer und organisatorischer Natur neue Marksteine der Entwicklung aufgerichtet werden. In solchen Fällen können sonst wertvolle, ja gerade recht eigentlich das Glück schöpferischer Leistungen ausmachende Arbeitsmethoden zur Hemmung im Fortschritt werden.

Um einen solchen Fall aber handelt es sich hier. Wie schon im vorhergehenden Abschnitt, Ziffer 1, ausgeführt wurde, weist die Selbstanschlußtechnik alle Merkmale einer außerordentlichen Neuerung auf dem Gebiete des Fernsprechwesens auf. Ihre verkehrstechnischen und betriebswirtschaftlichen Auswirkungen aus überschlägigen Betrachtungen oder auf Spezialfälle sich beschränkenden Berechnungen herleiten wollen, hieße aus dem von ihr erschlossenen weiten Neuland einen Irrgarten machen. Hier bleibt, wenn man bis in die letzten Gänge technisch-wirtschaftlicher Möglichkeiten mit sicherer Erkenntnis vordringen will, nur übrig, das alte Rüstzeug zunächst ganz abzulegen und neue Grundlagen für die geistige Durchdringung des neuen Stoffes zu schaffen.

So erklärt sich der Aufbau der vorliegenden Arbeit, so auch die bis ins kleinste gehende Untersuchung der außerordentlich verwickelten Materie, so endlich aber auch das fast auf der ganzen Linie von den bisherigen quantitativen Vorstellungen abweichende Ergebnis.

Um nur einige Beispiele hierfür aus dem Buche des Verfassers zu greifen, ergibt sich unter Berücksichtigung aller aus der Netzgestaltung und der Technik des SA-Netzgruppenbetriebes folgenden Besonderheiten gerade bei diesem System trotz größter Verkehrszugänglichkeit der geringste Kostenaufwand für die Leitungsanlage; es zeigt sich, daß auch dem umfangreichen Leitungsnetz einer SA-Netzgruppe gegenüber immer noch der Aufwand für die Teilnehmerleitungen der Größenordnung nach überwiegt; es zeigt sich, daß die fortlaufenden Kosten für die Apparatzusätze, welche zur selbsttätigen Registrierung der Gespräche bei selbstanschlußmäßiger Abwicklung des Fernverkehrs erforderlich werden, kaum den Jahresgehalt von $1^1/_2$ Vermittlungsbeamtinnen ausmachen. Die Untersuchungen liefern schließlich den Nachweis dafür, daß das Überweisungssystem gegenüber dem Handbetriebssystem sich nur in den dichtesten Gebieten wirtschaftlich behaupten kann und damit hinter der Ökonomie des SA-Netzgruppensystems in allen Phasen künftiger Entwicklung mit Abstand zurückbleibt.

Die SA-Systeme beherrschen bereits große Fernsprechbauprogramme in allen Teilen der Welt. So sehen wir auch die mit dem SA-Betrieb zusammenhängenden Wirtschaftsfragen in der Fachliteratur und in Denkschriften des In- und Auslandes unter verschiedenen Gesichtspunkten erörtert. Zum Teil greifen diese Veröffentlichungen mit den hier behandelten Fragen so verwandte Probleme auf, daß ein Hinweis darauf gerade für kritischvergleichende Wirtschaftsbetrachtungen, wie sie in dem vorliegenden Buche gepflogen werden, von besonderem Interesse sein wird.

So nimmt der Chefingenieur des britischen Telegraphen- und Fernsprechwesens Colonel Purves zur Frage der relativen Wirtschaftlichkeit des SA-Systemes gegenüber dem Handbetrieb in einer Abhandlung über automatische Telephonie, in der ein Programm der englischen Fernsprechverwaltung auf lange Sicht aufgestellt ist, folgenden Standpunkt ein.

„Nachdem alle Einflüsse auf die wirtschaftliche Rechnung durch die Beobachtungen an den S. 621 erwähnten Ämtern studiert waren, ist folgende Grundlage zur Beurteilung der Zweckmäßigkeit von Wähler- oder Handbetrieb in verschiedenen Bezirken festgelegt worden, so daß man einen neuen Fall ohne eingehende Einzelrechnung wirtschaftlich richtig erfassen kann.

1. In einem Bezirk, wo die zu erwartende Entwicklung in einer Periode von 20 Jahren 1000 Anschlüsse nicht überschreitet, soll Handbetrieb genommen werden.

2. In allen anderen Fällen soll Wählerbetrieb genommen werden, vorausgesetzt, daß der Verkehr folgende Größe aufweist:

a) Die Belegungszahl je Teilnehmer soll im Mittel nicht kleiner sein als 1,2 Belegungen in der Hauptverkehrsstunde.

b) Das Verhältnis des Ortsverkehrs zum gesamten Verkehr soll nicht kleiner als 70% sein.

c) Die Anzahl der handamtlich weiter zu betreibenden Plätze (Fern-Vorortsdienst) soll 55% der Platzzahl nicht überschreiten, die man beim Handbetrieb nötig hätte."

Also auch hier die klare, durch zahlreiche Berechnungen belegte Feststellung des Abfalls der Ökonomie im *SA*-Ortsverkehr mit dem Übergang von Großstadtnetzen in ländliche Verkehrsbezirke. Auch hier die Erscheinung einer starken Diskontinuität im Wirkbereiche der automatischen Telephonie beim Abtasten eines geschlossenen Verwaltungsgebietes mit der wirtschaftlich prüfenden Sonde. Auch hier daher das Fehlen einer Basis für eine aufs Ganze gerichtete Projektierung. Auch hier endlich offenbar zur wirtschaftlichen Lösung des Problems nur der Weg über eine Netzgruppenbildung unter Ausdehnung des *SA*-Betriebes auf den Fernverkehr der ersten Zonen!

Tatsächlich finden wir denn auch diesen Gedanken bei der englischen Telegraphen- und Fernsprechverwaltung bereits großzügig vorbereitet, wenn Purves an anderer Stelle zu den Tariffragen, das Wort nehmend, ausführt:

„Zurzeit werden nur die Ortseinzelgebühren auf dem Zähler in Wählerämtern vermerkt, und alle Zonen und Ferngebühren gehen über Zettel. Es ist jedoch wahrscheinlich, daß in naher Zukunft die selbsttätige Zählung auf Mehrfachzählung ausgedehnt und so die Reichweite für rein automatische Systeme vergrößert werden kann. Mehr oder weniger passende Vorschläge sind schon gemacht worden. Die Postverwaltung hat sorgfältig den Weg für die zukünftige Entwicklung in dieser Richtung freigemacht, indem sie alle nicht passenden Gebührenarten aus dem Gebührentarif entfernt hat. Alle kilometrischen Zuschläge sind so abgestuft, daß die Gebühr für irgendeine Entfernung ein ganzzahliges Vielfaches der Ortsgebühr ist und daher auf dem Teilnehmerzähler durch eine wiederholte Stromstoßgabe verrechnet werden kann."

Ganz konformer Auffassung begegnen wir in Amerika. Dort nimmt Dommerque in seiner beachtenswerten Abhandlung „Wirtschaftliches im Fernsprechwesen" zur Frage der *SA*-Netzgruppenbildung folgende Stellung ein:

„In Zukunft werden wir nur einen selbsttätigen Anlagetyp haben, der sich für Stadt und Land, für Industriegebiet und das Landwirtschaftsgebiet eignet. Heute stehen wir im Stadium der Umformung, die auf dieses Einheitsproblem hinsteuert. In dieses Einheitssystem wird auch der Ferndienst hineingezogen werden, da wir die Verlegung der Fernleitungen in Kabel mit Macht fortsetzen, was durch die Schaffung von Verbindungsleitungsgruppen in der einheitlichen Anlage der Zukunft gewaltig gefördert wird. In der kleinen Anlage Weilheim—Huglfing—Polling liegt der Keim des Universalsystems. Schon jetzt teilt man große Stadtbezirke, wie New York in Zonen und legt Sondergebühren auf für Anruf zwischen gewissen Zonen, die übermäßig weit voneinander entfernt sind. Diese Gebühren werden noch auf der im Handbetrieb gebräuchlichen Methode kollektiert. Die Zeit wird kommen, wo solche Zonengebühren automatisch nach der in Weilheim inaugurierten Methode oder auf eine dem gleichen Ziel zustrebende Weise registriert werden, wodurch der Unterschied zwischen Lokal- und Fernverkehr, soweit es den Verkehr innerhalb eines Bezirkes betrifft, betriebshinsichtlich verschwindet. Nur die über die Distrikte hinaus und ins Ausland gerichteten Anrufe, die größere Beträge involvieren, werden als gesonderter Ferndienst bleiben."

So gewinnen von den verschiedensten Richtungen her beleuchtet die Ergebnisse der hier vorliegenden Arbeit immer wieder die gleiche Bedeutung, und was da und dort in der Fachwelt als weitausschauende Vorstellung von zukünftiger Entwicklung auftaucht, drängt sich beim Studium des Buches mit zwingender Logik als die Entwicklung der Zukunft auf.

Möge die aus zähestem Streben nach objektiver Klarstellung der verwickelten technischen und wirtschaftlichen Zusammenhänge entstandene Studie in weitesten Fachkreisen zur Nachprüfung der eigenen Verhältnisse Anlaß geben und zur Grundlage für eine weitere fruchtbare Diskussion des großen Mechanisierungsproblems werden!

München im März 1926.

Dr.-Ing. Hans Carl Steidle.

Inhaltsverzeichnis.

Einleitung.

Der Fernsprecher ist ein so bedeutsames Verkehrsmittel, daß seine uneingeschränkte Verwendbarkeit schon in frühen Zeiten der Entwicklung der Fernsprechanlagen als Bedürfnis empfunden wurde. In Großstädten war von Anfang an für die Ermöglichung des Tag- und Nachtverkehrs die wirtschaftliche Voraussetzung wegen der Vielzahl der Fernsprechanschlüsse gegeben. In mittleren Netzen konnte dieser Fortschritt erst bei einer späteren Entwicklung erzielt werden, die einen wirtschaftlichen Ausgleich von Mehr- und Mindereinnahmen innerhalb des ganzen Verwaltungsgebietes ermöglichte.

In den ländlichen Verkehrsbezirken wird das Ziel des uneingeschränkten Tag- und Nachtverkehrs, solange das Handbetriebssystem bleibt, nie erreicht werden.

Von dem Bestreben erfüllt, auch den Verkehrsbedürfnissen des flachen Landes möglichst Rechnung zu tragen, ohne wirtschaftlich untragbare Opfer bringen zu müssen, hat die Technik frühzeitig den Gedanken an die Verwendung von Fernschalteeinrichtungen aufgenommen und geeignete Systeme zu entwickeln versucht. In Bayern beispielsweise ist zum Ersatz kleiner Handbetriebsumschaltestellen auf dem Lande zu Anfang dieses Jahrhunderts ein Fernschaltesystem (Gruppenumschalter) entwickelt worden, das den Teilnehmern dieser kleinen Netze im Anschluß an größere Handbetriebsumschaltestellen die längeren, unter Umständen auf Tag und Nacht ausgedehnten Umschaltezeiten gewährt. So beachtenswert der verkehrswirtschaftliche Erfolg solcher Fernschalteeinrichtungen auch ist, so bleibt der betriebswirtschaftliche Effekt eines Zusammenschlusses von Fernschaltern mit Handbetriebseinrichtungen im wesentlichen doch nur auf die Zusammenfassung des Bedienungspersonales bei den größeren Handbetriebsnetzen und auf die dadurch bedingte bessere Ausnutzungsmöglichkeit der Arbeitskräfte beschränkt.

Man erkennt, daß ein solches Verfahren der Mechanisierung des ländlichen Fernsprechverkehrs wirtschaftlich nur mit einfachsten apparatentechnischen Mitteln durchführbar ist, die andererseits naturgemäß einer durchgreifenderen Neuerung bald Grenzen setzen. Ganze Arbeit mit einem die Größenordnung der betriebs- und verkehrswirtschaftlichen Verhältnisse verändernden Erfolg setzt vielmehr voraus, daß auch in ländlichen Bezirken die Mechanisierung des Fernsprechverkehrs unter gleich günstigen Umständen wie in großen Städten, also unter grundsätzlicher Einflußnahme auf die Netz- und Verkehrsgestaltung sowie den Personalbedarf vor sich geht.

In einem früheren Gutachten über die Wirtschaftlichkeit des Ferngruppensystems im Vergleich mit dem Handbetriebssystem bin ich zu folgender Erkenntnis gekommen: Wenn es der Technik gelingt, außer den anfallenden Ortsgesprächen auch noch die in den Kleinautomatenzentralen geführten Nachbarorts- oder Vorortsgespräche, und zwar in jeder Richtung der gegebenen Rechtslage entsprechend selbsttätig zu zählen, eine Maßnahme, die im Bereich der Möglichkeit liegt, so wäre in Gebieten mit vollautomatischen Hauptzentralen ein Ersatz der Fernschalteeinrichtungen im Anschluß an Handbetriebsnetze durch ein Kleinautomatensystem in unmittelbarem Anschluß an zentralgelegene Selbstanschlußämter denkbar. Denn damit könnten 89% des Gesamtverkehrs auf vollautomatischem Weg abgewickelt werden, während nur mehr 11%, nämlich der Ferntransitverkehr für die manuelle Abwicklung im Fernamt übrigblieben. Auf die Verhältnisse in München bezogen, wo zurzeit 17 kleine Ortsnetze durch Fernschalter mit dem Fernamte verbunden sind, könnten beispielsweise von den 14 Beamtinnen des Fernamtes, die jetzt noch zur Abwicklung des gesamten Ferngruppenverkehrs nötig sind, rd. 12,5 entbehrt werden. Der damit frei werdende Geldwert würde dann voraussichtlich ausreichen, um die höheren Anschaffungs- und Betriebskosten des Kleinautomatensystems gegenüber dem Ferngruppensystem auszugleichen.

Ferner habe ich im I. Teil des Abschnittes F meines Werkes über den „Bau neuer Fernämter" (Verlag R. Oldenbourg, München) bezüglich der Rentabilität des Fernbetriebes mit einem Ausblick auf die zukünftige Abwicklung des Fernverkehrs ausgeführt, daß die Abtrennung des Vororts- und des Bezirksverkehrs trotz der hohen Kosten für die Automatisierung aller Vorortsanschlüsse und der daraus sich ergebenden Mehrung an Vorortsleitungen gegenüber der handbetrieblichen Abwicklung des Fernverkehrs eine Minderung der jährlichen Kosten zur Folge haben wird.

Aus diesen grundlegenden Gedankengängen und aufbauend auf den Erfahrungen mit einem Selbstanschlußnetzgruppensystem, wie es am 16. Mai 1923 in Weilheim und Umgebung in Betrieb genommen wurde, entwickelte sich die vorliegende Arbeit, um die gesamten wirtschaftlichen Zusammenhänge des Netzgruppenproblems zu klären. Diese Klärung war für die weiteren Folgerungen im Ausbau des Fernsprechnetzes notwendig, da nur für den Fall eines wirtschaftlichen Erfolges der Technik nach dieser Richtung die Wege geebnet werden können.

Die in dieser Arbeit durchgeführte Wirtschaftsrechnung und der daran sich anschließende Wirtschaftsvergleich mußte sich auf sämtliche Fernsprechnetze des bayerischen Gebietes der *DRP* erstrecken, da nur so zu erwarten war, daß alle Einflußgrößen einer durchgreifenden Mechanisierung des Fernsprechbetriebes erfaßt werden könnten.

Es wurde deshalb das ganze in Betracht gezogene Gebiet mit 1164 Ortsumschaltestellen in 53 Netze eingeteilt, entsprechend einer mittleren Ausdehnung von etwa 1500 qkm (s. Anhang S. 2).

Für jedes dieser 53 Netzgruppengebiete mußte sodann der Sitz der Hauptvermittlungsstelle mit dem zugehörigen Netzgruppenfernamt für den Bezirks- und Weitfernverkehr ermittelt und hiernach der Netzplan zur Zusammenfassung aller in der Netzgruppe befindlichen Ortsnetze sowie sonstigen Fernschaltepunkte entwickelt werden. Um aus dem so erhaltenen Linienplan zum Aufbau des Leitungsnetzes zu gelangen, war weiter die Festlegung des Gesprächsverkehrs jeder Netzgruppe nach Gesamtumfang und örtlicher sowie zeitlicher Verteilung in allen Abschnitten des Verkehrsgebietes erforderlich. Die so gewonnenen Unterlagen ergaben dann auch für die Bemessung der Vermittlungseinrichtungen in den verschiedenen Ortsnetzen der Netzgruppen alle erforderlichen Bestimmungsstücke. Um den Gang dieser Entwicklung im einzelnen zu zeigen, sind der Arbeit die Berechnungen für die Netzgruppe Rosenheim als Beispiel beigegeben (s. Anhang S. 2). Da aber Bauprojekte aller Art der Entwicklung über einen größeren Zeitraum hin Rechnung tragen müssen, war die Bestimmung aller Elemente der Netzgruppen

a) für den gegenwärtigen Zeitpunkt und

b) für einen in etwa 20 Jahren zu erwartenden Ausbau vorzunehmen. Die organischen Beziehungen zwischen Tarif und Technik wurden

c) durch eine Variante der Rechnung zur Beurteilung des generellen Einflusses der Gesprächsziffer auf die Gestaltung der Verhältnisse beleuchtet.

Nach dem vorstehend skizzierten Verfahren ist schließlich die Untersuchung auf drei verschiedene Formen des Netzgruppenbetriebes ausgedehnt worden, nämlich

A. auf eine Betriebsform mit reiner Handvermittlung in allen Teilen der Netzgruppe, kurz Handbetriebssystem genannt,

B. auf eine Betriebsform mit *SA*-Einrichtungen für den gesamten Ortsverkehr und Handvermittlungseinrichtungen für den Netzgruppen- und Bezirksfernverkehr, kurz Überweisungssystem genannt und

C. auf eine Betriebsform mit *SA*-Einrichtungen für den gesamten Orts- und Fernverkehr innerhalb einer Netzgruppe sowie für eine Abwicklung des Bezirksfernverkehrs durch Wählerfernsteuerung von den Netzgruppen-Fernämtern aus, kurz Netzgruppensystem genannt.

Drei verschiedene Projektfälle auf drei verschiedene Betriebsformen angewandt, ergibt aber neun verschiedene Lösungen der Berechnungen, die nun als Material zur Bearbeitung des eigentlichen Problems, nämlich zur Durchführung eines Wirtschaftsvergleiches dienen. Um die gesamten umfangreichen Berechnungen und wirtschaftlichen Vergleiche durchführen zu können und übersichtlich zu gestalten, mußte das gesamte Zahlenmaterial, nach gleichen Gattungen ausgeschieden, auf eine Netzgestaltung angewandt werden, die in ihren Elementen die Mittelwerte aller Größen gleicher Gattung aufweist (Mittelwertsnetzgruppe).

Wie nun die Struktur der Einzelnetzgruppen sich verschiebt, je nachdem man derselben das eine oder das andere der drei in Betracht gezogenen Betriebssysteme zugrunde legt, so muß auch ihre Zusammenfassung in die Mittelwertsnetzgruppe für diese drei nach Netzaufbau und Betriebsgliederung verschiedene Gebilde ergeben. Tatsächlich zeigen die schematischen Lagepläne (s. Anhang S. 9 und 10) für die Mittelwertsnetzgruppen nach dem Handbetriebs- und Überweisungssystem gegenüber dem Schema für das *SA*-Netzgruppensystem schon im Leitungsnetz grundverschiedene Struktur. Während bei den beiden ersten Systemen die von den einzelnen, auf rd. 1500 qkm verstreuten Ortsnetzen zum Netzgruppenmittelpunkt zusammenlaufenden Verbindungsleitungen betriebsmäßig getrennte Leitungsstränge darstellen, erkennen wir im Schema der *SA*-Netzgruppe deutlich deren betriebsmäßige Zusammenfassung in zahlreichen Knotenpunkten. Die Verschiedenheit der Betriebsweise tritt weiter beim Lesen der Abhandlung noch unmittelbar in der verschiedenen Bezeichnung der Vermittlungsstellen entgegen. Bei den Betrachtungen über die Mittelwertsnetzgruppen für das Handbetriebs- und Überweisungssystem werden die Vermittlungsstellen der einzelnen Ortsnetze, gleichviel ob es sich um örtlichen Handbetrieb oder um SA-Betrieb handelt, noch besonders als Landzentralen und die Vermittlungsstellen in den Netzgruppenmittelpunkten als Überweisungsämter bezeichnet. Bei der Mittelwertsnetzgruppe des SA-Netzgruppensystems dagegen sind die selbstanschlußmäßig mit den Betriebseinrichtungen der Netzgruppenmittelpunkte verbundenen Vermittlungsstellen der einzelnen Ortsnetze ausschließlich Verbundämter genannt. Dabei ist in allen drei Fällen noch eine weitere Unterscheidung nach Vermittlungsstellen ersten und zweiten Grades getroffen, je nachdem es sich um Vermittlungsstellen im inneren oder äußeren Durchschnittsumkreis vom Netzgruppenmittelpunkt handelt. Die sonst noch vorhandenen kleinsten Fernschaltepunkte der Mittelwertsnetzgruppen für je zehn Teilnehmeranschlüsse mit n Verbindungsleitungen sind in allen drei Fällen unter der Bezeichnung „Vollautomatische Gruppenstellenanlagen $\left(Gv\,\dfrac{10}{n}\right)$", im Texte mitunter auch unter der Bezeichnung „Kleinzentralen" vorgetragen.

In den schematischen Lageplänen für die Mittelwertsnetzgruppen sowie in den Zahlentafeln für die rechnerischen Untersuchungen sind dagegen der Einfachheit halber folgende einheitliche Bezeichnungen für die Vermittlungsstellen gewählt:

1. Für die Vermittlungsstelle im Netzgruppenmittelpunkt die Bezeichnung „Hauptamt, H ◉", weil an seinem Sitze das Netzgruppenfernamt und für das Handbetriebs- und Überweisungssystem auch das sogenannte Überweisungsamt sich befindet,

2. für die Vermittlungsstellen im inneren Durchschnittsumkreis des Netzgruppenmittelpunktes die Bezeichnung „Verbundamt 1. Grades, V_1A ◉",

3. für die Vermittlungsstellen im äußeren Durchschnittsumkreis des Netzgruppenmittelpunktes die Bezeichnung „Verbundamt 2. Grades, V_2A ●",

4. für die kleinsten Fernschaltepunkte die Bezeichnung „Vollautomatische Gruppenstellenanlagen $Gv\,\dfrac{10}{n}$ ●".

Schließlich enthalten die schematischen Lagepläne auch noch die Zahl der aus den statistischen Unterlagen sich ergebenden Hauptanschlüsse sowie die Luftlinienentfernungen der Ortsnetze vom Netzgruppenmittelpunkt einschließlich der zugehörigen Weglängen für die Leitungsstränge.

Zur Untersuchung der Wirtschaftlichkeit irgendeines technischen Problems ist es vor allem notwendig, sämtliche Ausgaben, und zwar sowohl die einmaligen für den Aufbau als auch die laufenden für den Betrieb des in Frage stehenden Objektes so gründlich als möglich zu erfassen. Kommt nun, wie im vorwürfigen Falle, ein Vergleich mit verschiedenen technischen Ausführungs- und Betriebsformen des gleichen Objektes in Betracht, so sind die anfallenden Ausgaben der verschiedenen Systeme einander gegenüberzustellen. Der Abgleich dieser Ausgaben stellt dann die Wertigkeit der betrachteten Systeme dar. Demzufolge will ich die mir gestellte Aufgabe in drei Abschnitte gliedern:

I. Teil: Die Entwicklung der Ausgaben einer Mittelwertsnetzgruppe,

II. „ Der Kostenvergleich für die verschiedenen Systeme einer Mittelwertsnetzgruppe und

III. „ Die Wertigkeit der drei Systeme einer Mittelwertsnetzgruppe.

Ich beginne meine Untersuchungen zunächst mit der Entwicklung der Ausgaben einer Mittelwertsnetzgruppe.

I. Teil.

Die Entwicklung der Ausgaben einer Mittelwertsnetzgruppe.

Um die Ausgaben einer Netzgruppe von örtlich getrennten Fernsprechanlagen vollständig erfassen zu können, ist eine Gliederung des Netzgebildes in folgende Abschnitte vorzunehmen:

A. Das Leitungsnetz für den Vororts- und Bezirksverkehr,

B. die Teilnehmeranschlüsse in den Ortsfernsprechanlagen einer Mittelwertsnetzgruppe,

C. die Umschalteeinrichtungen in den Ortsanlagen einer Mittelwertsnetzgruppe,

D. die Stromlieferungsanlagen für die Umschalteeinrichtungen einer Mittelwertsnetzgruppe,

E. der Personalbedarf in den Umschaltestellen einer Mittelwertsnetzgruppe sowie die fernmäßige Behandlung von Vorortsgesprächen,

F. Gebäudeanteil, Baugrund, Beleuchtung, Beheizung und bewegliche Habe,

G. sonstige Ausgaben.

Ein wichtiges Glied im Aufbau einer Netzgruppe bildet das Leitungsnetz. Da sowohl über seine wirtschaftlich und technisch günstigste Ausgestaltung, wie über den erforderlichen Kostenaufwand vielfach abweichende Anschauungen in Fachkreisen herrschen, sei die Untersuchung dieser immerhin schwierigen und verwickelten Frage in den Vordergrund meiner Betrachtungen gestellt.

A. Das Leitungsnetz für den Vororts- und Bezirksverkehr.

Nach den bisherigen Gepflogenheiten beim Bau von Fernsprechanlagen wird die Planung von Vorortsleitungen vielfach dem Ermessen des bauleitenden Ingenieurs überlassen, der die Zahl der notwendigen Leitungen für irgendeine Anlage nach der Zahl der vorhandenen Hauptanschlüsse, hauptsächlich aber nach der Verkehrsbelastung der betreffenden Fernsprechlinie mehr oder weniger gefühlsmäßig bestimmt. Bei der Planung von Fernleitungen für den Weitfernverkehr wird man vergeblich nach einer anderen und besseren Art der Leitungsbestimmung suchen.

Für die vorwürfige Aufgabe aber, bei der es sich um den wirtschaftlichen Vergleich von drei verschiedenen Systemen in drei verschiedenen Baustufen handelt, wird man mit einer nur auf Schätzung beruhenden Bestimmung der Leitungszahlen nicht zum Ziele kommen. Hier muß eine andere Berechnungsart zur Anwendung kommen, die jeden Irrtum ausschließt und sich auf einer, jeder Kritik standhaltenden Grundlage aufbaut.

Die Zahl an Vorortsleitungen zweier benachbarter Fernsprechanlagen hängt zweifellos von dem Umfang des auf diesen Leitungen sich abwickelnden Gesprächsverkehrs ab. Dieser Gesprächsverkehr ist aber eine Funktion der Gesprächsziffer der Teilnehmer. Im Fernsprechbetrieb versteht man unter der Gesprächsziffer die Zahl von Gesprächen, die ein Teilnehmer im Durchschnitt täglich veranlaßt. Sie wird berechnet, indem man in einem Ortsnetz die Summe der Gespräche aller angeschlossenen Teilnehmer innerhalb eines gewissen Zeitraumes auf einen Teilnehmer und einen Tag reduziert.

Bevor man die Zahl der Vorortsleitungen bestimmen will, ist es vor allem notwendig, die Gesprächsziffern der einzelnen Anlagen zu errechnen. Je größer man nun bei dieser Untersuchung das Verkehrsgebiet auswählt, desto mehr wird die berechnete Gesprächsziffer der Wirklichkeit nahekommen.

Aus diesem Grunde habe ich meine Untersuchungen auf das ganze bayerische Verwaltungsgebiet der DRP ausgedehnt und die Gesprächsziffern aller Fernsprechanlagen Bayerns bestimmt.

I. Statistische Unterlagen für die Planung der drei Systeme.

Die Grundlage für den Aufbau einer selbsttätig wirkenden Wählerumschalteeinrichtung sowohl hinsichtlich der Zahl an Wählern, wie auch zur Ermittlung der nötigen Verbindungsleitungen zwischen den verschiedenen Umschaltestellen bildet der TC-Wert einer Anlage, d. i. das Produkt aus der Belegungsdauer und der Belegungszahl der Gespräche in der Stunde des Höchstbetriebes. Um nun hiefür unanfechtbare Unterlagen zu erhalten, wurde für jede Netzgruppe eine Statistik angefertigt, in der die Hauptämter, die V_1- und V_2-Ämter sowie die Gruppenstellenanlagen namentlich aufgeführt sind; außerdem sind in dieser Statistik vorgetragen: 1. Die Zahl der Hauptanschlüsse in den verschiedenen Ämtern, 2. die derzeitigen Dienstzeiten jeder Umschaltestelle, 3. der Gesprächszeitwert einer Umschaltestelle, d. i. das Produkt aus der Zahl der Hauptanschlüsse und der Dienstzeit, 4. die jetzige Gesprächsziffer bei beschränkter Dienstzeit im Orts- und Vorortsverkehr, 5. die prozentuale Mehrung an Gesprächen bei Einführung einer ununterbrochenen Dienstzeit gegenüber der jetzigen Gesprächsziffer bei beschränkter Dienstzeit, 6. die Gesprächsziffer bei ununterbrochener Dienstzeit, wie sich diese durch die prozentuale Mehrung ergibt, 7. und 8. die Summe aller Gespräche einer Netzgruppe nach der jetzigen und nach der ununterbrochenen Dienstzeit; ferner 9. die Luftlinienentfernung in Kilometern der V_1-, V_2-Ämter und der Gruppenstellenanlagen, oder auch der Landzentralen $LZ1$, $LZ2$ und $LZ3$ vom Hauptamt, sowie 10. die Weglänge vom Hauptamt zum V_1-Amt oder zur $LZ1$ und 11. von diesem zu den V_2-Ämtern bzw. zu den Gruppenstellenanlagen oder $LZ2$ und $LZ3$.

Aus den oben angeführten Gründen sind im Anhange (S. 3) diese Werte nur für die Netzgruppe Rosenheim angegeben. Der unter Spalte 3 vorgetragene Gesprächszeitwert einer Umschaltestelle, d. i. das Produkt aus der Zahl der Hauptanschlüsse und der betreffenden Dienstzeit, mußte gebildet werden, um die durchschnittliche Umschaltezeit aller Umschaltestellen gleicher Gattung zu erhalten, denn dieser Durchschnittswert ist nicht das algebraische Mittel aller Umschaltezeiten, sondern er resultiert aus dem Quotienten, dessen Dividend die Summe aller Produkte aus der Dienstzeit und der Zahl der Hauptanschlüsse und dessen Divisor die Summe aller der Untersuchung zu unterziehenden Hauptanschlüsse darstellt.

In der gleichen Weise ergeben sich auch in Spalte 6 durch Division der Produktensummen durch die Summen der Hauptanschlüsse die mittleren Gesprächsziffern der Umschaltestellen gleicher Gattung, also ausgeschieden für alle Hauptämter, Verbundämter 1. und 2. Grades, sowie für die Gruppenanlagen.

Mit Einführung des vollautomatischen Betriebes in den kleinen Landzentralen erhöht sich die bisher beschränkte Dienstzeit auf eine 24 stündige Dauer, die zweifellos eine Erhöhung der Gesprächsziffer im Gefolge haben wird. Um nun die zu erwartende Erhöhung der Gesprächsziffer nicht auf Annahmen stützen zu müssen, sondern auch hiefür zahlenmäßige Unterlagen zu erhalten, habe ich im Anhange (S. 4) zunächst das Verkehrsdiagramm eines Fernamtes mit 24 stündiger Dienstzeit aufgezeichnet. Aus diesem Diagramm lassen sich nun für die verschiedenen Dienstzeiten bestimmte Beziehungen zur ununterbrochenen Dienstzeit ableiten. Zeichnet man nämlich in diesem Diagramm, beispielsweise für eine 8 stündige Dienstzeit von 8—12 h v. und von 2—6 h n. die vier diesen Zeitabschnitten entsprechenden Abszissen ein, so stellen die durch Rechtsschraffur gezeichneten Flächen den Verlust an Gesprächswerten dar, der bei einer derart beschränkten Dienstzeit gegenüber einer ununterbrochenen Dienstzeit entsteht. Der Quotient aus der 100 fachen planimetrierten, schraffierten Fläche zur Gesamtfläche des Diagrammes gleicht dann dem prozentualen Anteile der Mehrung der Gesprächsziffer, wie sie in Spalte 5 zur Festsetzung der Gesprächsziffer in Spalte 6 vorgetragen wurde. Diese Statistik ergibt für die jeweilige Netzgruppe, ausgeschieden nach der Art der Ämter, in ihren Schlußsummen alle in den Ziffern 1.—11. ermittelten Werte.

Im Anhange (S. 5, 6, 7 und 8) wurden nun diese Werte für sämtliche Anlagen Bayerns, ausgeschieden 1. nach Haupt-, 2. nach V_1-, 3. nach V_2-Ämtern und 4. nach Gruppenstellenanlagen zusammengestellt und in jeder der vier Abteilungen die Schlußsummen aller vorgetragenen Werte, soweit diese für die Entwicklung der TC-Werte notwendig erscheinen, für die Umschaltestellen des ganzen Landes gebildet.

Durch eine entsprechende Auswertung dieser Schlußsummen lassen sich für alle Gattungen von Umschaltestellen Durchschnittswerte sowohl für die Zahl der Hauptanschlüsse und für die Dienstzeiten der Umschaltestellen, als auch für die Gesprächsziffern im Orts- und Vorortsverkehr bei beschränkter und bei unbeschränkter Dienstzeit, sowie für die Luftlinienentfernungen und die Weglängen zwischen den verschiedenen Ämtern berechnen, die die Mittelwerte aller Fernsprechanlagen des bayerischen Gebietes darstellen.

In die Schlußzusammenstellung (Anhang S. 5) wurden die rd. 30000 Hauptanschlüsse für die Fernsprechanlage München nicht aufgenommen, weil diese Anlage bereits vollständig automatisiert ist, infolge ihrer Größe die Durchschnittswerte der Hauptämter wesentlich erhöhen und damit die Wirtschaftsrechnung zugunsten der Automatik erheblich beeinflussen würde.

Über die Zahl und Größe der Ämter verschiedener Gattungen gibt S. 8 des Anhanges näheren Aufschluß. An gleicher Stelle auf S. 9 wurden die Größen der verschiedenen Umschalteeinrichtungen in der Weise graphisch aufgetragen, daß die Einrichtungen gleicher Größe im Endausbau ihrer Zahl nach aneinandergereiht wurden. Aus dieser Aufzeichnung ersieht man, daß in den Hauptämtern die Einrichtungen mit 3000 Anruforganen, in den V_1-Ämtern jene mit 300 Anruforganen, endlich in den

V_2-Ämtern die mit 100 Anruforganen die übrigen Einrichtungen überragen. Die neben dieser graphischen Aufzeichnung angefertigte Zusammenstellung läßt in arithmetischer Reihenfolge erkennen, in welchen Stückzahlen jede Umschaltegröße für den Endausbau notwendig wird. Den Hauptanteil liefern dabei die kleinsten Einrichtungen mit 10, 50 und 100 Anruforganen.

Nach den so gefundenen Zahlen rechnen sich die Mittelwerte 1. für 53 Hauptämter des bayerischen Verwaltungsgebietes pro Hauptamt einer Netzgruppe (ohne München) zu 875 Hauptanschlüssen, 2. für 364 V_1-Ämter pro Netzgruppe zu 7 V_1-Ämter mit je 70 Hauptanschlüssen, 3. für 469 V_2-Ämter pro Gruppe zu 9 V_2-Ämter mit je 30 Anschlüssen, 4. für 201 Gruppenstellenanlagen pro Gruppe zu 4 $Gv \dfrac{10}{n}$ mit je 3 Hauptanschlüssen, 5. die Luftlinienentfernung der V_1-Ämter vom Hauptamte zu 13,5 km, jene der V_2-Ämter zu 18,8 km und der Gruppenstellenanlagen zu 15,8 km, die Entfernung der V_2-Ämter und der Gruppenstellenanlagen von den V_1-Ämtern zu 8,2 km bzw. zu 6,2 km.

Mit Hilfe dieser Entfernungszahlen und der Angaben über die verschiedenen Umschaltestellen hat man ein Mittel und die Möglichkeit, schematisch ein fiktives Gebilde, die Mittelwertsnetzgruppe aller Fernsprechanlagen Bayerns zu konstruieren und an Hand dieser Netzgruppe die Zahl der Verbindungsleitungen und die Größe der Umschalteeinrichtungen festzulegen. Nach der Lage der Umschaltestellen und nach der Zahl der Hauptanschlüsse ist diese Mittelwertsnetzgruppe als eine Einheit für jedes der drei der Untersuchung zu unterziehenden Systeme vollkommen gleich, nicht aber für die Führung und die Zahl der Verbindungsleitungen, die voraussichtlich für jedes System, wenigstens der Zahl der Leitungen nach, verschieden sein wird. Die Führung der Leitungen, ob in getrennten oder vereinigten Strängen, ob unterirdisch oder oberirdisch, bleibt einem weiteren Studium in einem späteren Abschnitte vorbehalten. Zunächst habe ich unter Benützung der gefundenen Zahlen für jedes System einen gesonderten Plan angefertigt (s. Anhang S. 9 und 10), in dem beim Handbetriebs- und Überweisungssystem die Außenzentrale mit der Hauptzentrale durch gerade Linien direkt verbunden ist, während im Netzgruppensystem nur die V_1-Ämter direkte Verbindungen mit der Hauptzentrale erhalten sollen.

Um den Einfluß der Mehrung an Teilnehmeranschlüssen auf die Wirtschaftlichkeit der drei verschiedenen Systeme zu zeigen, will ich den Kostenvergleich in zwei verschiedenen Baustufen durchführen, und zwar:

1. Im Anfangszustand der Anlagen und
2. im Endausbau.

Der Vergleich im Anfangszustand der Anlagen hat nur theoretischen Wert, denn er ist im Augenblick seiner Erstellung durch den in der Zwischenzeit eingetretenen Teilnehmerzugang bereits überholt. Es wird demnach das Hauptgewicht des Vergleiches auf den Endausbau zu richten sein. Welchen Zeitpunkt bzw. welche Mehrung an Sprechstellen soll man dem Endausbau zugrunde legen? Zur Beantwortung dieser Frage habe ich im Anhange (S. 11) den Zugang an Teilnehmeranschlüssen in Bayern seit Einführung des Fernsprechers im Jahre 1884 graphisch aufgezeichnet und in rohen Umrissen den Zeitpunkt festgestellt, in dem sich die Zahl der Anschlüsse jeweils verdreifacht hat. Nach dieser Feststellung ist die Verdreifachung der Anschlüsse erstmals nach 2 Jahren, dann nach 4, 6, 10 und 18 Jahren eingetreten. Rechnet man in dem letzten Zeitraum von 1906—1924, d. s. 18 Jahre, die vier Kriegsjahre als ein außergewöhnliches Ereignis, welches den Teilnehmerzugang absolut gehemmt hat, ab, so ergibt sich in diesem Zeitraum eine Verdreifachung schon nach 14 Jahren. Die aus diesen fünf Punkten ermittelte Kurve nimmt, wie aus dem Anhange (S. 11) ersehen werden kann, einen sehr stetigen, charakteristischen Verlauf, deren Fortsetzung im gleichen Sinne eine Verdreifachung der Anschlüsse nach 18 bis 20 Jahren erwarten läßt. Dieser Zeitraum kann daher mit großer Wahrscheinlichkeit für die Verdreifachung der jetzt vorhandenen Anschlüsse, die dem Vergleich im Endausbau zugrunde gelegt werden soll, angenommen werden.

Neben der Zahl an Hauptanschlüssen beherrscht vermutlich die der Rechnung zugrunde zu legende Gesprächsziffer sowohl im Orts- als auch im Vorortsverkehr der 25-km-Zone den Wirtschaftsvergleich in ausschlaggebender Weise. Das umfangreiche, zusammengetragene statistische Material hat der Hauptsache nach den Zweck, die Gesprächsziffer nach dem jetzigen Stande einwandfrei zu ermitteln. Hiernach erreichen die Gesprächsziffern im Anfangszustande folgende Werte:

	a) Bei unbeschränkter Dienstzeit		b) Bei beschränkter Dienstzeit	
	im Ortsverkehr	im Vorortsverk.	im Ortsverkehr	im Vorortsverk.
1. Im HA	3,43	0,36	3,38	0,356
2. in den $V_1 A$	1,32	1,19	1,2	1,05
3. in den $V_2 A$	0,86	1,29	0,73	1,08
4. in den Gruppenstellenanlagen . .	0,27	2,26	0,185	1,55

Aus dieser Gegenüberstellung ersieht man, daß die Ortsgesprächsziffer mit der Größe der Anlage anfangs sehr rasch, dann aber mäßig zunimmt, während die Vorortsgesprächsziffer eine umgekehrte Tendenz aufweist. Ein gesetzmäßiger Verlauf der Gesprächsziffer, die in den verschiedenen Anlagen große Schwankungen zeigt und neben der Größe der Anlage von der Dienstzeit der Umschaltestellen, von der Art des Geschäftsbetriebes der betreffenden Stadt, hauptsächlich aber von der wirtschaftlichen Konjunktur abhängt, läßt sich nun leider nicht feststellen. Um wenigstens einen ungefähren Maßstab für die wahrscheinliche Gesprächsziffer im Endausbau zu erhalten, habe ich im Anhange (S. 11) aus einer Reihe von Beispielen wiederum nur in groben Umrissen den charakteristischen Verlauf der Gesprächsziffer, abhängig von der Zahl der Anschlüsse, zu erfassen gesucht und die Gesprächsziffer für den Orts- und Vorortsverkehr nach den statistischen Ergebnissen als Kurvenmittelwert aufgezeichnet. Diese mit einiger Wahrscheinlichkeit anzunehmende Gesprächsziffer soll nun dem Vergleich im Endausbau zugrunde gelegt werden, und zwar:

| | a) Bei unbeschränkter Dienstzeit | | b) Bei beschränkter Dienstzeit | |
	im Ortsverkehr	im Vorortsverk.	im Ortsverkehr	im Vorortsverk.
1. Im HA	3,9	0,3	wie unter a)	—
2. in den V_1A	2,0	1,0	$2,0 - 0,09[1] \cdot 2,0 = 1,82$	0,91
3. in den V_2A	1,5	1,5	$1,5 - 0,2[1] \cdot 1,5 = 1,2$	1,2
4. in den Gruppenstellenanlagen	0,5	2,5	$0,5 - 0,46[1] \cdot 0,5 = 0,27$	1,35

Die auf diese Weise errechneten Gesprächsziffern werden vielleicht im Endausbau nicht genau zutreffen. Für den Vergleich genügen sie jedenfalls, da sie für jedes der drei Systeme gleichmäßig in Ansatz gebracht werden.

Über die Höhe der Fernbezirksgesprächsziffern führt folgende Überlegung zum Ziele. Von den 120626 Hauptanschlüssen Bayerns wurden im Jahre 1924 6370644 Bezirksgespräche (Ferngespräche bis rd. 75 km Entfernung) und 3115123 Ferngespräche im Weitverkehr geführt; das ergibt bei 313 Gesprächstagen rd. 20600 Bezirksgespräche pro Tag und pro Teilnehmer 0,17 Bezirksgespräche und 0,08 Ferngespräche. Eine wesentliche Änderung dieser letztfestgelegten Gesprächsziffern wird im Endausbau kaum eintreten, weshalb diese Ziffern auch für den Endausbau in der gleichen Höhe angenommen werden.

Zum Studium des Einflusses, den die Höhe der Gesprächsziffer auf die Wirtschaftlichkeit der drei der Untersuchung zu unterziehenden Systeme vermutlich haben wird, will ich des weiteren außer den erwähnten zwei Vergleichen noch einen dritten durchführen, in dem die sämtlichen eben aufgeführten Gesprächsziffern bei der gleichen Teilnehmerzahl mit dem doppelten Werte in die Rechnung eingeführt werden.

II. Die Berechnung der Leitungsbündel für den Vorortsverkehr in jedem der drei Systeme.

Die wichtigste wirtschaftliche Grundlage zur Berechnung der Anlagekosten irgendeiner selbsttätig wirkenden Fernsprechumschalteeinrichtung liegt in der Zahl der für einen gegebenen Verkehrsumfang vorzusehenden Verbindungsleitungen und Wähler. Einen Maßstab zu der Berechnung dieser Zahl für den Fernsprechumverkehr gibt uns, wie bereits erwähnt, der TC-Wert einer Anlage, d. i. das Produkt aus der Belegungszahl und der Belegungsdauer, und zwar in der Stunde des Höchstbetriebes, wobei jedoch der Verkehr bei außergewöhnlichen Anlässen, wie zur Weihnachtszeit oder bei anderen Gelegenheiten besonderer Art außer Betracht bleiben muß. Den Umfang des Verkehrs in der Stunde des Höchstbetriebes drückt man in Prozenten des gesamten Tagesverkehrs aus und bezeichnet diese Leistung als „die Konzentration des Verkehrs". Die Konzentration des Verkehrs stellt keine absolut unveränderliche Zahl dar. Sie ist außer von der Dienstzeit abhängig von den veränderlichen politischen, wirtschaftlichen und sonstigen Ereignissen eines Landes sowie von den allgemeinen Verkehrs- und Handelsverhältnissen des betreffenden Ortes. Für die folgenden Betrachtungen habe ich eine aus dem Verkehrsdiagramm eines Fernamtes bei unbeschränkter Dienstzeit (s. Anhang S. 4) berechnete Konzentration von 12% angenommen. Die Konzentration von 12% erscheint für alle Anlagen des Landes mit der gleichen Dienstzeit etwas hoch, es ist aber jedenfalls für die Wirtschaftsrechnung richtiger, wenn man der Rechnung nicht die niederen, sondern die höheren Werte zugrunde legt.

Bei einer 12stündigen Dienstzeit, bei der sich der gesamte Verkehr in wenigen Stunden abwickeln muß, ist die Konzentration jedenfalls höher. Sie rechnet sich zu 13% und bei 9stündiger Dienstzeit zu 15% (s. Anhang S. 4). Bei einer Umschaltestelle mit nur 1stündiger Dienstzeit des Betriebes würde die Konzentration auf 100% steigen.

---

[1] Prozentsätze siehe Anhang (S. 6, 7 u. 8).

Von dem TC-Wert der verschiedenen Ämter einer Mittelwertsnetzgruppe ist ohne weiteres der erste Faktor, die Belegungszahl aus der nunmehr nachgewiesenen Gesprächsziffer, vermehrt um einen Zuschlag von etwa 20% für dienstliche, Belegt-, Fehl- und sonstige gebührenfreie Anrufe zu bestimmen. Der zweite Faktor des TC-Wertes, die Belegungsdauer der Gespräche, kann als bekannt vorausgesetzt werden, denn er wurde des öfteren schon in der Praxis durch Beobachtungen ermittelt. Man darf diesen Faktor nach der Erfahrung in folgender Höhe annehmen:

1. Die Dauer einer Fernanmeldung zu ½ Minute = $^1/_{120}$ Stunde,
2. ,, ,, eines Ortsgespräches zu 2 Minuten = $^1/_{30}$ Stunde,
3. ,, ,, ,, Vorortsgespräches zu 3 Minuten = $^1/_{20}$ Stunde,
4. ,, ,, ,, Bezirks- oder Ferngespräches zu 3¾ Minuten = $^1/_{16}$ Stunde.

Ein weiteres Maß für die Beurteilung der Wertigkeit eines Umschaltesystems liegt in dem Wirkungsgrad der Einrichtung, mit dem man den Betrieb einer Anlage durchführen will. Wie bei allen technischen Anlagen irgendwelcher Art darf man auch im Fernsprechbetrieb von einem Wirkungsgrad sprechen, der aber hier nicht das Verhältnis zwischen der von der Anlage abgegebenen zu der für die Anlage aufgewandten Leistung darstellt, sondern davon abhängig ist, in welchem Verhältnis die Zahl der aus Mangel an Betriebsmitteln verlorenen zu den verlangten Verbindungen steht. Eine selbsttätig betriebene Umschaltestelle arbeitet erfahrungsgemäß einwandfrei, wenn man in jeder Wählerstufe 1‰ Verlust, d. h. auf tausend Belegungen in jeder Wählstufe nur eine Belegung als Verlust zuläßt. Diese Bedingung darf und muß man für die Abwicklung des Ortsverkehres über die Wählstufen einer automatischen Umschalteeinrichtung und bei mehreren Ämtern auch für die zwischenliegenden Ortsverbindungsleitungen stellen. Sie scheint aber in diesem Umfange in einem sich selbsttätig abwickelnden Vorortsverkehr nicht vertretbar; um so weniger, als diese Bedingung einen wesentlichen Einfluß auf die kostspieligen Vorortsleitungen und Wählereinrichtungen ausübt. Man kann bei einem solchen Verkehr wohl ohne besondere Bedenken den Verlust an Verbindungen zwischen zwei benachbarten Umschaltestellen, die ich als die erste Verkehrsstufe bezeichnen möchte, mit rd. 80% des Gesamtverkehrs auf rd. 1%, in der zweiten Verkehrsstufe mit 10% des Gesamtverkehrs, in der während einer Verbindung außer der Original- nur eine weitere Umschaltestelle dazwischen liegt, auf $(100 - 0,99^2) = 2\%$, in der dritten Verkehrsstufe mit rd. 6% des Gesamtverkehrs, in der zum Aufbau einer Verbindung zwei weitere Umschaltestellen herangezogen werden, mit $(100 - 0,99^3) = 3\%$ und endlich in der vierten Verkehrsstufe mit etwa 4% des Gesamtverkehrs, der bei einer Verbindung eines V_2-Amtes mit einem entgegengesetzten V_2-Amt einer Netzgruppe gegeben ist, mit $(100 - 0,99^4) = 4\%$ festsetzen. Es ergibt sich sonach unter dieser Annahme im SA-Netzgruppenverkehr ein mittlerer Verlust von $(0,8 \cdot 1\% + 0,1 \cdot 2\% + 0,06 \cdot 3\% + 0,04 \cdot 4\% = 1,34\%$ als ein erträgliches Maß.

Im Verkehr einer kleinen Landzentrale mit einem Hauptamte dagegen, wie ein solcher in dem System B. gegeben ist, dessen Vorortsverkehr selbsttätig zu einem Überweisungsamte geleitet und in umgekehrter Richtung in diesem Überweisungsamte handbetrieblich vermittelt wird, in dem zur Zeit des Höchstbetriebes durch die manuelle Bedienung eine gewisse Aufstapelung der einlaufenden Gesprächsanmeldungen erfolgen kann und damit eine Verflachung des Spitzenverkehrs eintritt, darf man den Wirkungsgrad des abgehenden Verkehres zur Bestimmung des notwendigen Leitungsbündels immerhin bis zu 95% ermäßigen, während man den ankommenden Vorortsverkehr, der sich ebenso wie im SA-Netzgruppenverkehr selbsttätig abwickelt, mit nicht mehr als 1% Verlust festsetzen muß. Das ergibt im Überweisungsverkehr eine mittlere Verzögerung von 2,5%.

Im Vorortsverkehr zweier manuell bedienter Umschaltestellen, wie er im reinen Handbetriebssystem gegeben ist, in dem die Aufstapelung der Anmeldezettel an zwei verschiedenen Stellen möglich ist, kann man unbedenklich die Verflachung des Verkehrs mit 10% Verlust in Kauf nehmen. Die nach diesen Grundsätzen aufgestellten Kurven über die Leistungen des Leitungsbündels bei den verschiedenen Zeitwerten sind nach den eben angegebenen vier Wirkungsgraden im Anhange (S. 12) niedergelegt. Die hier dargestellten Kurven der Leitungsbündel für 1‰, 1% und 5% wurden aus Veröffentlichungen in den Fachzeitschriften entnommen, während die Kurve für 10% Wirkungsgrad durch Extrapolation, also nur schätzungsweise, gefunden wurde.

Um sich über die praktische Bedeutung des gewählten Wirkungsgrades eine klare Vorstellung bilden zu können, möchte ich feststellen, daß bei Leitungsbündeln, wie sie im vorliegenden Falle in Frage kommen, den angesetzten Verlustziffern folgende Leitungsbelastungen entsprechen:

Bei einer Verlustziffer von

1‰, 15′ Ausnützung pro Stunde mit etwa 40 Drei-Minuten-Gesprächen im Tage
1%, 20′ ,, ,, ,, ,, ,, 60 ,, ,, ,, ,, ,,
5%, 30′ ,, ,, ,, ,, ,, 80 ,, ,, ,, ,, ,, und
10%, 40′ ,, ,, ,, ,, ,, 100 ,, ,, ,, ,, ,,

Für einen normalen, den Anforderungen des Fernsprechbetriebes entsprechenden Verkehr dürften die beiden zuletzt angeführten Belastungen in ausgeführten Anlagen wohl nicht überschritten werden.

Die zwangläufige Forderung der Automatik, in weitestgehender Dezentralisierung der Wählereinrichtungen und durch möglichste Zusammenfassung der Leitungen in gemeinsame Bündel ein Höchstmaß der Wirtschaftlichkeit zu erreichen, wird im Netzgruppensystem durch die Bildung von V_2-Ämtern und Gruppenstellenanlagen im Anschluß an die V_1-Ämter erfüllt.

Nach diesen umfangreichen statistischen Vorarbeiten kann man nunmehr an die erste Aufgabe des Vergleiches, d. i. die Berechnung der Vorortsleitungen zwischen den kleinen Landzentralen und dem Hauptamte, herantreten und für jedes der drei Umschaltesysteme, sowie innerhalb eines solchen für jede der drei Unterabteilungen, nämlich a) für den Anfangszustand, b) für den Endausbau mit normaler Gesprächsziffer und c) desgleichen mit einer Verdopplung der Gesprächsziffer, die Zahl der Verbindungsleitungen nach den verschiedenen TC-Werten unter Benützung der im Anhange (S. 12) niedergelegten Kurven einwandfrei festlegen. Hier möchte ich ausdrücklich wiederholen, daß die Umschaltezeiten beim Handbetriebssystem mit Ausnahme des Hauptamtes, dessen Dienstzeit auf eine 24 stündige Dauer bemessen wird, in den kleinen Landzentralen nach wie vor ohne jegliche Änderung beschränkt bleiben sollen.

Unter diesen Voraussetzungen bietet die Berechnung der Leitungsbündel für alle Systeme und Gesprächsziffern, wie sie auf S. 13—17 des Anhanges durchgeführt wurde, keine Schwierigkeiten mehr. Auf S. 13 an gleicher Stelle sind zunächst alle für die Berechnung der Leitungsbündel nötigen statistischen Angaben

1. die Zahl der Hauptanschlüsse,
2. die Zeitdauer der Gespräche,
3. die gerechneten Gesprächsziffern für die verschiedenen Baustufen und
4. die verschiedenen Konzentrationen des Verkehrs nochmals, aber übersichtlicher für das Handbetriebssystem bei beschränkter Dienstzeit zusammengestellt.

Auf S. 13 und 14 des Anhanges ist für die Verbindungsleitungen des Handbetriebssystems die Berechnung des TC-Wertes zur Bestimmung des Leitungsbündels von den Landzentralen, die einem V_1-Amt, einem V_2-Amt oder einem $Gv\dfrac{10}{n}$ entsprechen, zum Hauptamte in der Weise durchgeführt, daß zunächst der gesamte auf den Leitungen sich abwickelnde Verkehr in seine einzelnen Teile zerlegt wurde, woraus sich dann die einzelnen TC-Werte jedes Verkehrsteiles für die drei bereits mehrfach erwähnten Vergleichsstufen ergaben. Beispielsweise rechnet sich für den von einem V_1-Amt mit 70 Teilnehmeranschlüssen abgehenden Vorortsverkehr bei einer Gesprächsziffer von 1,05, einem Zuschlag von 20% für dienstliche, Fehl- und sonstige gebührenfreie Anrufe, $^1/_{20}$ Stunde Dauer eines Gespräches, der TC-Wert zu $70 \cdot (1,05 + 0,2 \cdot 1,05) \cdot \frac{1}{20} = 4,4$ Stunden. Die Zahl der von einem Hauptamte in einer Landzentrale ankommenden Vorortsgespräche bestimmt sich aus den gleichen Elementen zuzüglich eines Faktors, der die Streuung des Verkehrs nach den übrigen Verkehrswegen berücksichtigt, anteilmäßig jeweils aus der Zahl der Anschlüsse einer dieser Landzentralen, vermehrt um die Gesamtzahl der Anschlüsse des Hauptamtes, dividiert durch die Gesamtzahl der Anschlüsse in den sämtlichen Landzentralen. Dieser Faktor wurde gleichmäßig zu rd. 15% des Verkehrs der betreffenden Landzentrale angenommen. Die Summe aller dieser TC-Werte weist in der Vergleichsstufe a) einen Wert von 9,59 TC-Stunden oder bei einer 13prozentigen Konzentration des Verkehrs in der Stunde des Höchstbetriebes einen solchen von 1,24 Stunden auf. Dieser gefundene TC-Wert ist zur Bestimmung der Leitungszahl ungeteilt in Ansatz zu bringen, da sowohl in diesem System als auch im Überweisungssystem ein wechselseitiger Verkehr auf allen zur Verfügung stehenden Verbindungsleitungen wahllos möglich ist. Die Zahl der Leitungen ergibt sich dann durch einfache Ablesung aus dem Anhange (S. 12) in der Kurve mit 10% Verlust. Für die verschiedenen berechneten TC-Werte ergeben sich für die drei Vergleichsstufen im Handbetriebssystem aus dem Anhange (S. 13) für den Fall a) 3, für den Fall e) 6 und für den Fall e'') 10 Sprechstromkreise, deren Zahl in diesem System, in dem die Bildung von Phantomleitungen durchgeführt werden kann, gleich der Zahl der metallischen Schleifenleitungen zu setzen ist.

Wie bereits erwähnt, beruht die im Anhange (S. 12) niedergelegte Kurve für 10% Wirkungsgrad mehr oder weniger auf Schätzungen, weshalb es angezeigt sein dürfte, die auf diese Weise gefundenen Leitungszahlen durch eine andere Art der Leitungsbestimmung nachzuprüfen. Man kann nämlich im Handbetrieb die Zahl der nötigen Leitungen bei einem bekannten TC-Wert auch noch dadurch bestimmen, daß man der Rechnung die Nutzungsminuten einer Fernleitung, die man ungefähr mit einem Werte von 36' annehmen darf, zugrunde legt. Nach dieser Rechnungsart bestimmen sich die Leitungszahlen für das Handbetriebssystem vom V_1A zum HA zu 2, zu 7 und zu 14 Leitungen; für die $Gv/10$ jeweils zu 1 Leitung, vom V_2A zum HA zu 1, zu 4 und zu 7 Leitungen. Die Werte sind zum Teil höher als die nach der ersten Art gefundenen. Ich werde daher die Vergleichsrechnung mit diesen Werten, die der Wirklichkeit höchstwahrscheinlich näherkommen, durchführen. An metallischen Leitungen sind für das V_1-Amt 2 bzw. 5 und 10, für das V_2-Amt 2 Leitungen bzw. 3 und 5 und für die Gv 10 je 1 Schleife vorzusehen.

Eine weitere Erklärung über den Gang der Rechnung dürfte sich für die Bestimmung der nötigen Leitungsbündel zu einem V_2-Amt und zu dem $Gv\,\dfrac{10}{n}$ erübrigen, denn die folgenden Rechnungen unterscheiden sich von der ersten nur durch Veränderung des Zahlenmaterials, sie sind aber gleichfalls, wie aus S. 13—17 des Anhanges ersehen werden wolle, für jede Vergleichsstufe ebenso peinlich durchgeführt, wie in dem erstbeschriebenen Falle.

Die gleiche Art der Berechnung ergibt sich auch bei dem Überweisungssystem, jedoch mit einer für die unbeschränkte Dienstzeit gerechneten erhöhten Gesprächsziffer und mit einer 12prozentigen Konzentration des Verkehrs. Die TC-Werte sind auch hier wegen des möglichen Wechselverkehrs ungeteilt in die Rechnung eingeführt. Die Zahl der Leitungen ergibt sich dann wiederum aus dem Anhange (S. 15), jedoch mit dem Mittelwerte aus den Kurven für 5% und 1% Verlust.

Bevor ich auf die Bestimmung der Leitungsbündel in einer SA-Netzgruppe übergehe, möchte ich zunächst einige Bemerkungen über verschiedene einschlägige Fragen allgemeiner Art vorausschicken.

Als Grundlagen für die Berechnung der Leitungszahlen gelten auch in diesem System die gleichen Angaben wie im Überweisungssystem, jedoch wird der TC-Wert für jedes Leitungsbündel in den verschiedenen Vergleichsstufen hier nicht mehr ungeteilt, sondern, da in diesem System ein im ankommenden und abgehenden Sinne gerichteter Verkehr in Frage kommt, geteilt in die Rechnung eingesetzt. Ich will aber an dieser Stelle ausdrücklich hervorheben, daß die Schwachstromtechnik Mittel an der Hand hat, einen selbsttätig wirkenden Wechselverkehr zwischen den Ämtern verschiedener Gattung einzuführen. Welchen ausschlaggebenden Einfluß eine solche Maßnahme auf die Zahl der Leitungen zwischen V_1-Amt und einem Hauptamt ausübt, möge aus folgendem Beispiele ersehen werden: Der TC-Wert des Leitungsbündels eines V_1-Amtes zu einem Hauptamte rechnet sich in der Stunde des Höchstbetriebes im abgehenden Verkehr zu 2,4 Stunden, der nach der Kurve mit 1% Verlust (s. Anhang S. 12) 7 Stromkreise erfordert; im ankommenden Verkehr rechnet er sich zu 2,5 Stunden, der ebenfalls 7, zusammen also 14 Sprechstromkreise erfordert. Würde man auf den Leitungen dieser Bündel technische Vorkehrungen treffen, die den Wechselverkehr in den beiden Verkehrsrichtungen zulassen, so könnte man der Berechnung einen ungeteilten TC-Wert von $2{,}4 + 2{,}5 = 4{,}9$ Stunden zugrunde legen. Bei diesem TC-Werte würde unter den gleichen Voraussetzungen ein Leitungsbündel mit 10 Sprechstromkreisen, oder um 28% weniger Leitungen als in dem eben angeführten Falle, für die Abwicklung des Verkehrs genügen. Die Einführung dieser technischen Maßnahme hätte also für sämtliche 53 Netzgruppenanlagen Bayerns eine Einsparung von $53 \cdot 7 \cdot 4 \cdot 15$ km $= 22\,260$ km Sprechstromkreise zur Folge. Diese Einsparung ist so groß, daß sie einen Einfluß auf die Wirtschaftlichkeit des ganzen Netzgruppensystems ausübt. Wenn ich diese Einsparung trotzdem in der folgenden Rechnung außer Betracht gelassen habe, so geschah es deshalb, um vorweg jeglichem Einspruch bezüglich der Leitungsberechnung zu begegnen. Ich erachte die Einführung dieser technischen Maßnahme als ein wertvolles Mittel zur Anpassung der Netze an die Verkehrsschwankungen des Fernbetriebes und an die Veränderungen des Verkehrs innerhalb der Bauperioden. Diese technische Möglichkeit birgt für das SA-Netzgruppensystem eine stille Reserve von nicht zu unterschätzender Bedeutung in sich, die die beiden anderen Systeme nicht aufzuweisen vermögen.

In der Berechnung eines Leitungsbündels für SA-Netzgruppen tritt ein weiterer, bisher noch nicht erläuterter Wert in die Erscheinung, nämlich die Blindbelegung einer Leitung. Ein SA-Netzgruppensystem kann entweder nach einem verdeckten Kennziffersystem (Mitlaufwerksystem) oder einem offenen Kennziffersystem betrieben werden. Mit dem technischen Unterschied dieser beiden Systeme will ich mich in dieser Abhandlung, in der nur wirtschaftliche Fragen untersucht werden sollen, nicht näher befassen, sondern die Betrachtungen lediglich auf das Mitlaufwerksystem, als das umfassendere, beschränken. In diesem System wird beim Abnehmen des Hörers einer Sprechstelle in einem Außenamte, also auch im Ortsverkehr, sofort die Verbindungsleitung bis zum Hauptamte, bei der Abnahme eines Hörers im V_2-Amte sowohl die Leitung vom V_2-Amt zum V_1-Amt, als auch jene vom V_1-Amte zum Hauptamte bis zum ersten Gruppenwähler belegt, aber nur so lange, bis mit dem Ablauf der Wählscheibe jeweils die Eingrenzung des Verkehrsweges festgelegt ist. Zum Aufbau der Ortsverbindung ist das Zustandekommen solcher Blindbelegungen jedoch nicht Voraussetzung, d. h. Ortsverbindungen können auch hergestellt werden, wenn im Augenblick der Nummernwahl freie Leitungen zum Hauptamte nicht vorhanden sind. Man darf die Zeitdauer der Blindbelegung einer Leitung mit einem Mittelwert von etwa 10 Sekunden, entsprechend der Zeitdauer des Wahlvorganges für ein zweimaliges Ablaufen einer Wählscheibe, in die Rechnung einsetzen. Der TC-Wert für die Blindbelegung eines

V_1-Amtes im Endausbau beträgt beispielsweise etwa 7% des gesamten TC-Wertes dieses Amtes, d. i. ein Wert, der für die Berechnung des Leitungsbündels keine Rolle spielt. Ich habe diesen Wert nur der Vollständigkeit halber zu dem Zwecke in die Rechnung eingesetzt, um auch nach dieser Richtung jeglichem Einwande in der Berechnung der Leitungsbündel zu begegnen.

Nach diesen eingehenden Ausführungen dürfte die Berechnung der TC-Werte und damit der Leitungsbündel, wie ich sie auf S. 16—17 des Anhanges für die drei verschiedenen Fälle mit der Bündelungskurve von 1% Verlust niedergelegt habe, keine Schwierigkeiten mehr bereiten.

Das auf diese, wenn auch etwas umständliche Weise gewonnene, einwandfreie Zahlenmaterial, welches mit dieser Genauigkeit niemals auf Grund einer Schätzung oder lediglich nach der Zahl der Hauptanschlüsse gefunden wird, ist so umfangreich, daß man es nicht ohne weiteres einer kritischen Betrachtung unterziehen kann. Da für die wirtschaftliche Beurteilung dieser Frage nicht allein die Zahl, sondern vielmehr der Leitungsaufwand, d. i. das Produkt aus der Zahl der Leitungen und deren Länge, eine Rolle spielt, so habe ich für die folgenden Betrachtungen im Anhange (S. 18) eine Zusammenstellung angefertigt, aus der der gesamte Leitungsaufwand für den Vorortsverkehr der drei verschiedenen Systeme in den zwei Baustufen sowohl, als auch für den Fall einer doppelten Verkehrssteigerung entnommen werden wolle, wobei in einer der Unterabteilungen die Zahl der Sprechstromkreise, in einer anderen die Zahl der metallischen Schleifenleitungen unterschieden werden. Der TC-Wert einer Anlage ergibt lediglich die Zahl der Sprechstromkreise, die für die unbehinderte Abwicklung des Verkehrs notwendig ist, nicht aber die Zahl der Schleifenleitungen, die von der Möglichkeit der Viererschaltung aus beurteilt werden muß.

Bis vor kurzem war auch im automatischen Netzgruppenverkehr, ebenso wie heute noch im automatischen Ortsverkehr, die Zahl der Sprechstromkreise gleich der Zahl der metallischen Schleifenleitungen. Die rauhe Hand der Praxis hat aber die vormalige bayerische Telegraphenverwaltung in der Netzgruppenanlage Weilheim infolge der störenden Einflüsse des elektrischen Bahnbetriebes gezwungen, die Vorortsleitungen des beeinflußten Gebietes durch Einbau von Übertragerspulen elektrisch abzuriegeln. Eine elektrische Abriegelung der Leitungen durch Übertrager erfordert aber im automatischen Betriebe die Anwendung der Wählerfernsteuerung durch Wechselstrom innerhalb der abgeriegelten Ämter.

Die nach dieser Richtung angestellten Versuche haben ergeben, daß die Wählerfernsteuerung durch Wechselstrom auf den Vorortsleitungen einer SA-Netzgruppe ohne weiteres möglich ist. Der Verkehr des V_1-Amtes Murnau mit dem Hauptamte Weilheim und in umgekehrter Richtung wickelt sich bereits seit einiger Zeit unter Verwendung technischen Wechselstromes zur Fernsteuerung der Wähler auf den Verbindungsleitungen dieser beiden Ämter betriebsicher ab. Man wird deshalb in allen von Bahnströmen verseuchten Gebieten, in denen man die Einführung des Netzgruppensystems beabsichtigt, zur Wählerfernsteuerung durch Wechselstrom übergehen müssen. Diese aus der Not geborene Maßnahme birgt aber technisch einen wirtschaftlichen Vorteil in sich, denn der erforderliche Einbau von Übertragern zur elektrischen Abriegelung der Leitungen von den Stromkreisen der Wählerämter läßt ohne weiteres die Bildung von Viererleitungen zu, die man überall da, wo durch Verkehrssteigerung Leitungsmangel eintritt, zur Anwendung bringen wird. Die weitere Möglichkeit einer Leitungseinsparung von 30% des gesamten Aufwandes in einer SA-Netzgruppe darf bei einem Wirtschaftsvergleich nicht mehr außer acht gelassen werden. Der Einfluß dieser Maßnahme ist aus dem Anhange (S. 18) in der Gegenüberstellung der Leitungskilometer für die verschiedenen Systeme zu ersehen.

Wenn die Verbesserung des Vorortsverkehres im Handbetriebssystem mit 10% Abflachung der Verkehrsspitze bei entsprechend großen Wartezeiten gegenüber dem Überweisungssystem im Anfangszustand einer Anlage, bei einer Abflachung von nur 2,5%, eine Leitungsmehrung von 85% bzw. 62% im Endausbau bedingt, so sinkt diese Leitungsmehrung im Endausbau des SA-Netzgruppensystems, trotz des fast ungehinderten Verkehrs mit der minimalen Abflachung von 1,3% der Verkehrsspitzen, auf 55% herab. Es ist daher in einer SA-Netzgruppe dem Überweisungssystem gegenüber keine Mehrung an metallischen Leitungskilometern, wie schlechthin angenommen werden möchte, sondern eine Minderung von 125,8 km im Endausbau festzustellen, die man noch durch den Einbau von Organen für den wechselseitigen Verkehr der Ämter um weitere 20% steigern könnte. Dieses überraschende, nur auf Grund eines eingehenden Studiums mögliche Ergebnis, welches nicht vorausgesehen werden konnte, hat seine Ursachen

1. in der Bildung möglichst großer Leitungsbündel durch Zusammenfassung des Verkehres der V_2-Ämter und Gruppenumschalter mit dem Verkehr der V_1-Ämter und
2. in der Möglichkeit der Bildung von Viererleitungen im Zwischenamtsverkehr einer SA-Netzgruppe.

Ob und welche Einsparung mit dieser Minderung von metallischen Leitungen und der gleichzeitigen Mehrung der Sprechstromkreise erzielt werden wird, muß einer weiteren Untersuchung vorbehalten bleiben.

III. Die Berechnung der Leitungsbündel für den Bezirks- und Fernverkehr.

Zum Studium der eben angeschnittenen Frage müssen noch die Kosten der Bezirksleitungen mit in den Kreis der Betrachtung gezogen werden. Unter Bezirksleitungen sollen jene Fernleitungen verstanden werden, die die benachbarten Netzgruppenmittelpunkte untereinander ohne Zwischenschaltung von Verstärkerämtern verbinden. Den auf diesen Leitungen sich abwickelnden Fernverkehr will ich der Kürze halber mit Bezirksfernverkehr bezeichnen. Gerade die Abwicklung dieses Verkehrs wird vermutlich neben der vollständigen Automatisierung des Vorortsverkehrs durch Ausdehnung der Wählerfernsteuerung auf die Bezirksleitungen eine ausschlaggebende, bisher zu wenig gewürdigte Rückwirkung auf die Wirtschaftlichkeit des SA-Netzgruppensystems ausüben und damit auch die viel umstrittene Wirtschaftsfrage einer automatischen Fernvermittlung gegenüber einem handbetrieblich zu bedienenden Vorschalteschrank der Klärung zuführen. Die Entscheidung dieser Frage in dem einen oder anderen Sinne erachte ich mit als den Kernpunkt des ganzen Problems.

Auch die Zahl der Leitungen für den gesamten Fernverkehr bzw. die Zahl der aus den Leitungen sich ergebenden Fernamtsplätze haben auf die Beurteilung des Netzgruppenproblems einen wesentlichen wirtschaftlichen Einfluß insoferne, als es durch die Wählerfernsteuerung möglich sein wird, die Abwicklung des gesamten Fernverkehrs während der Nachtzeit ohne Unterbrechung auf nur wenige Stellen des Landes zusammenzudrängen. Von den 53 in Aussicht genommenen Fernämtern Bayerns sollen nur 12, die ich als Fernämter 1. Klasse bezeichnen möchte (s. Anhang S. 2), eine ununterbrochene Dienstzeit erhalten, während bei den übrigen 41 Fernämtern (2. Klasse) ohne Einschränkung der fernmäßigen Abwicklung des Verkehrs nur ein etwa 12stündiger Tagdienst in Frage kommt. Damit kann der unwirtschaftliche Nachtdienst, den man sonst bei allen übrigen, auf dieselbe Vergleichsstufe gestellten Systemen durchführen muß, in mehr als 75% aller Fälle entbehrt werden.

Die Zahl der Bezirksleitungen einer Netzgruppe kann man nun auf zwei verschiedene Arten bestimmen:

1. entweder durch eine anteilmäßige Verteilung aller am 1. Januar 1925 in Bayern vorhandenen Bezirksleitungen von 25—75 km Länge auf jede einzelne Netzgruppe, oder
2. durch Ausgehen vom TC-Werte für den Bezirksverkehr der gesamten Mittelwertsnetzgruppe in der Stunde des Höchstbetriebes als Dividend eines Quotienten zu den Nutzungsminuten einer Bezirksleitung als Divisor des gleichen Quotienten.

Zu 1.) Am 1. Januar 1925 waren nämlich in Bayern 509 solche Bezirksleitungen mit $2 \times 509 = 1018$ Anruforganen vorhanden, so daß bei 53 Netzgruppenanlagen auf eine einzelne Anlage 1018 : 53 rund 20 Leitungen für den ankommenden und abgehenden Bezirksverkehr treffen. Diese 20 Bezirksleitungen werden aber in einer Netzgruppe nicht in einem Leitungsbündel vereinigt geführt, sondern sie strahlen vom Hauptamt ausgehend in verschiedenen, der Zahl der benachbarten Gruppen entsprechenden Leitungssträngen zu dem jeweilig angrenzenden Netzgruppenmittelpunkt. Nach Anhang (S. 19—20) beträgt im Durchschnitt die Zahl der benachbarten Netzgruppen rund 5. Demzufolge treffen auf einen Leitungsstrang vom Hauptamt der Netzgruppe aus zu einem benachbarten Netzgruppenmittelpunkt nur je $20 : 5 = 4$ Bezirksleitungen, die man zweckmäßig mit einem Leitungsstrang für die Vorortsleitungen zu einem V_1-Amt oder einem V_2-Amt oder mit dem in gleicher Richtung verlaufenden Kabel vereinigt.

Aus der gleichen Übersicht ist auch noch die mittlere Luftlinienentfernung und Weglänge einer Bezirksleitung zu entnehmen.

Zu 2.) Nach den Vorschlägen über die Bestimmung der Zahl der Bezirksleitungen, die ich im Anhange (S. 21) niedergelegt habe, kommt man auf rein theoretischem Wege zu dem gleichen Ergebnis wie nach Ziffer 1, also ebenfalls auf vier Bezirksleitungen pro Strang und auf $4 \times 5 = 20$ Leitungen pro Netzgruppe im Anfangszustand der Anlage, welche Zahl sich im Endausbau auf $8 \times 5 = 40$ bei normaler Gesprächsziffer und auf $16 \times 5 = 80$ bei Verdoppelung der Gesprächsziffer eines Netzes erhöht.

Auf der gleichen Seite wurde auch noch auf Grund der vorhandenen Fernleitungen die Zahl der in jeder Netzgruppe nötigen Fernleitungen für den großen Fernverkehr anteilmäßig bestimmt. Diese Leitungen werden entweder in gesonderten Fernkabeln oder in eigenen Leitungssträngen verlegt. Da die Anschaffungskosten und die Unterhaltung dieser Leitungen in allen der Untersuchung unterworfenen Fällen gleich sind, so bleibt der dafür erwachsene Aufwand in einer relativen Wirtschaftsrechnung außer Betracht. Die Kosten der Bedienung der für diese Leitungen nötigen Arbeitsplätze jedoch, die in Ämtern mit verschiedenen Dienstzeiten auch verschieden sein werden, müssen mit in den Kreis der Betrachtung gezogen werden, weshalb hier auch diese Zahl mit aufgenommen wurde.

Damit wären die umfangreichen Vorerhebungen über die Zahl der in den verschiedenen Systemen und Bauperioden nötigen Vororts- und Bezirksleitungen abgeschlossen, und man kann nunmehr an den eigentlichen Wirtschaftsvergleich für den Aufwand des nötigen Leitungsmaterials herantreten.

IV. Allgemeine Betrachtungen über die Kosten des oberirdischen und unterirdischen Leitungsbaues für den Vororts- und den Bezirksfernverkehr.

Außer der Zahl und Länge der Fernleitungen spielt bei der Beurteilung der Wertigkeit irgendeines Umschaltesystems auch noch die Art des Baues, ob oberirdisch oder unterirdisch, ferner die Größe der Leitungsstränge bzw. die Adernzahl der unterirdischen Fernkabel und endlich die Draht- bzw. Adernstärke eine nicht zu unterschätzende finanzielle Rolle. Man ersieht schon aus dieser einfachen Aufzählung der verschiedenen Größen, daß die Beantwortung der Frage über die Kosten des Leitungsaufwandes, der in jedem der drei Systeme und in den drei Bauperioden von sechs veränderlichen Faktoren abhängig ist, nicht ohne weiteres, also auch nicht schätzungsweise durchgeführt werden kann. Um diese schwierige Frage überhaupt aufgreifen zu können, habe ich zunächst ganz allgemein

1. die einmaligen und jährlichen Kosten eines oberirdischen Fernleitungsgestänges mit 2 mm Bronzedraht, abgestuft von 2 zu 2 bis einschließlich 30 Doppelleitungen und
2. die einmaligen und jährlichen Kosten eines unterirdisch verlegten Fernleitungskabels mit 0,9 mm Adernstärke in paariger und Viererausnützung ebenfalls in Stufen von 4 zu 2 bis einschließlich 10, dann in wechselnden Stufen von 14 bis 250 Doppeladern nach dem Preisstande vom 1. April 1925 untersucht und das Ergebnis dieser Untersuchung für die Herstellungs- und jährlichen Kosten im Anhange (S. 21—24) für oberirdische und auf S. 24—29 für unterirdische Leitungen niedergelegt.

Die Anlagekosten des oberirdischen Leitungsbaues im Anhange (S. 21—23) sind bestimmt unter der Annahme der Verwendung von Eisenarmierungen und Isolierglocken bayerischen Musters, von Einfachgestängen bis 20 und von Doppelgestängen von 22 bis 30 Doppelleitungen. Zu den jährlichen Unterhaltungskosten, die nach den Erhebungen der bayerischen Oberpostdirektionen festgesetzt sind, wurde für jeden Leitungskilometer ein Entgang von 3 Mark Vorortsgebühren in Ansatz gebracht, der bei den wiederholten Störungen der Leitungsstränge innerhalb eines Jahres im Durchschnitt entsteht.

Die jährlichen Abschreibungskosten errechnen sich nach der Formel $x = \dfrac{a - (b - c)}{n}$, wobei a die Kosten des Neuwertes, b jene des Altwertes, c die Kosten des Abbruches und n ($= 30$) die Lebensdauer von Bronzedraht in Jahren darstellt.

Über die Höhe der Verzinsung des Anlagewertes, die man der Vergleichsrechnung zugrunde legen will, kann man verschiedener Meinung sein. Gegenwärtig müßte die Verzinsung des Kapitals mit mindestens 7½% und mehr in die Rechnung eingesetzt werden; da jedoch ein Teil der in dem Vergleiche vorgetragenen Vorortsleitungen bereits jetzt schon im Betriebe steht, ein anderer Teil aber erst im Verlaufe der nächsten 20 Jahre gebaut werden wird, das ist innerhalb einer Zeit, in der jedenfalls die Wirtschaftslage sich ändern wird, so dürfte für den Leitungsbau eine mittlere Verzinsungsquote von 5% des Anlagekapitals sowohl den gegenwärtigen, wie auch den zukünftigen Verhältnissen am nächsten kommen.

Aus den drei genannten Feststellungen lassen sich nun die jährlichen Gesamtkosten für die Unterhaltung, Abschreibung und Verzinsung eines Kilometers oberirdischer Doppelleitung je nach der Größe des Leitungsbildes in einem Gestänge berechnen:

1. für reine metallische Schleifenleitungen und
2. für Sprechstromkreise unter der Annahme, daß nur 30% der vorhandenen metallischen Leitungen zur Viererbildung von Leitungen herangezogen werden.

Das Ergebnis dieser Zusammenstellung ist für eine Vergleichsberechnung der verschiedenen Systeme sehr lehrreich. Es zeigt uns nämlich, daß die jährlichen Kosten eines Kilometers oberirdischer Schleifenleitung zwischen 38,73 Mark bei einem Leitungsbilde mit 20 Doppelleitungen und 94,59 Mark bei einem solchen mit zwei Doppelleitungen betragen, also eine Schwankung um fast 150% des Erstwertes aufweisen (s. Anhang S. 23). Bei solch großen Unterschieden der Einheitspreise kann infolgedessen ohne genaue Kenntnis der gesamten Leitungsanlage ein Wirtschaftsvergleich überhaupt nicht durchgeführt werden. Die einfache Schlußfolgerung, daß eine 30prozentige Leitungsmehrung in irgendeinem Umschaltesystem gegenüber einem anderen auch eine ebenso hohe Mehrung der jährlichen Kosten zur Folge haben wird, ist daher in allen Fällen unzutreffend.

Auf die Anlagewerte des unterirdischen Fernkabelbaues übergehend, möchte ich allgemein bemerken, daß bei den relativ kurzen Weglängen der Vorortskabel die Verlegung von Kabeln mit einer Adernstärke von 0,9 mm den berechtigten Anforderungen eines sachgemäßen Fernsprechbetriebes vollauf genügen dürfte, aber nur dann, wenn die Stammleitungen alle 2 km vorschriftsmäßig pupinisiert werden und im Störbereich von elektrischen Wechselstrombahnen möglichster Symmetrierung der Leitungen Rechnung getragen wird. Zur Verlegung sollen bewehrte Fernleitungskabel mit Ziegelsteinabdeckung in Aussicht genommen werden. Alle weiteren Angaben über die Entwicklung der Anlagekosten können dem Anhange (S. 24—26) entnommen werden, wo sowohl die Kosten einfach- wie doppeltpupinisierter Kabel für die Bildung von Viererleitungen getrennt vorgetragen sind.

Zunächst ist nun die Frage zu untersuchen, ob die Doppelpupinisierung von Fernleitungskabeln, d. h. die Viererbildung der Doppeladern gegenüber einem gewöhnlichen, paarigen Fernkabel wirtschaftlich vertretbar erscheint. Zu diesem Zwecke habe ich im Anhange (S. 27) die Anlagekosten der beiden Kabelarten graphisch aufgetragen, und zwar die Kabel mit 4″ bis 30″ in größerem (eingeklammerte Zahlen), jene mit 50″ bis 150″ in kleinerem Maßstabe. Aus dieser Aufzeichnung kann entnommen werden, daß die Doppelpupinisierung von Fernkabeln bis 11″ unwirtschaftlich erscheint, während bei allen übrigen Fernkabeln von 14″ aufwärts bis 30″ Einsparungen von 8% des Anlagewertes sich erzielen lassen, die sich bei 50″, 100″ und 150″ auf 12%, 15% und 19% erhöhen. Während man bei der Viererbildung in oberirdisch geführten Fernleitungen eine Einsparung bis zu 50% des Anlagekapitals erwarten kann, sinken zufolge dieser Feststellung die Einsparungen in unterirdisch geführten Fernkabeln durch die erhöhten Kosten der Doppelpupinisierung und der Leitungssymmetrierung auf den dritten bis sechsten Teil herab.

Der jährliche Aufwand für Verzinsung, Abschreibung und Unterhaltung von 0,9 mm Bezirkskabeln in paariger und Viererverseilung kann für einen Wirtschaftsvergleich mit Entwicklung der Zahlen aus dem Anhange (S. 28—29) ohne weiteres entnommen werden. Im unterirdischen Leitungsbau ist nach dieser Aufstellung je nach der Größe der Kabel der Unterschied in den jährlichen Kosten eines Adernpaares bestimmter Länge noch viel krasser wie im oberirdischen Bau der Leitungskilometer bei Anwendung verschiedener Leitungsbilder. Beispielsweise beträgt der jährliche Aufwand für ein Aderpaarkilometer bei einem Kabel mit 4″ 99 Mark im Jahre, welcher Aufwand bei einer Verlegung von einem Kabel mit 30″ bzw. mit 250″ auf 24 Mark bzw. 12,30 Mark, also um das Vier- bzw. Achtfache sinkt, also viel weiter wie beim oberirdischen Leitungsbau in Strängen gleicher Größe. Die große Preissenkung im Jahresaufwand für ein Aderpaarkilometer gegenüber einer oberirdischen Doppelleitung möglichst weitgehend auszunützen, ist ein Ziel, welches bei der Planung irgendeines Leitungsnetzes immer als die oberste Richtlinie zu gelten hat. In welcher Weise läßt sich nun bei der Bearbeitung irgendeines Projektes dieses Ziel erreichen? Die Beantwortung dieser Frage liegt zunächst in der Feststellung des Grenzfalles im Bau oberirdischer und unterirdischer Fernleitungen, des weiteren aber auch noch in der richtigen Zusammenfassung verschiedener Leitungsstränge zu größeren Leitungsbündeln, deren Planung jeweils immer nur an Hand eines praktischen Projektes möglich ist.

Im Anhange (S. 30) habe ich nun die jährlichen Unterhaltungs-, Abschreibungs- und Verzinsungskosten, abhängig von der Zahl der Doppelleitungen in einem Bündel für oberirdische und in Doppeladern für unterirdische Leitungen, die einen in punktierten, die anderen in ausgezogenen Linien graphisch so aufgetragen, daß man aus dem einen Bilde die Steigerung der Kosten für reine metallische Schleifenleitungen, aus dem anderen dagegen jene für Viererbildung ersehen kann.

In dem ersten Falle, bei rein metallischen Schleifenleitungen, ist der Grenzfall zwischen dem oberirdischen und unterirdischen Leitungsbau hienach bei

12″

gegeben, wenn die Kabel nur einfach pupinisiert werden; unter Verwendung doppelt pupinisierter Kabel in Anlagen, in denen eine Viererbildung der Leitungen möglich ist, tritt der gleiche Fall erst bei dem Bau von

15″ ein.

Dieses Ergebnis lehrt, daß in allen praktischen Fällen, in denen der Bau eines Leitungsstranges mit mehr als 12 Schleifenleitungen bzw. mit mehr als 15 Sprechstromkreisen notwendig wird, die Verlegung eines gleich starken pupinisierten Fernleitungskabels mit 0,9 mm Adernstärke nicht allein technisch, sondern auch wirtschaftlich den Vorzug vor dem Bau eines ebenso aufnahmefähigen oberirdischen Leitungsgestänges verdient.

Im folgenden Abschnitte soll nun der tatsächliche Wirtschaftsvergleich im Kostenaufwand der Verbindungsleitungen für die der Betrachtung unterzogenen Systeme durchgeführt werden. Hiebei wird es sich zeigen, daß die im Anhange (S. 24—26 und 28—29) nachgewiesenen, aber nur einer beschränkten, der fabrikmäßigen Herstellung von Kabeln angepaßten Zahl von Doppelleitungen entsprechenden Einheitssätze des einmaligen sowie des jährlichen Aufwandes nicht für alle auftretenden theoretischen Fälle genügen. Um nun auch für jeden hier in Frage kommenden Fall Einheitspreise zu erhalten, habe ich auf S. 22 und 24 sowie S. 27 und 28 des Anhanges die einmaligen und jährlichen Kosten des Leitungsbaues, unterteilt nach oberirdischen und unterirdischen Leitungen und hier nochmals nach reinen Schleifen- sowie Viererleitungen, aber nur bis zu einer bestimmten Grenze, graphisch aufgetragen. Aus diesen Preiskurven können dann innerhalb des gegebenen Bereiches alle für den Wirtschaftsvergleich nötigen Einheitssätze entnommen werden.

V. Wirtschaftsvergleich im Aufwande der Verbindungsleitungen einer Mittelwertsnetzgruppe.

Nach Abschluß aller Vorerhebungen über den Bau und über die Kosten von Verbindungsleitungen einer Mittelwertsgruppe kann man nunmehr an die Gegenüberstellung des einmaligen und jährlichen Aufwandes für die Herstellung und Unterhaltung der Verbindungsleitungen für die der Untersuchung zu unterziehenden drei Systeme herantreten und den Wirtschaftsvergleich innerhalb der drei Baustufen durchführen. Die bisherige Untersuchung hat ergeben, daß für den Wirtschaftsvergleich neben der Leitungslänge sowohl die Bauart, als auch die Bündelung der Leitungen eine ausschlaggebende Rolle spielt. Die wirtschaftliche Erfassung dieser Maßnahmen ist aber nur an Hand von Leitungsplänen, d. h. also erst nach Aufstellung eines Projektes möglich, wie ein solches bereits im Anhange (S. 9—10) einer Mittelwertsnetzgruppe schematisch angedeutet wurde. Trägt man nämlich in diese Pläne die Zahl der in jedem System für die verschiedenen Baustufen nötigen Schleifenleitungen bzw. Sprechstromkreise von den Verbundämtern zum Hauptamte ein, so kann man in jedem Einzelfalle 1. die Größe des jeweiligen Leitungsbündels und damit 2. bei einer bestimmten Zahl von Leitungen den Übergang zum unterirdischen Bau festlegen, wobei in Leitungssträngen, die gleichzeitig Vororts- und Bezirksleitungen in sich vereinigen, die Summe aller Leitungszahlen für 'die Beurteilung des kilometrischen Einheitspreises in Frage kommt.

Diese Wirtschaftsuntersuchung habe ich nun im Anhange (S. 31—32) für das Handbetriebssystem, auf S. 33—35 für das Überweisungssystem und auf S. 36 für das SA-Netzgruppensystem in jeder der drei Baustufen durchgeführt, und zwar zunächst auf S. 31 sowie auf S. 33 unter der Annahme, daß im Handbetriebs- und Überweisungssystem die Leitungsstränge auf dem kürzesten Wege direkt zum Hauptamte geführt werden, während in dem auf S. 32 sowie auf S. 34 und 35 niedergelegten Projekte abweichend hiervon, ebenso wie im SA-Netzgruppensystem (S. 36) die Zusammenlegung von Leitungssträngen von den V_2-Ämtern auf einem Umwege über das nächstgelegene V_1-Amt vorgesehen ist. Diese letztgenannte Leitungsführung gestattet gegenüber dem ersteren Falle eine größere Bündelung der Leitungen an den Ausstrahlungspunkten des Hauptamtes. Sie soll den Beweis liefern, daß trotz der durch diese Führung bedingten Mehrlänge unter gewissen Voraussetzungen ein wirtschaftlicher Erfolg erzielt wird, auch wenn die dadurch entstehende Zusammenfassung der Leitungen in weniger Linien betriebsmäßig nicht ausgenützt wird.

Die Eintragung des aus dem Anhange (S. 13—17) gewonnenen Zahlenmateriales in die Unterabteilungen der Zahlentafeln (S. 31—36), deren Aufbau den Gang der Rechnung ohne weiteres ersehen läßt, bietet keine Schwierigkeiten, ebensowenig wie die Eintragung der Einheitssätze der einmaligen und jährlichen Kosten des Leitungsbaues aus dem Kurvenmaterial des Anhanges (S. 22, 24, 27 und 28). Dabei ist nur darauf Bedacht zu nehmen, daß im Handbetriebs- und Netzgruppensystem die Einheitskosten für einen Sprechstromkreiskilometer, im Überweisungssystem dagegen jene für einen Schleifenleitungskilometer einzusetzen sind.

Erweist sich in irgendeinem Leitungsabschnitte die Zahl der Schleifenleitungen höher als 12 bzw. höher als 15 bei Phantomleitungen, so muß auf dieser Strecke der unterirdische Leitungsbau vorgesehen werden, während in allen übrigen Fällen der oberirdische Leitungsbau in Aussicht zu nehmen ist. In einer der mittleren Zahlenreihen wurde die Summe jener Leitungszahlen vorgetragen, die sich strangweise durch die Vereinigung der Vororts- und Bezirksleitungen ergibt. Als Einheitssatz für die Herstellungs- und Unterhaltungskosten dieser Leitungen darf dabei jeweils nicht der dem einen Summanden zugehörige höhere, sondern es muß der der Summe entsprechende niedrigere Betrag in die Rechnung eingesetzt werden.

Tritt der Fall ein, daß zwei verkabelte Strecken verschiedener Netzgruppen durch einen Linienzug verbunden werden müssen, der zur Verkabelung noch nicht bereift ist, so wird zur Verhütung von Dämpfungsunterschieden sowie besonders zur Vermeidung von Störungen in den gegen Fremdströme und atmosphärische Entladungen zu schützenden Überführungspunkten auch dieses Zwischenstück verkabelt.

An dieser Stelle möchte ich noch ergänzend bemerken, daß in auszuführenden Netzgruppenanlagen nicht immer das theoretisch ermittelte Leitungsbild bzw. die Zahl der gerechneten Kabeladern auch tatsächlich zur Verlegung kommt. Die in die Rechnung eingeführten Zahlen stellen vielmehr das Minimum im Leitungsaufwand dar, welches niemals unterschritten werden darf, wohl aber ohne jegliches technisches Bedenken überschritten werden kann. In der Wirklichkeit wird man beispielsweise bei einer Zahl von 17 Doppeladern nicht auch ein Kabel mit dieser anormalen Adernzahl, sondern ein fabrikationsmäßig besser herzustellendes, stärkeres Kabel mit vielleicht 20 Doppeladern zur Verlegung in Aussicht nehmen. Für den theoretischen Vergleich jedoch, bei dem gegenüber der Praxis solche Unterschiede in jedem System fast gleichheitlich auftreten, bleiben die Kosten für die durch die Bauart der Kabel bedingten überschüssigen Adern außer Betracht.

Aus der Kostengegenüberstellung gleicher Systeme sowohl im Handbetrieb wie im Überweisungs-amte ersieht man, daß trotz der Leitungsmehrung, wie sie die Führung der Leitungen über die V_1-Ämter naturgemäß nach sich zieht, gegenüber der direkten Leitungsführung in den ersten zwei Baustufen eine beachtenswerte Kostenminderung sich ergibt. Ein weiterer Beweis dafür, daß der kilometrische Leitungs-aufwand eines Systems allein nicht immer einen bündigen Schluß auf eine Kostenmehrung oder -minderung zuläßt, sondern daß in besonders gelagerten Fällen selbst bei einer Leitungsverlängerung durch die größere Bündelung der Leitungen ein bedeutender wirtschaftlicher Erfolg nicht allein in den einmaligen, sondern auch in den jährlichen Kosten erzielt wird.

In den beiden letzten Zahlenreihen des Anhanges (S. 31—36) wurden nun für jedes Umschalte-system, und zwar in jeder der drei Baustufen nach dem tatsächlichen kilometrischen Leitungsaufwande die der wirtschaftlichen Schlußrechnung am Ende dieser Abhandlung zugrunde zu legenden Einheits-preise für die Vororts- und für die Bezirksleitungen ausgewertet.

Der Abschluß dieser umfangreichen, zeitraubenden Erhebungen, die in alle Einzelheiten dieser verwickelten Materie bis in den innersten Kern hineinleuchten, hat es erst ermöglicht, theoretisch die Kosten des Leitungsbaues einer Mittelwertsnetzgruppe in vollkommen einwandfreier Weise zu erfassen, um zunächst jenen Teil der Wirtschaftsrechnung zu treffen, der beim Bau von Netzgruppenanlagen jedenfalls einen erheblichen Teil der Kosten verursachen wird. Derartige Einheitskosten, die, wie diese Erhebungen zeigen, innerhalb der verschiedenen Systeme große Unterschiede aufweisen, nur schätzungs-weise in eine Wirtschaftsrechnung aufzunehmen, führt nicht zu dem gewünschten Ziele.

Für die Beurteilung der Wertigkeit im Leitungsaufwand der verschiedenen Systeme können die im Anhange (S. 31—36) festgestellten Schlußsummen über die Kosten des Leitungsbaues wegen ihrer großen Zahl nicht ohne weiteres gegenübergestellt werden, weshalb ich zur bequemeren Über-sicht des gesamten Zahlenmaterials auf S. 37 des Anhanges die Schlußsummen des Wirtschafts-vergleiches graphisch aufgetragen und die verschiedenen Punkte durch eine Kurve verbunden habe. Aus dieser graphischen Aufzeichnung ergibt sich nun folgende Schlußfolgerung von allgemeiner Bedeutung:

1. Die Einheitssätze für den kilometrischen Aufwand eines Leitungsnetzes im Vorortsverkehr einer Mittelwertsnetzgruppe ändern sich mit der Größe der Anlage sehr erheblich. So schwanken beispiels-weise die einmaligen Herstellungskosten je nach der Bündelung oder Verkabelung sowie je nach der Möglichkeit einer Viererbildung von Leitungen zwischen 231 Mark und 516 Mark pro km, also um mehr als das Doppelte, während die Schwankung in den jährlichen Aufwandskosten mit 26 Mark und 100 Mark fast den vierfachen Unterschied erreicht. Diese Tatsache beweist zur Genüge, daß ohne Aufstellung eines Leitungsprojektes ein Kostenvergleich zwischen verschiedenen Fernsprechsystemen schätzungs-weise unmöglich ist.

2. Die größere Bündelung im Handbetriebs- und Überweisungssystem mit einer Verlängerung der Leitungsführung über die V_1-Ämter weist trotz der 11 prozentigen Leitungsmehrung einen wirtschaft-lichen Erfolg auf, der aber nur solange auftritt, als der Bau des Netzes mit rein oberirdisch geführten Leitungen in Frage kommt. Dieser Erfolg wird um so geringer und schlägt sogar bei einer bestimmten Grenze ins Gegenteil um, je mehr in einem Leitungsnetze der Vorteil des unterirdischen Leitungsbaues sich auswirken kann. Eine gesetzmäßige Festlegung dieser Grenze ist jedoch bei den zahlreichen Faktoren, die den Leitungsbau beherrschen, nicht durchführbar.

3. Der einmalige und jährliche Leitungsaufwand ergibt in den beiden vollautomatischen Systemen gegenüber dem Handbetriebssystem eine 30 prozentige Mehrung der Kosten.

4. Obwohl im SA-Netzgruppensystem gegenüber dem Überweisungssystem durch die 33 prozentige Mehrung der Sprechstromkreise eine wesentliche Verbesserung der Aufnahmefähigkeit von Leitungen für die Abwicklung des Gleichzeitigkeitsverkehrs, nämlich $\left(\dfrac{30' - 20'}{30'} \cdot 100\right)$, das sind 33% im Vor-ortsbetriebe erreicht wird, so ist diese Verkehrsverbesserung, wie aus den Schaubildern S. 37 ersehen werden kann, mit keinem wesentlichen Mehraufwand verknüpft. Man könnte sogar mit einer weiteren Aus-nützung des noch in der Automatik liegenden latenten Vorteils, durch Einführung des Wechselverkehres auf den Vorortsleitungen den Kostenaufwand im Leitungsbau um fast 20% unter die Kosten im Über-weisungssystem herabdrücken. Mit dieser wichtigen Feststellung, die erst nach Abschluß all der vor-stehenden, langwierigen Vorarbeiten möglich war, die aber allein schon die bisher aufgewandte Mühe lohnt, dürfte wohl einer der ausschlaggebendsten Gesichtspunkte getroffen sein, die für das SA-Netz-gruppensystem sprechen.

5. Eine Verdreifachung der Teilnehmeranschlüsse im Endausbau gegenüber dem Anfangszustande hat im Handbetriebssystem an den Kosten des Leitungsaufwandes eine Mehrung um rund das Doppelte, in den beiden automatischen Systemen dagegen nur eine solche um das 1,5 fache zur Folge.

Eine Verkehrsverdopplung im Endausbau wirkt sich wirtschaftlich insoferne auf den Leitungsbau äußerst günstig aus, als der Kostenaufwand für die Leitungen sich nicht verdoppelt, sondern gegenüber dem Normalfalle im Handbetriebssystem nur eine Kostenmehrung von 40%, im Überweisungssystem von 20% und im SA-Netzgruppensystem von nur 15% bedingt. Die spezifischen Kosten des Leitungsaufwandes einer SA-Netzgruppe sinken sonach mit der Erhöhung des TC-Wertes.

B. Die Teilnehmeranschlüsse in den Ortsfernsprechanlagen einer Mittelwertsnetzgruppe.

I. Die Sprechstelleneinrichtungen.

Der durchzuführende Wirtschaftsvergleich baut sich der Hauptsache nach auf der Zahl der vorzusehenden Hauptanschlüsse auf. Die Sprechstelleneinrichtungen der Deutschen Reichspost bestehen aber nicht allein aus reinen Hauptstellen, sondern auch aus zahlreichen Nebenstellen verschiedener Ausführung. Bei der Automatisierung von Ortsfernsprechanlagen müssen nun nicht nur die Hauptstellen, sondern auch alle Nebenstelleneinrichtungen diesem neuen Systeme angepaßt werden. Es ist daher für die Aufstellung eines Wirtschaftsvergleiches notwendig, den durchschnittlichen Anteil, den die Nebenstelleneinrichtungen an der Zahl der Hauptstellen aufweisen, festzustellen und dann erst die anteilmäßigen, auf eine Hauptstelle bezogenen Kosten der Nebenstelle zu berechnen; außerdem sind aber auch noch für diesen Vergleich allgemein die Kosten von OB-, ZB- und SA-Apparaten zu entwickeln.

Im Anhange (S. 38—39) habe ich nun den prozentualen Anteil der Nebenstellen mit ihren Zwischenumschaltern verschiedener Größen, ebenso die Zahl und Größe von Zentralumschaltern für diese Stellen festsetzen und daraus die Kosten einer Hauptstelle einschließlich des Anteiles, den die Nebenstellen mit ihren Zwischenapparaten auf die Gesamtkosten ausüben, entwickeln lassen. Die statistischen Unterlagen für diese Entwicklung sowie die Preisbildung selbst für OB-, ZB- und SA-Apparate sind aus der angezogenen Aufstellung ohne weiteres zu entnehmen. Hienach belaufen sich die Herstellungskosten einer Hauptstelle, einschließlich des Anteiles an Nebenstellen, vollständig betriebsfertig aufgestellt mit Sicherungskästchen:

1. im OB-System auf 180 Mark,
2. im ZB-System auf 160 Mark und
3. im SA-System auf 180 Mark.

Die jährlichen Kosten einer solchen Stelle, die sich aus der Verzinsung und Abschreibung des Anlagekapitals, ferner aus den Unterhaltungskosten der Apparate und im OB-System auch noch aus den Kosten für die Beschaffung von Trockenelementen zusammensetzen, wurden nach folgender Erwägung festgesetzt:

a) Die Verzinsung des Anlagekapitals wurde entgegen jener im Leitungsbau nicht mit 5%, sondern mit 7½% als Mittelwert zwischen dem jetzigen Zinsfuß mit rd. 10% und dem aller Voraussicht nach Jahren wieder zu gewärtigenden Zinsfuß von 5% in die Rechnung eingeführt, und zwar deshalb, weil mit der Automatisierung der Ortsanlagen zunächst ohne greifbaren Vorrat an Apparaten alle vorhandenen Sprechstellen ausgewechselt werden müssen, während der Neuzugang solcher Stellen mit rd. zwei Drittel des gesamten Bedarfes erst allmählich von Fall zu Fall innerhalb der nächsten 20 Jahre zu decken sein wird.

b) Zur Bestimmung der Abschreibungsquote für die apparatentechnischen Einrichtungen einer Mittelwertsnetzgruppe, die nach der Formel $\frac{N-A}{n} = \frac{\text{Neuwert} - \text{Altwert}}{\text{Lebensdauer}}$ erfolgen soll, will ich für die Lebensdauer der Apparateneinrichtungen folgende Annahmen zugrunde legen:

α) Die Lebensdauer der verschiedenen Apparatengattungen und Einrichtungen soll angenommen werden, wie folgt:

1. Die Lebensdauer von Sammlerbatterien auf 10 Jahre,
2. die Lebensdauer von Sprechapparaten, die in den verschiedensten, manchmal ungünstigen, feuchten Räumen, teilweise auch unsachgemäß benützt, daher vorzeitig aufgebraucht werden, auf 15 Jahre,
3. jene von manuell bedienten Umschalteeinrichtungen mit nicht leicht auswechselbaren, der Abnützung aber unterworfenen Teilen, wie Klinken, Taster, Tasterbretter usw., und wegen Überalterung der Einrichtungen auf 17 Jahre und
4. jene von vollautomatischen Umschalteeinrichtungen, deren bewegliche, rasch sich abnützende Teile schon im Laufe der Betriebszeit fallweise ausgewechselt werden, deren feste Teile jedoch wie die Gestelle, Relais, Kabelmaterial fast keiner Abnützung unterworfen sind, mit Rücksicht aber auf die technische Überholung der bestehenden Einrichtung durch neuere Systeme schon vor ihrer vollen Abnützung aus dem Betrieb gezogen werden müssen, auf 20 Jahre.

β) Der Altwert der aufgebrauchten Apparate und Einrichtungen, bezogen auf den Neuwert dieser Gegenstände, ist nach folgenden Gesichtspunkten festgesetzt:

1. Der Altwert einer aufgebrauchten Sammlerbatterie, bei der die fast keiner Abnützung unterworfenen Glasgefäße oder Bleibottiche brauchbar anfallen, die Negativplatten nur teilweise ausgewechselt werden müssen, während die unbrauchbar anfallenden Positivplatten immerhin einen gewissen Altwert aufweisen, mit 20% des Neuwertes,

2. der Altwert von unbrauchbar anfallenden Sprechstellen, bei denen nur mehr der Altmetallwert einzelner Teile in Frage kommt, mit 2% des Neuwertes,

3. der Altwert einer aufgebrauchten, manuell bedienten Umschalteeinrichtung, bei der verwertbares Altkupfer, Messing, Platinreste usw. anfallen, mit rd. 7% des Neuwertes und

4. der Altwert einer durch mehrere stufenweise Erweiterungen bis zur vollen Aufnahmefähigkeit vergrößerten automatischen Umschalteeinrichtung, deren letzte Baustufe voraussichtlich dem neuesten Stand der seinerzeitigen Technik bereits angepaßt sein wird, mit rd. 10% des Neuwertes.

Aus diesen Annahmen ergeben sich nach der Formel $\dfrac{N-A}{n}$ folgende Abschreibungsquoten:

Zu 1. $\dfrac{N-0,20\,N}{10} = 8\%$ von N,

zu 2. $\dfrac{N-0,02\,N}{15} = 6\frac{1}{2}\%$ von N,

zu 3. $\dfrac{N-0,07\,N}{17} = 5\frac{1}{2}\%$ von N und

zu 4. $\dfrac{N-0,01\,N}{20} = 4\frac{1}{2}\%$ von N.

Die Verzinsungsquote mit durchschnittlich $7\frac{1}{2}\%$ zu diesen Abschreibungsquoten hinzugerechnet, ergibt als jährlichen Zinsanfall für Apparate und apparatentechnische Einrichtungen folgende Werte:

1. Für Sammlerbatterien $7\frac{1}{2} + 8 =$ rd. 15%,
2. für Sprechstelleneinrichtungen $7\frac{1}{2} + 6\frac{1}{2} = 14\%$,
3. für manuelle Umschalteeinrichtungen $7\frac{1}{2} + 5\frac{1}{2} = 13\%$,
4. für vollautomatische Umschalteeinrichtungen $7\frac{1}{2} + 4\frac{1}{2} = 12\%$.

c) Die jährlichen Unterhaltungskosten eines Hauptanschlusses einschließlich jener der anteilmäßig zugehörigen Nebenstelleneinrichtungen weisen nach den eingezogenen Erkundigungen in den einzelnen Anlagen sehr erhebliche Unterschiede auf, so daß sich hierfür unanfechtbare Einheitssätze schwer aufstellen lassen. Immerhin kann man aus den vorliegenden Unterlagen im rohen als Durchschnittssätze ohne Gehälter des beamteten Mechanikerpersonales folgende Werte feststellen:

1. Für *OB*-Apparate 5,40 Mark; hiezu noch jährlich 3,40 Mark für die Auswechslung von Trockenelementen, ergibt als gesamte Unterhaltungskosten . . . . 8,80 Mark
2. für *ZB*-Apparate . . . . 4,60 „
3. für *SA*-Apparate . . . . 4,80 „

d) Aus den drei Werten für Verzinsung, Abschreibung und Unterhaltung der Sprechstelleneinrichtungen läßt sich nun der jährliche Gesamtaufwand einer Sprechstelleneinrichtung berechnen zu:

1. Für einen *OB*-Hauptanschluß $180 \times 0,14 + 8,80 = 34$ Mark,
2. für einen *ZB*-Hauptanschluß $160 \times 0,14 + 4,60 = 27$ Mark,
3. für einen *SA*-Hauptanschluß $180 \times 0,14 + 4,80 = 30$ Mark.

Die auf diese Weise gefundenen Werte werden später bei dem eigentlichen Kostenvergleich eingesetzt.

II. Die Teilnehmerleitungen.

Die Verbindungen von Sprechstellen in den Ortsumschaltestellen einer Mittelwertsnetzgruppe ändern sich sowohl der Zahl, wie der Art des Baues nach in keinem der der Untersuchung zu unterziehenden Umschaltesysteme, sie sind infolgedessen in jedem System vollkommen gleich. Die Zahl der Teilnehmerleitungen hängt lediglich von der Zahl der vorhandenen bzw. der für spätere Zeiten vorgesehenen Hauptanschlüsse mit einem gewissen Zuschlag für Vorratsleitungen ab, die Länge dieser Leitungen jeweils von den örtlichen Verhältnissen der einzelnen Fernsprechanlagen. Für einen relativen Wirtschaftsvergleich wäre es demnach nicht notwendig, die Kosten der Teilnehmerleitungen aufzunehmen. Wenn ich nun trotzdem auch die Kosten dieser Leitungen mit in die Betrachtungen hereingezogen habe, so geschah dies 1. um die gesamten Ausgaben einer Netzgruppenanlage ihrer absoluten Höhe nach erfassen zu können und 2. um nach Abschluß der vorstehenden Wirtschaftsrechnung gesondert den Einfluß weitestgehender Dezentralisierung durch Kleinautomaten in vollautomatisch betriebenen Netzen auf die Gesamtkosten einer Ortsfernsprechanlage studieren zu können.

Ebenso nun wie bei dem Kostenvergleich von Vororts- und Bezirksleitungen muß auch hier bei den Kosten von Teilnehmerleitungen, zunächst ohne Rücksicht auf die örtlichen Verhältnisse einzelner Anlagen, der einmalige und jährliche Aufwand sowohl für oberirdische als auch für unterirdische Teilnehmerleitungen allgemein entwickelt werden.

Zu diesem Zwecke habe ich im Anhange von S. 40—43 an einem willkürlich gewählten Beispiel eines unterirdisch verlegten Kabelstranges von der Umschaltstelle bis zum Kabelaufführungspunkt in mehreren Abstufungen der verlegten Zementblöcke für das Einziehsystem und der Kabelschutzeisen für das festverlegte System, wie sie in mittleren Ortsanlagen die Regel bilden, zunächst die Herstellungskosten und die Kosten der eingezogenen und festverlegten, nach dem Aufführungspunkte zu sich verjüngenden Kabel so genau wie möglich ermitteln lassen. Aus dieser umfangreichen Erhebung ergibt sich nach dem Preisstande vom 1. April 1925 der Durchschnittswert eines Aderpaarkilometers für die Lieferung, Verlegung und Hochführung von Kabeln einschließlich der Kosten für Kabelschränke zu 123 Mark.

Auf S. 43—45 des Anhanges wurden hierauf in der gleichen Weise und unter denselben Voraussetzungen wie für die Vororts- und Bezirkskabel die jährlichen Aufwandskosten eines Teilnehmeranschlußkabels für ein Aderpaarkilometer berechnet. Als Durchschnittswert ergab sich hierfür ein Betrag von rd. jährlich 10 Mark.

Das obengewählte Beispiel von der Kabelhochführung aus auf die Fortführung der Leitungen bis zu den Sprechstellen übertragen, ergibt schematisch einen Lageplan, wie er dem oberirdischen Bau für die Kabelaufführung einer mittleren Netzgruppe entspricht (s. Anhang S. 45).

An diesem Beispiele wurden nun ebenfalls sowohl die Durchschnittskosten für die Herstellung von 1 km Teilnehmerdoppelleitung mit 267 Mark als auch jene für den jährlichen Aufwand dieser Leitungen mit rd. 39 Mark berechnet. Der Gang der Rechnung kann aus dem Anhange (S. 45 und 46) ersehen werden.

Auch im Bau von Teilnehmeranschlußleitungen gibt es eine bestimmte Grenze, bei der der Übergang vom oberirdischen zum unterirdischen Leitungsbau wirtschaftliche Vorteile nach sich zieht. In dieser Abhandlung kann ich mich auf die aufgeworfene Frage nicht weiter einlassen und verweise dabei auf meine Ausführungen in der E T Z, Jahrgang 1906, Heft 50 und 51, über „Die vollständig unterirdische Zuführung der Teilnehmerleitungen in den Fernsprechanlagen Bayerns". Dort habe ich unter anderem auch bereits die Grenze zwischen diesen beiden Bauarten für Teilnehmerleitungen bestimmt, aber auf eine vollkommen andere Art als die im vorstehenden Abschnitte A, Ziffer IV, angewandte. Trotzdem bin ich auch dort zu einem ähnlichen Ergebnis gekommen wie hier. Bei Ortsteilnehmerleitungen ergibt sich die Grenze der Wirtschaftlichkeit beim Übergang zum unterirdischen Leitungsbau bei rd. 10 Doppelleitungen. Der kaum in Betracht kommende Unterschied zwischen 10'' und 12'' erklärt sich daraus, daß im Fernverkehr pupinisierte Kabel mit 0,9 mm Adernstärke mit unpupinisierten 2 mm starken Bronzedrahtleitungen verglichen werden, während in den Ortsanlagen der Vergleich sich auf unpupinisierte Kabel mit 0,8 mm Adernstärke und 1,5 mm starke Bronzedrahtleitungen erstreckt.

Nach der Leitungsstatistik vom Jahre 1924 betrug die mittlere Anschlußlänge eines Hauptanschlusses in den Ortsnetzen der

Gruppe A mit 1—50 H 1,55 km oberirdisch und 0,05 km unterirdisch geführt,
   „ B „ 50—100 H 1,30 „   „   „ 0,35 „   „   „
   „ D „ 500—1000 H 0,55 „   „   „ 0,95 „   „   „

Daraus läßt sich nun der gesamte Leitungsbedarf für jede der beiden Bauarten im Anfangszustand und im Endausbau einer Mittelwertsnetzgruppe unter der Annahme, daß im oberirdischen Leitungsbau rd. 10%, im unterirdischen dagegen 40% Vorratsleitungen vorzusehen sind, bestimmen wie folgt:

a) Im Anfangszustande der Anlagen:

	α) oberirdisch	β) unterirdisch
1. Im HA mit 875 H . . .	$875 \times 0,55 = 481,25$ km	$875 \times 0,95$ km $= 831,25$ km
2. in 7 $V_1\ddot{A}$ „ 490 H . . .	$490 \times 1,3 = 637,00$ „	$490 \times 0,35$ „ $= 171,50$ „
3. „ 9 $V_2\ddot{A}$ „ 270 H }	$282 \times 1,55 = 437,10$ „	$282 \times 0,05$ „ $= 14,10$ „
4. „ 4 $Gv \frac{10}{II}$ „ 12 H }		
282 H	1555,35 km	1016,85 km
hiezu 10% Vorratsltgn. und zur Abrdg. .	144,65 „	40% Vorrat 483,15 „
zusammen:	1700,00 km	1500,00 km

b) Im Endausbau der Anlagen:

		α) oberirdisch	β) unterirdisch
1. Im HA mit 3000 H .	. 3000 × 0,55 km = 1650 km	3000 × 0,95 km = 2850,00 km
2. in 7 V_1A „ 1750 H .	. 1750 × 1,3 „ = 2275 „	1750 × 0,35 „ = 612,50 „
3. „ 9 V_2A „ 900 H ⎫		
4. „ 4 $Gv\frac{10}{II}$ „ 40 H ⎭	· 940 × 1,55 „ = 1457 „	940 × 0,05 „ = 47,00 „
940 H	5382 km	3509,50 km
hierzu 10 % Vorratsltgn. und zur Abrdg. . . 518 „	40 % Vorrat 1490,50 „	
zusammen: 5900 km	5000,00 km	

Mit Hilfe dieses so gefundenen Leitungsbedarfes für die beiden in Frage kommenden Bauarten und der oben angegebenen Einheitssätze für den kilometrischen Aufwand bietet die finanzielle Auswertung für den Wirtschaftsvergleich am Schlusse der Abhandlung keine Schwierigkeiten mehr.

C. Die Umschalteeinrichtungen in den Ortsanlagen einer Mittelwertsnetzgruppe.

I. Die handbetrieblichen Einrichtungen, einschließlich der Fernleitungsstelle im Hauptamte.

Wenn sich in dem letzten Abschnitte vorstehender Abhandlung zwischen den drei verschiedenen Systemen keine wesentlichen Unterschiede im Kostenaufwand der apparatentechnischen Einrichtungen ergeben haben, so gestaltet sich dieses Bild, was die Kosten der Umschalteeinrichtungen anbetrifft, hier erheblich anders. Die weitere Aufgabe zur Herbeiführung eines Wirtschaftsvergleiches besteht nun darin, vor allem den Umfang der nötigen Umschalteeinrichtungen in jedem der Betrachtung unterzogenen Systeme und hier wieder für jede der gewählten Baustufen festzulegen und daraus erst die Kosten der Anlagen zu entwickeln.

Während nun in vollautomatischen Systemen der Umfang und die Größe von Wählereinrichtungen, wie schon öfters erwähnt, nach dem TC-Werte der Anlagen, also nach einem mathematisch bestimmbaren Ausdrucke sich verhältnismäßig genau berechnen läßt, so ist eine derart eindeutige Lösung der Aufgabe, selbst bei der Festlegung einer bestimmten Gesprächsziffer, in Handbetriebssystemen mit derselben Genauigkeit nicht möglich, denn der Umfang der Einrichtungen hängt hier nicht allein von der Zahl der Teilnehmeranschlüsse und deren durchschnittlichen Gesprächsziffer, sondern in fast ebenso hohem Maße von der schwankenden Leistungsfähigkeit des Umschaltepersonales ab.

Welche Leistungen des Personals man nun für die Bedienung der verschiedenen Umschalteeinrichtungen zugrunde legen will, bestimmt mit den Umfang der vorzusehenden Einrichtungen. Über die Höhe dieser Leistungen werden höchstwahrscheinlich die Meinungen sehr geteilt sein. So schwanken nach verschiedenen Veröffentlichungen die Annahmen über das Leistungsmaß, welches man einer Beamtin aufbürden kann und das nach der Zahl der in der Stunde des Höchstbetriebes herzustellenden Verbindungen bemessen wird, um fast 100%. Ein derart großer Unterschied in der Leistung würde im Umfange der Einrichtungen eine Verdoppelung der Arbeitsplätze und damit auch eine gleichgroße Erhöhung der Kosten bedingen.

Um diese Unsicherheit in der Wirtschaftsrechnung, die in der Annahme bestimmter Durchschnittsleistungen des Personals zweifellos gegeben ist, soweit wie möglich auszugleichen und um festzustellen, ob diese Leistungen einigermaßen auch mit der Wirklichkeit in Einklang gebracht werden können, will ich zunächst die durchschnittliche Leistung des Umschaltepersonales für die verschiedenen Betriebsarten nach Erfahrungszahlen annehmen, wie sie in den Fachzeitschriften des öfteren schon bekanntgegeben und nach statistischen Erhebungen gefunden wurden, dann den Umfang der Einrichtungen nach diesen Leistungszahlen entwickeln und die auf diese Weise im Anfangszustande eines Handbetriebssystems gefundenen Werte mit dem tatsächlichen Aufwand vergleichen. Ich befasse mich daher in meiner weiteren Untersuchung zunächst mit den Umschalteeinrichtungen eines

a) Handbetriebssystems.

Der Umfang einer Handbetriebsumschaltestelle bemißt sich nach der Zahl der Arbeitsplätze, die für die Abwicklung des gegebenen Fernsprechverkehrs bereitgestellt werden muß. Diese Zahl ist direkt proportional zur Zahl der herzustellenden Verbindungen in der Stunde des Höchstbetriebes bei einer bestimmten, von der Dienstzeit dieser Stelle abhängigen Konzentration des Verkehrs und indirekt proportional zur Leistungsfähigkeit des Umschaltepersonals. Die erstgenannte Zahl hängt wieder ab von dem Produkte, welches gebildet werden kann aus der Zahl der Teilnehmeranschlüsse und deren mittleren Gesprächsziffer, vermehrt um einen Zuschlag von etwa 20% für dienstliche, Fehl- und sonstige Anrufe.

Im Hauptamte einer Mittelwertsnetzgruppe müssen bei einem gegebenen Umfange des Betriebes für die Abwicklung der verschiedenen Verkehrsarten auch die diesen Verkehrsarten entsprechenden, technisch verschieden gestalteten Umschalteeinrichtungen mit einer Trennung des Vororts- und Fernverkehrs vorgesehen werden, und zwar:

1. Eine Ortsumschaltestelle für die Abwicklung des reinen Ortsverkehrs mit Anmeldeklinken für den reinen Fernverkehr und mit der gleichen Einrichtung für den reinen Vorortsverkehr,

2. ein Überweisungsamt für die Abwicklung des im Hauptamte ankommenden und des von dem gleichen Amte abgehenden Vorortsverkehrs mit Anmeldeklinken für den von den Landzentralen ausgehenden Bezirks- und Fernverkehr zum Fernamte,

3. ein Fernvermittlungs- oder Vorschalteschrank zur Vermittlung des Fern- und Bezirksverkehrs mit den Teilnehmern des Hauptamtes und den Umschaltestellen der Landzentralen, deren Vorortsleitungen nicht allein vielfach durch das ganze Überweisungsamt, sondern auch durch diesen Schrank geführt werden müssen und

4. ein gesondertes Fernamt mit Fern-, Anmelde- und -Auskunftsplätzen.

Die Schränke für die drei erstgenannten Umschalteeinrichtungen mit je drei Arbeitsplätzen, nach dem *ZB*-System geschaltet, das Ortsamt mit Glühlampensignalisierung, selbsttätig wirkender Gesprächszählung und Vielfachschaltung der Ortsteilnehmerleitungen durch alle Schränke, werden am zweckmäßigsten in einem Zuge aneinandergereiht aufgestellt, der Fernvermittlungsschrank an erster Stelle des Amtes, ob mit Doppeltrennklinken oder mit Trennrelais ausgerüstet, spielt dabei eine untergeordnete Rolle.

Als Grundlagen für die auf S. 47—52 des Anhanges durchgeführte Entwicklung der Arbeitsplätze in den verschiedenen Umschalteeinrichtungen und Baustufen dienen die bereits an gleicher Stelle (S. 13, 14 und 16) niedergelegten Angaben über die Zahl der Hauptanschlüsse und der verschiedenen Gesprächsziffern, im Handbetriebssystem mit beschränkter, in den vollautomatischen Systemen mit unbeschränkter Dienstzeit. Die Leistung einer Umschaltebeamtin in der Stunde des Höchstbetriebes will ich nun für die verschiedenen Verkehrsarten, unter dem Vorbehalte einer Erhärtung durch einen noch anzustellenden Beweis, in folgender Höhe annehmen:

1. Die Zahl der herzustellenden Verbindungen am Vorschalteschrank mit 200 in der Stunde
2. jene an den Ortsschränken mit . . . . 190 ,, ,, ,,
3. jene an den Umschaltern der Landzentralen für den Ortsverkehr mit Strichzählung. . . . . 165 ,, ,, ,,
4. jene im Überweisungsamte und in den Landzentralen für die Herstellung von Vororts- und Fernverbindungen im ankommenden Verkehr ohne Ausfüllung eines Zettels mit . . . . 60 ,, ,, ,,
5. die Entgegennahme von Anmeldungen im Fernverkehr . . . . . . 50 ,, ,, ,,
6. wie unter Ziffer 4 aber im abgehenden Verkehr mit gleichzeitiger Ausfüllung des Anmeldezettels. . . . . 40 ,, ,, ,,
7. jene im Bezirksverkehr am Arbeitsplatz des Feramtes mit . . . . . 30 ,, ,, ,,
8. jene im großen Fernverkehr mit . . . . 25 ,, ,, ,,

Von den angenommenen Leistungen, die keine Höchst-, sondern Durchschnittswerte darstellen, wird vielleicht sowohl die unter Ziffer 1, wie auch jene unter Ziffer 4 angegebene Zahl von der einen oder anderen Seite als zu niedrig gegriffen beanstandet werden.

Die Leistung unter Ziffer 1 wurde bestimmt

1. nach dem Verkehr, der sich in der aufgelassenen Umschaltestelle München II seinerzeit abgewickelt hat. Nach dem vollen Ausbau dieser Stelle waren rd. 10 000 Teilnehmerleitungen angeschlossen. Bei einer Ferngesprächsziffer von rd. 0,5 pro Tag, einer 12 prozentigen Konzentration und bei drei Arbeitsplätzen, rechnet sich die Leistung einer Beamtin an den damaligen Fernvermittlungsschränken zu:

$$\frac{10\,000 \times 0,5 \times 0,12}{3} = 200 \text{ Verbindungen in der Stunde.}$$

Die drei gleichzeitig beschäftigten Beamtinnen waren damals voll ausgenützt.

2. Nach einer Zählung im November 1925 an den in Bayern in Betrieb stehenden Fernvermittlungsschränken betrug die Arbeitsleistung einer Beamtin in der Stunde des Höchstbetriebes:

am Vorschalteschrank in der Umschaltestelle Schwabing 153,

„   „   „ „   „   Haidhausen 158,

„   „   „ „   „   Nürnberg 163 Verbindungen.

Diese Feststellung im Zusammenhalte mit der Tatsache, daß bei dem Verkehrsumfang, wie er im überwiegenden Teil der Netzgruppen vorliegt, zu höherer Ausnützung der Vorschalteplätze meist die Voraussetzung fehlt, endlich der Umstand, daß der Fernverkehr im Gegensatz zum Ortsverkehr während des Jahres erfahrungsgemäß großen Schwankungen unterworfen ist, ließen es geboten erscheinen, von der Wahl höherer Leistungsziffern, die unter anderen Verhältnissen wohl erreicht werden mögen, bei der Berechnung der Arbeitsplätze für die Fernvermittlung in der Netzgruppe abzusehen. Zudem würde, wie Vergleichsrechnungen ergeben haben, ein Ansatz auch wesentlich höherer spezifischer Leistungen auf das Gesamtergebnis keinerlei nennenswerten Einfluß ausüben (vgl. Abschnitt E. I. aus dem ersten Teil der Abhandlung, sowie Anhang S. 105).

Vereinzelt wird die Meinung vertreten, daß das Leistungsmaß der Beamtin am Vorschalteschrank in der Stunde des Höchstbetriebes auf 400—450 Verbindungen gesteigert werden kann. Diese Leistung ist aber nur erzielbar, wenn an den Vorschalteklinken Trennrelais, die vom Fernarbeitsplatz zu steuern sind, eingebaut werden und wenn die Vorschaltebeamtin von der Arbeit der Prüfung des Anschlusses auf Besetztsein, der Trennung einer vorliegenden Ortsverbindung und dem Anruf der Sprechstelle befreit und diese Tätigkeit der Fernplatzbeamtin aufgebürdet wird. Damit wird aber nicht nur der im Fernbetrieb allgemein gültige Grundsatz, die Fernplatzbeamtin zur Erzielung höchster Leistungen und wirtschaftlichster Ausnützung der Fernleitungen von allen überflüssigen Nebenarbeiten zu befreien, durchbrochen; es wird auch der angestrebte Vorteil einer Einsparung an Vorschalteplätzen durch die den Fernbetrieb hemmende Mehrbelastung der Fernplatzbeamtin mehr als ausgeglichen.

Die unter Ziffer 4. angegebene Zahl ist der Zeitschrift „Telegraphen- und Fernsprechtechnik", Jahrgang 1925, Heft 7, S. 198, entnommen und stimmt mit der an den Gruppenarbeitsplätzen des Fernamtes in München beobachteten Zahl, an denen jedoch keine Anmeldezettel geschrieben werden, der Größenordnung nach fast vollkommen überein, weshalb sie auch hier als entsprechend, in der gleichen Höhe in die Rechnung eingesetzt wurde.

Nach Abschluß der theoretischen Arbeitsplatzberechnung im Anhange (S. 47—50) für die Umschalteeinrichtungen des Handbetriebssystems im Anfangszustande der Anlage, also Ende des Jahres 1924, die einen Schluß auf die gesamte Umschalteleistung des Personales in den Anlagen einer Mittelwertsnetzgruppe zuläßt, erachte ich es für angezeigt, zur Kontrolle der angenommenen Einzelleistungen den nachfolgenden Beweis anzutreten.

Nach den statistischen Erhebungen waren im Gebiete der vormaligen bayerischen Telegraphenverwaltung, während des Jahres 1924, 2283 Personen im reinen Umschaltedienste tätig. Vergegenwärtigt man sich nun, daß in Bayern bis zu diesem Zeitpunkte von den 53 Netzgruppenanlagen nur eine, nämlich die Anlage Weilheim ohne Personalbedienung in Betrieb stand — die automatisierte Ortsanlage in München scheidet, wie ich bereits im Abschnitt A, Ziffer I., ausgeführt habe, für den vorstehenden Wirtschaftsvergleich aus —, so berechnet sich die Zahl der im Jahre 1924 auf eine Mittelwertsnetzgruppe treffenden Umschaltebeamtinnen zu $\dfrac{2283}{(53-1)} = 43,9$ Personen.

Diese den wirklichen Verhältnissen entnommene Zahl von Personen läßt sich aber auch noch aus der Zahl der theoretisch gefundenen Arbeitsplätze bestimmen, wenn festgestellt werden kann, wieviele Personen in jedem Einzelfalle für die Abwicklung des Verkehres einer Mittelwertsnetzgruppe bereitgehalten werden müssen.

Die Berechnung im Anhange (S. 47—50) ergibt für die Zahl an Arbeitsplätzen meist keine ganzen, sondern vielfach gemischte Zahlen, zum Teil sogar nur Bruchteile einer Platzeinheit. Der gerechnete Bruchteil eines Arbeitsplatzes beweist nur, daß in diesem Falle die Arbeitskraft einer Beamtin während der Stunde des Höchstbetriebes für den Umschaltedienst allein nicht voll ausgenützt wird, sondern teilweise mit anderen Arbeiten betraut werden kann.

Die Zahl an Personen für die Bedienung der Arbeitsplätze stimmt nun keineswegs mit der Zahl dieser Plätze überein, sondern sie ist nach Maßgabe der eingeführten Umschaltezeit, der Wochenleistung, der Erkrankung und der Beurlaubung von Beamtinnen veränderlich und hängt von einem Faktor, dem sogenannten Personalfaktor ab, dessen Ableitung und dessen Berechnung ich mir in einem der folgenden Abschnitte vorbehalten muß. Unter Hinweis auf diese spätere Abhandlung möchte ich aber vorgreifend jetzt schon feststellen, daß sich nach den eingehenden Erhebungen der Personalfaktor für das Umschaltepersonal bei einer 48 stündigen Wochenleistung, 7,5 Wochen Urlaub und Erkrankung, unter Berücksichtigung des Sonn- und Feiertagsverkehrs bestimmen läßt, wie folgt:

1. In Anlagen mit 21 stündiger Dienstzeit im Handamte, wie sich dieselbe nach Anhang (S. 5) im Durchschnitt für alle Hauptämter Bayerns ergibt, zu 2,0,
2. in den V_1-Ämtern ($LZ1$), mit rd. 12 stündiger Dienstzeit (s. Anhang S. 6), zu 1,5,
3. in den V_2-Ämtern ($LZ2$), mit 9 stündiger Dienstzeit (s. Anhang S. 7), zu 1,29 und
4. in den $Gv \frac{10}{II}$ ($LZ3$), mit 6 stündiger Dienstzeit (s. Anhang S. 8) zu 1,0.

Mit Hilfe der im Anhange (S. 47—50) gerechneten Arbeitsplatzzahl in den verschiedenen Ämtern einer Mittelwertsnetzgruppe und der eben festgelegten veränderlichen Personalfaktoren läßt sich die theoretische Berechnung des Personalbedarfes einer Handbetriebsnetzgruppe mit beschränkter Dienstzeit im Anfangszustande der Anlage in der nachstehend angegebenen Weise durchführen. Dabei ist unter Zugrundelegung der Verhältnisse in Bayern zu berücksichtigen, daß die Zahl der in die Berechnung einzuziehenden V_2-Ämter wegen des Vorhandenseins von 101 halbautomatischen Umschalteeinrichtungen um $\frac{101}{52} = $ rd. 2 sich kürzt. Hiernach errechnet sich der Personalbedarf:

α) In den Landzentralen

1. Bei den 7 V_1-Ämtern mit 12 stündiger Dienstzeit . zu $7 \times 0,63 \times 1,5 = 6,61$ Personen
2. bei den (9—2) V_2-Ämtern mit 9 stündiger Dienstzeit „ $7 \times 0,32 \times 1,29 = 2,88$ „
3. bei 4 $Gv \frac{10}{II}$ mit 6 stündiger Dienstzeit . . . . . . „ $4 \times 0,05 \times 1,0 = 0,20$ „

zusammen zu: 9,69 Personen

β) Im Hauptamte bei 21 stündiger Dienstzeit:

1. Im Ortsamt . . . . zu $(2,7 + 0,27[1]) \times 2,0 = 5,94$ Personen
2. im Überweisungsamt . . . . . zu $(4,15 + 0,42[1]) \times 1,5 = 6,85$ „
3. am Vorschalteschrank . . . . . . zu $(1,0 + 0,1[1]) \times 2,0 = 2,20$ „
4. an der Ortsauskunft . . . . zu $(0,4 + 0,04[1]) \times 2,0 = 0,88$ „
5. an der Anmeldung . . . . zu $1,66 \times 2,0 = 3,32$ „
6. im Bezirksverkehr . . . . „ $5,0 \times 2,0 = 10,00$ „
7. im Fernverkehr . . . . „ $1,7 \times 2,0 = 3,40$ „
8. an der Aufsicht . . . . „ $0,83 \times 2,0 = 1,66$ „
9. an der Fernauskunft . . . . zu $(0,35 + 0,03[1]) \times 2,0 = 0,76$ „

35,01 Personen
hiezu: 9,69 „

zusammen zu: 44,70 Personen.

Die Gegenüberstellung der beiden auf so grundverschiedene Arten gefundenen Personenzahlergebnisse mit einem Unterschied von nur 44,7 — 43,9 = 0,8 Personen, d. h. also von kaum 2% des gesamten Personalbedarfes, liefert den klaren Beweis für die Richtigkeit der angenommenen Umschalteleistungen des Personals in den Ämtern verschiedener Gattung. Man darf somit die angenommenen Werte als der Wirklichkeit vollkommen entsprechend für die weitere Entwicklung der Arbeitsplatzzahlen in den übrigen, der Untersuchung zu unterziehenden Umschaltesystemen und Baustufen ohne Bedenken in Ansatz bringen.

b) Im Überweisungssystem.

Bei diesem System soll nach den für den Wirtschaftsvergleich geschaffenen Grundlagen der Anschluß der automatisierten Umschalteeinrichtungen auf dem platten Lande an das Hauptamt des Netzgruppenmittelpunktes unter Zwischenschaltung eines sogenannten Überweisungsamtes für die Vermittlung des gesamten Vorortsverkehrs zwischen den Teilnehmern des Hauptamtes und jenen zur Netzgruppe gehörigen Landzentralen erfolgen. Die Vermittlung des im Fernamte anfallenden Bezirks- und Fernverkehrs soll ohne Inanspruchnahme der im Hauptamte für den Selbstanschlußortsverkehr vorhandenen Wählereinrichtungen ebenfalls handbetrieblich über Fernvermittlungs- oder Vorschalteschränke vor sich gehen.

Zur handbetrieblichen Abwicklung dieser beiden Verkehrsarten müssen sämtliche Teilnehmeranschlußleitungen des Hauptamtes vielfach durch alle Vorschalte- und Überweisungsschränke geführt werden. Die erstgenannten Schränke sind außer mit Platzwählscheiben zum Aufruf der Landteilnehmer-

---

[1]) Anteil des Aufsichtspersonales.

sprechstellen mit Verbindungsleitungssteckern, die unter Verwendung von Schnüren und Kippern an den Verbindungsklinken des Fernamtes endigen, auszurüsten; ebenso erhalten die Überweisungsschränke Platzwählscheiben, Anrufsätze für die ankommenden Vorortsleitungen, Anmeldeklinken zum Fernamte und die nötigen Verbindungsapparate. An den Überweisungsschränken fällt der gesamte ankommende Vororts- und Fernverkehr von den Landzentralen sowie der ankommende Vorortsverkehr vom Hauptamte an. Die Anmeldung des von den Landzentralen ankommenden Bezirks- und Fernverkehrs wird über die Anmeldeklinken zum Fernamte weitergeleitet, während der gesamte ankommende Anmeldeverkehr der Landzentralen unter Ausfüllung des Anmeldezettels und dessen Verarbeitung an den Arbeitsplätzen des Überweisungsamtes zu betätigen ist.

Mit Rücksicht auf die große Belastung des Bedienungspersonales an diesen Schränken, die sich durch die Ausfüllung der Anmeldezettel und durch die Beobachtung der Gesprächszeitdauer ergibt, halte ich es nicht für vertretbar, diesem Personale eine höhere als die angenommene und durch den obigen Beweis erhärtete, keinesfalls aber die doppelte Leistung zuzumuten.

An dieser Stelle möchte ich es aber nicht unterlassen, auf die möglichen Plackereien und Mißstände, die dieses Verfahren unabhängig von der Leistung des Personals nach sich ziehen kann, besonders hinzuweisen. Um nämlich den mit diesem System beabsichtigten Schnellverkehr im Vorortsbetrieb auch tatsächlich durchführen zu können, muß sofort nach Ausfüllung der Anmeldezettel ohne Rückruf zur Teilnehmersprechstelle die gewünschte Verbindung hergestellt werden. In vollautomatisch betriebenen Umschalteeinrichtungen hat aber die Beamtin keine Möglichkeit, die Rufnummer des vollzogenen Anrufes zu kontrollieren. Sie ist also beim Ausfüllen des Anmeldezettels lediglich darauf angewiesen, die ihr von dem rufenden Teilnehmer übermittelte Sprechstellennummer einzutragen. Diese Nummer wird zum größten Teile richtig sein, sie kann aber auch falsch sein. Ob eine solche Falschmeldung absichtlich, aus Irrtum unabsichtlich geschah oder infolge eines Hörfehlers erst bei der Aufnahme entstand, läßt sich nach dem Vollzug einer Verbindung nicht mehr feststellen. Die Folge einer solchen unerquicklichen Falschmeldung oder einer irrtümlichen Eintragung hat nun entweder ein vollkommen Unbeteiligter, nämlich jener Teilnehmer, der gerade das Pech hat, daß seine Teilnehmernummer mit der fälschlich übermittelten Nummer übereinstimmt, oder aber die Verwaltung selbst, wenn die falsche Rufnummer überhaupt keinem Teilnehmeranschluß entspricht. Die aus solchen Vorkommnissen entstehenden Weiterungen, die bei den millionenfachen Verbindungen immerhin Tausende von Fällen umfassen können, sind sowohl für die Teilnehmer als auch für die Verwaltung abträglich. Sie wären unter Beibehaltung des eben angeführten Systems nur durch eine fernmäßige Abwicklung des Vorortsverkehrs, d. h. also nur durch eine wesentliche Erhöhung des Kostenaufwandes und unter Preisgabe des Schnellverkehrs zu beseitigen.

Mit einer Einführung des Schnellverkehrs im Überweisungsbetrieb, dessen Vollzug allein in der sofortigen Herstellung einer gewünschten Verbindung beruht, wird weiter jede Zwangläufigkeit zwischen der Ausfüllung des Anmeldezettels und der Herstellung der betreffenden Verbindung aufgehoben. Diese Verbindung kann nämlich auch ohne Ausfüllung eines Zettels vollzogen werden, eine Unterlassung, die um so häufiger eintreten wird, je höher das Leistungsmaß einer Beamtin angesetzt werden will. Im SA-Netzgruppensystem mit selbsttätig wirkenden Zeit- und Zonenzähleinrichtungen wird nicht allein jede Gesprächszeiteinheit registriert und dem Teilnehmer durch ein Tonsignal quittiert, sondern auch die Dauer eines Gespräches auf einer in der FO festgesetzten Höhe begrenzt und nach Ablauf dieser Dauer jedes Gespräch selbsttätig unterbrochen. Auf derartige Einrichtungen wird zum Schaden des Betriebes in einem Überweisungsamt verzichtet werden müssen, um die technischen Einrichtungen nicht zu sehr zu verteuern. Die Verwaltung ist bei dieser Betriebsweise in der Zeitbemessung, ja sogar in der Fertigung des Zettels allein auf die Zuverlässigkeit des Personales angewiesen. Man nimmt die Leistung einer Umschaltebeamtin im Vorbereitungsfernverkehr nur deshalb so niedrig an und mutet ihr höchstens die Bedienung von 2 bis 3 Fernleitungen zu, um ihr die Möglichkeit zu geben, die Gesprächsabwicklung und nicht zuletzt die Zeitdauer der Gespräche zu überwachen. Die Verwaltung trifft diese Maßnahmen mit Vorbedacht im Hinblick auf die Höhe der Ferngebühren. Das Verhältnis zwischen der durchschnittlichen Ferngebühr und der mittleren Vorortsgebühr rechnet sich etwa zu 2,5. Mit der 2,5fachen Zahl an Vorortsleitungen pro Arbeitsplatz gegenüber den Plätzen für den Vorbereitungsfernverkehr sind die beiden Arbeitsplätze, nach ihrer Wertigkeit vom Gebührenanfall aus beurteilt, ungefähr gleich wichtig zu erachten. Die Gleichheit wird in dem einen Fall durch die Höhe der Gebühren, in dem anderen durch die hohe Zahl der anfallenden Gespräche bedingt. Andererseits wird aber durch die größere Belegung der Überweisungsplätze die Verkehrsgleichzeitigkeit steigen und damit die Zuverlässigkeit der Zeitbestimmung und Aufzeichnung herabgesetzt. Man darf also aus diesen Gründen den Arbeitsplatz eines Überweisungsamtes keinesfalls mit mehr als 2,5 × 3 rd. 7 Vorortsleitungen belegen. Bei einem Leistungsmaß von 40 Verbindungen in der Konzentrationsstunde schwankt die Zahl der Anruforgane pro Platz nach Anhang (S. 50) zwischen 6 bzw. 7 und 10, so daß schon bei dieser nieder angesetzten Leistung in einzelnen Fällen das Vergleichsmaß bereits überschritten wird. Wollte man einer Beamtin nun die doppelte Leistung zumuten, so müßte man die Belegung der Arbeitsplätze auf 12 bis 20 steigern. Eine solche Steigerung ist möglich, wenn man vor allem im Vorortsverkehr auf die Zeitbemessung verzichtet und den Gebührenausfall für alle Mehrfachgespräche, die eine Höhe von 20—30% des gesamten Anfalles aufweisen, mit in Kauf nimmt. Zu diesem Verzicht auf die Mehrfachgebühren kommt des weiteren noch der Ausfall an Gebühren vor allem in der Stunde des Höchstbetriebes durch die Unterlassung der Ausfüllung von Anmeldezetteln hinzu, der hier nicht auf eine Pflichtverletzung, sondern auf eine Überlastung des Personales zurückzuführen ist. Würde man daher glauben, die Rentabilität des Fernsprechbetriebes lasse sich durch eine Steigerung des Leistungsmaßes der Überweisungsbeamtin verbessern, so würde man sich mit einer solchen Annahme einer Täuschung hingeben, denn der vermeintliche Gewinn würde durch den nach vorstehenden Darlegungen sicher zu gewärtigenden Gebührenausfall mehr als ausgeglichen werden.

Die weitere Auswertung der Arbeitsplatzberechnung im Anhange (S. 50 und 51) bietet im Überweisungssystem gegenüber dem Handbetriebssystem unter den gleichen Voraussetzungen wie dort keine Besonderheiten.

c) Im SA-Netzgruppensystem.

Mit Ausnahme der Fernamtseinrichtungen für die Abwicklung des Bezirks- und Fernverkehrs können in diesem System alle sonstigen von Hand zu bedienenden Umschalteeinrichtungen entbehrt werden. Aber auch in den Fernamtseinrichtungen ist ein gewisser Unterschied in der Größe derselben gegenüber jener bei den beiden anderen Systemen festzustellen.

Durch die bei automatisch betriebener Fernvermittlung ermöglichte Wählerfernsteuerung, bei der die ankommenden Bezirksleitungen nicht mehr im Fernamte, sondern an ersten Ferngruppenwählern endigen, kann hier die Hälfte der sonst für den Bezirksfernverkehr nötigen Arbeitsplätze entbehrt werden.

Im übrigen lehnt sich die Entwicklung aller für diese Untersuchung vorzusehenden Fernämter an die in meinem Buche über den „Bau neuer Fernämter (Verlag R. Oldenbourg, München-Berlin)" niedergelegten Richtlinien an.

Nach Abschluß der Arbeitsplatzberechnung ersieht man erst, daß auch diese Aufstellung wieder sehr umfangreich geworden ist. Eine Gegenüberstellung der Arbeitsplatzzahl und eine daran sich knüpfende Kritik verursacht bei diesem Umfange gewisse Unbequemlichkeiten, weshalb ich die gerechneten Zahlen im Anhange (S. 52) übersichtlich zusammengestellt habe.

Bei der Übertragung dieser Zahlen wurden nun in dieser Zusammenstellung nicht die gerechneten, gemischten Zahlen, sondern jeweils die nächst höhere ganze Zahl eingesetzt, weil man in der Praxis nicht den Bruchteil eines Arbeitsplatzes, sondern nur ganze Schränke mit zwei oder drei Arbeitsplätzen zur Aufstellung vorsehen kann. Der schrankmäßige Aufbau von Vielfacheinrichtungen, beispielsweise mit je drei Arbeitsplätzen, bedingt des weiteren im Aufstellungsplan eines Amtes eine Längenentwicklung der Schränke mit einem Vielfachen dieser Arbeitsplatzzahl, wobei noch berücksichtigt werden muß, daß an den beiden Enden einer Schrankreihe jeweils ein Arbeitsplatz als Ansatzschrankteil für die Bedienung des Vielfachklinkenfeldes, jedoch ohne Verbindungsapparate, mit vorzusehen ist, eine Vorkehrung, die bei Ämtern mit zweiplätzigen Schränken entbehrt werden kann.

Ein Vergleich der Arbeitsplatzzahl im Anhange (S. 52) zeigt in der Zahl der Vorortsplätze für das Handbetriebssystem gegenüber der Zahl an gleichartigen Plätzen für das Überweisungssystem ein Weniger von 16 — 14 = 2 Arbeitsplätzen im Endausbau bei normaler Gesprächsziffer, hier mit dem Buchstaben e bezeichnet und von 31 — 27 = 4 Arbeitsplätzen im Endausbau bei Verdopplung der Gesprächsziffer, mit „e" bezeichnet, deren Begründung in der durch Einführung der unbeschränkten Dienstzeit verursachten Erhöhung der Vorortsgesprächsziffer bei den letztgenannten Anlagen liegt. Die gleiche Begründung trifft auch auf die Mehrung der Fernamtsplätze im Überweisungssystem gegenüber einem solchen nach dem Handbtriebssystem mit 7 — 6 = 1 und mit 13 — 12 = 1 Platz zu. Die Minderung dieser Zahl im SA-Netzgruppensystem mit 18 — 9 = 9 bei e bzw. mit 36 — 18 = 18 Plätzen bei „e" gegenüber dem Überweisungssystem ist, wie bereits erwähnt, auf die Einführung der Wählerfernsteuerung im Bezirksverkehr zurückzuführen.

d) Die Planung der handbetrieblichen Umschalteeinrichtungen einer Mittelwertsnetzgruppe.

Vorweg möchte ich gleich bemerken, daß es sich in diesem Abschnitte nicht um die Aufstellung technischer Richtlinien für die Planung von Umschalteeinrichtungen handelt, sondern nur darum, Unterlagen für die Ausarbeitung von Kostenvoranschlägen für diese Einrichtungen zu erhalten, nicht zuletzt aber auch noch darum, für einen Vergleich des Raumbedarfs in den Umschaltegebäuden Anhaltspunkte zu gewinnen. Wegen der Ausarbeitung von Grundrißplänen selbst darf ich mich wohl hier auf den Abschnitt F im zweiten Teil meines Buches „Der Bau neuer Fernämter" beziehen und auf die dort niedergelegten Richtlinien hinweisen.

Die Größe einer Handumschaltestelle mit Einschluß der für die Einführung von Teilnehmer- und Fernleitungen nötigen Zusatzeinrichtungen, jedoch ohne den Raum für die Stromlieferungsanlage, richtet sich nach der im Anhange (S. 52) festgelegten Zahl von Arbeitsplätzen. An gleicher Stelle (S. 52—54) wurden nun die Grundrisse für alle der Untersuchung unterzogenen Fälle entwickelt, und zwar auf S. 52 die Einrichtungen für das Handbetriebssystem einer Netzgruppe mit den nötigen Vorschalte-, Überweisungs- und Ortsschränken, Kabelkästen, Relaisstellen und Aufsichtstischen, soweit nötig auch mit gesonderten Auskunftstischen, bei einer Schrankbreite von 1,8 m mit je drei Arbeitsplätzen zu 0,6 m Breite; auf S. 53 für das Überweisungssystem in der gleichen Ausführung die Vorschalte- und Überweisungsschränke, jedoch unter Wegfall der Ortsschränke; auf der gleichen Seite die für die Einführung der Ortsteilnehmerleitungen im Hauptamte nötigen Hauptverteiler, sowie alle Fälle für die Unterbringung der Landzentralen-Umschalteeinrichtungen, soweit veranlaßt mit einem gesonderten Raum für die Einführungskammer; auf S. 54 die Fernämter für das Handbetriebs- und das Überweisungssystem, wegen der fast völligen Übereinstimmung ihrer Größe gemeinsam nach den oben erwähnten Richtlinien und endlich das Fernamt für ein SA-Netzgruppensystem in den drei verschiedenen Baustufen.

Alle hier ausgearbeiteten Grundrisse wurden dabei ohne Rücksicht auf irgendwelche Gebäudebreiten rein theoretisch und äußerst knapp bemessen, so daß sie bei einem Vergleich als das Minimum für den Raumbedarf einer Umschalteeinrichtung angesehen werden dürfen. Den kritischen Vergleich des Raumbedarfes zwischen den verschiedenen Systemen behalte ich mir bis zur Klärung der Frage über den Raumbedarf für SA-Einrichtungen, für Stromlieferungsanlagen, Garderoben, Werkstätten usw. in einem späteren Abschnitte noch vor.

Ehe ich nun unter Berücksichtigung der hier festgelegten Pläne an die Ausarbeitung von Kostenvoranschlägen für die Umschalteeinrichtungen der verschiedenen Systeme und Baustufen, die ich erst am Schlusse dieses Abschnittes zusammenfassend behandeln will, herantrete, sei mir gestattet, vorher noch den automatischen Teil einer Mittelwertsnetzgruppe zu behandeln.

II. Die selbsttätig wirkenden Umschalteeinrichtungen einer Mittelwertsnetzgruppe.

Welchen Standpunkt man auch immer über die Bedeutung der TC-Wertes für die Planung von Fernsprechnetzen und den zugehörigen Vermittlungseinrichtungen einnehmen will, eine andere zuverlässigere Grundlage für solche Berechnungen wird man in einem Vergleiche verschieden ausgeführter Systeme wohl kaum zu finden vermögen. Bei Selbstanschlußanlagen den Wählerbedarf lediglich nach Erfahrungsziffern bemessen kann man wohl in Neuanlagen, die nach einem bereits erprobten System ausgeführt werden sollen und deren Verkehr sich in normalen Bahnen bewegt, keinesfalls aber in Anlagen, in denen man ein vollkommen neues, noch nicht entwickeltes System erst erproben will, und noch viel weniger dann, wenn das erstgenannte System mit dem letztgenannten wirtschaftlich verglichen werden will. Es wäre indes eine vollkommene Verkennung des Wertes mathematischer Hilfsmittel, wollte man sich bei dem Aufbau technischer Werke lediglich auf Vorbilder stützen. Das einzige bis jetzt in der Schwachstromtechnik bekannte Hilfsmittel für die Vorausbestimmung der Wählerzahl sind die aus dem TC-Wert einer Anlage nach der Wahrscheinlichkeitsrechnung bestimmten und in weiten Grenzen durch die Erfahrung bestätigten Wählerkurven. Ich werde mich deshalb in der folgenden Betrachtung der Wählerzahlen für die verschiedenen Systeme nur an die bereits ausgearbeiteten Wählerkurven halten. Es kann nicht meine Aufgabe sein, über die Art und den Gang einer solchen Wählerberechnung eingehende Aufschlüsse zu geben, sondern ich verweise hier auf eine von der Firma Siemens & Halske A.-G., Wernerwerk, Siemensstadt bei Berlin, herausgegebene Abhandlung „Berechnung der Wählerzahl in selbsttätigen Fernsprechämtern". In dieser Abhandlung ist die Art, wie die Wählerzahl bestimmt werden kann, unter Berücksichtigung aller Leitungsbeeinflussungen und Verkehrseigenarten erschöpfend erläutert. Ich möchte gerade diese Abhandlung jedem zum Studium empfehlen, der sich eingehender mit dieser Materie befassen will. Bei der Durchführung der folgenden Wählerberechnung in den verschiedenen Fällen wird sich des öfteren Gelegenheit geben, einige Bemerkungen darüber einfließen zu lassen.

a) Im Überweisungssystem.

Sowohl das Hauptamt, als auch die mit dem Hauptamte durch Vorortsleitungen direkt verbundenen Zentralen, hier als Landzentralen, sonst als V_1- oder V_2-Ämter usw. bezeichnet, sind selbständige Vollämter, welche nur für den Ortsverkehr eingerichtet werden, während die Fernvermittlung an besonderen Fernvermittlungs- oder Vorschalteschränken beim Hauptamt abgewickelt wird. Für den Verkehr der Teilnehmer des Hauptamtes mit diesen Landzentralen oder umgekehrt, sowie für den Verkehr der Landzentralen untereinander soll am Orte des Hauptamtes ein besonderes Amt, das Überweisungsamt, eingerichtet werden (s. Abschnitt C. I. b), an das die einzelnen Landzentralen mit ihren Vorortsleitungen als Teilnehmeranschlüsse, die an Anruforganen endigen, direkt angelegt werden. Die Vorortsleitungen sind sonach gewöhnliche, in Mehrfachanschlußschaltung betriebene Teilnehmerleitungen der Landzentralen. Der Anruf der Landzentrale zum Überweisungsamt erfolgt dabei wie bei jedem anderen Anruf über einen Leitungswähler, der Anruf des Überweisungsamtes zu den Landzentralen über die betreffenden Vorwähler. Im Amte werden in Serie zu diesen Leitungen die Vorortsklinken für den Fernvermittlungsverkehr eingeschleift. Eine solche Einschleifung ist mit einem Mehraufwand an Amtskabeln verknüpft. Über den Zusammenhang der Hauptteile eines Überweisungssystems mit dem Hauptamte und den Landzentralen gibt der im Anhange (S. 55) in schematischer Form ausgearbeitete Gruppenverbindungsplan näheren Aufschluß, der auch die Rufnummernverteilung in den einzelnen Ämtern erkennen läßt.

Im Hauptamte baut sich eine Verbindung ebenso wie in jedem anderen vollautomatisch betriebenen Vollamte über den I. Vorwähler (VW), $II.$ VW, I. Gruppenwähler (GW) und Leitungswähler (LW) auf. Die Aufstellung von $II.$ GW wäre im Anfangszustande der Mittelwertsnetzgruppe mit 875 Teilnehmeranschlüssen im Hauptamte noch nicht erforderlich, da jedoch in kürzester Zeit eine Überschreitung der 1. Tausender-Gruppe erwartet werden darf, werden die $II.$ GW bereits für den ersten Ausbau vorgesehen. Auf die eigentliche, im Anhange (S. 55—57), niedergelegte Wählerzahlberechnung übergehend möchte ich vorweg bemerken, daß die Grundlagen für die Berechnung des TC-Wertes für die Teilnehmerzahl, die mittlere Belegungsdauer, die Gesprächsziffer, die Konzentration und für den prozentualen Anteil der Fehlanrufe ohne jegliche Änderung aus S. 13—15 des II. Abschnittes des Anhanges entnommen wurden, weshalb es sich erübrigen dürfte, hier die Zahlen nochmals zu wiederholen.

Die Zahl der I. VW sowie die Zahl der Gesprächszähler gleicht in jeder Baustufe der Zahl an Teilnehmeranschlüssen. Die Berechnung des TC-Wertes für die Bestimmung der Zahl der $II.$ VW erfolgt hier immer nur für eine Gruppe von je 100 Teilnehmern, und dann erst muß die dabei gefundene Zahl um das der Teilnehmerzahl entsprechende Vielfache von 100 vermehrt werden. Im übrigen ändert sich diese Berechnung gegenüber der im II. Abschnitt des Anhanges für die Bestimmung der Vorortsleitungen durchgeführten in keiner Weise. Auch hier ist der TC-Wert in der Stunde des Höchstbetriebes das Kennzeichen für die Festsetzung der Wählerzahlen. Der TC-Wert ergibt sich in dem ersten Falle für eine Hundertergruppe zu 1,72. Im Anhange (S. 57) ist nun die Kurve zur Bestimmung der Wählerzahlen mit kleinen TC-Werten und vollkommener Bündelung der Verkehrswege aufgezeichnet, aus der für den TC-Wert 1,72 die Zahl der $II.$ VW mit rd. 7 abgelesen werden kann. Ein Amt mit 900 Anschlüssen benötigt daher $\frac{900}{100} \times 7 = 63$ $II.$ VW. Die I. VW werden in Gestellen zu 100 Wählern vorgesehen. Bei 900 Teilnehmern benötigt man daher neun solche Gestelle. Die $II.$ VW sind in Gestellen zu je 80 Wähler zusammengefaßt. Man wird daher in einer neuen auszuführenden Anlage kein Gestell mit 63, sondern schon bei dem ersten Ausbau ein solches mit 80 $II.$ VW in Aussicht nehmen. In dem Gruppenverbindungsplan (Anhang S. 55), in dem die verschiedenen Wählergattungen durch verschieden große Rechtecke gekennzeichnet, die gleichen Gattungen in den verschiedenen Umschaltestellen jeweils immer auf der gleichen Horizontalen eingetragen sind, wurden die Zahlen der durch Rechnung gefundenen und der infolge des technischen Aufbaues wirklich erforderlichen Wähler in Form eines echten Bruches angegeben. Der Zähler des Bruches entspricht jeweils der gerechneten, der Nenner der tatsächlich zur Aufstellung kommenden Wählerzahl, die immer größer sein wird als die theoretisch bestimmte. Der über den eingezeichneten Rechtecken vorgetragene Bruch entspricht dem Anfangszustand, der im Rechteck eingetragene dem Endausbau und der unter dem Rechteck vorgetragene dem Endausbau bei doppelter Gesprächsziffer.

Größere automatische Umschaltestellen werden bei der Gruppierung der Wählergattungen in kleinere Einheiten unterteilt. Die Einheit einer automatischen Umschaltestelle bildet eine 2-Tausender-Gruppe. Deshalb werden dem TC-Wert für die Bestimmung der I. GW 2000 Teilnehmeranschlüsse oder ein Bruchteil dieser Zahl zugrunde gelegt. Der TC-Wert der I. GW ist gleich dem TC-Wert der $II.$ VW in der Konzentrationsstunde, jedoch auf die 2-Tausender-Gruppe bezogen. Also rechnet sich der TC-Wert einer 2-Tausender-Gruppe zu $1,72 \times \frac{2000}{100} = 34,4$ Stunden.

Die Erfahrung hat gelehrt, daß in einem automatischen Betriebe bei gleich großen Bündeln die Hauptstunden des Verkehrs nicht in die gleiche Zeit, sondern in verschiedene Zeiten fallen, deshalb müssen zur Bestimmung von Leitungsbündeln, denen von verschiedenen Richtungen her der Verkehr zufließt, Abzüge bzw. im umgekehrten Falle, wenn von einem Leitungsbündel der Verkehr nach verschiedenen Wegen ausstrahlt, Zuschläge für die TC-Werte gemacht werden. Der erstere Fall ist bei der Bestimmung des TC-Wertes für die I. GW gegeben, denn hier fließt der Verkehr zu. Aus den Kurven im Anhang (S. 57) können diese Abzüge bzw. Zuschläge zu den TC-Werten entnommen werden. Einem

TC-Wert von $1,72^h$ entspricht ein Gruppenabzug von 34%, so daß der TC-Wert einer 2-Tausender-Gruppe sich zu $22,7^h$, für eine Anschlußzahl von 900 oder rd. 1000 Teilnehmern ein solcher von $11,35^h$ ergibt. Dem TC-Wert von $11,35^h$ entspricht nach der Kurve a) des Schaubildes (S. 58), in dem die Kurven für größere TC-Werte aufgetragen sind, eine Wählerzahl von 24 $I. GW$.

Die $I. GW$ bilden mit drei Rahmen zu je 10 Wählern, also gleich 30 Wählern, ein weiteres Gestell, davon werden 24 zunächst eingebaut und für die übrigen 6 GW nur die Kontaktbänke vorgesehen. Mit Rücksicht aber auf den unmittelbar bevorstehenden Übergang zum 10-Tausender-System müssen die Rufnummern des Hauptamtes bereits im Anfangszustand der Anlagen als vierstellige Zahlen vorgesehen werden. Es wird also zunächst aus Betriebsrücksichten an der Dekade 2 der $I. GW$ die 2. Tausender-Gruppe des Amtes angeschlossen. Abzüglich des Meldeverkehrs mit etwa 20% des Ortsverkehrs führen die $II. GW$ denselben Verkehr wie die $I. GW$, so daß auch hiefür 24 GW benötigt werden. Der TC-Wert rechnet sich nach dem Anhange (S. 55) für den $II. GW$ zu $9,08^h$, also niedriger als bei den $I. GW$. Da aber bei dem Verkehr dieser Wählergattung ein unvollkommenes Leitungsbündel in Frage kommt, so darf die Zahl der Wähler hier nicht nach der Kurve a, sondern sie muß nach der Wählerkurve b im Anhange (S. 58) bestimmt werden. Aber trotz des niedrigeren TC-Wertes ergibt sich auch hier wegen des flacheren Verlaufes der Kurve die gleiche Wählerzahl wie bei den $I. GW$. Ebenso wie dort, müssen daher auch hier sechs leere Kontaktbänke zur Auffüllung auf drei Zehnerrahmen mit in Rechnung gezogen werden. Von der Dekade 0 des $I. GW$ verlaufen die Leitungen in das Meldeamt, wo über vier besondere Anmeldewähler die Anmeldeplätze in freier Auswahl erreicht werden.

Der TC-Wert für die Leitungswähler gleicht in einer Tausender-Gruppe jenem der $II. GW$. Da aber die Leitungswähler in jeder Hunderter-Gruppe gesondert aufgestellt werden, so darf hier nur der zehnte Teil für die Wählerberechnung wegen der Ausstrahlung des Verkehrs von diesen Wählern, vermehrt um einen Zuschlag von etwa 42% bei $0,9 TC^h$ (s. Anhang S. 57), in Ansatz gebracht werden. Dem auf diese Weise gerechneten TC-Wert von $1,29^h$ entsprechen nach Wählerkurve (S. 57) sechs Leitungswähler.

Die Wählerberechnung für die den V_1-Ämtern entsprechenden Landzentralen $LZ1$, deren Gang sich gegenüber der im Hauptamte durchgeführten in keiner Weise unterscheidet, bedarf daher keiner weiteren Erläuterung mehr. Die Rechnung für die Zahl der $II. GW$ ergibt die Zahl 7, jene für die $I. GW$ und LW jedoch die Zahl 8, der Einheitlichkeit halber wird man aber auch für die $II. GW$ die Zahl 8 wählen.

In der Landzentrale $LZ1$ mit 70 Teilnehmern im Anfangszustand gelangt ein Vorwählergestell zur Aufstellung, dazu kommt noch ein Rahmen $II. VW$. Damit bei einer Mehrung der Teilnehmerzahl über 100 keine Rufnummernänderung eintreten muß, sind diese Ämter sofort nach dem Tausendersystem zu bauen und daher mit $I. GW$ auszurüsten. Es wird ein Rahmen zu 10, im Erstausbau mit 8 Gruppenwählern besetzt, vorzusehen sein. Über eine Hubdekade dieses Gruppenwählers wird das erste Leitungswählerhundert erreicht, das bei einem Zehnerrahmen ebenfalls mit 8 Leitungswählern besetzt ist.

Die kleinere Landzentrale $LZ2$ wird nach dem Hundertersystem gebaut. In einem kombinierten Leitungswähler- und Vorwählergestell werden zunächst zwei Vorwählerrahmen zu je 20 Vorwählern und ein weiterer Wählerrahmen mit einer Aufnahmemöglichkeit von 5 Leitungswählern, zunächst jedoch nur 4 Leitungswähler vorgesehen.

Für die kleinste Landzentrale muß dasselbe Gestell verwendet werden, wobei nur 1 Vorwählerrahmen zu 10 und 2 Leitungswähler in einem Rahmen zu 5 angeschlossen werden.

Im Endzustand der Anlagen mit normaler Gesprächsziffer wird angenommen, daß sich das Hauptamt auf 3000, die Landzentrale $LZ1$ auf 250, die $LZ2$ auf 100 und die $LZ3$ auf 10 Teilnehmeranschlüsse vermehrt hat.

Im Hauptamte wird dabei eine 2-Tausender-Gruppe voll, eine zweite halb, daher nur mit 1000 Anschlußorganen ausgenützt. Dem Gesprächsverkehr entsprechend ergibt die Wählerberechnung 8% $II. VW$, so daß also bei 240 VW drei volle Gestelle in Aussicht zu nehmen sind. Die erste Gruppe benötigt nach der Rechnung 42 $I. GW$, die aber mit 25%, somit in Gestellen für 50 $I. GW$ vorgesehen werden; die zweite halbe Gruppe erhält jedoch nur 3%, somit 26/30 $I. GW$. An $II. GW$ genügen 25 Wähler in drei Rahmen zu je zehn, so daß pro Rahmen fünf leere Kontaktsätze eingebaut werden müssen. Die Zahl der Leitungswähler beträgt 7% mit drei leeren Kontaktbänken. Für die Anmeldung reichen sechs Meldewähler aus.

Die Landzentrale $LZ1$ erhält 250 $I. VW$, 20 $II. VW$, ferner 18 $I. GW$ in zwei Zehnerrahmen. An Leitungswählern ergibt die Rechnung zunächst pro Hundert 10 für 260 Anschlüsse, daher 26 LW. Der höhere Bedarf an Leitungswählern gegenüber dem Hauptamte erklärt sich daraus, daß dort der gesamte Vororts- und Fernverkehr nicht über Wähler, sondern über die Klinken des Fernvermittlungs- oder des Überweisungsschrankes abgewickelt wird.

Die Landzentrale $LZ2$ erreicht im Endzustand 100 Teilnehmer. In diesem Falle genügt gerade noch ein volles Gestell mit 100 Vorwählern und 9/10 Leitungswählern. Die Landzentralen $LZ3$ mit

10 Teilnehmern, für welche ein Vorwählerrahmen verwendet wird, benötigen 3 Leitungswähler mit einer Ausbaumöglichkeit für 5, daher werden noch zwei leere Kontaktbänke vorzusehen sein.

Im Endzustand der Anlagen mit doppelter Gesprächsziffer wird angenommen, daß sich dabei die Teilnehmerzahl nicht ändert, daher ändert sich auch weder die Zahl der *I. VW*, noch die Zahl der Gesprächszähler. An *II. VW* sind dagegen 240 *II. VW* für die erste Gruppe und 120 für die zweite Gruppe vorzusehen; *I. GW* benötigt die erste Gruppe 84, die aus praktischen Gründen auf 90 erhöht werden, die man in drei Gestellen unterbringen kann; die zweite Gruppe 48/50, wofür zwei Gestelle, eines zu 30 und eines zu 20 in Rechnung zu setzen sind. Für den Meldeverkehr sind 10 Meldewähler vorzusehen, während jede einzelne Tausender-Gruppe 56/60 *II. GW* für den Internverkehr erhält. Die Zahl der Leitungswähler erhöht sich wegen des stärkeren Verkehrs auf 10.

Die Landzentrale *LZ* 1 erhält bei gleicher Zahl der *I. VW* (250) mit Rücksicht auf die Erhöhung des Verkehrs nach Anhang (S. 56) 30 *II. VW*, 28/30 *I. GW* und an Leitungswählern für die ersten 200 Teilnehmer 15 pro Hundert, während für den Rest der Teilnehmeranschlüsse 10 *LW* genügen dürften. Bei der Verwendung von Fünfzehnergestellen bleiben im letzten Gestell fünf Kontaktbänke leer.

Ebenso wie in der zweiten Baustufe erhalten auch in diesem Falle alle Landzentralen *LZ* 2 100 *I. VW* und 14 Leitungswähler. Die Zentralen werden, wie im vorigen Falle, in einem vollen Hundertergestell, jedoch mit einem Fünfzehnerleitungsrahmen, in dem eine Kontaktbank freibleibt, ausgebaut.

Die Landzentralen *LZ* 3 werden mit 10 *I. VW* und vier Leitungswählern ausgerüstet.

b) Im Selbstanschlußnetzgruppensystem.

Das Ziel der vorstehenden Abhandlung liegt allein in der Klärung des Kostenaufwandes für die verschiedenen Umschaltesysteme, aber nicht darin, die technischen Unterschiede zwischen den einzelnen Systemen festzustellen. In dem folgenden Abschnitte kann es daher nicht meine Aufgabe sein, die technische Lösung des Netzgruppensystems zu behandeln, sondern es obliegt mir lediglich die Aufgabe, den technischen Aufbau des ganzen Systems nur insoweit zu streifen, als dies für die Entwicklung des Kostenaufwandes notwendig erscheint.

Auch für die bayerische Ausführung zeigen die Netzgruppenverbindungspläne im Anhange (S. 62—63) für die drei Baustufen den Verlauf der Verbindung über die einzelnen Wählerstufen, ferner die einheitliche Rufnummernvergebung in der Netzgruppe und die Art und die Zahl der benötigten Schaltorgane. Die Netzgruppe ist nach dem Mitlaufwerksystem durchgebildet, wobei zur Erzielung größter Leitungsersparnis eine Wählerfernsteuerung mit Wechselstrom zwischen den Verbundämtern und in den kleinsten Zentralen jetzt schon ein Wechselverkehr vorgesehen ist. Die Verbundämter sind unter sich nicht gleichartig an das Hauptamt angeschlossen, sondern es reihen sich unter Verknotung des Leitungsnetzes an die Verbundämter ersten Grades, die direkt am Hauptamt liegen, Verbundämter zweiten Grades, die an die V_1-Ämter angeschlossen sind, an.

Für die kleinsten Zentralen ist der Anschluß an die V_1- oder V_2-Ämter möglich, und zwar im ersteren Fall als kleinste Vermittlungsstellen selbständiger Ortsnetze für 10 Teilnehmer sowie als vollautomatische Gruppenstellen mit zwei bzw. drei Anschlußleitungen im Ortsbereiche solcher Netze. Wird dagegen die Wählerfernsteuerung mit Wechselstrom durch Störfelder elektrischer Bahnen notwendig, so kann man Gruppenstelleneinrichtungen der bisher vorgesehenen Schaltungsart nicht verwenden. Die Kleinzentrale mit Heb-Drehwählern stellt dann die gegebene Form für die Umschalteeinrichtung dar.

Die Verbundämter einschließlich der Kleinzentralen werden bis zu einer bestimmten Teilnehmerzahl und einer gewissen Gesprächsziffer mit Anrufsuchern ausgerüstet, bei der der Vorwähler wirtschaftlich nicht mehr konkurrenzfähig bleibt. Die Verwendung von solchen Einrichtungen mit Anrufsuchern wird zunächst begrenzt auf eine Teilnehmerzahl von höchstens 200.

Die sämtlichen Teilnehmer der Netzgruppe verkehren miteinander vollautomatisch, und zwar auch bei Ferngesprächen von Ort zu Ort ohne offene Kennziffer, lediglich durch Wählen der im Gruppenverbindungsplan angegebenen Rufnummer, also wie im Ortsverkehr. Damit dies möglich ist, werden die Verbundämter als Teilämter mit Überbrückungsverkehr an das Hauptamt angeschlossen. Wenn ein Teilnehmer eines Verbundamtes seinen Hörer abnimmt, wird die Verbindung jeweils vorübergehend unmittelbar bis zum Netzgruppenmittelpunkt durchgeschaltet, von wo aus alle Verbindungswege offen stehen.

Zeitzonenzähler kommen für die abgehenden Verbindungsleitungen von einem Amt zum anderen in Betracht. Sie sind also nicht für jeden Teilnehmer oder für jeden II. Vorwähler vorzusehen, sondern nur für jede abgehende Verbindungsleitung notwendig. Im Hauptamt liegen sie in den in die Netzgruppe führenden Dekaden vor den Ausgangsgruppenwählern. Die Zeitzonenzähler der Verbundämter sind zugleich Übertrager für die Speisung der Sprechstellen und für die Übertragung der Zählimpulse nach der Schaltung des *I. GW*-Wählerübertragers für den abgehenden Verkehr, Stromstoßübertrager von drei auf zwei Doppeladern und Mitlaufwerke für den Überbrückungsverkehr.

Sämtliche Ämter erhalten den Orts-Fernleitungswähler. Für den Internverkehr können, wo sich eine Sonderbündelung lohnt, besondere interne Leitungswähler Verwendung finden. Grundsätzlich muß im Netzgruppensystem die automatische Fernvermittlung in Aussicht genommen werden, wobei das zentral gelegene Fernamt die Teilnehmersprechstellen der Verbundämter genau so aufruft, prüft und trennt wie die des Hauptamtes.

Zur Durchführung der Wählerfernsteuerung mit Wechselstrom sind besondere Übertrager für den Übergang vom Wechselstrombetrieb in den Verbindungsleitungen zum Gleichstrombetrieb in den Ämtern und umgekehrt erforderlich, während dagegen die Übertrager für zweiadrigen Verkehr in Fortfall kommen können. Wenn die Wechselstromfernsteuerung bis zum V_2-Amt notwendig wird, wird im V_1-Amt Parallelbetrieb durchgeführt, und zwar sowohl auf dem Weg zum Hauptamt als auch vom Hauptamt zu den Verbundämtern. Für die beiden Arten des Verkehrs, d. h. also in ankommender und abgehender Richtung, sind getrennte Leitungsbündel vorgesehen. In der ersteren Richtung bewegt sich der Anmelde- und der zum Hauptamt strebende Netzgruppenverkehr sowie der Verkehr darüber hinaus, in der zweiten Richtung fließt der Netzgruppen- und Fernverkehr vom Fernamt und Hauptamt in die Verbundämter. Die Übertrager für Wählerfernsteuerung mit Wechselstrom, welche in den letzteren Leitungen liegen, müssen die Trennung von Orts- und Fernverkehr durch besondere Schaltungskriterien vornehmen.

Wenn nun unter Berücksichtigung der einzelnen sich überlagernden Verkehrswerte die Wählerzahlen berechnet werden, so ergeben sich nach der im V. Abschnitt des Anhanges durchgeführten Berechnung die Zahlen, wie sie in den Gruppenverbindungsplänen (S. 62—63) eingetragen sind. Die Berechnungsart gleicht dabei der auf S. 55—57 durchgeführten sowohl nach der Bestimmung des TC-Wertes wie der Wählergruppenbildung, der Verkehrszuschläge und der Abzüge. Die Zahl der Fern-GW für den ankommenden Bezirksverkehr entspricht im allgemeinen der Hälfte aller Bezirksleitungen in den einzelnen Baustufen (s. Anhang S. 21).

Bestimmend für die Zahl der Übertrager und der $I.\,GW$ des ankommenden Netzgruppenverkehrs ist die Zahl der ankommenden Sprechstromkreise im Anhange (S. 16—17) (siehe die Schlußzahlen). Die Zahl der vom Fernamte des Standortes mit Gleichstrom zu steuernden Fernvermittlungsgruppenwähler ($FVGW$) gleicht sich dabei dem fünffachen Werte der Fernarbeitsplatzzahlen an (vgl. „Bau neuer Fernämter", S. 100).

Bezüglich der Berechnung der Zahl an Zeitzonenzählern (ZZZ) im Hauptamte führt folgende Überlegung zum Ziele.

Entsprechend der Konstruktion des ZZZ sind für die Rufnummernvergebung in der Netzgruppe die drei Dekaden 7, 8 und 9 des $I.\,GW$ vorgesehen. Die Zahl dieser Zeit- und Zonenzähler muß nun so groß sein, daß der abgehende Netzgruppenverkehr reibungslos bewältigt werden kann. Die Bestimmung des TC-Wertes erfolgt nach dem Umfang des abgehenden Vorortsverkehrs. Der gesamte TC-Wert wird hierauf nach den drei Richtungen der Dekaden unterteilt und dann dieser TC-Wert für die Konzentrationsstunde berechnet. Die Zahl der ZZZ kann, wie jede andere Wählerzahl, ohne weiteres aus der Wählerkurve (Anhang S. 57 oder 58) abgelesen werden. Auch die Zahl der Übertrager für den abgehenden Verkehr muß ebenso wie jene für den ankommenden in allen Fällen mit der Zahl der abgehenden, bzw. mit jener der ankommenden Sprechstromkreise übereinstimmen.

Die Zahl der $II.\,GW$ für den abgehenden Netzgruppenverkehr wird mindestens so hoch bemessen als die Zahl der abgehenden Übertrager und diese Zahl jeweils der Gestelleinheit angepaßt. Die Wählerberechnung für die Verbundämter vollzieht sich ebenso wie im Hauptamte in der schon mehrfach beschriebenen Art.

Der Übertrager für den Überbrückungsverkehr mit seinem Mitlaufwerk hat die Aufgabe, beim Aufbau einer Verbindung die jeweilige Zone eindeutig zu bestimmen und Leitungsstücke, die während des Aufbaues der Verbindung zur Herstellung derselben nicht mehr benötigt werden, abzuschalten. Die Zahl dieser Übertrager richtet sich nach dem TC-Wert des abgehenden Vorortsverkehres. Die Berechnung erfolgt genau wie bei den Wählern.

Um bei vollbelegten Leitungen für den abgehenden Verkehr auch noch die Möglichkeit des Aufbaues von Ortsverbindungen (Internverkehr) zu geben, werden sogenannte überzählige Mitlaufwerke eingebaut.

Es wird nämlich beim Aufbau einer Ortsverbindung in Systemen mit offener Kennziffer die abgehende Leitung, wenn auch nur kurze Zeit, blindbelegt.

Den Übergang vom Wechselstrombetrieb in den Verbindungsleitungen zum Gleichstrombetrieb in den Ämtern besorgen die in der Schaltung hinter den Übertragern für Überbrückungsverkehr und Zeitzonenzählung liegenden Wechselstromübertrager, deren Zahlen miteinander übereinstimmen. Die von den dem V_1-Amt zugeordneten Verbundämtern ankommenden Leitungen endigen an den Übertragern für den Durchgangs- und Überbrückungsverkehr, welche die Funktion der Durchschaltung der Leitung zum Hauptamt oder jene der Überbrückung zum internen Gruppenwähler im V_1-Amt auszuführen haben.

Für den letzteren Fall sind noch Übertrager vorgesehen, die vom Wechselstrombetrieb aus den Verbindungsleitungen in Gleichstrombetrieb bei den Ämtern übersetzen, deren Zahl sich aus dem TC-Wert des diesbezüglichen Verkehrs bestimmt. Für den Verkehr in ankommender Richtung liegt an jeder Leitung ein Gruppenwähler für Wechselstromfernsteuerung, an dem in Parallelschaltung das V_1-Amt und seine Verbundämter liegen. Den Übergang vom Wechselstrombetrieb aus den Verbindungsleitungen zum Gleichstrombetrieb in den Ämtern für den Verkehr, der nur zum V_1-Amt strebt, bewerkstelligen Übertrager, deren Zahl ebenfalls der zugehörige TC-Wert ergibt. Für den Verkehr zu den Verbundämtern sind Übertrager vorgesehen, die von drei Adern auf zwei umsetzen. Für den Verkehr vom V_1-Amt zu den zugehörigen Verbundämtern oder für den Verkehr dieser Verbundämter untereinander sind eigene Übertrager für Gleichstrom-Wechselstrombetrieb vorzusehen. Die jeweilige Zahl der Übertrager errechnet sich gleichfalls wieder aus dem zugehörigen TC-Wert.

Im V_2-Amt liegen in den Leitungen für den abgehenden Verkehr sowohl die Übertrager für Überbrückung und Zeitzonenzählung als auch die Übertrager für Gleichstrom-Wechselstrombetrieb. Ebenso ist für den internen Verkehr ein überzähliges Mitlaufwerk vorgesehen. Für den ankommenden Verkehr endigen die Leitungen an Übertragern für Wechselstrom-Gleichstrombetrieb. Hinter denselben liegt an der Leitung je ein Leitungswähler. Für den Überbrückungsverkehr sind interne Leitungswähler je nach der Größe des Verkehrs vorgesehen. Bei der Kleinzentrale liegen die Verhältnisse so wie beim V_2-Amt.

Die Ergebnisse der Wählerberechnung sind im Anhange (S. 63 und 64) zusammengestellt.

c) Die Aufstellungspläne für die Wählergestelle des Selbstanschlußteiles einer Mittelwertsnetzgruppe.

Auch die folgende Abhandlung soll sich weder auf die Bekanntgabe von Richtlinien für die Planung von SA-Ämtern noch auf eine kritische Betrachtung der Flächenausmaße, deren Ermittlung ich mir ebenfalls noch in einem anderen Abschnitte vorbehalte, erstrecken, sondern nur darauf, bestimmte Anhaltspunkte zur Ermittlung des Raumbedarfes und zur Ausarbeitung von Kostenvoranschlägen zu gewinnen. Die Wählerzahlen im V. Abschnitt geben im allgemeinen und die Abmessungen der Gestelle im einzelnen die Grundlagen zur Bemessung des Flächenbedarfes für die Wählergestelle der verschieden großen SA-Ämter. Im Anhang (S. 65—66) wurden nun die Wähleraufstellungspläne aller SA-Ämter in den verschiedenen Baustufen einer Mittelwertsnetzgruppe angefertigt. Bei dem Entwurf der Pläne ist in erster Linie darauf Bedacht genommen worden, daß die VW-Gestelle möglichst in der Nähe des Hauptverteilers ihre Aufstellung finden. Dabei wurde die Entfernung der Gestellreihen zu 1 m, die Gangbreite an der Fensterreihe und die freien Plätze am Anfang und am Ende der Gestellreihen zu je 1,50 m angenommen. Die Zusammenfassung der übrigen Gruppenwähler paßt sich dem Bau der bisher ausgeführten SA-Anlagen an. Die dargestellten Grundrisse sind nicht nach praktischen, sondern des Vergleiches halber nur nach theoretischen Erwägungen angefertigt, denn kein für den Anfangszustand der Anlagen bestimmter Grundriß nimmt auf irgendwelche Erweiterungsmöglichkeiten des Raumes Rücksicht. Jeder Grundriß wurde auch hier, wie beim Handbetriebssystem, nur von dem Gesichtspunkte des kleinsten Flächenbedarfes aus bemessen.

III. Die Voranschläge für die einmaligen Lieferungskosten der sämtlichen Umschalteeinrichtungen einer Mittelwertsnetzgruppe.

Über die Höhe der einmaligen Lieferungskosten von Umschalteeinrichtungen für das SA-Netzgruppensystem läßt sich, wie bei der Neuheit der Angelegenheit nicht anders zu erwarten ist, ein zuverlässiger Überblick nur durch eine bis ins einzelne gehende Kostenaufstellung gewinnen, weshalb ich gerade diese Kosten, die voraussichtlich einen wesentlichen Einfluß auf die Wirtschaftsrechnung ausüben werden, keinesfalls auf eine Schätzung stützen möchte, sondern ebenso wie bei allen bisherigen Betrachtungen die Erhebungen darüber so genau wie möglich durchzuführen versuche. Ich habe keine Mühe gescheut, zu diesem Zweck nicht allein für die Umschalteeinrichtungen des SA-Netzgruppensystems, sondern auch für die Einrichtungen der beiden anderen Systeme nach den entwickelten Einheitszahlen und Grundrißplänen Unterlagen zur Ausarbeitung von Kostenvoranschlägen anfertigen zu lassen, in denen zunächst alle Hauptteile einer Anlage ihrer Zahl und Art nach vorgetragen wurden. Nach Preisgrundlagen verschiedener Herkunft aus den letztverflossenen Jahren wurden nun für alle gleichartigen Einzelteile Mittelwerte gebildet und als Grundlagen zu den im Anhange (S. 67—79) angefertigten Kostenvoranschlägen für sämtliche Umschalteeinrichtungen einer Mittelwertsnetzgruppe benützt.

Die Erstellung der Kostenvoranschläge bietet gegenüber anderen Voranschlägen keine Besonderheiten. Die nachgewiesenen Kosten enthalten außer der Lieferung alle für die betriebsfertige Aufstellung der Einrichtungen nötigen Arbeiten einschließlich der Kabelkosten und Kanäle für die Verbindung der Hauptverteiler mit den Amtsteilen, jedoch ausschließlich der Kosten für Stromlieferungsanlagen, die noch gesondert aufgestellt werden.

Um auch hier eine bessere Vergleichsübersicht über die gesamten Lieferkosten für die Umschalteeinrichtungen einer Mittelwertsnetzgruppe zu gewinnen, wurden am Schlusse des VI. Abschnittes auf Seite 80 für jedes der drei Systeme innerhalb der drei Baustufen diese Kosten graphisch aufgetragen. Diese Darstellung gibt mir bezüglich des Kostenunterschiedes der verschiedenen Umschalteeinrichtungen zu folgenden Bemerkungen Veranlassung:

1. Der charakteristische Verlauf der dargestellten Kurven läßt in der Höhe der Lieferungskosten für die Umschalteeinrichtung einer Mittelwertsnetzgruppe zwischen dem Handbetriebssystem A und den beiden automatischen Systemen B und C einen wesentlichen Unterschied erkennen, denn es verhalten sich diese Kosten in den einzelnen Baustufen wie folgt:

$A : B : C = 1 : 3,05 : 3,39$ im Anfangszustand der Anlagen,
$= 1 : 2,59 : 2,95$ im Endausbau der Anlagen,
$= 1 : 2,1 \ : 2,40$ im Endausbau der Anlagen mit Verdopplung der Gesprächsziffern.

Der Lieferungsaufwand für selbsttätig wirkende Einrichtungen überschreitet demnach in der ersten Baustufe die Kosten einer Hanbetriebseinrichtung um mehr als das Dreifache. Ob eine so hohe Mehrbelastung für den Fernsprechbetrieb wirtschaftlich tragbar erscheint, kann erst nach Abschluß der gesamten Wirtschaftsrechnung beurteilt werden.

2. Der Kostenunterschied zwischen dem SA-Netzgruppensystem C und dem Überweisungssystem B dagegen ist nicht erheblich, denn er beträgt nur etwa 12,0% (10,8—13,6%).

Beim Überweisungssystem sind in jedem Falle zu den Kosten der automatischen Einrichtungen noch die Kosten für die Überweisungs- und Vorschalteschränke hinzuzurechnen, denn im SA-Netzgruppensystem bieten diese technischen Zusätze, die eben den Mehraufwand verursachen, den Ersatz für den manuellen Teil des erstgenannten Systems.

3. Die Kurve der Handbetriebskosten verläuft in den verschiedenen Baustufen fast linear mit einer schwachen Krümmung bei e. Die Steigung von a nach e mit 208% und auch von e nach e'' mit 53% ist infolge der quadratischen Mehrung des Klinkenaufwandes wesentlich größer als bei den automatischen Systemen mit nur rd. 162% und 28%, bzw. 192% und 25%. Diese Steigerung deutet darauf hin, daß der Kostenaufwand für eine Handbetriebseinrichtung sowohl mit der Größe der Anlage als auch mit der Höhe der Gesprächsziffer relativ mehr zunimmt als im automatischen System, eine Tatsache, die vom wirtschaftlichen Standpunkte aus bei einer Erweiterung dieses Systems zu ungunsten desselben sich auswirkt.

4. Einen wesentlich anderen Verlauf nehmen dagegen die beiden Kurven für die Lieferungskosten der automatischen Systeme B und C. Während nämlich die Kosten im Handbetriebssystem bei einer Verdreifachung der Anschlußzahl in der Baustufe e um das 2,08fache, d. h. also beinahe so hoch als der Verkehr, und bei einer Verdopplung der Gesprächsziffer in der Baustufe e'' um das 0,53fache oder rund um 50% steigen, beträgt diese Steigerung in den beiden SA-Systemen B und C nur das 1,6- und 1,9fache in der Baustufe e bzw. das 0,28 und 0,25fache oder nur etwa 25% in der dritten Stufe, also in beiden Fällen weniger als die Steigerung des Verkehrs.

Der Verlauf der beiden Kurven B und C mit dem markanten Knick bei e läßt nun folgende der bisherigen Erfahrung entsprechende, hier zahlenmäßig belegte Schlußfolgerung von grundsätzlicher Bedeutung zu:

„Die Kosten einer automatischen Einrichtung werden relativ um so geringer, je größer die Anschlußzahl wird und je höher die Gesprächsziffer in einer Fernsprechanlage steigt, oder anders ausgedrückt, je mehr eine Anlage erweitert, desto wirtschaftlicher gestaltet sich die Einführung des automatischen Betriebes.“

5. Die Steigung der Lieferungskosten in sämtlichen drei Systemen von der Baustufe e zur Baustufe e'', die zwischen dem Anfangszustand a und dem Endausbau e weniger stark hervortritt, lehrt, wie diese Kosten ihrem ziffernmäßigen Betrage nach für Umschalteeinrichtungen von der Größe einer Anlage, d. h. von der Zahl ihrer Hauptanschlüsse sowie von der Höhe der herrschenden Gesprächsziffer abhängig sind. Will man wissen, wie hoch sich die Kosten einer Umschalteeinrichtung in irgendeinem der drei Umschaltesysteme bei einer Erhöhung der Gesprächsziffer beispielsweise von 25% oder von 50% belaufen, so braucht man nur den TC-Wert auf der Abszissenachse, in dem sich die Höhe der Gesprächsziffer spiegelt, von 53ʰ bis 106ʰ entweder bei einem Viertel oder bei der Hälfte der Strecke ab-

greifen. Der Schnittpunkt der betreffenden Ordinate mit der Kurve der Lieferungskosten gibt dann jeweils die Höhe des Anschaffungswertes einer Umschalteeinrichtung mit dieser bestimmten höheren Gesprächsziffer an. Ohne Angabe einer Gesprächsziffer können naturgemäß die Kosten von Umschalteeinrichtungen gleicher oder verschiedener Systeme auch bei der gleichen Größe nicht verglichen werden.

Da hinsichtlich der Kosten der automatischen Fernvermittlung gegenüber dem von Hand bedienten Überweisungsverkehr sowie der Kosten der Zeit- und Zonenzähleinrichtungen (ZZZ) in den Fachkreisen noch Anhaltspunkte fehlen werden und diese Kosten deshalb leicht überschätzt werden können, so dürfte es nicht uninteressant sein, gerade diese beiden technischen Einrichtungen, die das Grundelement für den Aufbau eines SA-Netzgruppensystems bilden, hier vom wirtschaftlichen Standpunkte aus einer näheren Betrachtung zu unterziehen. Zu diesem Zwecke habe ich zunächst aus den Kostenvoranschlägen (Anhang S. 76—79) die Kosten für die Zeit- und Zonenzähleinrichtungen aller Ämter entnommen und die Beträge von 25 145 M. = 5,3% der gesamten Umschalteeinrichtungskosten in der ersten, von 55 900 M. = 4,3% in der zweiten und von 77 650 M. = 4,8% in der dritten Baustufe auf S. 80 des Anhanges graphisch aufgetragen, ebenso die Kosten für die in den drei Baustufen nötigen Überweisungs- und Vorschalteschränke mit 42 200 M., 145 800 M. und 212 600 M. Zieht man von den Kosten der automatischen SA-Netzgruppeneinrichtungen die Kosten der ZZZ-Einrichtungen ab und bildet hierauf die Differenz zwischen dem auf diese Weise gefundenen Wert und den Kosten der automatischen Einrichtungen für das Überweisungssystem, so erhält man die absoluten Kosten für die automatische Fernvermittlung eines SA-Netzgruppensystems in einer Höhe von:

65 300 M. oder 13% der Gesamtkosten bei a,
240 000 ,, ,, 18% ,, ,, ,, e und
332 000 ,, ,, 20% ,, ,, ,, e''.

Ein Vergleich mit den Kosten der Überweisungs- und Vorschalteschränke ergibt eine Mehrung an einmaligen Lieferungskosten zu Lasten der automatischen Fernvermittlung

von 23 100 M. oder 5,3% der Gesamtkosten bei a,
,, 94 300 ,, ,, 8,0% ,, ,, ,, e und
,, 119 750 ,, ,, 8,1% ,, ,, ,, e''.

Die einmaligen Lieferungs- in jährliche Aufwandskosten umgewandelt, gibt sowohl für die Zeit- und Zonenzähleinrichtungen als auch für die Fernvermittlung beispielsweise in der ersten Baustufe je einen Betrag, der kaum dem Jahresgehalt von 1½ Umschaltebeamtinnen gleichkommt. Die Einsparung von 1½ Arbeitsplätzen in einer Mittelwertsnetzgruppe mit 1650 Anschlüssen deckt somit schon die Kosten der ZZZ und der automatischen Fernvermittlung.

Die an sich naheliegende Annahme, daß durch die Einführung der automatischen FVM und der ZZZ wesentlich ins Gewicht fallende Mehrkosten verursacht würden, wird durch vorstehende Berechnungen daher entkräftet.

Am Schlusse dieser Ausführungen seien mir noch einige kurze Bemerkungen über die Kosten der Fernämter gestattet.

Bekanntlich sind die Fernleitungsstellen jene Stätten des Fernsprechbetriebes, an denen die Haupteinnahmequellen des Verkehrs fließen. Aber gerade an diesen Stellen wurde die Ausgestaltung der nötigen Umschalteeinrichtungen vom technischen Standpunkte aus bisher vielfach recht stiefmütterlich behandelt. In vielen Fernämtern fehlen nämlich gerade jene technischen Zusätze, wie Hauptverteiler, Klinkenumschalter, Anmelde- und Auskunftstische, Zeitbemessungsapparate, Förderbandanlagen usw., die den Fernsprechbetrieb auf die höchste Stufe seiner Leistung bringen und für ein möglichst lückenloses Aufkommen der Gebühren Gewähr geben. Der Mangel dieser technischen Zusätze läßt sich nur durch eine Überschätzung der Kosten für die Anschaffung und den Betrieb solcher Einrichtungen gegenüber ihrer Bedeutung für die Erfassung der Gebühren erklären. Es erscheint daher eine Untersuchung am Platze, wie hoch sich denn die Kosten des Fernamtes zu den Gesamtkosten der übrigen Umschalteeinrichtungen einer Mittelwertsnetzgruppe belaufen.

A. Im Handbetriebssystem erfordert ein mit allen neuesten Errungenschaften der Technik ausgestattetes Fernamt an Anschaffungskosten in den verschiedenen Baustufen: a 33%, e 31% und e'' 29%,
B. im Überweisungssystem: a 11%, e 10% und e'' 13%,
C. im SA-Netzgruppensystem: a 7,6%, e 6,2% und e'' 8% der Gesamtkosten.

Daraus geht hervor, daß in den höherwertigen Umschaltesystemen ein Fernamt mit 7—13% des gesamten Aufwandes die geringsten Kosten verursacht. Ich möchte es daher geradezu als eine Unterlassung bezeichnen, bei dem Neubau eines Fernamtes aus Gründen der Sparsamkeit auch nur einen der vorerwähnten, betriebswichtigen technischen Zusätze wegzulassen.

IV. Die jährlichen Kosten für die Umschalteeinrichtungen einer Mittelwertsnetzgruppe.

Bei dem großen Lieferungswerte einer Umschalteeinrichtung verursacht der Kapitaldienst, d. h. die Verzinsung und Tilgung des Anlagekapitals erhebliche jährliche Ausgaben. Über den prozentualen Aufwand für dieses Anlagekapital habe ich bereits im Abschnitt B, I. nähere Untersuchungen angestellt und dort die Verzinsung und Tilgung der Anlagekosten zu 12% für automatisch betriebene und zu 13% für von Hand betriebene Umschalteeinrichtungen festgelegt. Nach der Auswertung des Kapitalaufwandes bietet somit die Berechnung des jährlichen Kapitaldienstes für die Beschaffung von Umschalteeinrichtungen keine Schwierigkeiten.

Aber außer dem Kapitaldienst kommen neben den Personalkosten, deren Bestimmung in einem späteren Abschnitte erfolgen wird, auch noch Sachkosten für die Unterhaltung der technischen Einrichtungen in Frage, die sich nach der Art der Umschaltesysteme in zwei Hauptgruppen unterscheiden lassen, nämlich:

1. Sächliche Ausgaben für Handbetriebsumschaltestellen und
2. desgleichen für automatisch betriebene Stellen.

Nach Erhebungen aus dem Betriebe haben sich zu Ziff. 1 für die Unterhaltung eines Anruforganes in Fernämtern oder Überweisungsämtern jährliche Ausgaben von etwa 3 M., in Ortsämtern von 1,50 M. und in Landzentralen von 2 M. ergeben.

Zu Ziff. 2 betragen die Sachkosten für die Unterhaltung einer 2-Tausender-Gruppe im SA-Betrieb nach dem Erdsystem jährlich rd. 1012 M.

Aus der Betrachtung der Lieferungskosten für die Umschaltesysteme B und C allein ersieht man schon, daß trotz der gleichen Anzahl von Anruforganen ein wesentlicher Unterschied im technischen Aufbau dieser Einrichtungen, die nicht mehr nach dem Erd-, sondern nach dem Schleifenprinzip gebaut werden, besteht. Im Abschnitt E, II. komme ich nochmals auf diesen technischen Unterschied in den einzelnen SA-Systemen zurück. Unter Vorgriff auf diese Ausführungen bemerke ich hier nur, daß die Unterhaltungsarbeiten für Schaltorgane aller Art hinsichtlich ihres Kostenaufwandes auf äquivalente Beträge nach Relaiseinheiten reduziert werden.

Der Unterhaltungsaufwand für eine 2-Tausender-Gruppe nach dem Erdsystem mit automatischer Fernvermittlung läßt sich nämlich in rd. 18000 Relaiseinheiten ausdrücken, daher betragen die jährlichen Sachkosten für eine Relaiseinheit $\frac{1012 \text{ M.}}{18000}$ rd. 6 Pf. Im Überweisungs- und SA-Netzgruppensystem berechnen sich diese Relaiseinheiten wie folgt (s. Anhang S. 107—109):

Im HA, Baustufe	a 5400	Relaiseinheiten f. Ue—S bzw.	8000	Relaiseinheiten f. SA—N	
	e 17400	,, ,, ,,	24500	,, ,,	,,
	e'' 20900	,, ,, ,,	31000	,, ,,	,,
in den	a 6600	,, ,, ,,	8230	,, ,,	,,
LZ bzw.	e 16900	,, ,, ,,	23000	,, ,,	,,
VA	e'' 24200	,, ,, ,,	29000	,, ,,	,,

Mit Hilfe dieser Schlüsselzahlen lassen sich die jährlichen Sachkosten automatischer Einrichtungen leicht auswerten. Nach Abschluß aller für Umschalteeinrichtungen nötigen Vorerhebungen rechnet sich nunmehr der gesamte jährliche Aufwand, jedoch ohne Mechanikerkosten, wie folgt:

a) Im Handbetriebssystem, beispielsweise für das Hauptamt im Anfangszustand der Anlage

Tilgung und Verzinsung des Anlagekapitals für die techn. Einrichtungen	Sachkosten für		
	Ortsamt	Überweisungsamt	FV Schrank

$$0,13 \cdot 68800 \text{ M.} + 900 \cdot 1,5 \text{ M.} + 36 \cdot 3 \text{ M.} + 27 \cdot 3 \text{ M.} = 10483 \text{ M.}$$

b) Im SA-System, beispielsweise für das Hauptamt im SA-Netzgruppensystem

Tilgung usw. wie oben	Sachkosten

$$0,12 \cdot 200000 + 8000 \cdot 0,06 \text{ M.} = 24480 \text{ M.}$$

Die Auswertung der Kosten für die übrigen Systeme und Baustufen bedarf wohl keiner weiteren Erklärung mehr.

Die Unterhaltungs- und jährlichen Kapitalkosten übersichtshalber ebenfalls graphisch aufgetragen, ergeben die im Anhange auf S. 80 dargestellten Kurven. Außer der Höhe des Kostenbetrages zeigen diese Kurven das gleiche Bild wie die einmaligen Lieferungskosten. Daher gelten auch hier sinngemäß die dort niedergelegten kritischen Bemerkungen über die einmaligen Lieferungskosten. Das Verhältnis der Unterhaltungskosten in den drei Systemen und Baustufen ist ebenso wie die Kostenmehrung vom Überweisungs- zum SA-Netzgruppensystem prozentual etwas niedriger als bei den Lieferungskosten.

Allgemein betrachtet sind die Lieferungs- und jährlichen Kosten für die Umschalteeinrichtungen ebenso wie jene für die Vorortsleitungen in den beiden SA-Systemen wesentlich höher als beim Handbetriebssystem.

D. Die Stromlieferungsanlagen für die Umschalteeinrichtungen einer Mittelwertsnetzgruppe.

Die hier in Frage kommenden Stromlieferungsanlagen sind apparatentechnische Einrichtungen, die den Zweck haben, die nötige Menge elektrischen Stromes mit einer bestimmten Spannung für den Betrieb von Fernsprechanlagen dauernd bereitzustellen. Nach der Art der Stromaufspeicherung unterscheidet man in einer Mittelwertsnetzgruppe Anlagen mit Primär- und solche mit Sekundärelementen. Die erste Art der Aufspeicherung kommt nur in den kleinsten Anlagen des Handbetriebssystems, die zweite Art dagegen für die Stromversorgung aller übrigen Anlagen in Frage. Erst bei der zweiten Art kann man von einer eigenen Stromlieferungsanlage sprechen. Mit Ausnahme des Aufrufes von Sprechstellen, der mittels Wechselstrom erfolgt, erfordert der Betrieb von Fernsprechanlagen nur Gleichstrom, der in Sammlerbatterien aufgespeichert wird. In meinem Werke ,,Der Bau neuer Fernämter" habe ich mich bereits im zweiten Teil, Abschnitt E, mit dem Entwurf und mit der Planung von Stromlieferungsanlagen eingehend befaßt, weshalb ich mich an dieser Stelle wohl darauf beziehen darf. Dort handelt es sich jedoch ausschließlich nur um Anlagen größeren Umfanges, während in den verschiedenen Baustufen einer Mittelwertsnetzgruppe der Strombedarf in manchen Fällen so weit herabsinkt, daß es sich wirtschaftlich nicht lohnt, an jeder Bedarfstelle eine kostspielige Zusatzeinrichtung zur Aufladung der örtlichen Sammlerbatterie für den Betrieb der Vermittlungsstellen zu bauen. Man muß vielmehr bei diesen kleinsten Anlagen darauf bedacht sein, die nötige Strommenge den Sammlerbatterien entweder aus einem vorhandenen Gleichstromnetz oder aus einer stationären, im gleichen Orte befindlichen Sammlerbatterie durch Vorschaltung einfacher Widerstandslampen, oder endlich auch durch eine Fernladung über vorhandene, aber nicht zu lange Verbindungsleitungen zuzuführen. Diese Behelfsmaßnahmen sind jedoch nur bis zu einer bestimmten, nicht überschreitbaren Ladestromstärke zulässig. Ich möchte daher die Ladung mit Vorschaltung von Widerstandslampen bei einem Energieverbrauch von 6 ASt. pro Tag begrenzt wissen und diese Art der Ladung nur für Sammlertypen Vto ¾, Vto und Vt zulassen.

Die Fernladung über Verbindungsleitungen von einem Mutteramte aus findet bei einer Differenz zwischen Lade- und Gegenspannung von 60 Volt ihre Grenze bei 4 ASt., also bei einem Sammlertyp Go 22/1 R, sie setzt aber voraus, daß der Widerstand der vorhandenen Verbindungsleitungen nicht eine Höhe erreicht, die den Stromfluß zur fernen Batterie unterbindet. Die Fernladung kann also auch bei den nötigen Voraussetzungen nicht überall, daher auch nicht allgemein, sondern nur in Einzelfällen zur Ausführung vorgesehen werden.

Soweit der Anschluß einer Stromlieferungsanlage an ein Starkstromnetz mit Wechsel- oder Drehstrom in Frage kommt, kann man die eigentlichen Stromlieferungsanlagen in zwei Gruppen unterteilen, nämlich in Anlagen, die Wechsel- oder Drehströme mit Hilfe von Gleichrichtern umformen, oder in solche, die die Umformung mit Hilfe von rotierenden Maschinen vornehmen.

Die Gleichrichteranlagen finden ihre Begrenzung bei einer Stromstärke von 30 A, die zweite Art der Umformung wird in allen übrigen Fällen daher ausnahmslos in allen Hauptämtern in Anwendung gebracht.

Die Sicherheit des Betriebes erfordert bei den eigentlichen Stromlieferungsanlagen die Aufstellung zweier gleich großer Sammlerbatterien, von denen die eine immer auf Entladung, die andere auf Ladung geschaltet wird. Bei einer Stromunterbrechung des Leitungsnetzes dient die zweite Batterie als Vorrat.

In den Ortsämtern des Handbetriebssystems kommen Batterien mit 24 Volt Spannung, in jenen der SA-Systeme mit 60 Volt, bei Anwendung von Gruppenumschaltern mit 24 Volt, bei allen Fernämtern mit 24 Volt und für die Schnurverstärkung außerdem noch 10 Volt und 120 Volt für Anodenbatterien zur Anwendung. Den Ruf- und Wählstrom liefern in den Anlagen größeren Umfanges rotierende Ruf- oder Wählmaschinen, in den kleineren Anlagen pendelnde Polwechsler, die aus den vorhandenen Sammlerbatterien gespeist werden.

Die der Größe einer Anlage entsprechenden Schalttafeln mit den nötigen Hilfsinstrumenten sowie die der herrschenden Stromstärke angepaßten Zuleitungen von der Maschinenanlage zur Schalttafel, von dieser zum und vom Batterieraum sowie zur Verbrauchsstelle ergänzen die Stromlieferungsanlage zu einer betriebsfertigen Einrichtung.

Wie ich bereits in dem oben erwähnten Werke auf S. 174 ausgeführt habe, genügt die für eine bestimmte Umschalteeinrichtung nötige Stromlieferungsanlage den zu stellenden Bedingungen, wenn die Strombilanz erfüllt ist, d. h. wenn der Stromzufluß einer Anlage, in Amperestunden gemessen, der Stromentnahme einschließlich der Ladungsverluste das Gleichgewicht hält. Die Berechnung des Energieverbrauches der Vermittlungsstellen findet demnach in dem Produkt, das aus der Stromstärke in Ampere und aus der Dauer der Entnahme in Stunden gebildet wird, ihren Ausdruck.

Übergehend auf die Größenbestimmung der für eine Mittelwertsnetzgruppe nötigen Sammlerbatterien und Maschinenanlage, will ich zunächst im Anhang auf S. 81—87 den Stromverbrauch für alle der Untersuchung unterzogenen Systeme und in jedem System wiederum für jede Baustufe entwickeln und der Stromberechnung folgende Annahmen zugrunde legen.

Die Teilnehmeranschlußzahlen, die Gesprächsziffern, die Belegungsdauer und die Fehlverbindungen bei der Gesprächsabwicklung entsprechen in den neun verschiedenen Fällen den im II. Abschnitt (S. 13—14) vorgetragenen Zahlen. Im Handbetriebssystem habe ich die Dauer der Abnahme einer Verbindung sowie die Dauer der Auflösung einer hergestellten Verbindung zu je $6'' = \dfrac{1}{600}$ Stunde, ferner die Dauer einer Arbeitsplatzbelegung bei

$$
\begin{aligned}
24\,\text{stündiger Dienstzeit zu } 0,55 \cdot 24 &= 13^{\text{h}}, \text{ bei} \\
12 \quad ,, \qquad ,, \quad ,, \ 0,66 \cdot 12 &= 8^{\text{h}}, \ ,, \\
9 \quad ,, \qquad ,, \quad ,, \ 0,55 \cdot \ 9 &= 5^{\text{h}} \text{ und bei} \\
6 \quad ,, \qquad ,, \quad ,, \ 6^{\text{h}}
\end{aligned}
$$

und endlich die Fehlanrufe zu 20% angenommen. Nach dem mehrfach angezogenen Werke erfordert ein neuzeitlich ausgeführtes Fernamt täglich 0,5 ASt für jede im Betrieb stehende Fernleitung.

Nach diesen Voraussetzungen und Annahmen bietet die zwar etwas langwierige Stromverbrauchsberechnung in ASt keine sonderliche Schwierigkeit. Für die beiden automatischen Umschaltesysteme gestaltet sich die Stromberechnung wesentlich einfacher. Nach den angestellten Messungen erfordert jede Gesprächsverbindung im Überweisungssystem einen Strombedarf von 0,025 ASt, im SA-Netzgruppensystem dagegen einen solchen von 0,035 ASt.

Die Zahl an Gesprächsverbindungen ist für jedes System aus Abschnitt IV S. 47 zu entnehmen. Nach der Berechnung des Stromverbrauchs in ASt läßt sich die Größe der Zellen für die verschiedenen Batterien mit Hilfe der im Anhange (S. 88—89) dargestellten Tafeln leicht bemessen unter der Annahme, daß jede Batterie den Strom für zwei volle Betriebstage liefern muß. In allen Anlagen, deren Stromverbrauch weniger als 0,6 ASt ergibt, kommen Trockenelemente zur Aufstellung. Als Spannungsverlust ($E = J \cdot W$) für die Bemessung der Steigleitungen werden 2% der Gesamtspannung zugelassen.

Aus dem Produkte, dessen einer Faktor die höchstzulässige Stromstärke des gewählten Sammlertyps und dessen anderer Faktor die Spannung der aufzuladenden Batterien ist, läßt sich für eine Überschlagsrechnung die kW-Leistung der Generatormaschinen und dann durch einfache Division dieses Wertes mit der Zahl 600 die Leistung des Motors in PS bestimmen. In der Bereitstellung eines zweiten Umformersatzes wird der Betriebssicherheit vollauf Genüge geleistet. Dieselben Sicherheitsmaßnahmen sind auch für die 25 periodigen Rufmaschinen mit etwa 100 Volt und für die 50 periodigen Wechselstrommaschinen mit 150 Volt für die Wählerfernsteuerung notwendig.

Im Anhange (S. 90—91) habe ich für die drei Umschaltesysteme in den drei Baustufen die wichtigsten voneinander abweichenden Einzelteile von Stromlieferungsanlagen übersichtlich zusammengestellt.

Mit Hilfe dieser Zusammenstellung lassen sich nunmehr die auf S. 92—94 dargestellten Grundrisse der Maschinen- und Batterieräume aller Stromlieferungsanlagen einer Mittelwertsnetzgruppe entwickeln.

Als Ergebnis dieser weitläufigen Untersuchung kann dann nach einem vorliegenden Angebote der Kostenvoranschlag für diese Stromlieferungsanlagen (s. Anhang S. 95—98) abgeschlossen werden.

Auf S. 99—100 an gleicher Stelle wurden des weiteren noch die jährlichen Stromkosten für die drei Systeme in den drei Baustufen sowie die Kosten für den Verbrauch an Trockenelementen in jenen Anlagen, die keine eigene Stromerzeugung erhalten, unter der Annahme berechnet, daß im Mittel der Strompreis für 1 kWSt. rd. 0,2 M. beträgt.

Aus den jährlichen Stromkosten und aus der Verzinsung und Tilgung des Anlagekapitals, die zu 12% für die Maschinen- und zu 15% für die Sammleranlagen angenommen wird, kann man auf einfache Weise den jährlichen Aufwand für die Stromlieferungsanlagen bestimmen. Dieser Aufwand wird ebenso, wie das Anlagekapital (s. Anhang S. 101) um so höher, je höherwertiger das Umschaltesystem ausgeführt wird. Gegenüber dem Handbetriebssystem beträgt das Anlagekapital einer Stromlieferungsanlage im Überweisungssystem das 4,6fache im Anfangszustand und im *SA* - Netzgruppensystem sogar das 5,2fache. Diese relativ große Mehrung spielt aber absolut betrachtet wirtschaftlich keine große Rolle, da die Kosten einer Stromlieferungsanlage nur rund den zehnten Teil der Kosten einer *SA* - Umschalte-einrichtung betragen.

E. Der Personalbedarf in den Umschaltestellen einer Mittel-wertsnetzgruppe sowie die fernmäßige Behandlung von Vor-ortsgesprächen.

Mit der Beantwortung der Frage über die Höhe der Personaleinsparung im Umschaltebetrieb steht und fällt die Erwägung über die Einführung eines vollautomatischen Betriebes in den Ortsfern-sprechanlagen eines Landes. Von ihr allein hängt die Entscheidung über die Wertigkeit irgendeines Umschaltesystems ab. Erweisen sich bei einem Vergleich zwischen mehreren Systemen die Kosten der Personaleinsparung des einen Systems gleich oder nicht wesentlich höher als die laufenden Ausgaben für den apparatentechnischen Mehraufwand des anderen Systems, so ist die Wirtschaftsfrage für das letztere System schon aus rein sozialpolitischen Erwägungen zu verneinen, denn es wäre vom allgemeinen volkswirtschaftlichen Standpunkt aus nicht richtig, mit der Einführung technischer Neuerungen, die eine Personalminderung ohne wesentlichen wirtschaftlichen Erfolg nach sich ziehen, der heimischen Bevölkerung eine Arbeitsmöglichkeit zu entziehen. Die objektive Beurteilung über die Zahl von Per-sonen, die für die Bedienung der fernsprechtechnischen Einrichtungen in allen der Untersuchung unter-zogenen Systemen in den verschiedenen Baustufen notwendig erscheint, ist daher in dem vorstehenden Wirtschaftsvergleich mit eine der wichtigsten Fragen.

Im Fernsprechverkehr mit selbsttätig wirkenden oder von Hand zu bedienenden Umschalteeinrich-tungen lassen sich vom Personalstandpunkte aus zwei Hauptgruppen von Personen unterscheiden, nämlich:

I. Das weibliche Personal für die Herstellung von Verbindungen in den manuellen Umschalte-stellen und

II. das Mechanikerpersonal für die Pflege der apparatentechnischen Einrichtungen dieser Anlagen.

I. Das weibliche Umschaltepersonal.

In der Stunde des Höchstbetriebes müssen zweifellos so viele Beamtinnen gleichzeitig zur Ab-wicklung des anfallenden Fernsprechverkehrs dienstbereit sein, als dies der im IV. Abschnitt des An-hanges gerechneten Zahl von Arbeitsplätzen in den Umschaltestellen einer Mittelwertsnetzgruppe ent-spricht. Mit dieser Anzahl von Personen wird man in den verkehrsreichsten Stunden eines Tages die anfallenden Verbindungsarbeiten restlos bewältigen können.

Die gleiche Zahl von Personen reicht aber meist nicht aus, den gesamten Betrieb zu jeder Zeit, sowohl nachts, wie an Sonn- und Feiertagen, d. h. also ununterbrochen oder wenigstens während einer mehr als 6stündigen Dienstzeit zu bewältigen. Zur dauernden oder über die Tageszeit mehr oder weniger hinausgehenden Abwicklung des Verkehrs wird vielmehr eine größere Anzahl von Personen notwendig werden. Damit drängt sich unwillkürlich die Frage auf, welche Anzahl von Personen in Aussicht zu nehmen ist, um den anfallenden Fernsprechverkehr entweder in ununterbrochener oder doch wenigstens in mäßig beschränkter Folge abzuwickeln.

In einem bestimmten, greifbaren Falle ist diese Frage einfach zu beantworten, denn in der Dienst-einteilung für das Personal irgendeiner Umschaltestelle hat man eine Möglichkeit, alle Personen, die für die Betriebsabwicklung dieses Amtes unbedingt notwendig sind, zu erheben. Wenn es nun gelingen sollte, einen gewissen gesetzmäßigen Zusammenhang zwischen der aus einer Diensteinteilung entnommenen Zahl von Personen und der Zahl an vorhandenen Arbeitsplätzen festzustellen, so könnte man in einem geplanten Falle aus der Arbeitsplatzzahl den Personalbedarf einer Umschaltestelle vorausberechnen.

Der Personalbedarf einer Umschaltestelle hängt zweifellos außer von der Zahl an Arbeitsplätzen noch von folgenden Faktoren ab:

1. Von der Umschaltezeit der betreffenden Stelle,

2. von der gesetzlich festgelegten Arbeitszeit des Personals, d. h. von dessen Wochenleistung,

3. von der Verkehrskurve eines Betriebstages, d. h. von der Anpassung der ausgearbeiteten Dienst-einteilung an diese Kurve,

4. von dem Verhältnis des Sonn- und Feiertagsverkehrs zum Verkehr an den Werktagen,

5. von der Urlaubs- und Krankheitszeit des weiblichen Umschaltepersonals und

6. von dem Verhältnis des Aushilfspersonals zum Gesamtpersonal, welches täglich dienstbereit zur Verfügung stehen muß, um bei plötzlichen Erkrankungen des Bedienungspersonals in jedem Augen-blicke den Dienst aufnehmen zu können.

Von diesen sechs veränderlichen Faktoren bildet der Faktor 1 als Voraussetzung die Grundlage der Untersuchung. Der Faktor 2 ist bereits bekannt, er beträgt 48 Wochenstunden. Die Faktoren unter Ziff. 3 und 4 dagegen hängen von den gegebenen Verkehrsverhältnissen einer Umschaltestelle ab und müssen von Fall zu Fall einzeln erhoben werden; jene unter Ziff. 5 und 6 ergeben sich aus dem vorliegenden statistischen Material, und zwar rechnet sich der erstere zu 7,5 Wochen und der zweite zu 12%. Es bedürfen somit nur mehr die Faktoren unter Ziff. 3 und 4 der näheren Aufklärung.

Zum Studium dieser Frage habe ich mir nun aus einer Reihe von Diensteinteilungen des Fernsprech-Vermittlungsbetriebes in Bayern je drei Diensteinteilungen für einzelne Umschaltestellen erholt, und zwar jeweils:

1. Die Diensteinteilung für eine Umschaltestelle mit 24 stündiger Dienstzeit,
2. „ „ „ „ „ „ 12 „ „
3. „ „ „ „ „ „ 6 „ „

Die tabellenförmig aufgestellten Diensteinteilungen wurden nun in folgender Weise graphisch aufgezeichnet.

In einem Koordinatensystem (s. Anhang S. 102—104) trägt man auf der Abszissenachse die herrschende Umschaltezeit, auf der Ordinatenachse in beliebigem Maßstabe die Gesamtzahl der nach jeder Änderung der Platzbesetzung im Vermittlungsdienst verwendeten Arbeitskräfte auf. Die dadurch entstehende polygonale Figur stellt dann die graphische Diensteinteilung der betreffenden Umschaltestelle dar, dabei bedeutet in dieser Beilage die Figur mit den ausgezogenen Linien die Diensteinteilung an den Werktagen, jene mit den punktierten Linien die an den Sonn- und Feiertagen. Die höchste Erhebung dieser Figur gleicht jeweils jener Personenzahl Z, die notwendig ist, um während der Stunde des Höchstbetriebes den Verkehr aufrechtzuerhalten. Die Zahl Z entspricht aber auch gleichzeitig der Zahl der nötigen Arbeitsplätze. Damit erscheinen die beiden Zahlen in der gleichen Figur, die in ihren Umrissen annähernd die Verkehrskurve erkennen läßt, und können voneinander in Abhängigkeit gebracht werden. Je näher sich der Linienzug dieser Figur an die Verkehrskurve anschmiegt, desto genauer wird sich der Personalaufwand dem Verkehrsbedürfnis angleichen. Die durch die polygonale Figur eingegrenzte Fläche läßt sich nun ohne weiteres mit Hilfe eines Planimeters in ein flächengleiches Rechteck verwandeln, dessen Grundlinie die Umschaltezeit und dessen Höhe den durchschnittlichen Personalbedarf während eines Betriebstages, somit auch die mittlere Belegung der Arbeitsplätze darstellt. In dem herausgegriffenen Beispiele im Anhange (S. 102) rechnet sich die Höhe des Rechteckes, d. h. der mittlere Personalbedarf der Vermittlungsstelle, bezogen auf die Höchstzahl zu 0,55 Z im Werktagsdienst und zu 0,37 Z im Sonntagsdienst. Mit Hilfe des auf diese Weise gefundenen mittleren Personalbedarfes läßt sich ohne Schwierigkeit die Jahresarbeitsleistung einer Umschaltestelle mit 24 stündiger Dienstzeit in Stunden, bezogen auf die Zahl der vorhandenen Arbeitsplätze, berechnen, wenn man zu den Arbeitsstunden des Werktags- und Sonntagsdienstes noch 12% dieser Leistung für die Arbeitsstunden des Aushilfspersonals hinzurechnet.

Die Jahresarbeitsstunden der in dieser Beilage gewählten Umschaltestelle ergeben sich dann bei einer Zahl von Z-Arbeitsplätzen, wie folgt:

$$A = (\overbrace{305 \times 24^h \times 0,55 \, Z}^{4026 \, Z} + \overbrace{60 \times 24^h \times 0,37 Z}^{532 \, Z}) + 0,12 \times (4026 + 532) \, Z = 5105 \, Z.$$
$$\underbrace{}_{\text{Werktagsdienst}} \quad \underbrace{}_{\text{Sonntagsdienst}} \quad \underbrace{}_{\text{Aushilfsdienst}}$$

Vergegenwärtigt man sich dazu noch die Jahresleistung einer Beamtin bei 48 Wochenstunden, 7,5 Wochen Erkrankung und Beurlaubung, die sich zu $(52 - 7,5) \times 48 = 2136$ Stunden im Jahre rechnet, so erhält man auf einfache Weise durch Division der Gesamtleistung eines Amtes durch die Einzelleistung einer Beamtin $\dfrac{5105 \times Z}{2136} = 2,4 \, Z$ ein Produkt, dessen einer Faktor eine unbenannte Zahl ist und dessen anderer Faktor der Zahl der Arbeitsplätze gleichkommt. Ich möchte deshalb für den unbenannten Faktor den Ausdruck Personalfaktor prägen, denn er ergibt uns, mit der Zahl der Arbeitsplätze multipliziert, die Zahl an Personen, die bei einer 24 stündigen Dienstzeit für die Aufrechterhaltung eines ununterbrochenen Umschaltedienstes in irgendeiner Umschaltestelle tatsächlich bereitgestellt werden muß.

Einen wesentlichen Einfluß auf die Höhe dieses Personalfaktors übt die Wochenleistung der Beamtin aus, denn bei einer Minderung dieser Leistungen auf 42 Stunden in der Woche, also um 12%, wie sie vor dem Kriege dem Personale bereits zugestanden war, schnellt dieser Personalfaktor auf 2,75, also um 15%, in die Höhe.

Bei der Wichtigkeit dieser Zahl für die Durchführung des Wirtschaftsvergleiches habe ich mich mit der Auswertung eines einzelnen Personalfaktors nicht begnügt, sondern unter den gleichen Verhältnissen den Personalfaktor verschiedener Umschaltestellen erhoben und das Ergebnis dieser Erhebung im Anhang (S. 102) niedergelegt.

Aus dieser Aufstellung kann entnommen werden, daß der Personalfaktor in den acht Fällen ziemliche Schwankungen aufweist, nämlich zwischen 1,7 und 2,4, die sich durch eine größere Verflachung des Verkehrs, durch eine geringere Ausprägung der Verkehrsspitzen bzw. durch eine mehr oder weniger innige Anschmiegung der Diensteinteilung an die Verkehrskurve erklären lassen. Als geometrisches Mittel aller gerechneten Personalfaktoren ergibt sich für eine 24stündige Dienstzeit ein durchschnittlicher Personalfaktor von

2,2 bei 48 Wochenstunden,

der sich bei 42 Wochenstunden auf

2,5 erhöht.

In derselben planmäßigen Weise wurden nun auch im Anhange (S. 103 und 104) jeweils für acht Fälle die Mittelwerte der Personalfaktoren

bei einer	12	stündigen Umschaltezeit und	48	Wochenstunden zu	1,5,
,, ,,	12	,,	,, ,,	42	,,	,, 1,7,
,, ,,	6	,,	,, ,,	48	,,	,, 1,0,
,, ,,	6	,,	,, ,,	42	,,	,, 1,14

bestimmt.

Aus dieser Zahlenreihe lassen sich zwei Kurven für die Personalfaktoren aller Fälle, abhängig von der Dienstzeit einer Umschaltestelle und von der Wochenleistung einer Beamtin, konstruieren, die im Anhange (S. 104) niedergelegt wurden. Mit Hilfe dieser Kurven kann nunmehr bei jeder gegebenen Dienstzeit und einer bestimmten Wochenleistung der treffende Personalfaktor aus dieser Darstellung abgegriffen und durch Multiplikation mit der Zahl der Arbeitsplätze der Personalbedarf irgendeiner Umschaltestelle im voraus berechnet werden.

Nach Feststellung des Personalfaktors kann man an die Berechnung des Personalbedarfes für die Bedienung der von Hand zu betreibenden Umschalteeinrichtungen der mehrfach erwähnten verschiedenen Systeme in den vorgesehenen Baustufen herantreten. Im Anhange (S. 106) habe ich diese Personalberechnung durchgeführt und übersichtlich zusammengestellt. Einige kurze Erläuterungen zu der Auswertung dieser Zusammenstellung, deren Grundlagen einerseits die Arbeitsplatzzahlen im IV. Abschnitt und andererseits das Schaubild der Personalfaktoren auf S. 104 des Anhanges bilden, dürfte das Verständnis für den Gang der Rechnung erleichtern. Die eingesetzten Dienststunden in der Spalte 2 entsprechen im Handbetriebssystem den im Anhang (S. 4—8) gerechneten mittleren Dienstzeiten. Im Haupt- und Fernamte dieses Systems wurde entgegen dieser Rechnung und der im Abschnitte C, I. a) vorgesehenen Dienstzeiten von 21 Stunden im Hinblick auf die Größe der Anlage eine ununterbrochene Dienstzeit angenommen.

Die eingesetzte Dienstzeit im Überweisungsamte dieses Systems entspricht jener der den V_1-Ämtern gleichgestellten Landzentralen.

Die Vorteile der ununterbrochenen Dienstbereitschaft der Fernsprechanschlüsse können den Teilnehmern einer automatisierten Netzgruppe nur dann im vollen Maße zugesichert werden, wenn auch der noch manuell zu betreibende Teil der Umschalteeinrichtungen ununterbrochen bedient wird.

Eine solche Maßnahme erfordert aber im Überweisungssystem unbedingt eine 24stündige Dienstzeit an den zur Verfügung gestellten Umschalteschränken, infolgedessen auch eine dieser Zeit entsprechende Personenzahl.

Im SA-Netzgruppensystem dagegen, in dem durch die Möglichkeit der Wählerfernsteuerung nur an 12 Stellen des der Rechnung unterstellten Verkehrsgebietes ein Nachtdienst aufrechterhalten werden muß, erreicht man den gleichen Vorteil der ununterbrochenen Dienstbereitschaft selbst unter einer wesentlichen Einschränkung der sonst nötigen Dienstzeit an den übrigen 41 Stellen des ganzen Verkehrsgebietes. Ich will diese eingeschränkte Dienstzeit in den Fernämtern zweiter Klasse für diese 41 Stellen zunächst zu 12 Stunden im Tage annehmen, eine Zeit, die unbedenklich an allen Sonn- und Feiertagen, in manchen kleinen Fernämtern sogar auch noch an den Werktagen weiter gekürzt werden könnte.

Diesen unverkennbaren wirtschaftlichen Vorteil, der im SA-Netzgruppensystem nur durch die Einführung der automatischen Fernvermittlung möglich ist, möchte ich besonders hervorheben, denn er birgt außer der Einsparung an Lieferkosten für Fernplätze des Bezirksverkehrs und der damit bedingten Personalminderung auch noch den Wegfall des unwirtschaftlichen Nachtdienstes in dem überwiegenden Teil aller Fernämter in sich.

Um den Personalfaktor für die Fernämter einer SA-Netzgruppe auswerten zu können, muß auf alle Fernämter des ganzen Landes zurückgegriffen werden, ein weiterer Beweis dafür, daß man bei einer

Wirtschaftsrechnung über die Einführung neuer Systeme nicht einen einzelnen Fall herausgreifen darf, um daraus schon eine Schlußfolgerung für alle übrigen Anlagen des Landes zu ziehen. Die durchschnittliche Dienstzeit aller Fernämter in den geplanten SA-Netzgruppenanlagen Bayerns rechnet sich, wie folgt:

$$\frac{41 \times 12\,\text{Stunden} + 12 \times 24\,\text{Stunden}}{53} = 14{,}7\ \text{Stunden}.$$

Nach dem Schaubild im Anhange (S. 104) für 48 Stunden läßt sich der Personalfaktor bei 14,7 Dienststunden leicht abgreifen, er ergibt den Wert 1,66.

Der Vergleich der Schlußergebnisse dieser im Anhange (S. 106) niedergelegten, aus einer umfangreichen Zahlenreihe hervorgegangenen Zusammenstellung bestätigt nicht nur die in der Einleitung dieser Abhandlung ausgesprochene Vermutung über die erhebliche Personaleinsparung in SA-Netzgruppen, sondern er übertrifft noch die bisherigen Schätzungen um einen wesentlichen Betrag.

Neben dem Personalbedarf erscheint für die Wirtschaftsrechnung der durchschnittliche Jahresgehalt einer Beamtin nicht minder wichtig.

Vor dem Kriege und kurz nach der Stabilisierung unserer Währung betrug der Jahresgehalt einer Beamtin rd. 1100 RM. Seit dieser Zeit ist der Jahresgehalt ständig gestiegen und hat im Juni 1925 nach der im Anhange (S. 105) angefügten Berechnung fast den doppelten Betrag, nämlich 2076 rd. 2100 M. erreicht. Es ist anzunehmen, daß mit diesem Betrag die Höchstgrenze des Gehaltes noch nicht überschritten ist, sondern vielmehr eine weitere Steigerung zu erwarten ist. Während die Sachwerte für Umschalteeinrichtungen und Apparate in der Nachkriegszeit um rd. 50% gestiegen sind, beträgt die Steigerung im Personalaufwand innerhalb des gleichen Zeitraumes fast 100%, eine Tatsache, die geradezu zur Mechanisierung postalischer Einrichtungen drängt, um so mehr, da die Technik durch Normalisierung und Typisierung ihrer Aufbauelemente immer mehr einer Verbilligung in der Fabrikation zustrebt und im Laufe der Zeit eine solche Verbilligung in vielen Fällen auch erzielen wird.

Mit dem Jahresdurchschnittsgehalt und dem im Anhange (S. 106) nachgewiesenen Personalbedarfe läßt sich der Jahresaufwand für die Gehälter der Umschaltebeamtinnen in den sämtlichen Systemen und für die einzelnen Baustufen einer Mittelwertsnetzgruppe einfach ermitteln. Das Ergebnis der Berechnung ist wiederum der besseren Übersicht halber graphisch im Anhange (S. 105) niedergelegt. Entgegen allen in dieser Abhandlung bisher graphisch gezeichneten Aufwandskosten, wie beispielsweise für Leitungen, SA-Umschalteeinrichtungen usw., deren Kurven einen einer Parabel ähnlichen Verlauf zeigen, ein Beweis, daß mit der Vergrößerung der Anlagen oder mit der Erhöhung der Gesprächsziffern jeweils die Kosten relativ abnehmen, strahlen die in dieser Beilage aufgezeichneten Linien vom Koordinatenanfangspunkte naturgemäß linear aus. Der Kostenaufwand nimmt nach dieser Darstellung direkt proportional mit der Größe einer Anlage zu. Diese Tatsache beweist, daß im Personalaufwande für die Bedienung einer Umschalteeinrichtung mit der Vergrößerung einer Anlage gerade in jenem Teil derselben, der die Höchstausgaben verursacht, eine relative Kostenminderung, wie sie sich vielfach bei Vergrößerungen irgendeines technischen Betriebes allgemein feststellen läßt, nicht erwartet werden darf.

Analytisch betrachtet, läßt sich jede Gerade, die vom Koordinatenanfangspunkte in irgendeiner Neigung zur Abszissenachse ausstrahlt, durch eine lineare Gleichung in der Form $y = p \times x$ ausdrücken. Demzufolge kann man die Jahresaufwandskosten für das Umschaltepersonal einer Netzgruppe, deren Gesprächsziffer mit der für die Mittelwertsnetzgruppe gerechneten Gesprächsziffer übereinstimmt, in die folgende einfache Form bringen:

1. Im SA-Netzgruppensystem:

Die Personalkosten $Y = 15{,}08\ x$ (x = Zahl der Teilnehmeranschlüsse),

2. im Überweisungssystem:

$$Y = 45{,}79\ x$$

3. im Handbetriebssystem:

$$Y = 61{,}93\ x.$$

Der für jede dieser drei Gleichungen charakteristische Koeffizient, abhängig von der Gesprächsziffer der Anlagen, von der Leistung des Personals und dessen Jahresgehalt, drückt in der einfachsten Form die Wechselbeziehung der Personalkosten zur Zahl der Teilnehmeranschlüsse irgendeiner Netzgruppe aus. Beispielsweise berechnet sich nach dieser Gleichung der Personalaufwand in einer SA-Netzgruppe mit 2000 Teilnehmeranschlüssen zu:

$$Y = 15{,}08 \times 2000 = 30\,160\ \text{M. oder}$$

im Überweisungssystem bei der gleichen Größe zu

$$Y = 45{,}79 \times 2000 = 91\,580\ \text{M.}$$

Noch einfacher gestaltet sich die Auswertung des Personalaufwandes, wenn man auf der Abszissenachse (s. Anhang S. 105) an Stelle des TC-Wertes die Zahl der Teilnehmeranschlüsse in einem dem TC-Wert entsprechenden Maßstabe aufträgt. Aus der Ablesung an dem Schnittpunkte der der gewünschten Zahl von Anschlüssen entsprechenden Ordinate und der dem betreffenden System zugehörigen geneigten Linie kann man in jedem Falle bei gleicher Gesprächsziffer die Personalkosten eines Jahres unschwer ablesen.

Diese Art der Darstellung läßt aber nicht allein die Ablesung des Personalaufwandes bei gleicher, sondern auch bei jeder anderen beliebigen Gesprächsziffer zu, somit für alle hier möglichen Fälle. Der durch die geneigten Linien dargestellte Personalaufwand für die drei verschiedenen Systeme fußt im Handbetriebssystem auf der Gesprächsziffer $3,9 + 0,3 + 0,17 + 0,08 = 4,45$ für den Orts-, Vororts-, Bezirks- und Fernverkehr im Endausbau einer Mittelwertsnetzgruppe. Will man nun den Personalaufwand im Handbetriebssystem irgendeiner anderen Netzgruppenanlage mit einer bestimmten Teilnehmerzahl feststellen, deren Gesprächsziffer aber in der Summe aller Verkehrsarten einen höheren Wert, beispielsweise den Wert 5 aufweist, so kann man eine Ablesung dieses Aufwandes durch die Einzeichnung der folgenden geraden Linie erreichen.

Der Personalaufwand ist nämlich direkt proportional der Gesprächsziffer, analytisch drückt sich diese Proportion in der Neigung der Geraden zur Abszissenachse aus; je größer die Gesprächsziffer angenommen wird, desto größer, je niedriger desto kleiner erweist sich dabei der Neigungswinkel dieser Geraden zur Abszissenachse. Betrachtet man nun die letztgenannte Gesprächsziffer als den Zähler, die erste als den Nenner eines Bruches, so gibt diese Relation einen unechten Bruch, wenn die neue Gesprächsziffer höher, einen echten Bruch, wenn sie niedriger ist als die bisherige. In dem gewählten Beispiele ergibt die Rechnung einen unechten Bruch, denn $\frac{5}{4,45} = 1,1$, d. h. eine Erhöhung des Neigungswinkels um $0,1 = 10\%$. Erhöht man also in dem Koordinatensystem irgendeine Ordinate des Handbetriebssystems (Linie A), am besten die äußerste um 10%, so erhält man einen weiteren Punkt auf dieser Ordinate. Verbindet man nun diesen Punkt durch eine gerade Linie mit dem Koordinatenanfangspunkt, so schneidet diese Linie jene Ordinate, die der gewünschten Teilnehmerzahl entspricht in einem Punkte, dessen Entfernung von der horizontalen Achse nunmehr den neuen Kostenaufwand darstellt.

In einem anderen Beispiele mit einer Gesprächsziffer von etwa 3,9 ergibt die Rechnung $\frac{3,9}{4,45} = 0,9$, einen echten Bruch $(1—0,1)$, also eine 10proz. Erniedrigung des Wertes. Daher muß in diesem Falle die Ordinate um 10% gekürzt werden.

Im Überweisungssystem werden die Zähler und Nenner des Bruches ohne die Ortsgesprächsziffern, im SA-Netzgruppensystem ohne Orts- und Vorortsgesprächsziffern in Ansatz gebracht; im übrigen wird aber genau so verfahren, wie in dem eben geschilderten Beispiel.

Der Vergleich der drei in den obigen Gleichungen festgelegten Koeffizienten zeigt in der Beurteilung der Wertigkeit verschiedener Umschaltesysteme ein Ergebnis von grundsätzlicher Bedeutung, denn er lehrt, daß die Kosten des Bedienungspersonals zwischen dem Handbetriebssystem A, dem Überweisungssystem B und dem SA-Netzgruppensystem C sich verhalten wie

$$A : B : C = 1 : 0,75 : 0,25.$$

Nach diesem Ergebnis darf man mit Einführung des SA-Netzgruppensystems C gegenüber dem derzeit herrschenden Umschaltesystem A eine Personaleinsparung von drei Viertel und gegenüber dem Überweisungssystem B eine solche von zwei Drittel des Personalaufwandes erwarten.

Als Abschluß dieser Untersuchung habe ich noch im Anhange (S. 105) unterhalb der beiden Linien A und B je eine punktierte Linie eingezeichnet, die Aufschluß darüber gibt, welche Kosteneinsparungen zu gewärtigen wären, wenn man einer Umschaltebeamtin an den Vorschalteschränken die für die vorliegenden Verhältnisse nach früheren Betrachtungen praktisch unzulässige doppelte Leistung (vgl. Abschnitt I, C, I. a), nämlich 400 Verbindungen in der Stunde zumuten würde. Der geringe Abstand der zusammengehörigen Linien läßt ohne weiteres erkennen, daß die mit einer Leistungserhöhung des Personals erzielte Einsparung für die Betriebsausgaben einer Anlage keine nennenswerte Rolle spielt.

II. Das Mechanikerpersonal für die Pflege der apparatentechnischen Einrichtungen einer Mittelwertsnetzgruppe.

Die Unterhaltung und Pflege von apparatentechnischen Einrichtungen erfordert nach der Art ihrer Bestimmungen drei verschiedene Gruppen von Mechanikern einschließlich der Hilfskräfte, nämlich:

1. Mechaniker für die Unterhaltung und Störungsbeseitigungen von selbsttätig wirkenden Umschalteeinrichtungen,
2. solche für desgleichen von handbedienten Umschalteeinrichtungen und
3. solche für desgleichen von Sprechstellen.

Die Zahl der nötigen Mechaniker für eine Anlage bestimmter Größe nach Gruppe 2 und 3 kann auf Grund der vorliegenden Erfahrungen und der statistischen Unterlagen in Anlagen, die nach bekannten Systemen ausgeführt sind, leicht erhoben werden; jene der Gruppe 1 aber bedarf in jedem Falle, in dem es sich um ein vollkommen neues, noch nicht allgemein eingeführtes System handelt, besonderer Bewertung, denn hier hängt die Zahl der Mechaniker nicht allein von der Größe der betreffenden Anlage ab, sondern in einem gewissen Maße auch von der inneren, technischen Struktur der Einrichtung. Für eine diesen Unterschieden Rechnung tragende Erfassung des Personalbedarfes bestimmte Richtlinien aufzustellen, ist ohne tiefere Kenntnis der immerhin schwierigen Materie nicht möglich.

1. Das Mechanikerpersonal für die selbsttätig wirkenden Umschalteeinrichtungen.

Eine schätzungsweise Festlegung der Zahl an Mechanikern für ein SA-Netzgruppensystem, das zunächst nur in einem einzigen Falle und hier auch noch nicht in seinem vollen Umfange ausgeführt wurde, wäre für den vorwürfigen Wirtschaftsvergleich, in dem die Grundlagen für den Bau von Fernsprechanlagen der nächsten 20 Jahre geschaffen werden sollen und in dem bis jetzt noch keine für die Rechnung wichtige Zahl ohne den untrüglichen Nachweis ihrer vollen Berechtigung eingesetzt wurde, in hohem Maße anfechtbar, weil diese Schätzung sich hier nicht allein auf Anlagen verschiedener Größe, sondern auch auf Anlagen gleicher Größe jedoch mit erheblicher Veränderlichkeit ihrer Gesprächsziffern und technischen Einrichtungen zu erstrecken hätte.

Wenn es jedoch gelingen sollte, für die anfallenden Unterhaltungsarbeiten einen Schlüssel oder Vergleichsmaßstab zu finden, mit dem man zunächst an ausgeführten Anlagen den Arbeitsanfall gewissermaßen messen könnte, so wäre dessen einwandfreie Festlegung auch für andere, von dem erstgenannten System technisch verschiedenen Anlagen nicht mehr schwierig.

Zweifellos hängt die Pflege einer SA-Einrichtung neben dem Verkehrsumfange der Anlage von der Zahl der angeschlossenen Teilnehmersprechstellen ab. Aber selbst bei dem gleichen Verkehrsumfange und bei der gleichen Teilnehmerzahl einer Umschaltestelle können wesentliche Unterschiede in der Größe und damit auch in der Pflege der Einrichtung zutage treten, denn es ist in einem automatischen Ortsnetz nicht gleichgültig, ob eine Umschaltestelle beispielsweise mit 9000 Anschlüssen für sich allein betrieben wird oder ob sie mit anderen Umschaltestellen, die in der Summe ihrer Anschlüsse die gleiche Zahl aufweisen, zusammenarbeitet. Ferner ergeben sich wieder Unterschiede im Größenverhältnis eines SA-Amtes, wenn es statt mit Wählern für ein 10-Tausender-System mit solchen für ein 100-Tausender-System, oder endlich mit Einrichtungen für die automatische Fernvermittlung ausgerüstet werden soll.

Um trotz dieser großen Unterschiede in den technischen Einrichtungen einer SA-Umschaltestelle dem gesteckten Ziele näherzukommen, könnte man den Gedanken erwägen, die Wählerzahl als ein Kriterium für die Größe der anfallenden Unterhaltungsarbeiten heranzuziehen. Betrachtet man jedoch von diesem Gesichtspunkte aus den technischen Aufbau einer automatischen Anlage, so findet man, daß nicht allein in der Konstruktion der Wähler ihrer Größe nach, sondern vielmehr noch in der Zahl der diesen Wählern zugeteilten Relais erhebliche Abweichungen bestehen. Also läßt sich mit der Wählerzahl allein ein Schlüssel oder ein Einheitsmaßstab für die Pflege der Anlagen nicht finden, um so weniger, da in einer SA-Netzgruppeneinrichtung neben den verschiedenen Wählergattungen noch eine Reihe anderer Apparatensätze in Verwendung steht, wie beispielsweise Zeit- und Zonenzähleinrichtungen, Mitlaufwerke, Wechselstromübertrager usw., die gegenüber den gewöhnlichen Einrichtungen noch weit größere Unterschiede aufweisen. All diese verschiedenartigen Einrichtungen nun auf irgendeine Einheit zu bringen, ist daher kein leichtes Beginnen.

Außer den Wählern bilden die Hauptstörungsquellen einer automatischen Umschalteeinrichtung die zahlreichen Relais. Die Erfahrung hat gelehrt, daß zwischen den Störungen dieser beiden Apparatengattungen ein gewisses Verhältnis besteht. Nach den vorstehenden Betrachtungen wird man nun zweckmäßig nicht die Zahl der Wähler, sondern die Zahl der Relais einer Berechnung des Pflegepersonals zugrunde legen, um zur Lösung der vorwürfigen Frage zu gelangen.

Setzt man das Relais in einer gewöhnlichen SA-Anlage als Berechnungseinheit $= R$ an, so entsprechen erfahrungsgemäß dem einfachen Drehwähler, wie solche bei den VW Verwendung finden, 2 Relaiseinheiten $= 2\,E$ und dem Hub- und Drehwähler der GW und LW-Gattung 4 solcher Einheiten $= 4\,E$. Hiernach läßt sich beispielsweise eine 2-Tausender-Gruppe der automatischen Ortsanlage München, deren Wählerzahl der herrschenden Gesprächsziffer und der automatischen Fernvermittlung angepaßt ist, auf folgende Relaiseinheiten reduzieren:

$$
\begin{array}{lll}
2000\ \textit{I. VW}\ (2\,R + 2\,E)\ \ldots\ldots\ldots\ldots = & 8000 & \text{Relaiseinheiten} \\
300\ \textit{II. VW}\ \text{(desgleichen)}\ \ldots\ldots\ldots = & 1200 & ,, \\
140\ \textit{I. GW}\ (8\,R + 4\,E = 12\,E)\ \ldots\ldots\ldots = & 1680 & ,, \\
62\ \textit{II. GW}\ (4\,R + 4\,E = 8\,E)\ \ldots\ldots\ldots = & 496 & ,, \\
180\ \textit{III. GW}\ \text{(desgleichen)}\ \ldots\ldots\ldots = & 1440 & ,, \\
287\ \textit{LW}\ (11\,R + 4\,E = 15\,E)\ \ldots\ldots\ldots = & 4305 & ,, \\
100\ \textit{FNW}\ (8\,R + 4\,E = 12\,E)\ \ldots\ldots\ldots = & 1200 & ,, \\
\end{array}
$$

zusammen 18321 Relaiseinheiten,

d. s. also für eine Tausender-Gruppe rd. 9000 Relaiseinheiten.

Im Anhange (S. 109) habe ich des weiteren für die sieben automatischen Umschaltestellen der Ortsanlage München die Zahl der Mechaniker und sonstigen Arbeitskräfte für die regelmäßigen Unterhaltungsarbeiten einer Tausender-Gruppe erheben lassen. Aus dieser Beilage kann entnommen werden, daß die Pflege der Einrichtungen für 1000 Anruforgane durchschnittlich $26,9 : 7 = 3,9$ Arbeitskräfte erfordert oder in Relaiseinheiten ausgedrückt, daß 1 Arbeitskraft

rd. 2250 Relaiseinheiten

zur Unterhaltung zukommen.

Diese Feststellung zwingt mich jedoch, über die Zahl des Mechanikerpersonals noch einige Bemerkungen einfließen zu lassen.

Betrachtet man nämlich von dem gleichen Gesichtspunkte aus neuere Anlagen, wie beispielsweise Stuttgart, so läßt sich feststellen, daß dort für die Unterhaltung einer Tausender-Gruppe nur 2,35 Mechaniker erforderlich sind. Bei dem Vergleich mit dem SA-Amt München ist aber zu berücksichtigen, daß in Stuttgart die automatische Fernvermittlung fehlt, ein weiterer Beweis dafür, daß man in automatischen Anlagen gleicher Größe die betreffenden Zahlen nicht direkt vergleichen kann. Die zusätzliche Einrichtung der FV in München allein rechtfertigt jedoch keinesfalls eine mehr als 50proz. Erhöhung des Mechanikerpersonals. Der wesentliche Unterschied in dem Unterhaltungspersonal zwischen der im Jahre 1909 erbauten Ortsanlage München und der im Jahre 1919 errichteten Anlage Stuttgart liegt in dem technischen Fortschritte der Automatik innerhalb der letzten zehn Jahre. Diesen erblicke ich

1. in dem Übergang vom Erdsystem zum Schleifensystem mit einer wesentlich kleineren Störungsziffer,

2. in der Verwendung von doppelkontaktigen Relaisfedern gegenüber den früheren, einfachkontaktigen Federn, die bei der Anzahl von Relaiskontakten einer automatischen Anlage einen weit höheren Störungsanfall ergeben als die ersteren, und

3. in dem Wegfall der Fernnachwähler und deren Ersatz durch besondere Ferngruppenwähler.

Der durch diese Neuerungen eingetretene technische Fortschritt, der sich in erster Linie in der Unterhaltung einer automatischen Anlage auswirkt, darf in einer Wirtschaftsrechnung nicht außer acht gelassen werden. Wenn ich nun trotzdem in der folgenden Wirtschaftsrechnung den Vergleich der verschiedenen Systeme, die nach den neuesten Errungenschaften der Automatik ausgerüstet werden sollen, nicht die niedere Mechanikerzahl mit 2,35, sondern als goldenen Mittelweg den Durchschnitt der beiden Grenzfälle, nämlich $\dfrac{2,35 + 3,9}{2} = 3,2$ Mechaniker auf eine Tausender-Gruppe in Aussicht nehmen will, so geschieht es deshalb, um gerade in der viel umstrittenen Frage über die Zahl der in der Automatik nötigen Mechaniker dem Vorwurf der Begünstigung des automatischen Systems zu begegnen.

Der Bestimmung des Mechanikerpersonales lege ich daher folgenden Schlüssel zugrunde:

1 Arbeitskraft kann in automatischen Anlagen $\dfrac{9000}{3,2} =$ rd. 2800 Relaiseinheiten unterhalten.

a) Im Überweisungssystem.

Die gleiche Überlegung nunmehr an den automatischen Umschalteeinrichtungen einer Mittelwertsnetzgruppe angestellt, ergibt zunächst für das Überweisungssystem die im Anhang auf Seite 107 ausgewerteten Relaiseinheiten, mit deren Hilfe im Zusammenhang mit dem vorstehend ermittelten Einheitsmaß einer Arbeitskraft durch eine einfache Division sich die Zahl der in jeder Baustufe dieses Systems nötigen Mechaniker ohne weiteres ergäbe, wenn in der Beurteilung des Arbeitsanfalles hier nicht noch eine weitere Schwierigkeit auftreten würde.

Das ausgewertete Verhältnis hat nur dann Gültigkeit, wenn alle Umschalteeinrichtungen einer Netzgruppe an einem Orte vereinigt sind. Diese Voraussetzung trifft nun in keiner Netzgruppe zu, denn von den 1647 Anschlüssen einer Mittelwertsnetzgruppe liegen 772, also fast die Hälfte aller Anschlüsse in 20 verschiedenen Landzentralen zerstreut. Da man nun nicht an jeder der 20 zerstreut liegenden Stellen wegen ihrer Kleinheit eine eigene Arbeitskraft bereitstellen kann, so müssen die Unterhaltungsarbeiten an der entfernten Stelle von einem oder mehreren Mechanikern der Ursprungsstelle mitversorgt werden. Dazu reicht höchstwahrscheinlich die durch die Relaiseinheiten bestimmte Zahl an Mechanikern nicht aus. Für die von der Ursprungsstelle entfernt liegenden Umschaltestellen müssen daher zum Ausgleich dieser Mehrarbeiten die Relaiseinheiten um einen gewissen Zuschlag erhöht werden, der jedenfalls von der Entfernung der beiden Stellen und von der Größe der entfernten Anlage abhängig sein wird. Der Zuschlag wird um so größer sein, je mehr Zeit der Mechaniker zur Zurücklegung der Wegstrecke aufwenden muß, er ist daher direkt proportional zur Weglänge. In der Zahl der Relaiseinheiten kommt bereits die Größe einer Umschaltestelle zum Ausdruck. Für den Zuschlag zu diesen Einheiten, die ein Maß für den Zeitaufwand der Pflegearbeiten darstellt, vermindert sich der Zeitaufwand für die Überwindung des Weges um so mehr, je größer die Anlage ist, denn desto eher besteht die Möglichkeit, nach einem Dienstgang gleichzeitig mehrere angefallene Unterhaltungs- und Störungsarbeiten zu erledigen. Es steht daher der Zuschlag zur Größe einer Anlage im umgekehrten Verhältnis. Zur Zurücklegung einer Wegstrecke von 1 km benötigt ein normaler Fußgänger rd. 15 Minuten. Nimmt man den Zeitaufwand eines Mechanikers zur Behebung einer Teilnehmeranschlußstörung oder zur Pflege eines Anschlusses durchschnittlich in der gleichen Höhe an, so kann der Zuschlag als ein Bruch ausgedrückt werden, dessen Zähler dem Zeitaufwand zur Zurücklegung des Weges und dessen Nenner jenem zur Behebung einer Anschlußstörung gleichkommt.

Nach dieser Überlegung beträgt der Zuschlag beispielsweise für eine Landzentrale $LZ\,1$ im Überweisungssystem mit einer Weglängenentfernung von 15,9 km vom Hauptamt und einer Teilnehmerzahl von 70

$$\frac{15,9 \times 15'}{70 \times 15'} = 0,22 \text{ oder rd. } 20\%.$$

Für eine Landzentrale $LZ\,2$ mit 21,8 km Weglänge und 30 Teilnehmern

$$\frac{21,8}{30} = 0,71 \text{ oder rd. } 70\%.$$

Rechnet man nun im Anhange (S. 107) zu den auf die Landzentralen verteilten, bereits gefundenen Relaiseinheiten diese Zuschläge noch hinzu, so erhält man in den drei Baustufen

14000, 40000 und 48000 Einheiten, deren Unterhaltung jährlich
5,0,   14,3 und   17,2 Arbeitskräfte erfordert.

Diese Zuschläge erhöhen die Zahl der Mechaniker einer Mittelwertsnetzgruppe um:

0,82 in der ersten, um 2,06 in der zweiten und um 2,5 in der dritten Baustufe.

Man kann nun die durch die zerstreut liegenden Landzentralen verursachte Mehrarbeit in der Unterhaltung von apparatentechnischen Einrichtungen durch folgende Maßnahmen mindern:

α) durch die Verlegung des Dienstsitzes der für die Unterhaltung der kleinen Ortsämter in Betracht kommenden Mechaniker von der Ursprungsstelle nach den Landzentralen, wodurch eine wesentliche Kürzung der sonst zurückzulegenden Wegstrecken erzielt wird. In der angeführten Berechnung wurde nachgewiesen, daß von der Gesamtzahl an Mechanikern einer Netzgruppe in den drei Baustufen nur 1,9 bzw. 6,2 bzw. 7,5 Mechaniker im Hauptamte benötigt werden. Für die übrigen Mechaniker kann man im Hinblick auf eine raschere Störungsbehebung im Falle 1 den Dienstsitz zunächst nach den drei automatischen V_1-Ämtern und später auch noch in die übrigen V_1-Ämter und in einzelne V_2-Ämter verlegen;

β) durch die Einführung eines höherwertigen Verkehrsmittels, beispielsweise von Kraftfahrzeugen, zur Kürzung des Zeitaufwandes für die Zurücklegung der ansehnlichen Wegstrecken, wodurch sonst der größte Teil der Dienstzeit unproduktiv vergeudet, andererseits aber eine wesentliche Verbesserung des gesamten Netzgruppenbetriebes durch raschere Störungsbehebung erzielt wird. Ich möchte gerade die Einführung von Kraftfahrzeugen für die Störungsbehebung als eine vordringliche Bedingung für eine zufriedenstellende Abwicklung des Netzgruppenbetriebes bezeichnen und behalte mir deshalb vor, die finanzielle Seite dieser Frage in einem anderen Abschnitte noch gesondert zu behandeln. Die Entscheidung der Frage über die Einführung eines solchen Verkehrsmittels soll aber erst dann getroffen werden, wenn die Wirtschaftlichkeit einer SA-Netzgruppenanlage am Schlusse vorstehender Betrachtung einwandfrei geklärt sein wird.

b) Im SA-Netzgruppensystem.

Übergehend auf die Relaiszahlenberechnung eines SA-Netzgruppensystems müssen zunächst noch für eine Reihe der verschiedensten Apparatengattungen die Reduktionszahlen gesondert festgesetzt werden.

Es sind anzusetzen:

1. für alle II. *VW* der Verbundämter sowie für die Durchgangs-
   übertrager und die Übertrager vom dreiadrigen zum zweiadrigen
   Betrieb . . . . je 10 Relaiseinheiten
2. für die überzähligen Mitlaufwerke und die internen Gruppenwähler . . . . „ 12　　　„
3. für die Übertrager des Wechselstrom-Gleichstrombetriebes . . . „ 14　　„
4. für die Übertrager des ankommenden und abgehenden Netzgruppenverkehrs . . . . „ 16　　　„
5. für die Zeit- und Zonenzähler (*ZZZ*), die Leitungswähler sowie die
   Wechselstromferngruppenwähler . . . . „ 18　　„
6. für die Mitlaufwerke mit Zeit- und Zonenzähler . . . . „ 28　　　„

Soweit solche Reduktionszahlen in der vorstehenden Zusammenstellung nicht eigens vorgetragen sind, gelten die unter Ziff. 1 entwickelten Einheitswerte.

Mit Hilfe der im V. Abschnitt des Anhanges (S. 64) niedergelegten Zahlen für die verschiedenen Apparatengattungen und der eben festgesetzten Reduktionszahlen lassen sich auch die Relaiseinheiten für das *SA*-Netzgruppensystem (s. IX. Abschnitt S. 107—109) ohne weiteres berechnen.

Ein Vergleich der Relaiszahleneinheiten für den Anfangszustand einer *SA*-Netzgruppe mit 1647 Hauptanschlüssen und der gleichen Zahl der 2-Tausender-Gruppe in einem 100-Tausender-System ergibt 15 924 zu 18000.

Für die Beurteilung der *SA*-Netzgruppentechnik vom allgemeinen Standpunkt ihres konstruktiven Aufbaues aus ergeben diese Zahlen einen bemerkenswerten Anhaltspunkt. Sie zeigen nämlich, daß ein etwa aus der Vorstellung des technischen Organismus einer *SA*-Netzgruppe sich aufdrängendes Gefühl von bedenklicher Überspannung der Technik gegenüber den schon vorhandenen Betriebseinrichtungen in großen Städten nicht gerechtfertigt wäre. Gegenüber einem solchen System ergibt sich nämlich für 2000 Hauptanschlüsse beim *SA*-Netzgruppensystem mit $\frac{15\,924 \times 2000}{1647} = 19340$ Relaiseinheiten eine Mehrung von nur 9% an Relaiseinheiten. Diese Mehrung an Einheiten entspricht aber keinesfalls einer Mehrung an Relais. Im Gegenteil, unter Abzug der durch die Reduktionszahlen erhöhten Relaiseinheiten weist das *SA*-Netzgruppensystem weniger Relais und Wähler auf, als ein gleichgroßes *SA*-Amt in einem 100-Tausender-System und noch viel weniger als in einer gleich großen Gruppe eines Millionensystems, bei dem für die Abwicklung des Verkehrs bei der Mehrzahl aller Verbindungen nicht eine Umschalte-stelle, sondern in der Regel vier voneinander getrennt liegende Teil- und Knotenämter in Frage kommen, während im *SA*-Netzgruppensystem die Verbindungen in der Regel nur über zwei, im ungünstigsten Falle über fünf Ämter abgewickelt werden müssen. Der Entfernungsunterschied zwischen den Ämtern dieser beiden Systeme ist nicht groß, auf keinen Fall spielt er für den Aufbau der Verbindung irgendwelche Rolle, denn der Flächeninhalt eines Gebietes, in dem *SA*-Anlagen nach dem Millionensystem eingerichtet werden sollen, ist höchstwahrscheinlich nicht viel kleiner als jener in dem Gebiete einer *SA*-Netzgruppe.

Zur Bestimmung der Relaiseinheiten ist auch im *SA*-Netzgruppensystem noch der Entfernungs-zuschlag festzulegen. Dieser Zuschlag wird aber in diesem System voraussichtlich kleiner werden als im Überweisungssystem, weil hier bei einer größeren Zahl von Mechanikern schon im Anfangszustand der Anlagen der Dienstsitz einzelner Mechaniker in den V_1-Ämtern angenommen werden kann. Für die ohne ständigen Mechanikersitz betriebenen Verbundämter rechnet sich dann der Entfernungszuschlag wie folgt:

$$\left(2 \times \frac{11,2}{70} + 2 \times \frac{11,2}{30+3} + 2 \times \frac{10,2}{30}\right) : 6 = (0,3 + 0,7 + 0,7) : 6 = 0,3 \text{ oder } 30\%.$$

Diese Zuschläge zu den Relaiseinheiten hinzugezählt und die dadurch erhaltenen Summen jeweils mit 2800 dividiert, ergibt einen Mechanikeraufwand von 6,4 im Anfangszustand, 19,0 in der zweiten und 23,7 in der dritten Baustufe, von denen 3,2 im Anfangszustand, 10,2 in der zweiten und 12,6 Mechaniker in der dritten Baustufe ihren Dienst in den entlegenen Verbundämtern erhalten. Gegenüber der Mechanikerzahl im Überweisungssystem ist im *SA*-Netzgruppensystem aber nur für die Pflege der automatischen Einrichtungen eine Erhöhung des Mechanikerpersonals um rd. 30% erforderlich.

Diese prozentuale Mehrung im *SA*-Netzgruppensystem bezieht sich lediglich auf die Pflege der Wählereinrichtungen, nicht aber auch auf die übrigen, einer Pflege bedürftigen Apparateeinrichtungen. Die Verhältnisse ändern sich, wie später gezeigt werden wird, erheblich zugunsten dieses Systems, wenn der Vergleich auf die Gesamtheit der apparatentechnischen Einrichtungen ausgedehnt wird.

Zur Erhärtung der vorstehend auf theoretischem Wege gefundenen Mechanikerzahl möchte ich an dem Studienobjekte Weilheim, der einzigen bis jetzt nach dem *SA*-Netzgruppensystem gebauten Anlage, eine Nachprüfung des Zusammenhanges zwischen den Relais- und Mechanikerzahlen vornehmen.

Das *SA*-Hauptamt in Weilheim mit $\quad$ 300 *HA* entspricht 3619 Relaiseinheiten

,, $\quad V_1A$ Murnau $\qquad$,, $\quad$ 200 *HA* $\quad$,, $\quad$ 2080 $\qquad$,,

$\qquad$ zusammen 500 *HA* $\quad$ mit $\quad$ 5699 Relaiseinheiten.

In diesen beiden Ämtern befindet sich jeweils der Dienstsitz eines Mechanikers.

Die Pflege der nachfolgenden Ämter wird von den beiden Mutterämtern aus mitversorgt.

Das V_1A Peißenberg $\quad$ mit 60 *HA* entspricht 708 Relaiseinheiten

,, $\quad V_1A$ Polling $\qquad$,, 20 *HA* $\quad$,, 275 $\quad$,,

,, $\quad V_1A$ Huglfing $\qquad$,, 20 *HA* $\quad$,, 285 $\quad$,,

,, $\quad V_1A$ Pähl $\qquad$,, 23 *HA* $\quad$,, 218 $\quad$,,

,, $\quad V_2A$ Kohlgrub $\qquad$,, 40 *HA* $\quad$,, 394 $\quad$,,

,, $\quad V_2A$ Obersöchering $\quad$,, 23 *HA* $\quad$,, 218 $\quad$,,

$\qquad$ 2098 Relaiseinheiten

Hierzu 30% Entfernungszuschlag $\qquad$ 629,4 $\quad$,,

$\qquad$ zusammen: 2727,4 Relaiseinheiten.

Die beiden Schlußsummen zusammengezählt, ergibt die zur Berechnung der Mechanikerzahl nötigen Relaiseinheiten mit 5699 + 2727 = 8426. Ein Mechaniker kann rd. 2800 Relaiseinheiten unterhalten, daher benötigt man nach dieser Berechnungsart für 8426 Einheiten $\dfrac{8426}{2800} = 3$ Mechaniker.

In Weilheim und Murnau stehen zur Pflege der automatischen Einrichtungen und zur Unterhaltung von 700 Sprechstellen dauernd 4 Arbeitskräfte zur Verfügung; rechnet man davon für die Unterhaltung von rd. 700 Sprechstellen 1 Arbeitskraft ab, so bleiben in Wirklichkeit für die Pflege der automatischen Einrichtungen in dieser *SA*-Netzgruppenanlage 3 Mechaniker übrig. Die restlose Übereinstimmung der theoretisch bestimmten Zahlen mit den aus der Praxis ermittelten Arbeitskräften gibt die volle Gewähr für die Richtigkeit der vorgeschlagenen Berechnungsart.

2. und 3. Das Mechanikerpersonal für die von Hand bedienten apparatentechnischen Einrichtungen und Sprechstellen.

In diesem Dienstzweig kann das Mechanikerpersonal weiterhin in vier Untergruppen gegliedert werden, und zwar:

a) In das Personal für die Pflege der Fernämter und Stromlieferungsanlagen,

b) in jenes für die Pflege der Ortsämter, der Überweisungs- und Fernvermittlungseinrichtungen,

c) in jenes für die Pflege der Umschalteeinrichtungen in den Landzentralen und

d) in jenes für die Unterhaltung der Sprechstellen.

Auch für diesen Dienstzweig will ich die Zahl der nötigen Arbeitskräfte nicht auf Schätzungen stützen, sondern ebenso wie bei allen bisher behandelten Personalfragen deren Erfassung so genau wie möglich durchführen. Zu diesem Zwecke wurden die einschlägigen Erhebungen angestellt, die zu folgenden Ergebnissen geführt haben:

Im Durchschnitt kann 1 Arbeitskraft dauernd unterhalten: 1000 Anruforgane (*AO*) in einem *ZB*-Ortsamte mit Glühlampensignalisierung usw., 150 Vororts- oder Fernvermittlungsleitungen im Überweisungsamte, 70 Fernleitungen in einem Fernamte, 700 *AO* in den Landzentralen, 1000 *ZB*-Hauptanschlüsse im Versorgungsbereich eines Hauptamtes einschließlich der Zwischen- und Zentralumschalter und deren Nebenstellen, 700 Hauptanschlüsse mit ihren Nebenapparaten im Anschlußbereich der Landzentralen, 800 Hauptanssschlüsse im Anschlußgebiet von *SA*-Hauptämtern und 600 solche Stellen in den Ortsbereichen von *SA*-Landzentralen oder Verbundämtern.

Das Ergebnis dieser Erhebungen gibt mir zu folgenden Bemerkungen Veranlassung:

Die Zahl an Anruforganen für Fernleitungen, die hiernach einer Arbeitskraft im Durchschnitt zur Unterhaltung zuzuweisen wäre, erscheint für die vorstehende Wirtschaftsrechnung viel zu hoch. Diese Zahl hat sich nämlich als Durchschnittswert der zurzeit im Betrieb stehenden zahlreichen, überwiegend kleinen Fernämter ergeben, unter denen die für einen zentralisierten größeren Fernverkehr erforderlichen umfassenden technischen Einrichtungen, wie elektrische Uhren-, Zeitstempel-, Zettelbeförderungsanlagen usw., nur vereinzelt vertreten sind. Da aber für den hier durchzuführenden Wirtschaftsvergleich mit Rücksicht auf die Zusammenfassung des Fernverkehrs auf wenige Knotenpunkte durchweg neuzeitlich eingerichtete Fernämter in Frage kommen, so erscheint es geboten, für die folgenden Betrachtungen nur die aus großen Anlagen gewonnenen Zahlen als Grundlage zur Berechnung des Mechanikerbedarfes zu benützen. Hiernach entfallen auf 1 Mechaniker 30 Fernleitungsanruforgane.

Mit Hilfe dieser Durchschnittswerte und der bereits unter Ziff. 1 berechneten Zahl an Mechanikern für die Pflege der SA-Einrichtungen läßt sich nunmehr für alle der Untersuchung unterworfenen Umschaltesysteme in jeder Baustufe die Gesamtzahl der für eine Mittelwertsnetzgruppe nötigen Mechaniker im Zusammenhang mit der jeweils treffenden Zahl an Anruforganen, Leitungen und Sprechstellen ohne Schwierigkeit berechnen. Die Berechnung selbst habe ich für die drei Systeme A, B und C, in den drei Baustufen a, e und e'' im Anhange (S. 110) niedergelegt und das Ergebnis dieser Berechnung an gleicher Stelle (S. 111) graphisch aufgezeichnet.

Die Charakteristiken der drei Linienzüge A, B und C weisen unter sich keine wesentlichen Unterschiede auf. Der Verlauf der Züge ist ungefähr der gleiche wie bei den Lieferungskosten für die Umschalteeinrichtungen. Die geringste Zahl an Mechanikern erfordert das Handbetriebssystem A, die höchste das SA-Netzgruppensystem C. Im Mittel beträgt diese Mehrung gegenüber A $\frac{73 + 75 + 68}{3} = 72\%$. Diese Mehrung an Mechanikern sinkt im Überweisungssystem B auf $\frac{64 + 58 + 62}{3} = 61\%$.

Eine Verdreifachung der Anschlußorgane vom Anfangszustand a zum Endausbau e hat nur $\frac{2,2 + 1,9 + 2,0}{3} = 2,03$, d. i. eine Verdoppelung der Mechanikerzahl, eine Verdoppelung der Gesprächsziffer dagegen von e nach e'' nur eine Mehrung von rd. $\frac{0,24 + 0,22 + 0,24}{3} = 0,23$, d. i. von einem Viertel dieser Arbeitskräfte, zur Folge. Wirtschaftlich betrachtet haben daher bei einer Vergrößerung der Anlage die Kosten für die Mechanikergehälter auf die einzelnen Systeme bezogen, nicht den abträglichen Einfluß wie die Gehälter der Umschaltebeamtinnen, die in allen Fällen linear, d. h. proportional steigend verlaufen.

Als das wichtigste Ergebnis dieser Untersuchung möchte ich jedoch den Unterschied im Mechanikerbedarf des SA-Netzgruppensystems C gegenüber jenem des Überweisungssystems B bezeichnen. Prüft man nämlich diesen Unterschied, so ergibt sich im SA-Netzgruppensystem für die Gesamtzahl an Mechanikern nicht mehr die unter Ziff. 1 dieses Abschnittes einzeln festgesetzte Mehrung von 30% für die Unterhaltung des rein automatischen Teiles der Anlage, sondern für die gesamte Anlage nur mehr eine Mehrung von durchschnittlich $\frac{5,4 + 10,8 + 3,8}{3} = 7\%$. Der Hauptsache nach ist dieses günstige Ergebnis auf die einfachere Unterhaltung der FGW gegenüber den zeitraubenden Arbeiten an den zahlreichen Einzelheiten einer von Hand bedienten Umschaltestelle zurückzuführen. Einem einfachen FGW mit rd. 16 Relaiseinheiten entspricht nämlich in einem Fernamte der Anteil einer Fernleitung an den gesamten Einrichtungen eines Amtes, wie Klinkenumschalter, Anruf- und Trennrelais, Anruflampe, Wechsel- und Transitkipper, Schnüre, Stecker, Sprech-, Ruf- und Wählkipper, Drillingsklinke, Sprechübertrager, Sprechgarnitur, Schluß-, Überwachungs- und Kontrollampe und Relais, Vielfachklinken für Transit- und Dienstleitungen, Zeitstempel-, Uhren- und Förderbandanlage, Anmelde- und Auskunftstisch, Gehörschutzapparat, Nachtverteiler usw.

Eine Gegenüberstellung der einzelnen Unterhaltungsarbeiten im System B und C läßt vielleicht diesen Unterschied noch besser in die Erscheinung treten. Im Überweisungssystem Baustufe a erfordert die Unterhaltung der Einrichtungen für 46 Vororts-, 40 Verbindungs- und 27 Fernleitungen $\frac{46 + 40}{150} + \frac{27}{30} = 1,47$ Arbeitskräfte, während die gleiche Arbeit im System C mit $46 + 40 + 10 = 96$ FGW und 17 Fernleitungen von $\frac{96 \times 16}{2800} + \frac{17}{30} = 1,14$ Mechanikern geleistet werden kann.

Prüft man zum Schlusse noch den Bedarf an Mechanikern im Handbetriebssystem A, Baustufe a, wie er dem derzeitigen Stande an Fernsprechanlagen gleichkommt, mit dem wirklichen am 1. Januar 1925 vorhandenen Stande an Mechanikern in Bayern, der ohne Berücksichtigung der Mechaniker des $TKA\ VI$ 479 Personen umfaßte, so hat man eine weitere Möglichkeit, die auf theoretischem Wege für eine Mittelwertsnetzgruppe gefundene Mechanikerzahl nachzuprüfen und zu beurteilen, ob die vorgeschlagene Berechnungsart auch tatsächlich die in der Wirklichkeit nötige Zahl an Mechanikern ergibt.

Von den 479 den acht Verwaltungsbezirken zur Unterhaltung der apparatentechnischen Einrichtungen zugewiesenen Arbeitskräften stehen 62% im Beamten- und 38% im Arbeiterverhältnis. Davon haben 93% das Mechanikerhandwerk erlernt, der Rest setzt sich aus ungelernten Arbeitern oder Arbeiterinnen zusammen. 4% dieses Personales kommen für die Unterhaltung der Fernsprechanlagen überhaupt nicht in Betracht, da sie anderweitig entweder im Telegraphen-, Scheck- oder in sonstigen Betrieben beschäftigt werden. Ferner scheiden für den vorstehenden Wirtschaftsvergleich, der ohne Berücksichtigung der Fernsprechanschlüsse der Anlage München durchgeführt wird, 190 in dieser Anlage beschäftigte Personen aus. Nach diesen Abzügen rechnet sich die Zahl der auf eine Mittelwertsnetzgruppe treffenden Mechaniker zu $\dfrac{479 - (0,04 \times 479 + 190)}{53} = 5,1.$

Der geringfügige Unterschied von 6% zwischen der im Anhange (S. 110) gerechneten und der der Wirklichkeit entsprechenden Zahl kann als innerhalb der hier in Kauf zu nehmenden Fehlergrenzen gelegen vernachlässigt werden.

Nach Feststellung der Zahl an Mechanikern kann nunmehr für alle untersuchten Fälle der Jahresaufwand, den die Beschäftigung der Mechaniker verursacht, unter der Voraussetzung berechnet werden, daß der durchschnittliche Jahresgehalt des Mechanikerpersonals, dessen Höhe ebenfalls einen Einfluß auf die Wirtschaftsrechnung ausübt, bekannt ist.

Dieser durchschnittliche Jahresgehalt eines Mechanikers beläuft sich nach der im Anhange (S. 111) niedergelegten Entwicklung am 1. Oktober 1925 zu rd. 2600 M. Den aus der Multiplikation mit der Mechanikerzahl sich ergebenden Gesamtaufwand habe ich im Schaubild auf Seite 111 des IX. Abschnittes für jedes System und für jede der drei Baustufen in Klammern beigefügt.

Der Personalbedarf für den leitungstechnischen Teil einer Anlage weist mit Rücksicht auf den überwiegenden Einfluß der Teilnehmerleitungen auf Bau und Unterhaltung in den verschiedenen Systemen und Baustufen keinen wesentlichen Unterschied auf. Der Vollständigkeit halber werde ich jedoch den Kostenaufwand für dieses Personal in dem Abschnitt „allgemeine Verwaltungsausgaben" anteilmäßig mit aufnehmen.

III. Die fernmäßige Behandlung von Vorortsgesprächen.

Ebenso wie im Vorbereitungs-Fernverkehr ist auch im Schnell-Fernverkehr unter Zugrundelegung der Einrichtungen des Überweisungssystems für jedes Vorortsgespräch ein Anmeldezettel zu schreiben und der erledigte Anmeldezettel als Rechnungsbeleg fernmäßig zu behandeln.

Außer der Arbeitsleistung, die die Anmeldung eines Ferngespräches verursacht, deren Kosten aber bereits in den Personalaufwandskosten für das weibliche Umschaltepersonal mit enthalten sind, erfordert die fernmäßige Behandlung eines Anmeldezettels ohne Berücksichtigung der Umschaltearbeit noch folgende dienstliche Verrichtungen:

1. Das Einsammeln und die Einreihung der erledigten Anmeldezettel,
2. die Feststellung der Gesprächsgebühr,
3. die Eintragung der Gesprächsgebühr in die Fernsprechrechnung,
4. die Buchung der Fernsprechrechnung,
5. die Einhebung des Geldes und endlich
6. die Löschung der Rechnung.

Einschließlich der Papierkosten für die Anmeldezettel verursacht diese umständliche und zeitraubende Bearbeitung von Ferngesprächszetteln nach sorgfältigen Feststellungen aus dem Betriebe für 1000 Zettel 50,52 M. (s. Anhang, S. 114).

Ohne Kenntnis des jährlichen Anfalles solcher Zettel erscheint dieser Aufwand bei einer flüchtigen Betrachtung nicht so hoch, um ihn in der vorstehenden Wirtschaftsrechnung überhaupt zu berücksichtigen. Man wird aber sofort eines anderen belehrt, wenn man den Gesprächsanfall einer Mittelwertsnetzgruppe innerhalb eines Jahres nach dieser Richtung hin einer Betrachtung unterzieht.

Für den Wirtschaftsvergleich interessiert uns jedoch nicht der gesamte Anfall an Ferngesprächen, sondern nur der Anfall an Vorortsgesprächen, weil sowohl der Anfall an Bezirksgesprächen als auch der an Ferngesprächen in allen drei Systemen und auch in den drei Baustufen vollkommen gleich ist, während dagegen im SA-Netzgruppensystem mit Einführung der selbsttätig wirkenden Zeit- und Zonenzähleinrichtung jede fernmäßige Behandlung von Anmeldezetteln entfällt.

Zum Studium dieser Angelegenheit habe ich im Anhange (S. 115) den Anfall an Vorortsgesprächen nur für jene Umschaltesysteme untersucht, deren Kosten mit dem Mehraufwand für die Zettel belastet werden. Wie aus dieser Aufstellung zu entnehmen ist, erreicht der Anfall an Vorortsgesprächen bereits im Anfangszustand der Anlagen fast ½ Million, überschreitet sodann im Endausbau bei normaler Gesprächsziffer die Zahl von 1 Million und steigt für den theoretischen Fall der Verdoppelung dieser Gesprächsziffer sogar auf fast 2,5 Millionen.

Unter diesen Umständen darf in einem Wirtschaftsvergleich mehrerer Systeme ein laufender Aufwand in einer Höhe, wie er sonst für die Kosten des Mechanikerpersonales einer SA-Netzgruppe zu erwarten steht, dann nicht außer Betracht gelassen werden, wenn er in einem dieser Systeme auf der Ausgabeseite der Wirtschaftsrechnung überhaupt nicht erscheint. Im SA-Netzgruppensystem registriert nämlich, wie schon öfters erwähnt, der dem Teilnehmer zugeordnete Zähler nicht allein die angefallenen

Ortsgespräche, sondern auch alle Vorortsgespräche sowohl nach der Zeit als auch nach der gewünschten Zone. Der Verwaltung erwachsen dadurch außer den Kosten für die unvermeidbare übliche Anrechnung der Ortsgespräche keine weiteren Ausgaben für die Verrechnung der Vorortsgespräche, da sie gemeinsam mit den ersteren und daher ohne Mehrarbeit gebucht und erhoben werden.

In der folgenden Wirtschaftsrechnung will ich jedoch mit Rücksicht auf den schwankenden Anfall an Vorortsgesprächen und um der Gefahr einer Begünstigung des *SA*-Netzgruppensystems zu begegnen, sicherheitshalber eine 25 proz. Kürzung des gerechneten Anfalles an Vorortsgesprächen mit etwa

266 000 in der ersten, 735 000 in der zweiten und 1 700 000 in der dritten Baustufe des Handbetriebssystems und

300 000 in der ersten, 883 000 in der zweiten und 1 920 000 in der dritten Baustufe des Überweisungssystems in Ansatz bringen.

Der Kostenaufwand von 50,52 M. für die Verrechnungsarbeit von 1000 Ferngesprächen wurde für eine große Anlage erhoben in der Annahme, daß unter kleineren Verhältnissen der Kostenaufwand für dieses Dienstgeschäft voraussichtlich sich höher bemessen würde.

F. Gebäudeanteil, Baugrund, Beleuchtung, Beheizung und bewegliche Habe.

Die Umschalteeinrichtungen und Diensträume einer Mittelwertsnetzgruppe müssen entweder in posteigenen oder in gemieteten Gebäuden untergebracht werden. Unter allen Umständen sind in einer Mittelwertsnetzgruppe, die mit automatischen Einrichtungen ausgerüstet werden soll, die Haupt- und Verbundämter ersten Grades in posteigenen Häusern unterzubringen. Stehen in einzelnen Fällen solche Häuser nicht zur Verfügung, so ist die Automatisierung dieser Netzgruppe solange zurückzuhalten, bis ein Postneubau für diesen Zweck erstellt wird. Es ist daher zunächst notwendig, den Raumbedarf für die Umschalteeinrichtung zu bestimmen. Für den Wirtschaftsvergleich ist ferner zu untersuchen, ob die hiernach erforderlichen Räume in den drei Systemen und Baustufen in ihren Größenverhältnissen und demnach auch im Kostenaufwand wesentlich voneinander abweichen. Die gleichen Erwägungen treffen für den Bedarf an Beleuchtungs-, Beheizungs- und Mobiliarkosten zu.

I. Der Gebäudeanteil.

Mit Hilfe der ausgearbeiteten Grundrisse aller Umschaltestellen einer Mittelwertsnetzgruppe läßt sich die Bodenfläche für die Haupträume leicht ermitteln.

Bei Feststellung der Nebenräume wurden nachstehende Richtlinien befolgt:

Die Fläche der Garderoberäume richtet sich nach der Zahl der Umschaltebeamtinnen. In Landzentralen, bei denen die gleichzeitig beschäftigten Beamtinnen in keinem Fall die Zahl 5 überschreiten, entfällt die Bereitstellung eigener Garderoberäume. In den Hauptämtern dagegen rechnet sich die gesamte Bodenfläche für diese Nebenräume aus der Summe einer festen Fläche von etwa 10 qm für die Unterbringung von Waschgelegenheiten und einer der Zahl der Beamtinnen entsprechenden Fläche von $n \times 0,5$ qm, wenn n gleich der Zahl der Beamtinnen eingesetzt wird. Für die Diensträume der Aufsichtsbeamten oder Beamtinnen und der Oberwerkmeister wird je eine Bodenfläche von 15 qm, für die Werkstätten eine solche von 10 qm für jeden Mechaniker vorgesehen. Jedes Gebäude enthält aber außer der nutzbaren auch noch eine Reihe von notwendigen, jedoch nicht ausnutzbaren Räumen, wie Stiegenhäuser, Gänge, Aborte, Keller und Speicher, deren Fläche bei einem Kostenvergleich nicht vernachlässigt werden darf. Das Verhältnis der Nutzfläche eines Gebäudes zu den unbenutzbaren Flächen darf etwa zu 40% angenommen werden, weshalb für die Flächenberechnung jedes Postdienstgebäudes einer Mittelwertsnetzgruppe diese 40% Zuschlag eingesetzt wurden.

Die Dienstgebäude für Landzentralen unterscheiden sich nicht allein nach der Art der treffenden Umschaltestelle, sondern bei der gleichen Art auch noch nach Umschaltestellen mit oder ohne Mechanikersitz. In den Landzentralen mit Mechanikersitz ist bei den automatischen Systemen unter anderem auch noch ein Garageraum vorzusehen.

Nach Feststellung des Flächenbedarfes für die Einrichtungen einer Mittelwertsnetzgruppe rechnet sich der nötige Raumbedarf einfach durch Multiplikation mit der Raumhöhe. In der anzunehmenden Höhe zeigt sich nun ein grundsätzlicher Unterschied zwischen den Umschaltestellen mit Handbetrieb und jenen mit automatischem Betrieb. Während nämlich die Raumhöhe einer automatischen Umschaltestelle die ortsübliche Zimmerhöhe gewöhnlicher Mieträume mit etwa 3 m nicht zu überschreiten braucht, darf die Höhe einer von Hand bedienten Umschaltestelle wegen des Kubikinhaltes, der zur

Vermeidung eines zu hohen Kohlensäuregehaltes der umgebenden Luft für die im Raum gleichzeitig anwesenden Personen notwendig ist, nicht viel niedriger als 4 m gehalten werden.

Aus diesem Grunde ist der Raumbedarf für automatisch betriebene Umschaltestellen nach dem System C trotz des Mehrbedarfes an Bodenfläche, wie die Flächen- und Raumbedarfsberechnung auf S. 116—119 des Anhanges zeigt, immer kleiner als jener für das Überweisungssystem. Auf S. 121 des XI. Abschnittes habe ich den Vergleich des Raumbedarfes für alle untersuchten Systeme in den drei Baustufen graphisch niedergelegt, was insofern ein überraschendes Ergebnis gezeitigt hat, als nicht, wie zu erwarten war, das Handbetriebs-, sondern das Überweisungssystem den größten Raumbedarf erfordert. Die Erklärung dieses unerwarteten Ergebnisses liegt erstens in dem Mehrbedarf an Fläche für den automatischen und zweitens in der Mehrung des Raumbedarfes für den Handbetriebsteil dieses Systems.

Mit der Annahme eines Durchschnittspreises von etwa 40 M. für jeden cbm eines schlüsselfertig hergestellten Dienstgebäudes läßt sich das Anlagekapital mit einer Verzinsungs- und Tilgungsquote von 10% zuzüglich einer Unterhaltungsquote von etwa 0,3 M. pro cbm Gebäuderaum der jährliche Aufwand für die sämtlichen Dienstgebäude einer Mittelwertsnetzgruppe berechnen.

II. Der Baugrundanteil.

Außer den Gebäudekosten belastet auch der Baugrund, auf dem ein Dienstgebäude errichtet werden will, den Fernsprechbetrieb. Nach der Erfahrung darf man das Verhältnis des Grundbesitzes zur überbauten Fläche ungefähr wie 2:1 annehmen. Da der Flächenbedarf für automatische Einrichtungen sich größer erweist als für Handbetriebseinrichtungen, so ist, theoretisch betrachtet, auch die Grundbesitzfläche für die Dienstgebäude dieser Umschaltestellen größer. Der Nachweis über den treffenden Anteil der Grundbesitzfläche, deren Erwerbskosten man auf dem platten Lande und in den mittelgroßen Städten, in denen die Einrichtungen einer Mittelwertsnetzgruppe hauptsächlich in Frage kommen, zu etwa 15 M. pro qm in Ansatz bringen darf, ist ebenfalls im Anhang (S. 119) erbracht.

III. Die Beheizung der Diensträume.

Auf S. 120 des XI. Abschnittes wurde des weiteren noch der Rauminhalt für die Beheizung der Diensträume einer Mittelwertsnetzgruppe in der Weise ermittelt, daß von dem gerechneten Rauminhalt die unbeheizten Räume, wie Batterie-, Maschinen-, nicht benutzbare Räume usw. in Abzug gebracht wurden. Unter der Annahme von 0,5 M. für 1 cbm beheizten Raumes kann der Jahresaufwand für die Beheizung der Diensträume leicht ermittelt werden.

IV. Die Beleuchtung der Diensträume.

Etwas umständlicher gestaltet sich die Ermittlung der Beleuchtungskosten für die Diensträume einer Mittelwertsnetzgruppe, die nicht allein von der Größe der Diensträume, sondern von der Art des Betriebes, im Handbetrieb von der Dienstzeit und von der täglich veränderlichen Brenndauer der Beleuchtungseinrichtungen abhängig ist. Zur Ermittlung der jährlichen Brennstunden einer Lampe bei den verschiedenen Umschaltezeiten einer Mittelwertsnetzgruppe habe ich auf S. 121 des Anhanges die Kurve des Sonnenaufganges und der bürgerlichen Dämmerung in den Abendstunden, sowie die Kurve des Sonnenunterganges für den Breitengrad von München aufgezeichnet und mit Hilfe eines Planimeters die jährlichen Brennstunden

für eine	24	stündige Dienstzeit mit		4667	Stunden
„ „	20	„	„	3569	„
„ „	14,7	„	„	1667	„
„ „	12	„	„	668	„
„ „	9	„	„	587	„
„ „	6	„	„	312	„

berechnet.

Für die von Hand bedienten Umschaltestellen einer Mittelwertsnetzgruppe wurde nunmehr die Berechnung der Beleuchtungskosten auf S. 122—124 des Anhanges unter folgenden Annahmen durchgeführt:

Die Kerzenstärke einer Platzlampe zu 25 Hefner-Einheiten; die Zahl dieser Lampen ist gleich der Zahl der Arbeitsplätze; die Kerzenstärke einer Raumlampe, deren Zahl sich der Größe des Umschalteraumes anpaßt, mit 100 Hefner-Einheiten; der Einheitspreis 1 kWSt. zu 0,5 M.

Für die Beleuchtung des automatischen Teiles der Umschalteeinrichtungen einer Mittelwertsnetzgruppe ist eine ebenso eindeutige Berechnung der Kosten nicht durchführbar. Nach den angestellten Erhebungen in den automatischen Umschaltestellen darf man für die Beleuchtung der Diensträume, die während der regelmäßigen Arbeitszeit nur einer Raumbeleuchtung, in besonderen Fällen, beispielsweise bei Störungsbehebungen auch einer Soffittenbeleuchtung an den Wählergestellen bedürfen, etwa 0,15 M. für jeden Teilnehmeranschluß in Anrechnung bringen.

·'¶ Das Ergebnis dieser Berechnung wurde gleichfalls auf S. 121 des XI. Abschnittes graphisch aufgezeichnet. Nach dieser Aufzeichnung erfordert das Überweisungssystem die größten, das SA-Netzgruppensystem die geringsten Beleuchtungskosten. Der Unterschied in diesen Kosten fällt aber für den Vergleich nicht sonderlich ins Gewicht, denn die Einsparung beläuft sich im Anfangszustand der Anlage nur auf einige hundert Mark.

V. Die Reinigung der Diensträume.

Die Kosten für die Reinigung der Diensträume einer Mittelwertsnetzgruppe ergeben sich einfach aus dem Flächenbedarf (S. 119 des Anhanges) und dem Einheitssatz von rd. 0,25 M. für den qm.

VI. Mobiliar und Werkzeuge.

Die Ermittlung dieser Kosten bietet an Hand der Aufstellung (S. 125 des Anhanges) keine besonderen Schwierigkeiten. Die Zahl der Drehstühle richtet sich nach der Zahl der Arbeitsplätze, die Zahl der Bureaueinrichtungen nach der Zahl der Aufsichtsbeamtinnen und Oberwerkmeister, die Zahl der Garderobeschränke nach der Zahl der Umschaltebeamtinnen, die Zahl der Werkbänke nach der Zahl der Mechaniker, jene der Drehbänke nach der Hälfte dieser Zahl und die Zahl der Materialschränke nach der Größe der Umschalteeinrichtungen.

VII. Der Kraftwagenbetrieb im Störungs- und Pflegedienst von SA-Netzgruppenanlagen.

Bei den zahlreichen, zerstreut liegenden Landzentralen einer Netzgruppe erweist sich im Hinblick auf die vom Unterhaltungspersonal zurückzulegenden Wegstrecken für die Aufrechterhaltung eines einwandfreien automatischen Fernsprechbetriebes nach den Ausführungen im Abschnitt E. II. 2. die Einführung eines in jedem Augenblick fahrbereiten und benützbaren Beförderungsmittels als ein vor dringliches Bedürfnis. Die Eisenbahn auf dem platten Lande mit ihrer wenig dichten Zugsfolge, die zudem mit ihren Ausläufern kaum jede der verkehrslosen Gegenden, wie sie gerade hier in Frage kommen, bestreichen wird, kommt als Beförderungsmittel wohl nur in Einzelfällen bei günstiger Lage der Bahnlinien in Betracht.

Auch die Verwendung von Fahrrädern scheint für den vorwürfigen Zweck wenig geeignet zu sein, denn ein Fahrrad ist weder während der Wintermonate noch bei Sturm und Regen ungehindert benützbar. Die Schnelligkeit eines Fahrrades wird des weiteren nicht allein in gebirgigen, sondern auch schon in hügeligen Gegenden derart herabgedrückt, daß man gegenüber einem Fußgänger kaum mehr von einer wesentlichen Beschleunigung dieses Verkehrsmittels sprechen kann. Der Störungsmechaniker einer SA-Netzgruppe befindet sich dauernd auf dem Wege von dem einen Ende seines Gebietes bis zum anderen. Zur Beseitigung der aufgetretenen Störungen soll er nun auf seinen zahlreichen Dienstgängen zweckmäßigerweise alle technischen Hilfsmittel, die die Behebung von Störungen beschleunigen, wie z. B. Werkzeug, Ersatzteile und einzelne Vorratsapparate ständig mit sich führen. Je größer dieser bewegliche, eiserne Bestand an Hilfsmitteln gehalten werden kann, desto günstiger gestaltet sich der Störungsdienst. Das Mitführen einer solchen wenig kompendiösen Traglast kann man auf die Dauer weder einem Fußgänger noch einem Radfahrer zumuten.

Mit der Einführung von Zweisitzer-Kraftwägen für die Mechaniker einer Netzgruppe werden alle Einwände, die man sonst gegen die übrigen Beförderungsmittel mit Recht ins Feld führen kann, restlos beseitigt. Der Aktionsradius eines solchen Fahrzeuges bräuchte bei seiner Verwendung in Netzgruppen nicht sonderlich groß zu sein. Mit rd. 30 km täglicher Fahrtleistung dürfte wohl die Beanspruchung des Fahrzeuges seine Grenzen erreicht haben, so daß man für diesen Zweck die Verwendung von Elektromobilen ins Auge fassen könnte.

Da jedoch diese Abhandlung sich nicht mit technischen, sondern nur mit wirtschaftlichen Fragen befassen soll, so will ich hier nur die finanzielle Seite dieser Frage näher beleuchten.

Die Anschaffungskosten eines 6/16 PS-Zweisitzer-Kraftwagens mit vier Zylindern, viermal bereift (810/115) mit elektrischem Licht, Anlasser, Verdeck usw. belaufen sich auf rd. 5500 M.

1. Die Verzinsung und Tilgung dieses Anlagekapitals wird im Hinblick auf eine tägliche Fahrtleistung von 30 km zu 15% angenommen: $5500 \times 0,15$ . . . . = 825,00 M.

2. 100 kg Benzin kosten einschließlich Fracht und Rollgeld 35 M. Bei einer Jahresleistung von $25 \times 12 \times 30$ km = 9000 km beläuft sich der Benzinverbrauch bei einem Bedarf von 15 kg auf 100 km zu $\frac{15 \text{ kg}}{100} \times 9000 \times 0,35$ M. . . . . = 472,50 „

Übertrag: 1297,50 M.

4*

Übertrag: 1297,50 M.

3. Öl, Putzmaterial usw. Bei einem Aufwand von 2 M. für je 100 km Fahrtleistung
berechnen sich die Materialkosten zu $\dfrac{9000 \text{ km}}{100 \text{ km}} \times 2$ M. . . . . = 180,00 ,,

4. Bereifung (810/115). Bei einer Lebensdauer der Reifen von 8000 km für jede Garnitur und 9000 km Fahrtleistung: 9000 : 8000 = 1,1 Garnituren zu je 700 M. . . . . = 770,00 ,,

5. Für Reparaturen und Ersatzteile bei je 100 km rd. 3 M., daher bei 9000 km = 270,00 ,,

6. Versicherungskosten entfallen im Postbetrieb. Für Garagekosten und zur Abrundung . . . . 82,50 ,,

2600,00 M.

Der Aufwand für den Betrieb eines Kraftwagens in einer Netzgruppe kostet nach dieser Berechnung ebensoviel als der Gehalt eines Störungsmechanikers. Bei dieser Gegenüberstellung drängt sich unwillkürlich die Vermutung auf, daß man mit der Einführung des Kraftwagenbetriebes die Zahl der Mechaniker einer Netzgruppe vielleicht vermindern könnte. Diese Vermutung trifft jedoch nicht zu.

Für mehrere Ämter einer Netzgruppe steht in den zerstreut liegenden Landzentralen dienstlich jeweils immer nur 1 Mechaniker zur Verfügung. Bei einer Minderung des Mechanikerpersonals müßte man aber die Pflege der freigewordenen Sprechstellen und Umschalteeinrichtungen einem anderen Mechaniker übertragen. Damit würde ohne weiteres der neue Störungsbezirk räumlich erheblich erweitert, in der Regel verdoppelt werden. Bei dem gleichen Anfall an Pflegearbeiten würden sich aber die Fahrtleistung und damit auch die Kosten für den Kraftwagenbetrieb verdoppeln. Der Kosteneinsparung im Personalaufwand stünde eine fast gleich hohe Kostenmehrung im Kraftwagenbetrieb gegenüber. Die Einführung des Kraftwagens in Netzgruppen belastet eben den Fernsprechbetrieb ohne merkbaren, finanziellen Gewinn. Auch ohne einen solchen Gewinn und trotz der Mehrbelastung erachte ich im Interesse eines ungehinderten Fernsprechverkehrs die Einführung des Kraftwagenbetriebes in vollautomatischen Netzgruppenanlagen unbedingt für erforderlich, um einerseits die anfallenden Störungen in dem räumlich ausgedehnten Gebiete so rasch wie möglich zu beseitigen, andererseits aber der prophylaktischen Pflege von Amtseinrichtungen mehr Zeit widmen zu können. Über die Zahl der für eine SA-Mittelwertsnetzgruppenanlage innerhalb der verschiedenen Baustufen nötigen Kraftfahrzeuge geben die Ausführungen im Abschnitt E, II, 1. und 2. bestimmte Anhaltspunkte, denn hier wurde unter anderem auch die Zahl jener Mechaniker festgesetzt, die ihren Dienstsitz in den Landzentralen außerhalb des Hauptamtes aufschlagen können.

An einem solchen Dienstsitz, dessen Arbeitsanfall allein nicht ausreicht, um die Arbeitskraft eines Mechanikers auszufüllen, können nicht gleichzeitig mehrere Mechaniker tätig sein. Zur vollen Ausnützung des im Kraftwagenbetriebe liegenden Vorteiles muß man daher jedem exponierten Mechaniker ein Kraftfahrzeug zuteilen. Nach den eben erwähnten Ausführungen würde sich die Wagenzuteilung einer automatischen Mittelwertsnetzgruppe etwa wie folgt gestalten:

a) Im Überweisungssystem:
   3 Kraftfahrzeuge in der ersten, 8 in der zweiten und 11 in der dritten Baustufe,
b) im SA-Netzgruppensystem:
   in den jeweiligen Baustufen 3, 10 und 12 Kraftfahrzeuge.

Für die Bereitstellung dieser Zahl von Kraftfahrzeugen wurden nun zunächst in der Wirtschaftsrechnung die einmaligen und jährlichen Kosten vorgesehen. Ob die Einführung dieses wünschenswerten Beförderungsmittels sich auch tatsächlich finanziell vertreten läßt, kann erst nach Abschluß der gesamten Wirtschaftsrechnung entschieden werden. Ich behalte mir daher vor, auf diese Frage in der Schlußbemerkung vorstehender Abhandlung nochmals kurz zurückzukommen.

G. Sonstige Ausgaben.

Außer den unmittelbaren Ausgaben, die der Bau, der Betrieb und die Unterhaltung von Fernsprechanlagen in jeder einzelnen Netzgruppe verursacht, erfordert die Verwaltung aller Fernsprechanlagen eines Landes allgemeine Auslagen, deren Nachweis nicht für jede Anlage gesondert durchgeführt werden kann. Immerhin besteht die Möglichkeit, die gesamten Verwaltungskosten eines Landes anteilmäßig auf die einzelnen Anlagen, somit auch auf eine Mittelwertsnetzgruppe zu verteilen. Um ein möglichst vollständiges und getreues Bild der Gesamtausgaben der Fernsprechanlagen zu erhalten, sollen deshalb auch die Verwaltungskosten als letztes Glied in der Reihe der Ausgaben erfaßt werden.

I. Der Pensionsanteil des Bedienungs- und Pflegepersonals.

Der Haushalt für Fernsprechanlagen wird jährlich nicht allein mit den Ausgaben für die Gehälter des planmäßig angestellten Bedienungs- und Pflegepersonals belastet, sondern auch noch mit den Ausgaben für das außer Dienst gestellte Personal. Gerade das weibliche Bedienungs- und zum Teil auch das Mechanikerpersonal der Umschaltestellen scheidet vorzeitiger aus dem Dienst als das Bureaupersonal der Verwaltung. Nach der Erfahrung darf der Pensionsanteil dieses Personales immerhin zu 10% der Personalaufwandskosten, die sich aus der Summenbildung der Kosten im Abschnitt E, I. und II. ergeben, angenommen werden.

II. Die Ausgaben für das technische Personal im inneren Verwaltungsdienst und der Kostenanteil für das Personal der Zentralverwaltung.

Im Anhang (auf S. 126—127) habe ich die gesamten Ausgaben für das telegraphentechnische Beamtenpersonal in Bayern aufgenommen. Nach dieser Aufstellung waren am 1. November 1925 in Bayern rd. 1800 planmäßig angestellte, technisch vorgebildete Personen für den Bau und Betrieb und für die Verwaltung aller telegraphen- und fernsprechtechnischen Einrichtungen beschäftigt. Streng genommen müßten nun in der Wirtschaftsrechnung von diesen 1800 Personen die bereits im Abschnitt E, II. aufgeführten $5,42 \times 53 = 287$ planmäßig angestellten Mechaniker in Abzug gebracht werden. Da sich aber die tatsächlichen Ausgaben für den inneren Verwaltungsdienst sowie die Pensionslast für dieses Personal nur schätzungsweise ermitteln lassen, so will ich diesen Abzug unterlassen, um wenigstens für diese einzige schätzungsweise in die Wirtschaftsrechnung eingeführte Zahl einen gewissen Rückhalt und eine Sicherheit zu erhalten.

Diese 1800 Personen erfordern nach der angezogenen Aufstellung jährlich an Gehältern einen Gesamtaufwand von 5 403 663 M. Rechnet man zu dem Aufwand für das technische Personal noch 10% für die Zentralverwaltung, für die Einhebung der Ortsgebühren und für das Personal der zentralen Ämter, soweit es nicht bereits in der genannten Zusammenstellung enthalten ist, nämlich 540 000 M., so erhält man eine Gesamtausgabe von 5 943 663 M. Von diesen Gesamtausgaben muß zunächst der Betrag für das im Telegraphen- und Funkbetrieb sowie in der Mechanisierung des Postbetriebes beschäftigte technische Personal mit etwa 5% in Abzug gebracht werden, so daß für den eigentlichen Fernsprechbetrieb ein Aufwand von:

$$
\begin{array}{r}
5\,943\,663 \text{ M.} \\
- \ 297\,183 \text{ ,,} \\
\hline
5\,646\,480 \text{ M. verbleibt.}
\end{array}
$$

Der gesamte Wirtschaftsvergleich wurde bisher ohne die Fernsprechanschlüsse der Anlage München mit rd. $\frac{1}{4}$ der gesamten Anschlüsse durchgeführt. Infolgedessen dürfen auch für den Verwaltungszuschlag in der Wirtschaftsrechnung nur $\frac{3}{4}$ des ebengenannten Betrages in Anrechnung gebracht werden, das sind

$$4\,234\,860 \text{ M.}$$

Auf eine Mittelwertsnetzgruppe entfallen demnach an Ausgaben für die technischen Beamten usw. im Anfangszustand $\dfrac{4\,234\,860 \text{ M.}}{53} = 80\,000$ M., die sich im Endausbau, analog der Zahl an Mechanikern, ungefähr verdoppeln.

III. Die sächlichen Ausgaben für den inneren Verwaltungsdienst.

Auf eine Mittelwertsnetzgruppe treffen ohne Berücksichtigung der Fernsprechanlage München (26) rd. 30 Personen. Der Bureauraum für eine Person zu rd. 50 cbm angenommen, treffen an Kosten für den Gebäudeanteil und Bureaus $0,1 \times 50 \times 30 \times 40$ M. . . . . . 6000 M.

Für Beheizung, Beleuchtung und Reinigung der Bureaus sowie für Mobiliar rd. $\frac{1}{5}$ des obigen Betrages angenommen, ergibt jährlich . . . . 1200 ,,

Für Pensionen des technischen Personales, Fahrkosten, Reisediäten, Schreibmaterial usw. und zur Abrundung . . . . 12800 ,,

zusammen 20000 M.

jährliche sächliche Kosten im Anfangszustand und 40000 M. im Endausbau der Anlagen.

II. Teil.
Der Kostenvergleich für die verschiedenen Systeme einer Mittelwertsnetzgruppe.

Nach Abschluß dieser eingehenden Vorerhebungen, die auf den Fall des Netzgruppenproblems in einem solchen Umfange bisher wohl noch nicht durchgeführt wurden, kann erst an den eigentlichen Kostenvergleich der einzelnen Systeme in den verschiedenen Baustufen herangetreten werden. Die objektive Beantwortung aller aufgeworfenen Einzelfragen allein ermöglicht es, den wirtschaftlichen Zusammenhang des gesamten Fragenkomplexes in jedem System restlos zu klären und bei einer Gegenüberstellung der betrachteten Systeme die Schlußfolgerung mit absoluter Sicherheit zu ziehen.

Der Kostenvergleich, den ich im Anhang (auf S. 128—135) durchgeführt habe, erstreckt sich

A. auf das Handbetriebssystem,
B. „ „ Überweisungssystem und
C. „ „ SA-Netzgruppensystem.

Der Vergleich wäre unvollständig, wenn ich ihn nur für eine bestimmte Größe der Anlagen abgeschlossen hätte, denn gerade die relative Änderung der Kosten bei einer Erweiterung der Anlagen gibt erst Aufschluß über die Vorteile des einen oder anderen Systems und über den organischen Zusammenhang zwischen Tarif und Technik. Aus diesem Grunde umfaßt der Vergleich die Anlagen

a im Anfangszustand,
e im Endausbau bei normaler Gesprächsziffer und
e'' im Endausbau bei Verdopplung der Gesprächsziffer.

Es ist bekannt, daß jede Mechanisierung technischer Betriebe erhöhte Lieferungskosten erfordert. Die Wertigkeit einer Mechanisierung kann daher niemals nach den Lieferungskosten allein beurteilt werden. Um nun bei der Entscheidung der Frage über die Wertigkeit der verschiedenen Systeme beiden Gesichtspunkten gerecht zu werden, habe ich in dem Vergleich ohne Ausnahme in jedem einzelnen Falle den jährlichen Aufwand und soweit veranlaßt, auch die einmaligen Lieferungskosten erhoben.

Die Gliederung des Kostenvergleiches lehnt sich an den Aufbau der Abhandlung über die Entwicklung der Ausgaben an. Die in den Spalten für die Einheiten eingesetzten Zahlen sowie die Einheitskosten wurden jeweils dem betreffenden Abschnitte entnommen, der durch die beigefügten Buchstaben bzw. Ziffern gekennzeichnet ist. Soweit diese Zahlen nur im Anhang enthalten sind, wurde die zugehörige Seite und Nummer unter dem Vortrage in Klammern angefügt. Die auf den normalen Endausbau der Anlagen sich beziehenden Zahlen sind fett gedruckt, um sie gegenüber den anderen, minder wichtigen Zahlen besonders hervorzuheben, denn der Vergleich in dieser Baustufe stellt das Endziel der gesamten Wirtschaftsrechnung dar.

In der Zusammenstellung auf S. 134 und 135 des Anhanges erscheinen nun alle Angaben einer Mittelwertsnetzgruppe nach den Hauptgruppen einer Anlage systematisch unterteilt. Durch Summierung ergeben sich dann die Gesamtausgaben aller untersuchten Systeme in den drei Baustufen. Zur kritischen Beurteilung dieses Ergebnisses wurden nun für jedes Umschaltesystem

1. die einmaligen Lieferungskosten und
2. die jährlichen Ausgaben im Anhang (auf S. 138 und 139) graphisch aufgetragen.

A. Die einmaligen Lieferungskosten.

Grundsätzlich geben die einmaligen Lieferungskosten zu folgenden Bemerkungen Veranlassung. Einzeln betrachtet überwiegen in allen drei Systemen die Anschaffungskosten für die Teilnehmersprechstellen und Anschlußleitungen alle übrigen Teilbeträge sehr erheblich, denn sie betragen:

im System A durchschnittlich $\dfrac{60+64+54,8}{3} = 59,6\%$,

im System B „ $\dfrac{45+51,9+46}{3} = 47,6\%$ und

im System C „ $\dfrac{44,5+51,3+45,3}{3} = 47\%$

der Gesamtkosten.

Um mehr als die Hälfte niedriger erweisen sich die Kosten für die Vororts- und Bezirksleitungen mit

$$\dfrac{19,5+19,6+24}{3} = 21,0\% \text{ für das System } A,$$

$$\dfrac{20,6+20,8+22,8}{3} = 21,4\% \text{ für das System } B \text{ und mit}$$

$$\dfrac{19,8+19,3+21,2}{3} = 20,1\% \text{ für das System } C.$$

In den Kosten der Umschalteeinrichtungen, die der Größenordnung nach im System A mit $\dfrac{9,4+9,0+11,8}{3} = 10\%$ und im System B mit $\dfrac{21,2+18,8+21,0}{3} = 20,3\%$ den Kosten für die Vororts- und Bezirksleitungen folgen, ändert sich die Reihenfolge nur im System C insofern, als dort die Einrichtungskosten mit $\dfrac{23,3+20,8+23,0}{3} = 22,4\%$ die Kosten der Vorortsleitungen um den geringen Anteil von rd. 2% übersteigen.

Die geringsten Kosten verursacht die Herstellung von Stromlieferungsanlagen, die mit

$$\dfrac{0,7+0,8+0,8}{3} = 0,8\% \text{ im System } A, \text{ mit}$$

$$\dfrac{2,0+1,2+1,8}{3} = 1,7\% \text{ im System } B \text{ und mit}$$

$$\dfrac{2,5+1,7+2,7}{3} = 2,3\% \text{ im System } C$$

in dem kleinen Maßstab graphisch kaum darstellbar sind.

Auch die Hochbaukosten mit

$$\dfrac{10,4+6,6+8,6}{3} = 8,5\% \text{ im System } A, \text{ mit}$$

$$\dfrac{11,2+7,3+8,4}{3} = 9\% \text{ im System } B \text{ und mit}$$

$$\dfrac{9,9+6,9+7,8}{3} = 8,2\% \text{ im System } C$$

spielen gegenüber den Gesamtkosten keine ausschlaggebende Rolle. Der Vergleich der gesamten Lieferungskosten aller Systeme zeitigt insofern ein überraschendes Ergebnis, als er uns sagt, daß sämtliche Lieferungskosten, sowohl im Überweisungssystem als auch im SA-Netzgruppensystem fast vollkommen gleich sind. Die planimetrische Auswertung der Flächen, die ich auf S. 138 des Anhanges (erstes Schaubild) rechts durch drei gerade Linien mit verschiedenen Längen angedeutet habe, ergibt eine fast völlige Übereinstimmung in den Lieferungskosten der beiden automatischen Systeme, die gegenüber den Kosten des Handbetriebssystems, die ich als Planimeterfläche mit der Zahl 1 bezeichnen möchte, bei einer planimetrierten Fläche von 1,22 (1,25) eine Erhöhung der gesamten Lieferungskosten von 25% aufweist.

Die unanfechtbare Tatsache der Gleichheit aller Lieferkosten in den beiden automatischen Systemen ist deshalb von besonderer Bedeutung, weil sie dem SA-Netzgruppensystem auch da den Vorteil sichert, wo man auf bloße Schätzung oder Spezialberechnungen hin dem Überweisungssystem eine Überlegenheit einräumen zu müssen glaubt.

Welch geringen prozentualen Anteil die Kosten der Fernämter an den Gesamtlieferkosten einer Mittelwertsnetzgruppe ausmachen, ergibt sich aus folgender Berechnung. Für das Handbetriebssystem A beträgt der Kostenanteil des Fernamtes:

$$\frac{(48\,000 + 117\,000 + 201\,600) \times 100}{1\,540\,000 + 4\,965\,000 + 5\,775\,000} = \frac{366\,600 \times 100}{12\,280\,000} \text{ rd. } 3\%,$$

für das Überweisungssystem B:

$$\frac{(50\,400 + 118\,300 + 204\,200) \times 100}{2\,070\,000 + 6\,135\,000 + 7\,000\,000} = \frac{372\,900 \times 100}{15\,205\,000} \text{ rd. } 2,5\%,$$

für das SA-Netzgruppensystem C:

$$\frac{(36\,900 + 81\,000 + 131\,200) \times 100}{2\,100\,000 + 6\,275\,000 + 7\,100\,000} = \frac{249\,100 \times 100}{15\,475\,000} \text{ rd. } 1,6\%.$$

Gegenüber dem bereits im ersten Teil, Abschnitt C, III. festgestellten prozentualen Verhältnis der Lieferkosten eines Fernamtes zu den Gesamtkosten der Umschalteeinrichtungen stellen sonach die hier ermittelten Anteile ein Minimum an Kostenaufwand dar.

Ähnlich verhält es sich mit den für die Zeit- und Zonenzähleinrichtungen aufzuwendenden Kosten, deren Verhältnis zu den Gesamtlieferkosten einer Mittelwertsnetzgruppe sich berechnet zu

$$\frac{(25\,145 + 55\,900 + 77\,650) \times 100}{15\,475\,000} = \frac{158\,695 \times 100}{15\,475\,000} \text{ rd. } 1\%.$$

Auch dieser Kostenaufwand ist so gering, daß er gegenüber den Gesamtlieferkosten einer Mittelwertsnetzgruppe nicht in die Wagschale fällt.

B. Die selbsttätig wirkende Fernvermittlung im SA-Netzgruppensystem.

In meinem Werke über den „Bau neuer Fernämter" habe ich auf S. 106

1. die selbsttätige Fernvermittlung innerhalb der Ortsnetze,
2. die Zeit- und Zonenzähleinrichtungen innerhalb der Vorortsnetze und
3. die Wählerfernsteuerung innerhalb des Bezirksnetzes

als die Pioniere für die Automatisierung aller Sprechstellen eines Landes bezeichnet.

Unter Änderung des Fernsprechtarifes wäre es allenfalls denkbar, eine SA-Netzgruppe auch ohne Anwendung von Zeit- und Zonenzähleinrichtung zu betreiben. Dagegen kann ohne automatische Fernvermittlung weder die Fernwahl noch der gesamte Betrieb einer SA-Netzgruppe durchgeführt werden. In automatisch betriebenen SA-Netzgruppenanlagen ist eben eine selbsttätige Fernvermittlung die „conditio sine qua non", denn der ganze wirtschaftliche Erfolg eines solchen Systems fußt allein auf dieser Einrichtung.

Über die Höhe der Kosten derartiger Einrichtungen herrschen noch sehr unklare Vorstellungen. Es dürfte deshalb von Interesse sein, über die Lieferungskosten dieser Einrichtungen in Beziehung zu den Gesamtkosten noch einige Aufklärungen zu geben.

Auf S. 80 des Anhanges habe ich bereits die einmaligen Lieferungskosten der automatischen Fernvermittlung mit 65 300 M. im Anfangszustand, mit 240 000 M. im normalen Endausbau und mit 332 350 M. im Endausbau bei doppelter Gesprächsziffer einer SA-Mittelwertsnetzgruppe festgestellt. Im Verhältnis zu den Gesamtkosten einer Anlage beträgt demnach der einmalige Aufwand in den drei Baustufen im Mittel nur $\frac{3,1 + 3,8 + 4,7}{3} = 3,9\%$.

Zweifellos konnten vor der ziffernmäßigen Klarlegung aller Verhältnisse gerade die Mehrkosten der automatischen Fernvermittlung Bedenken gegen die Einführung des SA-Netzgruppenbetriebes auslösen. Unter der Wucht des abgeschlossenen Beweismateriales muß aber erfreulicherweise auch hier ein ungünstiges Vorurteil einem günstigen und rechnungsmäßig begründeten Urteil weichen. Tatsächlich steht nämlich den einmaligen Lieferungskosten mit durchschnittlich

$$\frac{65\,300 + 240\,000 + 332\,350 \text{ M.}}{3} = 212\,500 \text{ M.},$$

eine Einsparung an jährlichem Aufwande im Vergleich zum Handbetriebssystem mit durchschnittlich

$$\frac{10\,000 + 140\,000 + 455\,000}{3} = 201\,667 \text{ M.,}$$

d. h. also in der gleichen Höhe, gegenüber.

Eine Automatisierung von Ortsfernsprechanlagen ohne den Einbau einer selbsttätigen Fernvermittlung durchzuführen, halte ich daher für einen technischen Fehler, der, da er den Weg zu durchgreifendem wirtschaftlichen Erfolge der Mechanisierung des Fernsprechbetriebes verbaut, später doch, dann aber nur unter kostspieligem Umbau ausgeglichen werden muß.

Die selbsttätige Fernvermittlung birgt des weiteren noch den Vorteil in sich, daß sie der Einführung von Wohnungsanschlüssen, auf die ich noch besonders zurückkommen werde, die Wege ebnet.

C. Die jährlichen Aufwandskosten.

Für wichtiger als die Lieferungskosten einer Anlage, die für die Kapitalbeschaffung eine ausschlaggebende Rolle spielen, betrachte ich in einem Wirtschaftsvergleich die dauernden jährlichen Kosten für den Betrieb und die Unterhaltung von Anlagen. In dem Unterschied dieser Kosten liegt bei einem Vergleich verschiedener Systeme das Hauptkriterium für die Beurteilung der Wertigkeit eines Systems. Des besseren Überblickes halber habe ich mich auch hier, wie bei den sonstigen Vergleichen, der graphischen Darstellung bedient und deshalb die jährlichen Kosten einer Mittelwertsnetzgruppe zeichnerisch für die drei Systeme auf S. 139 des Anhanges niedergelegt.

Während nun bei den Lieferungskosten in allen drei Systemen die Kosten der Teilnehmeranschlüsse einheitlich alle übrigen Teilbeträge überragen, ändert sich dieses Bild bei den jährlichen Kosten in den zwei Systemen A und B, denn hier erfordert der Personalaufwand die höchsten Kosten mit $\frac{27,2 + 32 + 43,3}{3} = 34,1\%$ im System A und mit $\frac{22,0 + 26,4 + 36,8}{3} = 28,4\%$ im System B, der jedoch im System C mit $\frac{10,8 + 13,2 + 18,0}{3} = 14,0\%$ um rund die Hälfte zurückbleibt. Hier kommt eben deutlich zum Ausdruck, daß das System B die in der Automatik liegenden latenten Kräfte viel zu wenig ausnützt.

Im System C dagegen nehmen ebenso wie bei den Lieferungskosten die Teilnehmeranschlußkosten mit $\frac{27,8 + 37,2 + 31,0}{3} = 32,0\%$ die erste Stelle ein, während sie im System A mit $\frac{27,4 + 33,4 + 23,6}{3} = 28,1\%$ und im System B mit $\frac{24,3 + 32,0 + 23,6}{3} = 26,7\%$ an die zweite Stelle rücken.

Nach den Teilnehmeranschlußkosten tritt im System C an die zweite Stelle der Aufwand für die Verwaltungskosten mit $\frac{23,4 + 18,4 + 17,9}{3} = 19,9\%$, der sowohl im System A mit $\frac{24,0 + 18,0 + 16,1}{3} = 19,4\%$, als auch im System B mit $\frac{21 + 16,7 + 15,5}{3} = 17,7\%$ den dritten Rang einnimmt.

Erst an vierter Stelle folgen in der Reihe der Ausgaben die Kosten der Umschalteeinrichtungen, aber nur insoweit, als dabei automatische Systeme in Frage kommen, und zwar im System B mit $\frac{10,2 + 10,2 + 9,7}{3} = 10\%$ und im System C mit $\frac{12,7 + 13,2 + 13,8}{3} = 13,2\%$. Diese Feststellung ist ein glänzender Beweis dafür, daß die Annahme der überragenden Kosten automatischer Einrichtungen ein Trugschluß wäre. Im Handbetriebssystem A treten an diese Stelle die Ausgaben für die Vororts- und Bezirksleitungen mit $\frac{12,2 + 7,9 + 7,1}{3} = 9,1\%$, während hier die Kosten der Umschalteeinrichtungen mit $\frac{4,5 + 5,1 + 5,2}{3} = 5\%$ erst an fünfter Stelle folgen.

Die gleiche Stelle nehmen in den beiden automatischen Systemen die Kosten für die Vororts- und Bezirksleitungen mit $\frac{15,1 + 8,7 + 8,1}{3} = 10,6\%$ im System B und mit $\frac{17,0 + 10,2 + 10,5}{3} = 12,6\%$ im System C ein.

Auch in bezug auf die Ausgestaltung des Vororts- und Bezirksleitungsnetzes von Fernsprechanlagen führt erst eine umfassende Wirtschaftsrechnung zu einer richtigen Beurteilung der Gesamtverhältnisse und damit zu einer stärkeren Entwicklung dieses wichtigen Teiles der Gesamtanlage.

Die übrigen Kosten für den jährlichen Aufwand einer Mittelwertsnetzgruppe, und zwar jene für den Gebäudeanteil mit $\dfrac{4{,}1 + 3{,}1 + 3{,}1}{3} = 3{,}5\%$ bei A, mit $\dfrac{6{,}0 + 5{,}0 + 4{,}9}{3} = 5{,}3\%$ bei B und mit $\dfrac{6{,}3 + 5{,}9 + 6{,}1}{3} = 6{,}1\%$ bei C sowie jene für die Stromlieferungsanlagen mit $0{,}5\%$ bei A, mit $\dfrac{1{,}4 + 1{,}0 + 1{,}4}{3} = 1{,}3\%$ bei B und mit $\dfrac{2{,}0 + 1{,}9 + 2{,}7}{3} = 2{,}2\%$ bei C fallen nicht sonderlich ins Gewicht.

Auch den jährlichen Kostenaufwand habe ich in jedem System und dabei in jeder Unterabteilung mit Hilfe eines Planimeters in ein flächengleiches Rechteck verwandelt und nur die Höhe dieser Rechtecke auf S. 139 des Anhanges rechts aufgetragen.

Nach dieser planimetrischen Auswertung sind die jährlichen Ausgaben im System A und B fast gleich, im System A sogar noch eine Kleinigkeit niedriger. **Die geringsten Ausgaben verursacht das System C, das, nach diesen Kosten abgestuft, sich zu den beiden anderen Systemen verhält wie: $C : B : A = 1 : 1{,}23 : 1{,}19$.** Die Schlußfolgerung aus dieser Tatsache behalte ich mir an anderer Stelle noch vor.

Hier möchte ich nur erwähnen, daß infolge der zu erwartenden Einsparung im SA-Netzgruppensystem die Einführung von Kraftfahrzeugen für den Störungsdienst, deren Kosten in den jährlichen Ausgaben bereits enthalten sind, nicht allein wünschenswert, sondern auch wirtschaftlich ohne jede Einschränkung vertretbar erscheint.

D. Die Einführung von Wohnungsanschlüssen im *SA*-Netzgruppensystem.

Das von Herrn Ministerialrat Dr. Steidle ausgearbeitete Gruppenstellensystem ist seit dem Jahre 1906 in Bayern in Betrieb. Bis zum 1. Januar 1925 waren 101 Ferngruppenumschalter mit 2216 Hauptanschlüssen, ferner 76 Ortsgruppenumschalter mit 1203 Anschlüssen und 20 automatische $Gv\,\dfrac{10}{\mathrm{II}}$ mit 194 Wohnungsanschlüssen aufgestellt. Die Ferngruppenumschalter werden durch das umfassendere SA-Netzgruppensystem ersetzt, die Ortsgruppenumschalter erscheinen, wie schon ausgeführt, in anderer Bauart als $Gv\,\dfrac{10}{\mathrm{II}}$ wieder. Es bleibt daher hier noch übrig, über die Einverleibung der sogenannten Wohnungsanschlüsse in die Mittelwertsnetzgruppe zu sprechen. Dabei kann es sich aber nur um eine Erörterung mehr allgemeiner Natur, um eine Bewertung im Rahmen der vorliegenden Ergebnisse handeln. Umfaßt der Wohnungsanschluß, von dem in diesem Abschnitt die Rede sein soll, doch nur ein Teilgebiet aus dem Problem „Extreme Dezentralisation des Selbstanschlußbetriebes in Großstadtnetzen", das nach seiner technisch-wirtschaftlichen Seite an anderer Stelle einer besonderen Würdigung bedarf.

Als Wohnungsanschlüsse sind Sprechstelleneinrichtungen anzusehen, die, wie die Einrichtungen für Gas, Wasser, elektrisches Licht usw., zu den Immobilien der Häuser gehören sollen, also nicht wie die übrigen Fernsprechanschlüsse für die Person des Wohnungsinhabers nach Bedarf hergestellt und entfernt werden. Der Vortrag solcher Anschlüsse im amtlichen Fernsprechbuch würde daher in der Regel nur die Wohnung, nicht aber den Inhaber des Anschlusses zu benennen haben, und für den Fall eines Wohnungswechsels verbliebe der Sprechapparat ohne Änderung seines Aufstellungsortes, ebenso wie die Gas-, Licht- und Wasserleitung in der ursprünglichen Wohnung.

Untersucht man in einer größeren Ortsfernsprechanlage den Umfang der Verlegung von Anschlüssen, so findet man eine Umtriebszeit von kaum 10 Jahren, d. h. soviel, daß jeder Teilnehmeranschluß innerhalb der angegebenen Zeit mindestens einmal verlegt wird. Die Verlegung eines Anschlusses verursacht aber vielfach die gleichen Kosten wie ein Neuanschluß. Mit Einführung von Wohnungsanschlüssen würde man daher die verlorenen Kosten am Kapitalsaufwand für die Anlage um einen erheblichen Betrag abmindern können.

Wohnungsanschlüsse werden in Kleingruppen bis zu maximal 10 Sprechstellen zusammengefaßt, an einen im Speicher oder Keller eines Hauses aufzustellenden sogenannten Gruppenumschalter $Gv\,\dfrac{10}{\mathrm{II}}$ angeschlossen und mit zwei gemeinsamen Verbindungsleitungen mit dem Hauptamte verbunden.

In manchen Fällen verhindern die örtlichen Verhältnisse die volle Ausnützung der Gruppenumschalter, weshalb die Belegung eines $Gv\,\dfrac{10}{\mathrm{II}}$ im Mittel nur mit 8 (9,7 in München) Anschlüssen angenommen werden darf. Ein $Gv\frac{10}{II}$ stellt in seiner Ausführung eine Unterzentrale kleinster Form dar, ausgerüstet mit einer Sammlerbatterie von 24 Volt Spannung, die in den Ruhepausen von der Amtsbatterie über die Verbindungsleitungen aufgeladen wird. Mit seinen zwei Hauptleitungen ist ein $Gv\frac{10}{II}$ imstande, innerhalb eines Tages, selbst bei einer 12proz. Konzentration des Verkehrs ohne irgendwelche nennenswerte Wartezeiten 100 Gesprächsverbindungen restlos abzuwickeln. Bei einer Belastung von 3,38 abgehenden Gesprächen für jeden Teilnehmer, d. i. die normale Gesprächsziffer des Hauptamtes einer Mittelwertsnetzgruppe, erreicht der Verkehr noch nicht die genannte Zahl von Gesprächsverbindungen, die ein $Gv\frac{10}{II}$ aufzunehmen vermag. In seiner Zugänglichkeit gleicht daher jeder Wohnungsanschluß einem vollwertigen Hauptanschluß. Nach der Fernsprechstatistik weisen aber 60% aller Teilnehmer einen Verkehr auf, der weit unter diese Belastung fällt.

Der eben abgeschlossene Kostenvergleich lehrt, daß in einer Mittelwertsnetzgruppe die Herstellung von Teilnehmeranschlüssen und hier wiederum gerade der Bau von Teilnehmerleitungen die höchsten Kosten verursacht. Wenn es nun der Technik gelingt, Einrichtungen zu schaffen, die eine Minderung im Leitungsaufwand ermöglichen, so darf man eine wirkungsvolle Einsparung an den Hauptkosten einer Anlage erwarten. Dieser Zweck wird durch den $Gv\frac{10}{II}$ vollkommen erreicht, denn bei einer Anschlußzahl von 8 Teilnehmern können 6 Hauptleitungen entbehrt werden.

Ein Versuch mit einer Anzahl von $Gv\frac{10}{II}$ in dem automatisierten Ortsnetze München, bei dem zwei Häuserviertel in Neuhausen und in Schwabing mit Wohnungsanschlüssen ausgerüstet wurden, hat nach Umlauf von 1½ Jahren einen vollen betriebstechnischen Erfolg ergeben.

Erst mit der Einführung billiger Wohnungsanschlüsse wird der Fernsprecher Gemeingut aller Bewohner eines Landes werden. Dabei kommt es weniger darauf an, daß der minderbemittelte Inhaber eines Wohnungsanschlusses denselben möglichst oft zu abgehenden Gesprächen benützt, sondern mehr darauf, daß durch eine solche Verbreitung des Fernsprechers auch mit den im Kleinwirtschaftsbetrieb des täglichen Lebens tätigen Kreisen jederzeit schnellstens in Verbindung getreten werden kann. Jeder Anruf, gleichgültig von welcher Seite er auch immer veranlaßt wird, bringt aber Einnahmen für die Verwaltung. Wie man aus der abgeschlossenen Wirtschaftsrechnung ersieht, steigt die Wirtschaftlichkeit automatischer Einrichtungen mit der Zunahme der Anschlüsse. Die Wohnungsanschlüsse stellen ein Mittel dar, diese Zunahme wesentlich zu fördern und damit sich dem Endziel der Wirtschaftlichkeit zu nähern.

III. Teil.

Die Wertigkeit der drei Systeme einer Mittelwertsnetzgruppe.

A. Die Mehreinnahmen im *SA*-Betrieb.

Die Einführung des vollautomatischen Betriebes in den bisher von Hand bedienten Ortsfernsprechanlagen des platten Landes hat den Hauptzweck, die Vorteile der ununterbrochenen Dienstbereitschaft des Fernsprechers nicht allein den Bewohnern der großen Städte, sondern auch jenen der
kleinsten Landgemeinden zuteil werden zu lassen. Mit der Einführung dieser Maßnahme ist zweifellos
eine Erhöhung der Gesprächsziffer verknüpft, deren finanzieller Ertrag der *DRP* zugute kommt und
mit dem zum Teil die erheblichen Mehraufwände für die technische Umgestaltung der hier in Frage
kommenden Umschalteeinrichtungen gedeckt werden sollen.

Bereits im Abschnitt A, I. dieser Abhandlung habe ich die Änderungen der Orts- und Vorortsgesprächsziffern vorgetragen, wie sie sich im Mittel für das bayerische Gebiet ergeben, wenn im ganzen
Lande die unbeschränkte Dienstzeit durchgeführt werden will. Im Anhang (S. 140) wurde nun eine
Zusammenstellung angefertigt, aus der die jährliche Mehrung, ausgeschieden nach Orts- und Vorortsgesprächen, entnommen werden kann, wie sich eine solche in einer Mittelwertsnetzgruppe beim Übergang
vom Handbetriebs- zum vollautomatischen System durch die Einführung einer 24 stündigen Dienstzeit
ergibt. Die Auswertung der hier vorgetragenen Zahlen bedarf wohl ihrer Einfachheit halber keiner
weiteren Erklärung. Die jährliche Mehrung an Gesprächen wurde aus der täglichen Mehrung durch eine
einfache Multiplikation mit der Zahl 313 gewonnen. Der Faktor 313 entspricht dem in der *FO* üblichen
Faktor zur schätzungsweisen Gebührenbemessung; er entsteht aus der Summierung von 300 Werktagen
und dem fünften Teil der 65 Sonn- und Feiertage eines Jahres, wenn man den Verkehr an diesen Tagen
mit dem fünften Teil des Werktagsverkehrs annimmt. In dem Wirtschaftsvergleich möchte ich jedoch
die auf rein theoretischem Wege gefundenen Zahlen nicht in ihrer vollen Höhe in Ansatz bringen, sondern
vorsichtshalber, um den Vergleich von automatisch betriebenen Anlagen nicht optimistisch zu färben,
die sämtlichen Zahlen für die verschiedenen Baustufen um einen Sicherheitsfaktor von 25%, kürzen,
so daß sich für die auf S. 140 des Anhanges nachgewiesenen Gesprächsmehrungen abgerundet folgende
Zahlenwerte ergeben:

1. an Ortsgesprächen:		2. an Vorortsgesprächen:
26 000	in der ersten Baustufe	32 000
140 000	,, ,, zweiten ,,	100 000
280 000	,, ,, dritten ,,	200 000

Die im Jahre 1924 in Bayern geführten 13 857 898 Vorortsgespräche haben einen Ertrag von
5 541 122 M. abgeworfen. Daraus berechnet sich der durchschnittliche Erlös für ein Vorortsgespräch
zu rd. 40 Pf. Nach der *FO* kostet ein Ortsgespräch 15 Pf. Die aus der Multiplikation dieser Zahlen
sich ergebenden Mehreinnahmen können nunmehr in dem Wirtschaftsvergleich ausgewertet werden.

B. Der Wirtschaftsvergleich der drei Systeme in den drei Baustufen.

Es wäre eine irrige Auffassung, die Wertigkeit eines Umschaltesystems gegenüber einem anderen
allein nach den einmaligen Lieferungskosten der Anlagen zu bemessen. Alle Mechanisierungsbestrebungen
der Technik gipfeln in dem obersten Grundsatz, die jährlichen Ausgaben zu mindern; wenn in diesem
Bestreben dabei gleichzeitig auch noch die Lieferungskosten herabgedrückt werden können, so kommt'
dies eben wieder der laufenden Aufwendung zugute. Im Wettstreit der Meinungen wird aber nur jenes
System den Sieg davontragen, das den geringsten jährlichen Aufwand verursacht. Aber auch die jährlichen Kosten allein geben immer noch kein klares Bild über den Vorzug des einen oder anderen Systems,
denn die Entscheidung dieser Frage richtet sich nicht nur nach der Höhe der laufenden Ausgaben, sondern

danach, ob etwa mit der Einführung eines neuen Systems nicht auch noch laufende Mehreinnahmen erwartet werden dürfen. Der Ertrag dieser Mehreinnahmen kann dann an den laufenden Ausgaben gekürzt werden. Der Abgleich der um die Mehreinnahmen gekürzten laufenden Ausgaben gibt alsdann den untrüglichen Beweis der wirtschaftlichen Überlegenheit des einen oder anderen Systems. Den größten wirtschaftlichen Wert wird jenes System erreichen, das bei diesem Abgleich die geringsten Ausgaben aufweist.

Auf S. 136 und 137 des Anhanges habe ich nun die Abgleichung zwischen den jährlichen Ausgaben und den Mehreinnahmen, soweit sie in den einzelnen Umschaltesystemen überhaupt nachweisbar sind, vorgenommen und das Ergebnis dieser Abgleichung, d. i. die Differenz zwischen den Ausgaben und Mehreinnahmen dort niedergelegt. Diese Abgleichung wurde nun auf S. 141 des Anhanges graphisch aufgetragen.

Diese Darstellung bildet somit die Zusammenfassung der gesamten Wirtschaftsrechnung. Die drei Linien A, B und C auf S. 141 des Anhanges für das Handbetriebs-, Überweisungs- und SA-Netzgruppensystem stellen in ihrem gegenseitigen Verlauf die Wertigkeit der drei Systeme dar. Der vertikale Abstand der einzelnen Linien voneinander gleicht jeweils an jeder beliebigen, dem gewünschten TC-Werte entsprechenden Ordinate dem Unterschied in den jährlichen Aufwandskosten der zu vergleichenden Systeme. Ich habe auf der Abszissenachse, ebenso wie bei allen übrigen Darstellungen, als Maßstab nicht die Zahl der Teilnehmeranschlüsse, sondern die TC-Stunden aufgetragen, weil die gesamten Ausgaben einer Anlage nicht allein von der Zahl der Anschlüsse, sondern auch von dem Gesprächswert in Stunden abhängig sind. Beispielsweise ist die Zahl der Anschlüsse in der Baustufe e ebenso groß als in der Baustufe e'', und trotzdem läßt sich in diesen beiden Baustufen ein erheblicher Unterschied im Aufwande an jährlichen Ausgaben feststellen, weil eben in dem letzteren Falle eine Verdopplung der Gesprächsziffer angenommen wurde.

Nach dieser Darstellung erfordert das SA-Netzgruppensystem C in allen Baustufen die geringsten jährlichen Ausgaben. Es ist somit von allen der Untersuchung unterworfenen Umschaltesystemen am höchsten zu bewerten.

In dem Abschnitte, der von den Ordinaten a und e begrenzt wird, darf man den Verlauf, d. h. die Steigerung der Ausgabekosten fast als linear annehmen, denn die Hauptkosten einer Anlage, d. s. die Ausgaben für die Teilnehmeranschlüsse, für das Personal, für die Verwaltung und für die Hochbauten verhalten sich direkt proportional zur Zahl der Anschlüsse. Es lassen sich daher wenigstens innerhalb dieser beiden, durch die Ordinaten a und e begrenzten Baustufen, die Ausgaben sämtlicher drei Systeme durch die Gleichung einer Geraden in der Form $y = a + b\,x$ ausdrücken. Hiernach genügt die Wertigkeit des Handbetriebssystems A der Gleichung $y = 7,0 + 1,6\,x$, jene des Überweisungssystems B der Gleichung $y = 15,0 + 1,49\,x$ und die des SA-Netzgruppensystems C der Gleichung $y = 12,5 + 1,27\,x$, wenn man die Abszissenabstände x in TC-Stunden aufträgt.

In dem Vergleich der Ausgaben der beiden Umschaltesysteme A und C ergibt der Verlauf der beiden Geraden einen Schnittpunkt, der analytisch bestimmt werden kann, indem man die Ausdrücke für A und C einander gleichsetzt. Hiernach rechnet sich die Abszisse zu:

$$x = \frac{12,5 - 7,0}{1,6 - 1,27} = 16 \text{ mm oder}$$

$$x = \frac{16 \times 17^{\mathrm{h}}}{25} = 10,8\ TC\text{-Stunden.}$$

10,8 TS-Stunden entsprechen aber ohne Änderung der Gesprächsziffer bei gleichem Gesprächswert 1100 Hauptanschlüssen.

Aus dieser Feststellung kann folgende Schlußfolgerung von grundsätzlicher Bedeutung gezogen werden:

In Netzgruppen mit weniger als 1100 Hauptanschlüssen kann das SA-Netzgruppensystem niemals mit dem Handbetriebssystem in Wettbewerb treten, es sei denn, daß die Summe aller Gesprächsziffern für den Orts-, Vororts-, Bezirks- und Fernverkehr einen wesentlich höheren Betrag als bei einer Mittelwertsnetzgruppe ergibt. In allen übrigen Fällen ist aber das SA-Netzgruppensystem dem bisherigen Handbetriebssystem wirtschaftlich weit überlegen, und zwar um so mehr, je größer die Zahl der Hauptanschlüsse und die Gesprächsziffer sich erweist. Dieses System bringt nach seiner Einführung, d. h. also im Anfangszustand einer Mittelwertsnetzgruppe bereits eine jährliche Einsparung im Betrage von 26 700 M. oder pro Teilnehmeranschluß 16,4 M., die sich im Endausbau einer Anlage bei einer Verdreifachung der Zahl an Hauptanschlüssen nach etwa 18—20 Jahren auf 201 000 M. oder auf 35,3 M. pro Anschluß im Jahre steigert. Für die sämtlichen Anlagen Bayerns gleicht diese Einsparung einer Jahressumme

von 1 415 100 RM. oder rd. 1 Million RM. im Jahre 1925,

die von Jahr zu Jahr progressiv sich erhöht und etwa im Jahre 1945, unter der Annahme der bisher beobachteten Fortentwicklung der Fernsprechanlagen, den Betrag von jährlich

10653000 RM. oder rund 10 Millionen RM.,

d. i. das Siebenfache des ursprünglichen Betrages erreicht.

Unter der erdrückenden Beweiskraft dieses Zahlenmateriales bedarf es wohl keiner weiteren Ausführung mehr, daß die künftige Entwicklung der Fernsprechtechnik in Richtung des durch die Studienanlage Weilheim angebahnten Weges liegt.

Von den 53 Netzgruppenanlagen waren am 1. Januar 1925 nach Anhang (S. 141) mehr als die Hälfte, nämlich 28 Anlagen, und nach Umlauf eines Jahres bei einer 12,4 proz. Mehrung aller Hauptanschlüsse bereits mehr als $^2/_3$, nämlich 37 Anlagen, für das SA-Netzgruppensystem bereift, während der Rest nach wenigen Jahren der Grenze der Wirtschaftlichkeit sich nähern, in vielen Fällen diese sogar überschreiten wird.

Die Mehrung von Anschlüssen innerhalb eines Jahres, die sich während der Ausarbeitung dieser Abhandlung ergeben hat, überholt bereits alle für den Anfangszustand a der Anlagen eingesetzten Werte. Die Schlußfolgerungen in dieser Baustufe gehören demnach schon der Vergangenheit an. Ein Beweis dafür, daß in einer Wirtschaftsrechnung für verschiedene Systeme nicht der Anfangszustand, sondern nur der nach einer längeren Entwicklungszeit zu erwartende Ausbau von Fernsprechanlagen das Ziel des Vergleiches sein muß. Die Ermittlung der Werte im Anfangszustand aller Anlagen ist jedoch nicht überflüssig, denn sie bildet die Grundlage für den Aufbau und gibt mit den Berechnungsergebnissen künftiger Herstellung ein Maß für den gesetzmäßigen Verlauf der Ausgaben. In der Baustufe e'' dagegen hat die Ermittlung der Werte nach einer anderen, nicht minder wichtigen Seite ihre besondere Bedeutung. Es soll damit der Einfluß der Gesprächsziffer auf die gesamten Ausgaben erfaßt und damit der organische Zusammenhang zwischen Tarif und Technik beleuchtet werden.

Aus der Ermittlung dieser Werte ergibt sich unter anderm, daß bei allen Sachwerten mit der Erhöhung der Gesprächsziffer die spezifischen Ausgaben abnehmen, während bei dem Aufwand für das Umschaltepersonal die Kosten linear, d. h. proportional mit der Erhöhung der Gesprächsziffer verlaufen.

Wirtschaftlich bestehen daher nach dem Ergebnis der hier durchgeführten Rechnungen gegen die allgemeine Einführung des SA-Netzgruppensystems in allen Fernsprechanlagen Bayerns keine Bedenken mehr. Anders liegen dagegen die Verhältnisse beim Überweisungssystem.

Die analytische Untersuchung der beiden Geraden C und B ergibt nämlich für

$$x = \frac{15,0 - 12,5}{1,27 - 1,49} = \frac{2,5}{-0,22} = -11$$

einen negativen Wert. Dieser negative Wert bedeutet, daß die beiden Geraden sich im reellen Teil des Koordinatensystems niemals schneiden oder, wirtschaftlich gedeutet, daß die Ausgaben des SA-Netzgruppensystems in allen Fällen niedriger werden als jene des Überweisungssystems.

Das Überweisungssystem kann daher trotz der Einsparungen in den Leitungswegen des Vorortsverkehrs in wirtschaftlicher Beziehung in keinem Falle mit dem SA-Netzgruppensystem in Wettbewerb treten, um so weniger, als das erstere System

1. den gleich hohen Kapitalaufwand erfordert wie letzteres,
2. die Dezentralisationsmöglichkeiten im Netz mangels einer automatischen Fernvermittlung beschränkt,
3. bei Anwendung des Schnellbetriebes im Vorortsverkehr eine zwangläufige Erfassung der Gebührenpflichtigkeit ausschließt,
4. im Störungsdienst die Einführung des Kraftfahrzeugbetriebes ohne Mehrkosten, für welche die Deckung fehlt, nicht zuläßt,
5. infolge der Beschränkung der Leitungszahlen für den Vorortsverkehr einen geringeren Zugänglichkeitsgrad für den Fernverkehr der ersten Zonen aufweist und
6. die Reserven im Leitungsnetz, wie sie das SA-Netzgruppensystem durch die Einführung des Wechselverkehrs im Vorortsbetrieb außerdem noch bietet, vermissen läßt.

Aber auch gegenüber dem Handbetriebssystem erscheint nach dem Ergebnis der vorliegenden Berechnungen das Überweisungssystem im bayerischen Verwaltungsgebiete wirtschaftlich noch nicht vorteilhaft, denn der Schnittpunkt der Geraden A und B liegt erst bei einem TC-Wert von

$$x = \frac{15,0 - 7,0}{1,6 - 1,49} = \text{rd. 70 mm oder } x = \frac{70 \cdot 53^h}{80} = 46,3^h.$$

Ein TC-Wert von $46,3^h$ entspricht aber bei der gleichen Gesprächsziffer einer Anschlußzahl von mehr als 5000 Hauptanschlüssen, die mit Ausnahme von München und Nürnberg bis jetzt von keiner anderen Anlage Bayerns auch nur annähernd erreicht wird. Selbst im Ausbau aller Anlagen nach 20 Jahren erreichen die Einsparungen dieses Systems nur wenige Tausend Mark, deren Höhe noch nicht einmal die Grenzen der Fehlerquellen einer Wirtschaftsrechnung überschreiten, geschweige denn vom sozialpolitischen Standpunkte aus eine Entziehung von Arbeitsmöglichkeiten für das weibliche Umschaltepersonal rechtfertigen würde.

Eine Einführung des Überweisungssystems käme daher in den Fernsprechanlagen Bayerns nach meinen eingehenden Untersuchungen vom wirtschaftlichen Standpunkt aus nicht in Betracht.

Nach den planimetrierten Flächen der Linienzüge A, B und C, deren mittlere Höhen auf S. 141 des Anhanges maßstäblich rechts aufgetragen wurden, läßt sich der Wirtschaftsvergleich der drei Systeme nach den gekürzten laufenden Ausgaben durch die Beziehung $C : B : A = 1 : 1{,}23 : 1{,}26$ und die Wertigkeit der Systeme, die zu den Ausgaben im umgekehrten Verhältnis steht, durch die Beziehung $C : B : A = 1 : 0{,}81 : 0{,}79$ ausdrücken. Somit ist das SA-Netzgruppensystem einer Mittelwertsnetzgruppe, vom wirtschaftlichen Standpunkt aus betrachtet, durchschnittlich um 20% höherwertiger als die beiden anderen Systeme.

Außerdem wird der Betriebskoeffizient bei einem jährlichen Überschuß von 26 700 M. um 3,2% im Anfangszustand und bei einem solchen von 201 000 M. im Endausbau um 7,9% verbessert.

Nimmt man hinzu, daß nach den allgemeinen vergleichenden Betrachtungen das SA-Netzgruppensystem auch vom betriebs- und verwaltungstechnischen Standpunkt sowie nach seiner Verkehrsleistung die anderen Systeme überflügelt, so darf man zusammenfassend wohl sagen, daß dieser Entwicklungsform die Zukunft gehören wird.

Schlußbemerkung.

Das *SA*-Netzgruppensystem, das allen Teilnehmeranschlüssen, mögen sie in den mittleren und kleineren Städten, in Dörfern oder selbst in den entlegensten Weilern und Einzelgehöften gering bevölkerter Gebiete eines Landes zerstreut liegen, die uneingeschränkte Dienstzeit im Fernsprechverkehr mit ihren wirtschaftlichen Auswirkungen beschert, wurde in der bei der Studienanlage des Bezirkes Weilheim geschaffenen Form gemeinsam mit den Ingenieuren der Fa. Siemens & Halske A.-G. entwickelt. Nachdem damit eine in ihren Grundlagen bereits gefestigte technische Lösung des Problems der Ausdehnung des Selbstanschlußbetriebes auf den Fernverkehr mehrerer Zonen vorliegt, war es möglich und erschien es geboten, auch die Wirtschaftsfrage, der bisher nicht systematisch näher getreten werden konnte, von Grund aus aufzurollen. Wenn man sich an die Lösung dieser wichtigen Frage der Fernsprechtechnik heranwagt, wird man von der Fülle und der Wucht des wie eine Lawine sich vermehrenden Zahlenmateriales förmlich zurückgeschreckt und möchte fast in die Lösbarkeit der Aufgabe Zweifel setzen. Nur der systematische, vielfach verwickelte Aufbau des ganzen Problems, das wegen seiner weitgreifenden Auswirkungen auf die Bau- und Betriebsverhältnisse des ganzen Verwaltungsbereiches abzustellen war, sowie der unbeugsame, vor keinem Hindernis zurückschreckende Wille, unter allen Umständen eine Lösung herbeizuführen, ermöglichten es, alle Einzelheiten zu erfassen, bis in den innersten Kern der schwierigen Materie einzudringen und damit die Wirtschaftsfrage mit ihren Folgerungen einwandfrei und restlos zu klären. Man hört ab und zu die Meinung vertreten, daß sich Verwaltungsingenieure nicht mit technischen Entwicklungsarbeiten befassen sollen. Ich kann mir nicht vorstellen, wie sich einerseits die Industrie den klaren Einblick in die innersten Vorgänge des verwickelten Fernsprechbetriebes verschaffen soll, um beurteilen zu können, nach welcher Richtung die Entwicklung der elektrischen Nachrichtentechnik hinstrebt und wie andererseits aus der Verwaltung heraus grundlegende Probleme gestellt werden könnten, wenn dort nicht auch über den Weg zu ihrer Verwirklichung bis ins einzelne klare Vorstellung bestünde. Die vorstehende Abhandlung hat nun nicht allein den ausschließlichen Zweck, die Wirtschaftsfrage des *SA*-Netzgruppensystems zu lösen, sondern sie verfolgt gleichzeitig auch noch das Ziel, die Grundlagen zur Aufstellung von Richtlinien für den künftigen Ausbau von Fernsprechanlagen zu schaffen.

Es wäre für mich eine innere Genugtuung, wenn es mir gelungen wäre, mit meiner so objektiv wie möglich durchgeführten, auf ein reichhaltiges statistisches Material gestützten Abhandlung zur Klärung der Frage nach der künftigen Fernsprechentwicklung beigetragen zu haben.

München im März 1926.

Dr.-Ing. Wilhelm Schreiber.

FACHLITERATUR

Der Bau neuer Fernämter. Von Oberregierungsrat Dipl.-Ing. W. Schreiber. I. Band. Text. 224 Seiten. Gr.-8⁰. 1924. — II. Band. Plansammlung. 77 Zeichnungen. Folio. 1924. Zusammen brosch. M. 20,—.

Zeitschrift des Vereins Deutscher Ingenieure: Das Fernsprechwesen steht vor einem neuen bedeutsamen Abschnitt seiner Entwicklung, der sich durch die weitgehendste Einführung des Selbstanschlußbetriebes und durch die Ausführung aller einigermaßen wichtigen Fernleitungen als Kabel unter ausgiebiger Verwendung von Verstärkern kennzeichnet. Im Zusammenhang damit muß auch eine größere Anzahl von Fernämtern umgestaltet oder neu geschaffen werden. Von diesen Voraussetzungen ausgehend, entwirft der Verfasser die Grundlagen für die Entwicklung neuzeitlicher Fernämter unter Berücksichtigung der technischen und wirtschaftlichen Güte. Das Buch wird jedem Fachmanne der Verwaltung oder der Industrie, der mit Planung oder Ausführung neuer Fernämter zu tun hat, ausgezeichnete Dienste leisten. (Kollatz.)

Die Fernsprechanlagen mit Wählerbetrieb (Automatische Telephonie). Von Oberingenieur Dr.-Ing. Fritz Lubberger. 3. Auflage. 292 Seiten, 160 Abb. Gr.-8⁰. 1926. Brosch. M. 11,—; in Leinen geb. M. 13,—.

Elektrotechnische Zeitschrift: Die 2. Auflage dieses Buches erscheint nicht nur äußerlich in einem ganz anderen Gewande, sondern hat auch inhaltlich eine vollständige Umarbeitung erfahren. Der Verfasser hat es verstanden, die Entwicklung und die Erfahrungen der letzten Jahre zu berücksichtigen und dem Inhalt eine Form zu geben, die das Buch als Nachschlagewerk und für Studienzwecke gleich wertvoll machen. Es kann deshalb allen, die sich mit der Entwicklung, dem Bau und dem Betrieb von Wählereinrichtungen beschäftigen müssen, warm empfohlen werden.

Wähleramt und Wählervorgang. Eine Einführung. Von Telegraphendirektor Joseph Woelk. 3. Aufl. 42 Seiten, 22 Abb., 2 Tafeln. Gr.-8⁰. 1925. Brosch. M. 1,80.

Telegraphen-Praxis: Das Büchlein bringt in seinem ersten Teile die Grundlagen des bei der deutschen Reichspost eingeführten SA-Systems unter Beschreibung der für die Einrichtungen erforderlichen Apparate, wie die Wähler mit den zugehörigen Relaissätzen usw. Der 2. Teil behandelt den Wählervorgang vom anrufenden Teilnehmer bis zu dem angerufenen unter Berücksichtigung aller Nebenumstände. Der 3. Teil endlich bespricht den Einfluß der Anschlußleitungen und der Sprechstellenschaltungen auf den Wahlvorgang. In gleicher Klarheit und Kürze ist dies vorliegende Thema noch nicht behandelt worden. Wir können daher das ansprechende und interessante Buch allen Telegraphen-Praktikern warm empfehlen.

Taschenbuch für Fernmeldetechniker. Von H. W. Goetsch. 2. Auflage. 436 Seiten, 723 Abb. 8⁰. 1925. In Leinen geb. M. 10,—.

Elektrische Nachrichtentechnik: Dieses Taschenbuch umfaßt das gesamte Gebiet der Fernmeldetechnik und füllt in dieser Fassung zweifellos eine bestehende Lücke aus. Der Verfasser hat in ausgezeichneter und leicht faßlicher Weise alles das zusammengestellt, was der Fernmeldetechniker heute wissen muß. Darüber hinaus ist es gleichzeitig ein Nachschlagewerk für denjenigen, der nicht ständig in diesem Gebiete arbeitet, wobei die kurz gehaltene und doch übersichtliche Art der Wiedergabe von besonderem Vorteile ist. Für die technischen Beamten, die Betriebsingenieure größerer Werke und für die Installateure wird es ein unentbehrliches Hilfsmittel sein; auch als ausgezeichnetes Lehrbuch kann es angesprochen werden. Die eingestreuten Hinweise auf die besondere Fachliteratur sind außerordentlich zweckdienlich. Das sehr gut ausgestattete Buch kann daher allen Fachleuten in jeder Hinsicht empfohlen werden. (H. H. Frischke.)

Zeitschrift für Fernmeldetechnik, Werk- und Gerätebau. Herausgegeben von Prof. Dr. Rud. Franke unter besonderer Mitwirkung von Prof. Dr. F. Bock. 7. Jahrg. 1926. Monatlich erscheint ein Heft im DIN-Format A 4. Bezugspreis vierteljährlich M. 4,—. Die Zeitschrift kann durch jede Buchhandlung, die Post oder unmittelbar vom Verlag bezogen werden. Probehefte kostenlos.

Das Arbeitsfeld erstreckt sich über alle Gebiete der Fernmeldetechnik, es behandelt die physikalischen, schaltungstechnischen, konstruktiven, fabrikatorischen und wirtschaftlichen Fragen gleichmäßig. Der Hauptteil der Zeitschrift ist den Original-Aufsätzen gewidmet. Daneben geben die Abteilungen „Kleine Mitteilungen" und „Zeitschriftenschau" laufend Überblick über die in- und ausländischen Forschungen.

Die Technik der elektrischen Meßgeräte. Von Dr.-Ing. Georg Keinath. 2. Auflage. 448 Seiten, 400 Abb. Gr.-8⁰. 1922. Brosch. M. 17,—, geb. M. 19,50.

Telegraphen- und Fernsprechtechnik: . . Dieses Buch ist nicht nur für den Gerätebauer geschrieben, sondern jeder Elektrotechniker und also auch der Fernmeldetechniker sollte es zur Hand nehmen; er wird es nicht ohne mannigfache Anregung und Bereicherung seines Wissens weglegen.

Journal of the Franklin Institute: The book is compendable in all respects; and really on of the many instances of the extraordinary thoroughness-patience and purely scientific spirit with the Germans carries out his task.

Jahrbuch der drahtlosen Telegraphie und Telephonie: . . . Sein Buch kann wohl als die glücklichste Darstellung der Meßinstrumente bezeichnet werden. Es umfaßt eine Fülle von Material, das Keinath unmittelbar aus der Praxis geschöpft hat.

Freileitungsbau — Ortsnetzbau. Ein Leitfaden für Montage- und Projektierungsingenieure, Betriebsleiter und Verwaltungsbeamte. Von F. Kapper. 4. Auflage. 395 Seiten, 376 Abb., 2 Tafeln, 55 Tabellen. Gr.-8⁰. 1923. Brosch. M. 12,—, geb. M. 13,50.

Bauamt und Gemeindebau: Das Werk enthält nicht nur die unerläßlich wichtigen Angaben in Form übersichtlicher und praktischer Tabellen für den Ingenieur, sondern ist auch durch seine Rentabilitätsberechnungen für den technischen Verwaltungsbeamten sowie Montageinspektor von Nutzen.

VERLAG VON R OLDENBOURG, MÜNCHEN UND BERLIN

FACHLITERATUR

Grundriß der Funkentelegraphie in gemeinverständlicher Darstellung. Von Dr. Franz Fuchs. 18. Aufl. 180 Seiten, 270 Abb. Gr.-8°. 1926. M. 3,60.

Süddeutscher Rundfunk: Ohne große Anpreisungen, ohne pomphafte Reklame sind in 4 Monaten 3 starke Auflagen erschienen. Warum? Weil es einfach das Buch ist, das jeder, der sich mit der Radiotechnik ernstlich befassen will, haben muß. Auch die neueste Auflage, die dem ungeheuren Aufschwung der Funkentelegraphie durch eine Reihe von Ergänzungen und Verbesserungen Rechnung trägt, bringt wieder dieselbe äußerliche Anordnung, weil man es einfach nicht besser machen kann. Das Buch ist daher auch bei allen Radiovereinen, Post- und Polizeibehörden eingeführt.

Jahrbuch der Elektrotechnik. Übersicht über die wichtigeren Erscheinungen auf dem Gesamtgebiet der Elektrotechnik. Unter Mitarbeit zahlreicher Fachgenossen herausgegeben von Dr. Karl Strecker.

Jahrg. 1—9. Gr.-8° (soweit lieferbar). Geb. je M. 9,—.
Jahrg. 10 (für das Jahr 1921). 245 S. Gr.-8°. 1923. Geb. M. 10,—.
Jahrg. 11 (für das Jahr 1922). 249 S. Gr.-8°. 1924. Geb. M. 10,—.
Jahrg. 12. (für das Jahr 1923). 268 S. Gr.-8°. 1925. Geb. M. 13,—.
Jahrg. 13 (für das Jahr 1924). 279 S. Gr.-8°. 1926. Geb. M. 15,40.

INHALTSÜBERSICHT: I. Allgemeines. — A. Elektromechanik. II. Elektromaschinenbau. III. Verteilung und Leitung. IV. Kraftwerke und Verteilungsanlagen. V. Elektrische Beleuchtung. VI. Elektrische Fahrzeuge und Kraftbetriebe. VII. Verschiedene mechanische Anwendungen der Elektrizität. — B. Elektrochemie. VIII. Elemente und Akkumulatoren. IX. Anwendungen der Elektrochemie. — C. Elektrisches Nachrichten- und Signalwesen. X. Telegraphie. XI. Telephonie. XII. Elektrisches Signalwesen, elektrische Meß- und Registrierapparate und Uhren. — D. Messungen und wissenschaftliche Untersuchungen. XIII. Elektrische Meßkunde. XIV. Magnetismus. XV. Messung elektrischer Lichtquellen und der Beleuchtung. XVI. Elektrochemie. XVII. Elektrophysik. XVIII. Erdstrom, atmosphärische Elektrizität, Blitzableiter und Blitzschläge. — Alphabetisches Namensverzeichnis. Alphabetisches Sach- und Ortsverzeichnis.

Dinglers polytechnisches Journal: Das Jahrbuch unterrichtet über alle wichtigeren Ergebnisse und Neuerscheinungen des Jahres unter zum Teil kurzer, zum Teil ausführlicher Inhaltsangabe. Das große Gebiet ist nach dem aus dem Inhaltsverzeichnis zu ersehenden Arbeitsplan in Abschnitte zerlegt, und es ist ein zahlreicher Stab von Mitarbeitern gewonnen worden, deren jeder ein mit seiner Berufstätigkeit eng zusammenhängendes Gebiet zur Bearbeitung übernommen hat. Wer sich in ein Wissensgebiet vertiefen oder sich auch nur unterrichten will, findet in dem Jahrbuch einen ausgezeichneten, nie versagenden Wegweiser.

Deutsche Allgemeine Zeitung: Die besten Autoren herangezogen, ... kein Elektrotechniker kann es entbehren.

Der elektrische Betrieb: Über Zweckmäßigkeit und Brauchbarkeit dieses schon seit Jahren erscheinenden Werkes, das allen Fachleuten ein unentbehrliches Nachschlagebuch geworden ist, dürfte es wohl nicht notwendig sein, hier noch ein Wort zu verlieren. Das Jahrbuch hat bereits einen so festen Platz in der wissenschaftlichen elektrotechnischen Literatur errungen, daß man ohne dasselbe wohl kaum noch auskommen möchte. Empfehlende Worte für dieses Werk erübrigen sich somit.

Emge-Schwachstrom-Kalender 1926. Handbuch für Schwachstrominstallationen. Herausgeg. von der A.-G. Mix & Genest. 250 Seiten mit vielen Abb., Tafeln und Kalendarium. 8°. In Leinen geb. M. 5,—.

INHALTSÜBERSICHT: I. Theoretische Elektrotechnik. II. Stromquellen. III. Spezial-Schwachstromtechnik. IV. Selbstanschluß-(SA)-Anlagen. V. Schwachstromschaltungen. VI. Postnebenstellen-Anlagen. VII. Rundfunkwesen. VIII. Was der Installateur vom Patentwesen wissen muß. IX. Beseitigung von Störungen in Signal- und Telephonanlagen. X. Störungen in Selbstanschluß-(SA)-Anlagen. XI. Überwachung und Revision von Schwachstromanlagen. XII. Vorschriften des „Verbandes Deutscher Elektrotechniker". XIII. Normen für Schwachstrom-Installation. Bildzeichen für Schaltungszeichnungen nach DIN-VDE 700. XIV. Vorbereitung für Kostenanschläge. XV. Tabellen.

Deutsche Verkehrszeitung: Dem Text, der in kurzer und doch erschöpfender Form auf alle in der Installationspraxis vorkommenden Fragen Auskunft gibt, sind zahlreiche anschauliche Abbildungen, Skizzen und Tafeln beigegeben. Im Jahrgang 1926 fanden auch die neuesten Zweige der Schwachstromtechnik: die automatische Telephonie und das Rundfunkwesen Aufnahme, und zwar als erstes Werk auf diesem Gebiete, unter Verwendung der neuesten Schaltungssymbole gemäß der vom Verband Deutscher Elektrotechniker festgesetzten Normen. Das Werk kann bestens empfohlen werden.

Die Krankheiten des Blei-Akkumulators, ihre Entstehung, Feststellung, Verhütung. Von Ingenieur F. E. Kretzschmar. 2. verb. Auflage. 184 S. 83 Abb. 8°. 1922. Brosch. M. 5,20, geb. M. 6,40.

Elektrotechnische Zeitschrift: Der Blei-Akkumulator steht in dem Rufe, ein überaus empfindsamer und leicht zu Störungen geneigter Teil einer elektrischen Anlage zu sein und genießt dadurch noch keineswegs in allen Fachkreisen die allgemeine Anwendung, die er auf Grund seiner Eigenschaften verdiente. Der Verfasser führt aus, daß der Akkumulator, gerade durch seine Eigenschaft, auch die stärksten Mißhandlungen eine Weile ertragen zu können, vielfach nicht die Wartung und Aufmerksamkeit der Behandlung genießt, welche für jedes andere Maschinenaggregat selbstverständlich angenommen werden. Die zweite Auflage ist gegenüber der ersten in wichtigen Punkten verbessert und erweitert und eine außerordentlich dankenswerte Bereicherung der Fachliteratur geworden.

VERLAG VON R. OLDENBOURG, MÜNCHEN UND BERLIN

ANHANG

ZUR ABHANDLUNG

DIE WIRTSCHAFTLICHKEIT DES GEPLANTEN AUTOMATISCHEN NETZGRUPPENSYSTEMS IN DEN ORTSFERNSPRECHANLAGEN BAYERNS

VON

DR.-ING. SCHREIBER

I.

Statistische Unterlagen zur Untersuchung und Bildung einer Mittelwertsnetzgruppe.

Netzgruppe Rosenheim.

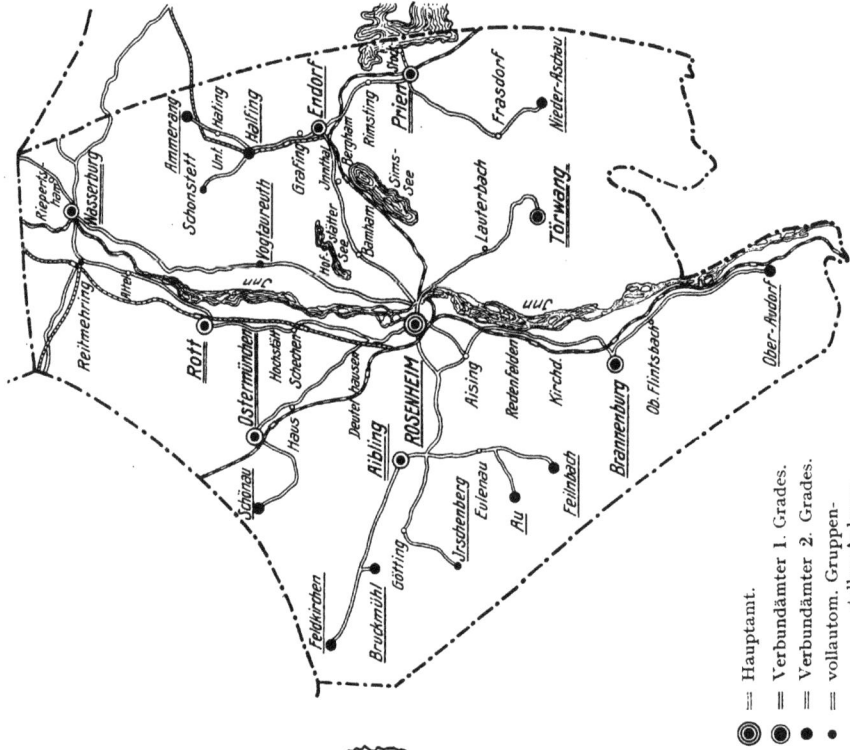

Netzgruppeneinteilung in Bayern.

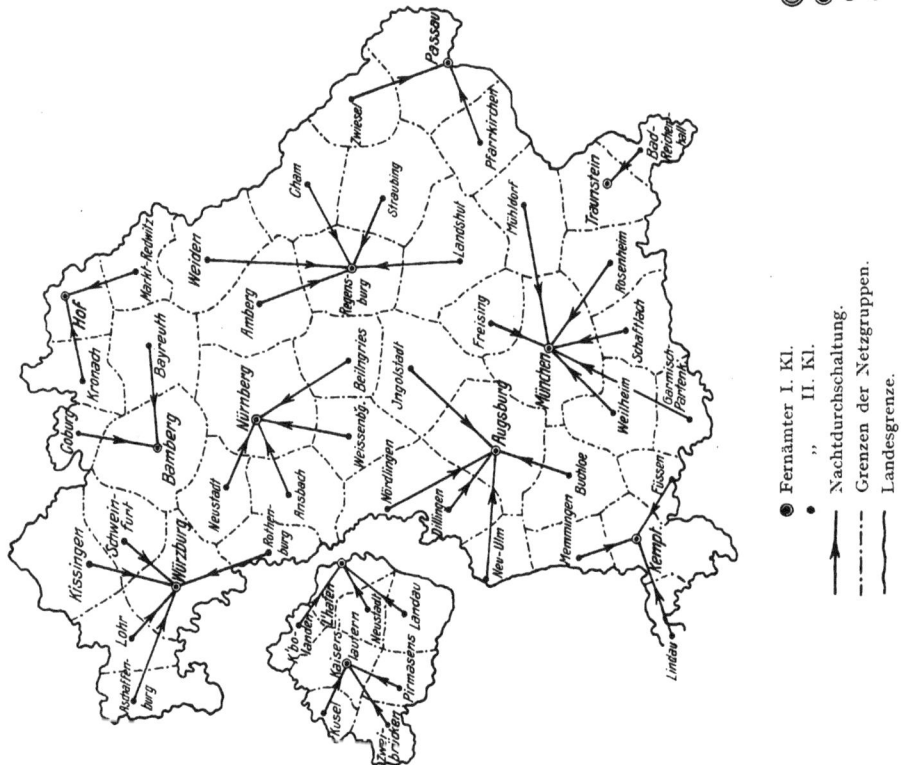

Statistik der Netzgruppe Rosenheim.

Ortsname	1 Zahl der H	2 Dienstzeit in Std.	3 Gesprächszeitwert der Umsch.-Stelle	4 Jetzige Gespr.-Ziffer im Orts-verkehr	4 Vor-ortsverkehr	5 Mehrung in %/₀ b. 24 Std. Dienstzeit	6 Gesprächsziffer b. 24 Std. Dienstzeit im Orts-verkehr	6 Vor-ortsverkehr	7 Summe der Gespr. n. d. jetz. Dienstzeit im Orts-verkehr	7 Vor-ortsverkehr	8 Summe der Gespr. n. 24 Std. Dienstzeit im Orts-verkehr	8 Vor-ortsverkehr	9 Luft-km v. Hauptamt	10 Weg-km

⊙ = Hauptamt.

Ortsname	Zahl der H	Dienstzeit	Gesprächszeitwert	Orts	Vor	Mehrung	Orts	Vor	Orts	Vor	Orts	Vor	Luft-km	Weg-km
Rosenheim	497	14	6 958	2,1	0,55	5,5%	2,22	0,59	1 040	272	1 090	294	—	—

◉ $V_1\ddot{A}$ = Verbundämter 1. Grades.

Ortsname	Zahl der H	Dienstzeit	Gesprächszeitwert	Orts	Vor	Mehrung	Orts	Vor	Orts	Vor	Orts	Vor	Luft-km	Weg-km
Endorf . . .	50	9	450	0,7	1,4	24%	0,87	1,75	35	70	43	87	14,2	16,8
Prien	157	14	2 198	1,4	0,9	5,5%	1,48	0,95	220	141	232	149	16,2	25,8
Brannenburg .	65	9	585	1,35	0,9	24%	1,67	1,1	90	60	112	74	13,5	16,1
Bad Aibling .	125	14	1 750	1,6	0,8	5,5%	1,69	0,85	200	100	221	106	9,0	12,5
Ostermünchen	13	11	143	0,15	1,0	12%	0,17	1,12	2	13	2	15	13,0	15,0
Rott.	20	7	140	0,35	2,4	35%	0,47	3,2	7	48	9	64	14,0	15,5
Wasserburg .	125	13	1 625	1,8	0,9	7%	1,92	0,97	225	112	240	121	24,0	27,5
Törwang . . .	13	4	52	0,2	0,7	59%	0,32	1,1	3	9	4	14	10,8	15,0
Summe: 8 V_1A	568	12	6 949	1,38	0,98	12%	1,5	1,1	782	553	862	620	114,7	144,2

Ortsname	1 Zahl der H	2 Dienstzeit in Std.	3 Gesprächszeitwert der Umsch.-Stelle	4 Jetzige Gespr.-ziffer im Orts-verkehr	4 Vor-ortsverkehr	5 Mehrung in %/₀ b. 24 Std. Dienstzeit	6 Gesprächsziffer b. 24 Std. Dienstzeit im Orts-verkehr	6 Vor-ortsverkehr	7 Summe der Gespr. n. d. jetz. Dienstzeit im Orts-verkehr	7 Vor-ortsverkehr	8 Summe der Gespr. n. 24 Std. Dienstzeit im Orts-verkehr	8 Vor-ortsverkehr	9 Luft-km vom Hauptamt	10 Luft-km vom V_1A	11 Weg-km vom V_1A

● $V_2\ddot{A}$ = Verbundämter 2. Grades.

Ortsname	Zahl der H	Dienstzeit	Gesprächszeitwert	Orts	Vor	Mehrung	Orts	Vor	Orts	Vor	Orts	Vor	Luft-km Hauptamt	Luft-km V_1A	Weg-km V_1A
Aschau . . .	46	8,5	391	1,0	1,0	25%	1,25	1,25	46	46	57	57	18	9	12
Amerang . . .	14	7	98	0,15	0,8	34%	0,2	1,07	1	11	3	15	20	9	12
Halfing . . .	16	8	128	0,2	1,0	29%	0,35	1,29	3	16	4	21	15	5	6
Oberaudorf. .	47	9	423	0,95	0,7	24%	1,18	0,87	45	33	56	41	23	12	14
Feilnbach . .	10	6,5	65	0,65	1,4	36%	0,89	1,9	6	14	9	19	12	10	16
Au	19	6,5	123	0,25	0,9	36%	0,34	1,22	5	17	6	23	13	8	10
Bruckmühl. .	34	9	306	0,8	1,2	24%	1,0	1,5	27	41	34	51	16	8	10
Feldkirchen .	40	13	520	0,95	1,0	6%	1,0	1,06	38	40	40	42	22	13	14
Schönau . . .	13	6	78	0,35	0,85	42%	0,5	1,2	4	11	6	16	16	5	8
Summe: 9 V_2A	239	9	2 132	0,74	0,96	24,0%	0,9	1,19	175	229	215	285	155	79	102

● $G\,v\,10/n$ = vollautom. Gruppenumsch. f. 10 Hpt.-Anschl. u. n Ltgn.

Ortsname	Zahl der H	Dienstzeit	Gesprächszeitwert	Orts	Vor	Mehrung	Orts	Vor	Orts	Vor	Orts	Vor	Luft-km Hauptamt	Luft-km V_1A	Weg-km V_1A
Schonstett . .	4	5	20	2,25	1,2	49%	0,37	1,8	1	5	1	7	17	9	11
Vogtareuth. .	2	5,5	10	—	0,34	46%	—	0,5	—	—	1	11	11	14
Irschenberg .	2	4,5	9	0,12	1,0	54%	0,175	1,54	—	2	—	3	15	6	9
Summe: 3 $G\,v\,10/n$	8	5	39	—	0,9	49%	—	1,37	1	7	1	11	43	26	34

Verkehrsdiagramm eines Fernamtes
bei ununterbrochener Dienstzeit

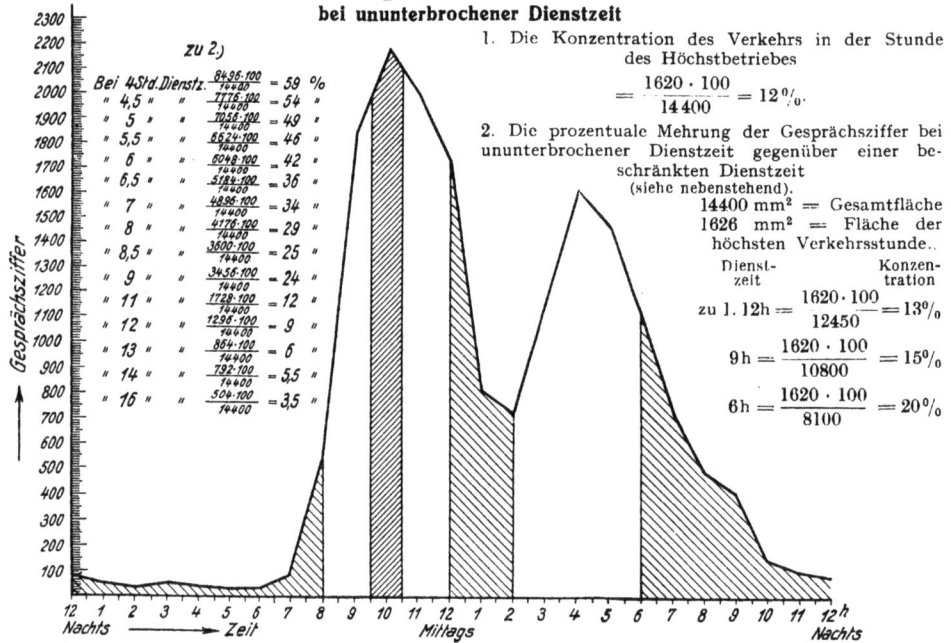

Linke Tabelle im Diagramm:

zu 2.)

$$\text{Bei } 4 \text{ Std. Dienstz.} \quad \frac{8496 \cdot 100}{14400} = 59 \%$$

»	4,5	»	$\frac{7776 \cdot 100}{14400}$	$= 54$	»
»	5	»	$\frac{7056 \cdot 100}{14400}$	$= 49$	»
»	5,5	»	$\frac{6624 \cdot 100}{14400}$	$= 46$	»
»	6	»	$\frac{6048 \cdot 100}{14400}$	$= 42$	»
»	6,5	»	$\frac{5184 \cdot 100}{14400}$	$= 36$	»
»	7	»	$\frac{4896 \cdot 100}{14400}$	$= 34$	»
»	8	»	$\frac{4176 \cdot 100}{14400}$	$= 29$	»
»	8,5	»	$\frac{3600 \cdot 100}{14400}$	$= 25$	»
»	9	»	$\frac{3456 \cdot 100}{14400}$	$= 24$	»
»	11	»	$\frac{1728 \cdot 100}{14400}$	$= 12$	»
»	12	»	$\frac{1296 \cdot 100}{14400}$	$= 9$	»
»	13	»	$\frac{864 \cdot 100}{14400}$	$= 6$	»
»	14	»	$\frac{792 \cdot 100}{14400}$	$= 5,5$	»
»	16	»	$\frac{504 \cdot 100}{14400}$	$= 3,5$	»

Rechter Text:

1. Die Konzentration des Verkehrs in der Stunde des Höchstbetriebes
$$= \frac{1620 \cdot 100}{14400} = 12\%.$$

2. Die prozentuale Mehrung der Gesprächsziffer bei ununterbrochener Dienstzeit gegenüber einer beschränkten Dienstzeit (siehe nebenstehend).

14400 mm² = Gesamtfläche
1626 mm² = Fläche der höchsten Verkehrsstunde.

Dienstzeit	Konzentration
zu 1. 12h $= \frac{1620 \cdot 100}{12450} = 13\%$
9h $= \frac{1620 \cdot 100}{10800} = 15\%$
6h $= \frac{1620 \cdot 100}{8100} = 20\%$

Zusammenstellung aus den 53 Netzgruppen-Statistiken.

Ortsname	Zahl der H	Dienst-zeit in Stunden	Ge-sprächs-zeitwert der Umsch.-Stelle	Jetzige Gespr.-ziffer im Orts-	Vor-orts-verkehr	Mehrung in % bei 24 Std. Dienstzeit	Gespr.-Ziffer bei 24 Std. Dienstzeit im Orts-	Vor-orts-verkehr	Summe d. Gespr. n. d. jetzigen Dienstzeit im Orts-	Vor-orts-verkehr	Summe d. Gespr. nach 24 Std. Dienstzeit im Orts-	Vor-orts-verkehr

◉ Hauptämter.

Ortsname	Zahl der H	Dienstzeit	Gespr.-zeitwert	Orts	Vorort	Mehrung	Orts	Vorort	Orts	Vorort	Orts	Vorort
1. München	27 472	24	659 328	4,8	0,22	—	4,8	0,22	141 000	6 300	141 000	6 300
2. Reichenhall	458	18	8 244	2,1	0,35	2%	2,14	0,36	965	162	990	165
3. Traunstein	287	14	4 018	1,8	0,6	5,5%	1,9	0,63	510	170	535	179
4. Garmisch	531	15	7 965	2,6	0,35	4%	2,7	0,36	1 380	186	1 440	191
5. Weilheim	185	24	4 440	1,7	0,6	—	1,7	0,6	310	110	310	110
6. Schaftlach	42	9	378	1,4	1,35	24%	1,75	1,67	59	56	73	70
7. Rosenheim	497	14	6 958	2,1	0,55	5,5%	2,2	0,58	1 040	272	1 090	288
8. Augsburg	3 648	24	87 552	3,9	0,28	—	3,9	0,28	14 200	1 000	14 200	1 000
9. Buchloe	76	13	1 014	0,95	1,25	6%	1,0	1,25	74	98	78	105
10. Kempten	759	16	14 421	2,3	0,4	3,5%	2,4	0,42	1 745	304	1 820	312
11. Lindau	500	15	7 500	1,8	0,45	4%	1,9	0,47	900	225	950	235
12. Neu-Ulm	276	14	3 864	2,3	0,35	5,5%	2,4	3,7	635	97	662	102
13. Füssen	140	14	1 960	1,4	0,4	5,5%	1,5	0,42	196	56	210	59
14. Ingolstadt	420	15	6 300	2,0	0,35	4%	2,1	0,37	840	145	872	155
15. Nördlingen . . .	251	14	3 540	1,6	0,45	5,5%	1,7	0,47	400	113	427	127
16. Dillingen	109	13	1 417	1,65	0,8	6%	1,75	0,85	180	87	191	93
17. Memmingen . . .	402	14	5 628	2,2	0,5	5,5%	2,3	0,53	885	201	925	214
18. Landshut	553	16	8 848	2,2	0,7	3,5%	2,3	0,72	1 215	397	1 270	400
19. Pfarrkirchen . . .	96	12	1 152	1,4	1,1	9%	1,5	1,2	134	106	144	115
20. Freising	222	14	3 108	1,7	0,9	5,5%	1,8	0,95	368	200	386	210
21. Mühldorf	220	14	3 080	0,8	0,6	5,5%	0,85	0,63	176	132	186	139
22. Zwiesel	137	12	1 644	1,4	0,6	9%	1,5	0,65	192	82	205	89
23. Passau	750	24	18 000	2,9	1,5	—	2,9	1,5	2 175	1125	2 175	1 125
24. Regensburg . . .	1 839	24	44 136	3,0	0,34	—	3,0	0,34	5 500	625	5 500	625
25. Straubing	550	15	8 250	1,5	0,4	4%	1,6	0,42	825	220	880	230
26. Beilngries	47	9	423	1,0	0,8	24%	1,2	1,0	47	37	59	47
27. Amberg	408	15	6 120	2,2	0,4	4%	2,3	0,42	896	164	940	172
Übertrag: (ohne München)	13 405	—	259 960	—	—	—	—	—	35 847	6 370	36 518	6 557

Ortsname	Zahl der H	Dienstzeit in Stunden	Gesprächszeitwert der Umsch.-Stelle	Jetzige Gespr.-Ziffer im Ortsverkehr	Vorortsverkehr	Mehrung in % bei 24 Std. Dienstzeit	Gespr.-Ziffer b. 24 Std. Dienstzeit im Ortsverkehr	Vorverkehr	Summe d. Gespr. n. d. jetzigen Dienstzeit im Ortsverkehr	Vorortsverkehr	Summe d. Gespr. nach 24 Std. Dienstzeit im Ortsverkehr	Vorortsverkehr
Übertrag	13 405	—	259 960	—	—	—	—	—	35 847	6 370	36 518	6 557
28. Cham	172	14	2 408	1,3	0,68	5,5%	1,4	0,72	224	116	240	124
29. Weiden	300	14	4 200	1,9	0,6	5,5%	2,0	0,63	570	180	600	190
30. Nürnberg	14 933	24	358 392	4,5	0,18	—	4,5	0,18	67 200	2 690	67 200	2 690
31. Weißenburg	194	13	2 522	1,75	0,5	6%	1,85	0,53	340	97	359	103
32. Rothenburg	185	14	2 590	1,3	0,5	5,5%	1,4	0,53	241	92	250	97
33. Ansbach	406	16	6 496	2,0	0,5	3,5%	2,07	0.52	812	203	835	212
34. Neustadt a. A.	112	13	1 456	1,5	0,8	6%	1,6	0,85	167	89	179	95
35. Bamberg	1 268	24	30 432	3,0	0,4	—	3,0	0,4	3 800	580	3 800	580
36. Bayreuth	754	24	18 096	2,7	0,35	—	2,7	0,35	2 038	264	2 038	264
37. Markt Redwitz	222	16	3 552	2,4	0,6	3,5%	2,5	0,62	534	133	556	138
38. Hof	909	24	21 816	3,0	0,45	—	3,0	0,45	2 727	410	2 727	410
39. Kronach	238	14	3 332	1,85	0,75	5,5%	1,95	0,8	440	179	464	190
40. Koburg	965	18	17 370	2,9	0,35	2%	3,0	0,36	2 800	338	2 895	348
41. Würzburg	2 642	24	63 408	3,8	0,3	—	3,8	0,3	10 000	700	10 000	700
42. Schweinfurt	749	16	11 984	2,9	0,43	3,5%	3,0	0,45	2 172	320	2 247	330
43. Aschaffenburg	1 017	16	16 272	2,4	0,3	3,5%	2,5	0,31	2 420	306	2 520	316
44. Kissingen	430	17	7 310	1,8	0,7	2,5%	1,85	0,72	775	300	795	310
45. Lohr	121	14	1 694	1,6	0,5	5,5%	1,7	0,6	190	60	203	73
46. Ludwigshafen	2 038	24	48 912	4,2	0,3	—	4,2	0,3	8 550	610	8 550	610
47. Neustadt a. H.	1 111	24	26 664	2,8	0,5	—	2,8	0,5	3 100	555	3 100	555
48. Landau	951	15	14 265	2,4	0,6	4%	2,5	0,62	2 280	570	2 375	590
49. Kaiserslautern	1 267	24	30 408	3,3	0,4	—	3,3	0,4	4 180	506	4 180	506
50. Pirmasens	1 213	24	29 112	3,16	0,25	—	3,16	0,25	3 850	303	3 850	303
51. Zweibrücken	532	14	7 448	2,4	0,5	5,5%	2,55	0,52	1 280	266	1 366	280
52. Kirchheimbolanden	166	12	1 992	1,2	0,7	9%	1,3	0,76	200	116	216	133
53. Kusel	148	12	1 776	1,5	0,5	9%	1,65	0,55	222	74	244	81
Summe: (ohne München)	46 448	—	993 867	—	—	—	—	—	156 959	16 407	158 307	16 713
Mittelwert: (ohne München)	875	21	18 400	3,38	0,356	1,2%	3,42	0,36	—	—	—	—

● Verbundämter 1. Grades.

Name der Netzgruppe	Zahl der V_1A	Zahl der H	Dienstzeit in Std.	Gesprächszeitwert der Umsch.-Stelle	Jetz. Gespr.-Ziffer im Ortsverkehr	Vorortsverkehr	Mehrg. in % b. 24 Std. Dienstz.	Gespr.-Ziff. b. 24 Std. Dienstzeit im Ortsverkehr	Vorverkehr	Summe d. Gespr. n. d. jetzigen Dienstzeit im Ortsverkehr	Vorortsverkehr	Summe d. Gespr. n. 24 Std. Dienstzeit im Ortsverkehr	Vorortsverkehr	Luft-km	Weg-km v. Hauptamt
1. München	14	1 321	14,8	19 633	1,16	1,27	4,6%	1,22	1,33	1 539	1 679	1 617	1 765	17	17,5
2. Reichenhall	4	440	13,9	6 120	2,06	0,61	5,5%	2,18	0,67	908	268	961	296	12	13
3. Traunstein	8	356	9,5	3 458	0,97	1,16	15%	1,1	1,36	345	414	391	484	10,5	15
4. Garmisch	3	155	11,8	1 822	1,17	1,11	9%	1,26	1,21	182	172	195	188	11	13
5. Weilheim	9	390	11,5	4 483	1,0	0,95	9%	1,09	1,04	386	361	424	406	11	13
6. Schaftlach	4	765	13,0	10 234	1,55	0,9	6%	1,65	0,97	1 181	699	1 257	745	11	14
7. Rosenheim	8	567	11	6 940	1,37	0,97	12%	1,53	1,1	778	550	864	626	14	17
8. Augsburg	10	550	11	6 117	0,95	1,15	12%	1,04	1,20	521	630	570	712	17,6	18,6
9. Buchloe	6	594	12,5	7 462	1,36	0,94	7%	1,46	1,0	809	557	868	599	12	14
10. Kempten	6	483	11	5 632	1,39	1,13	12%	1,55	1,29	672	545	746	621	16	17
11. Lindau	2	272	12	3 267	1,62	0,77	9%	1,76	0,86	441	209	483	234	13	15
12. Neu-Ulm	5	351	12,5	4 537	1,38	1,04	7%	1,47	1,13	483	366	516	398	18	21
13. Füssen	3	97	9,5	902	0,78	1,1	20%	0,91	1,37	76	108	88	133	14	16
14. Ingolstadt	10	719	11	8 226	1,29	0,86	12%	1,43	0,99	924	620	1 033	709	18	21
15. Nördlingen	6	379	11	4 441	0,96	0,94	12%	1,09	1,06	364	357	412	401	16	17
16. Dillingen	6	319	10	3 266	0,78	0,94	17%	0,92	1,1	249	299	294	354	11	13
17. Memmingen	5	233	9,5	2 190	0,91	0,82	20%	1,06	0,98	212	191	247	228	12	14
18. Landshut	9	483	11	5 061	1,06	1,24	12%	1,16	1,64	511	710	558	794	19	20
19. Pfarrkirchen	8	407	11	4 070	1,13	1,39	12%	1,26	1,6	458	564	513	652	14	16
20. Freising	7	293	11	3 409	1,6	1,27	12%	1,73	1,42	473	373	506	416	10	11
21. Mühldorf	5	351	11	4 076	1,19	1,55	12%	1,31	1,74	418	543	460	611	17	22
22. Zwiesel	6	188	10	1 845	1,17	1,17	17%	1,36	1,36	221	220	253	253	11	14
23. Passau	11	591	9,5	5 764	0,86	1,41	20%	1,03	1,75	507	836	610	1 014	16	19
24. Regensburg	11	502	10,5	5 364	0,98	1,21	14%	1,13	1,47	491	610	568	736	15	17
25. Straubing	11	782	11	8 578	1,36	1,12	12%	1,52	1,29	1 067	878	1 191	1 007	16	18
Übertrag:	177	11 588		136 897						14 146	12 759	15 625	14 382	352,1	406,10

Name der Netzgruppe	Zahl der $V_1\AA$	Zahl der H	Dienstzeit in Std.	Gesprächszeitwert der Umsch.-Stelle	Jetz. Gespr.-ziffer im Orts-verkehr	Vor-ortsverkehr	Mehrg. in %b. 24 Std. Dienstz.	Gesprächsziff. b. 24 Std. Dienstzeit im Orts-verkehr	Vor-ortsverkehr	Summe d. Gespr. n. d. jetzigen Dienstzeit im Orts-verkehr	Vor-ortsverkehr	Summe d. Gespr. n. 24 Std. Dienstzeit im Orts-verkehr	Vor-ortsverkehr	Luft-km v. Hauptamt	Weg-km v. Hauptamt
Übertrag	177	11 588		136 897						14 146	12 759	15 625	14 382	352,1	406,10
26. Beilngries	6	225	9	1 956	0,7	0,88	24%	1,0	1,24	158	225	199	280	13	16
27. Amberg	9	518	11	5 819	0,9	1,05	12%	1,02	1,2	468	541	537	622	20	23
28. Cham	6	307	9	2 740	0,8	0,9	24%	0,97	1,12	247	278	297	342	16	20
29. Weiden	8	289	9	2 600	1,13	1,21	24%	1,37	1,5	325	351	398	435	16	18
30. Nürnberg	8	1 319	14	18 676	1,56	0,85	5,5%	1,67	0,92	2 056	1 140	2 176	1 218	16	18
31. Weißenburg . . .	4	253	11	2 901	1,17	1,14	12%	1,31	1,27	296	288	325	333	12	15
32. Rothenburg . . .	4	173	10	1 730	0,98	1,12	17%	1,12	1,3	169	194	194	227	13	14
33. Ansbach	11	497	10	5 050	0,96	1,04	17%	1,09	1,21	479	518	542	613	16	18
34. Neustadt a. d. A. .	6	249	9	2 291	0,77	1,25	24%	0,92	1,54	191	313	228	383	13	15
35. Bamberg	10	434	11	4 799	1,05	1,15	12%	1,16	1,29	457	500	504	578	15	17
36. Bayreuth	9	602	12,5	7 593	1,91	0,94	7%	2,04	1,05	1 148	544	1 228	630	14	15
37. Markt Redwitz . .	9	715	11	7 911	1,28	0,88	12%	1,43	1,01	916	629	1 025	724	14	17
38. Hof	12	1 157	12	14 398	1,75	0,95	9%	1,95	1,05	2 018	1 092	2 198	1 222	13	14
39. Kronach	8	387	9,5	3 662	0,91	1,09	20%	1,09	1,29	351	419	418	500	14	17
40. Koburg	8	687	12	8 360	1,52	0,77	9%	1,65	0,88	1 050	531	1 138	602	11	12
41. Würzburg . . .	9	839	14	12 100	1,58	0,95	5,5%	1,68	1,0	1 326	748	1 411	832	15	17
42. Schweinfurt . . .	5	330	12	3 916	1,09	0,95	9%	1,18	1,06	359	314	391	351	15	17
43. Aschaffenburg . .	6	382	12	4 553	1,3	1,57	9%	1,41	1,72	499	601	541	657	15	17
44. Kissingen	6	438	12	5 327	1,2	0,96	9%	1,31	1,07	525	421	574	421	14	16
45. Lohr	7	178	10	1 809	0,85	0,87	17%	0,98	1,02	151	154	174	182	13	16
46. Ludwigshafen . .	8	1 868	14	26 619	0,58	0,99	5,5%	0,61	1,02	1 069	1 854	1 132	1 907	12	13
47. Neustadt a. d. H. .	3	360	12	4 244	0,94	1,63	9%	1,02	1,77	345	602	378	651	6	7
48. Landau	6	470	11	5 170	0,96	1,03	12%	1,06	1,13	449	484	499	580	11	13
49. Kaiserslautern . .	6	341	14	4 780	0,82	1,18	5,5%	0,9	1,27	280	402	307	435	11	13
50. Pirmasens	4	87	11	970	0,74	0,77	12%	0,83	0,86	64	67	72	78	8	11
51. Zweibrücken . .	1	30	8	240	1,3	1,8	29%	1,6	2,2	39	54	48	66	7	8
52. Kirchheimbolanden	5	350	11	3 736	1,24	1,43	12%	1,37	1,6	434	500	478	557	10	12
53. Kusel	3	71	9,5	641	0,76	0,83	20%	0,93	1	54	59	66	70	10	12
Summe:	364	25 153		301 488						30 096	26 582	33 103	29 878	715,1	827,10
Mittelwert:	7	70	11,5	840	1,2	1,05	9%	1,32	1,19					13,5	15,6

Name der Netzgruppe	Zahl der $V_2\AA$	Zahl der H	Dienstzeit in Std.	Gesprächszeitwert der Umsch.-Stelle	Jetz. Gespr.-ziffer im Orts-verkehr	Vor-ortsverkehr	Mehrg. in %b. 24 Std. Dienstz.	Gesprächsziff. b. 24 Std. Dienstzeit im Orts-verkehr	Vor-ortsverkehr	Summe d. Gespr. n. d. jetzigen Dienstzeit im Orts-verkehr	Vor-ortsverkehr	Summe d. Gespr. n. 24 Std. Dienstzeit im Orts-verkehr	Vor-ortsverkehr	Luft-km vom Hauptamt	Luft-km vom $V_1\AA$	Weg-km vom $V_1\AA$

Verbundämter 2. Grades.

Name der Netzgruppe	Zahl der $V_2\AA$	Zahl der H	Dienstzeit in Std.	Gesprächszeitwert der Umsch.-Stelle	Orts-verkehr	Vor-ortsverkehr	Mehrg.	Orts	Vor	Orts	Vor	Orts	Vor	L.Hpt	L.V	W.V
1. München	22	830	12	9 960	0,77	1,32	9%	0,83	1,44	631	1 100	686	1 195	20,6	8,6	10,6
2. Reichenhall . . .	2	25	5,0	124	0,64	1,16	49%	0,96	1,8	16	29	24	45	10	9	12
3. Traunstein . . .	13	319	8	2 612	0,74	1,02	29%	0,96	1,34	236	326	305	429	16	9	11,8
4. Garmisch	2	13	5,5	75	0,23	1,07	46%	0,38	1,54	3	14	5	20	16	12	14
5. Weilheim	8	325	10,5	3 410	1,16	1,07	14%	1,3	1,26	378	349	424	411	20	9	12
6. Schaftlach	7	253	11	2 844	1,03	1,25	12%	1,13	1,39	260	316	285	352	17	8	11
7. Rosenheim	8	223	9	1 946	0,78	0,95	24%	0,95	1,2	173	212	213	268	20	9	11
8. Augsburg	13	244	10	2 450	0,56	0,86	17%	0,71	1,1	136	210	173	269	22	10	11
9. Buchloe	13	337	11	3 790	0,67	0,81	12%	0,79	1,0	250	300	294	373	16	9	11
10. Kempten	9	372	9,5	3 525	1,15	1,25	20%	1,31	1,53	427	466	487	569	22	8	12
11. Lindau	6	302	10,5	3 120	1,01	1,02	14%	1,12	1,17	306	308	340	355	21	7	8
12. Neu-Ulm	5	225	12	2 620	1,15	0,92	9%	1,23	1,01	259	207	276	228	18	8	9
13. Füssen	5	120	8,5	1 020	0,62	0,97	25%	0,8	1,22	75	117	96	147	16	7	8
14. Ingolstadt	8	196	10,0	1 980	0,8	2,25	17%	0,96	2,58	153	444	198	506	23	10	11
15. Nördlingen	5	181	11	1 927	1,04	0,97	12%	1,13	1,09	188	175	207	198	24	10	12
16. Dillingen	6	142	8,5	1 220	0,52	0,95	25%	0,65	1,2	74	135	92	170	15	6	7
17. Memmingen . . .	5	112	8	905	0,47	1,15	29%	0,62	1,50	53	129	70	170	19	9	12
18. Landshut	16	511	10	5 110	0,62	1,17	17%	0,78	1,38	318	587	407	738	24	9	14
19. Pfarrkirchen . . .	7	180	9	1 660	0,75	0,75	24%	0,96	0,96	134	135	173	174	19	9	10
20. Freising	5	96	8	778	1,3	1,96	29%	1,65	2,48	125	188	159	239	20	8	9
21. Mühldorf	16	315	9,5	2 943	0,8	1,1	20%	0,95	1,33	250	366	296	451	18	9	10
22. Zwiesel	7	171	7,5	1 267	0,77	1,06	32%	1,05	1,38	131	181	179	237	16	7	12
23. Passau	13	288	9,5	2 740	0,84	1,24	20%	1,0	1,44	242	354	303	446	20	8	10
24. Regensburg	9	182	10	1 910	0,87	1,35	17%	1,04	1,67	158	246	190	295	21	8	9
25. Straubing	13	358	8	2 846	0,59	0,76	29%	1,21	1,55	217	465	273	594	21	11	13
26. Beilngries	7	95	7	644	0,21	1,25	34%	0,28	1,69	20	119	27	169	19	8	11
27. Amberg	7	115	8	915	0,4	1,03	29%	0,52	1,3	48	119	62	150	20	8	9
Übertrag:	237	7 731		64 341						5 261	7 597	6 244	9 198	524	234	291

Name der Netzgruppe	Zahl der V_2A	Zahl der H	Dienstzeit in Std.	Gesprächszeitwert der Umsch.-Stelle	Jetzige Gespr.-Ziffer im Orts-verkehr	Vor-ortsverkehr	Mehrung in % bei 24 Std. Dienstzeit	Gespr.-Ziffer bei 24 Std. Dienstzeit im Orts-verkehr	Vor-ortsverkehr	Summe d. Gespr. n. d. jetzigen Dienstzeit im Orts-verkehr	Vor-ortsverkehr	Summe d. Gespr. nach 24 Std. Dienstzeit im Orts-verkehr	Vor-ortsverkehr	Luft-km vom Hauptamte	Luft-km vom V_2A	Weg-km vom V_2A
Übertrag:	237	7731		64341						5261	7597	6244	9198	524	234	291
28. Cham	12	373	8,5	3150	0,8	1,0	25%	0,98	1,25	295	372	365	470	21	10	12
29. Weiden	16	301	7	2120	0,55	1,3	34%	0,96	1,72	164	392	218	520	22	9	11
30. Nürnberg	24	793	11	8760	0,9	1,72	12%	1,03	1,93	711	1357	810	1552	23	10	12
31. Weißenburg	7	115	9	1200	0,38	1,1	24%	0,48	1,36	44	127	56	157	15	10	11
32. Rothenburg	3	19	5	97	0,16	1,47	49%	0,24	2,16	3	28	5	41	18	8	10
33. Ansbach	14	177	7	1170	0,46	1,1	34%	0,62	1,47	81	194	109	260	19	7	9
34. Neustadt a. d. A.	3	51	8	405	0,35	1,04	29%	0,45	1,33	18	53	23	68	19	7	10
35. Bamberg	13	380	8,5	3236	0,77	1,0	25%	0,96	1,24	293	381	367	479	22	10	11
36. Bayreuth	15	351	8,5	3190	0,73	1,03	25%	0,9	1,25	259	360	322	455	20	8	9
37. Markt-Redwitz	4	38	6	236	0,37	0,92	42%	0,5	1,31	14	35	19	50	21	9	11
38. Hof	5	166	11	1850	0,97	0,93	12%	1,06	1,05	161	154	177	174	17	6	7
39. Kronach	7	147	9	1310	0,9	1,22	24%	1,13	1,51	132	179	166	223	17	7	9
40. Koburg	1	21	8,5	178	0,3	0,9	25%	0,37	1,15	6	18	8	23	12	4	5
41. Würzburg	21	580	11	6560	0,62	1,07	12%	0,69	1,21	359	622	398	701	21	8	9
43. Schweinfurt	12	355	11	3900	0,78	0,98	12%	0,9	1,13	277	349	319	401	20	9	10
43. Aschaffenburg	11	265	11	2980	0,69	1,18	12%	0,8	1,34	183	313	212	353	16	7	8
44. Kissingen	12	345	10	3520	0,97	1,16	17%	1,09	1,33	333	399	377	465	24	12	15
45. Lohr	8	79	8,5	647	0,67	0,95	25%	0,87	1,15	53	75	69	91	9	5	6
46. Ludwigshafen	5	150	16	2598	1,09	2,16	3,5%	1,09	1,69	150	243	163	256	17	7	8
47. Neustadt a. d. H.	6	751	12	9100	1,08	1,15	9%	1,15	1,26	811	868	867	949	17	5	7
48. Landau	7	360	11	3971	1,0	1,06	12%	1,11	1,19	362	381	400	430	18	8	11
49. Kaiserslautern	12	282	9,5	2750	0,51	1,06	20%	0,62	1,28	144	298	176	362	18	8	10
50. Pirmasens	7	146	10	1520	0,74	1,6	17%	0,87	1,85	108	236	128	272	15	7	10
51. Zweibrücken	1	71	12	850	1,0	1,1	9%	1,09	1,2	71	78	77	85	16	7	9
52. Kirchheimbolanden	2	26	7,5	196	0,42	1,54	32%	0,54	2,0	11	40	14	52	21	8	10
53. Kusel	4	23	6,5	145	0,35	0,74	36%	0,52	1,0	8	17	12	24	16	6	8
Summe:	469	14096		129980						10312	15166	12101	18111	998	436	539
Mittelwert:	9	30	9,25		0,73	1,08	20%	0,86	1,29					18,8	8,2	10,2

Name der Netzgruppe	Zahl der $Gv\frac{10}{n}$	Zahl der H	Dienstzeit in Std.	Gesprächszeitwert der Umsch.-Stelle	Jetzige Gespr.-Ziffer im Orts-verkehr	Vor-ortsverkehr	Mehrung in % bei 24 Std. Dienstzeit	Gespr.-Ziffer bei 24 Std. Dienstzeit im Orts-verkehr	Vor-ortsverkehr	Summe d. Gespr. n. d. jetzigen Dienstzeit im Orts-verkehr	Vor-ortsverkehr	Summe d. Gespr. nach 24 Std. Dienstzeit im Orts-verkehr	Vor-ortsverkehr	Luft-km vom Hauptamte	Luft-km vom V_2A	Weg-km vom V_2A

● $Gv\ 10/n$ Gruppenstellenanlagen.

Name der Netzgruppe	Zahl der $Gv\frac{10}{n}$	Zahl der H	Dienstzeit in Std.	Gesprächszeitwert der Umsch.-Stelle	Orts-verkehr	Vor-ortsverkehr	Mehrung in % bei 24 Std.	Orts-verkehr	Vor-ortsverkehr	Orts-verkehr	Vor-ortsverkehr	Orts-verkehr	Vor-ortsverkehr	Luft-km vom Hauptamte	Luft-km vom V_2A	Weg-km vom V_2A
1. München	7	16	4	67	—	1,06	59%	—	1,6	—	17	—	24	24	5	6
2. Reichenhall	1	3	4	12	0,2	1,5	59%	0,3	2,1	—	4	1	6	11	12	—
3. Traunstein	2	7	4	28	0,6	1	59%	1	1,57	4	7	7	11	14	7	9
4. Garmisch	2	5	5	26	0,2	0,8	49%	0,4	1,2	1	4	2	6	12	7	10
5. Weilheim	5	10	5	51	0,4	2,1	49%	0,6	3,2	4	21	6	32	20,0	5	6
6. Schaftlach	4	15	6	86	0,4	3,5	42%	0,6	5,0	6	52	9	75	21	10	12
7. Rosenheim	3	11	5	56	0,2	1,2	49%	0,3	1,8	2	13	3	20	21	9	11
8. Augsburg	4	11	4	46	—	0,73	59%	—	1,27	—	8	—	14	25	7	9
9. Buchloe	5	18	5,5	98	0,16	1,6	46%	2,6	2,3	3	29	5	42	20	6	7
10. Kempten	8	24	3	75	0,25	1,2	70%	0,42	2,1	6	29	10	51	12	6	8
11. Lindau	—	—	—	—	—	—	—	—	—	—	—	—	—	—	—	—
12. Neu-Ulm	2	6	5,5	34	—	1,15	46%	—	1,67	—	7	—	10	11	7	8
13. Füssen	1	4	5,5	23	—	1,5	46%	—	2,2	—	6	—	9	19	7	8
14. Ingolstadt	9	48	4,5	222	0,12	1,25	54%	0,19	1,9	6	60	9	91	13	8	9
15. Nördlingen	11	44	7	315	0,17	1,2	34%	0,23	1,6	8	53	10	71	17	6	8
16. Dillingen	10	32	4	132	—	1,55	49%	—	1,55	—	33	—	50	14	4	5
17. Memmingen	7	24	5	128	0,29	1,04	49%	0,41	1,55	7	25	10	37	11	4	5
18. Landshut	3	12	5	60	0,2	1,5	49%	0,3	2,3	2	18	3	28	19	9	11
19. Pfarrkirchen	10	25	6	155	0,2	1,6	42%	0,28	2,3	5	40	7	57	14	5	6
20. Freising	3	7	5	34	—	2,0	49%	—	3,0	—	14	—	21	10	4	5
21. Mühldorf	1	7	5	35	0,3	1,5	49%	0,45	2,2	2	11	3	15	19	7	8
22. Zwiesel	2	6	6	37	0,1	1,2	42%	0,14	1,7	—	7	—	10	10	6	7
23. Passau	4	15	6	88	0,2	1,5	42%	0,28	2,1	3	22	4	32	35	5	7
24. Regensburg	3	10	5	49	—	1,9	49%	—	2,9	—	19	—	29	20	7	8
25. Straubing	2	7	5,5	39	—	1,65	46%	—	2,4	—	12	—	17	24	8	9
26. Beilngries	5	21	5	108	0,33	2,1	49%	0,48	3,1	7	44	10	65	14	8	9
Übertrag:	114	388		2004						66	555	99	823	440	169	190

Name der Netzgruppe	Zahl der $Gv\frac{10}{n}$	Zahl der H	Dienstzeit in Std.	Gesprächszeitwert der Umsch.-Stelle	Jetzige Gespr.-Ziffer im Orts-verkehr	Jetzige Gespr.-Ziffer im Vororts-verkehr	Mehrung in % bei 24 Std. Dienstzeit	Gespr.-Ziffer bei 24 Std. Dienstzeit im Orts-verkehr	Gespr.-Ziffer bei 24 Std. Dienstzeit im Vororts-verkehr	Summe d. Gespr. n. d. jetzigen Dienstzeit im Orts-verkehr	Summe d. Gespr. n. d. jetzigen Dienstzeit im Vororts-verkehr	Summe d. Gespr. nach 24 Std. Dienstzeit im Orts-verkehr	Summe d. Gespr. nach 24 Std. Dienstzeit im Vororts-verkehr	Luft-km vom Hauptamte	Luft-km vom V_1-A	Weg-km vom V_1-A
Übertrag:	114	388		2 004						66	555	99	823	440	169	190
27. Amberg	7	17	7	124	0,46	5,5	34%	0,59	7,5	8	95	10	127	19	9	7
28. Cham	4	14	5,5	76	—	1,65	46%	—	2,4	—	23	—	34	12	5	7
29. Weiden	5	19	5,5	107	0,17	2,05	46%	0,23	3,0	3	39	5	57	18	9	11
30. Nürnberg	1	4	14	56	0,5	0,3	5,5%	0,55	1,4	2	5	2	6	25	6	7
31. Weißenburg	4	13	5	63	0,15	1,24	49%	0,23	1,85	2	16	3	24	14	11	12
32. Rothenburg	3	10	3	30	0,2	1,06	70%	0,3	1,8	2	11	3	18	12	9	10
33. Ansbach	3	7	4	28	0,3	1,9	59%	0,57	3,0	2	13	4	21	17	5	7
34. Neustadt a. d. A.	6	17	6	103	0,36	2,02	42%	0,53	3,1	6	38	9	53	16	6	8
35. Bamberg	4	13	5	66	0,08	0,67	49%	0,15	1	1	9	2	13	19	6	7
36. Bayreuth	—	—	—	—						—	—	—	—	—	—	—
37. Markt-Redwitz	1	3	7	21	—	1,1	34%	—	1,5	—	3	—	5	10	5	6
38. Hof	—	—	—	—						—	—	—	—	—	—	—
39. Kronach	2	3	5	15	—	2,4	49%	—	3,7	—	7	—	11	18	10	12
40. Koburg	—	—	—	—						—	—	—	—	—	—	—
41. Würzburg	5	12	6	73	—	1,12	42%	—	1,6	—	13	—	19	15	5	6
42. Schweinfurt	3	3	5	15	—	1,0	49%	—	1,5	—	3	—	5	11	4	5
43. Aschaffenburg	3	10	4	40	0,6	1,1	59%	0,9	1,8	6	11	9	18	38	26	31
44. Kissingen	5	25	6	155	0,42	1,07	42%	0,6	1,52	11	27	15	38	27	10	12
45. Lohr	7	22	5,5	114	0,14	0,59	46%	0,23	0,86	3	13	5	19	20	7	9
46. Ludwigshafen	1	4	24	96	—	1,5	0%	—	1,5	—	6	—	6	6	—	9
47. Neustadt a. d. H.	1	2	4	8	—	1,2	59%	—	1,9	—	3	—	4	11	3	4
48. Landau	3	4	5	20	—	2,0	49%	—	3,0	—	8	—	12	19	9	10
49. Kaiserslautern	5	6	9	54	—	1,9	24%	—	2,36	—	17	—	21	17	4	5
50. Pirmasens	3	7	3	21	—	2,5	70%	—	4,2	—	17	—	29	21	6	7
51. Zweibrücken	2	5	4,5	23	0,66	1,2	54%	1,0	1,8	3	6	5	9	10	—	9
52. Kirchheimbolanden	6	9	3	28	—	1,2	70%	—	2,0	—	11	—	18	11	5	6
53. Kusel	3	8	5	41	—	1,5	49%	—	2,2	—	12	—	18	10	3	4
Summe:	201	625		3 381						115	941	171	1 408	836	332	400
Mittelwert:	4	3	5,5	66,0	0,185	1,55	46%	0,27	2,26					15,8	6,2	7,6

Übersicht über Zahl und Größe der Hauptämter, V_1- und V_2-Ämter sowie der Gruppenstellen im Anfangszustand und Endausbau in den Netzgruppenanlagen Bayerns.

a) Hauptämter.

Zahl der Teilnehmer-Hauptanschlüsse.

Anfangszustand	50	100	150	200	250	200	400	500	600	700	800	900	1 000	1 200
Endausbau	150	300	500	600	800	1 000	1 200	1 500	2 000	2 500	2 500	3 000	3 000	4 000
Zahl der Ämter	2	4	5	4	5	3	4	7	1	—	4	2 + 3 = 5		3
Anfangszustand	1 500	2 000	2 500	3 500	5 000	12 000	30 000	—	—	—	—	—	—	—
Endausbau	5 000	6 000	8 000	10 000	15 000	35 000	100 000	—	—	—	—	—	—	—
Zahl der Ämter	—	2	1	1	—	1	—	1	—	—	—	—	—	—

Summe: 53

b) V_1-Ämter.

Zahl der Teilnehmer-Hauptanschlüsse.

Anfangszustand	7	10	15	25	30	40	50	55	60	70	80	100	120	130
Endausbau	23	30	50	100	100	100	150	200	200	250	300	300	400	400
Zahl der Ämter	9	12	46	33 + 34 + 12 = 79			57	8 + 28 = 36		16	24 + 19 = 43		17 + 8 = 25	
Anfangszustand	150	160	170	180	20	250	270	300	300	330	350	500	650	—
Endausbau	500	500	500	600	600	700	800	900	1 000	1 000	1 000	2 000	2 000	—
Zahl der Ämter	13 + 3 + 5 = 21			2 + 2 = 4		5	1	2	2 + 2 + 1 = 5			2 + 1 = 3		—

Summe: 364

c) V_2-Ämter.

Zahl der Teilnehmer-Hauptanschlüsse.

Anfangszustand	7	10	15	20	25	30	40	50	60	70	80	85	100	120
Endausbau	23	30	50	50	100	100	100	150	200	250	250	300	300	400
Zahl der Ämter	54	43	134 + 21 = 155		77 + 30 + 15 = 122			35	31	4 + 2 = 6		6 + 11 = 17		2
Anfangszustand	150	200	300	—	—	—	—	—	—	—	—	—	—	—
Endausbau	500	600	1 000	—	—	—	—	—	—	—	—	—	—	—
Zahl der Ämter	2	—	2	—	—	—	—	—	—	—	—	—	—	—

Summe: 469

d) $Gv\,10/n$.

Zahl der Teilnehmer-Hauptanschlüsse.

Anfangszustand	1	2	3	4	5	6	7	8	9	10	—	—	—	—
Endausbau	—	—	—	—	—	—	—	—	—	—	—	—	—	—
Zahl der Gv	40	51	38	30	23	9	7	3	—	—	—	—	—	—

Summe: 201
aufgerundet: 250

Graphische Aufzeichnung der Zahl und Größe der Ämter im Endausbau in den Netzgruppenanlagen Bayerns.

Bedarf an Anruforganen
für die V_1- und V_2-Ämter
und für die Gv:

250	Stck.	Gv zu	10 AO
155	,,	$V_2\ddot{A}$,,	50 ,,
122	,,	,, ,,	100 ,,
79	,,	$V_1\ddot{A}$,,	100 ,,
57	,,	,, ,,	150 ,,
54	,,	$V_2\ddot{A}$,,	23 ,,
46	,,	$V_1\ddot{A}$,,	50 ,,
43	,,	,, ,,	300 ,,
43	,,	$V_2\ddot{A}$,,	30 ,,
36	,,	$V_1\ddot{A}$,,	200 ,,
35	,,	$V_2\ddot{A}$,,	150 ,,
31	,,	,, ,,	200 ,,
25	,,	$V_1\ddot{A}$,,	400 ,,
21	,,	,, ,,	500 ,,
17	,,	$V_2\ddot{A}$,,	300 ,,
16	,,	$V_1\ddot{A}$,,	250 ,,
12	,,	,, ,,	30 ,,
9	,,	,, ,,	23 ,,
6	,,	$V_2\ddot{A}$,,	250 ,,
5	,,	$V_1\ddot{A}$,,	700 ,,
5	,,	,, ,,	1000 ,,
4	,,	,, ,,	600 ,,
3	,,	,, ,,	2000 ,,
2	,,	$V_2\ddot{A}$,,	400 ,,
2	,,	,, ,,	500 ,,
2	,,	,, ,,	1000 ,,
2	,,	$V_1\ddot{A}$,,	900 ,,
1	,,	,, ,,	800 ,,

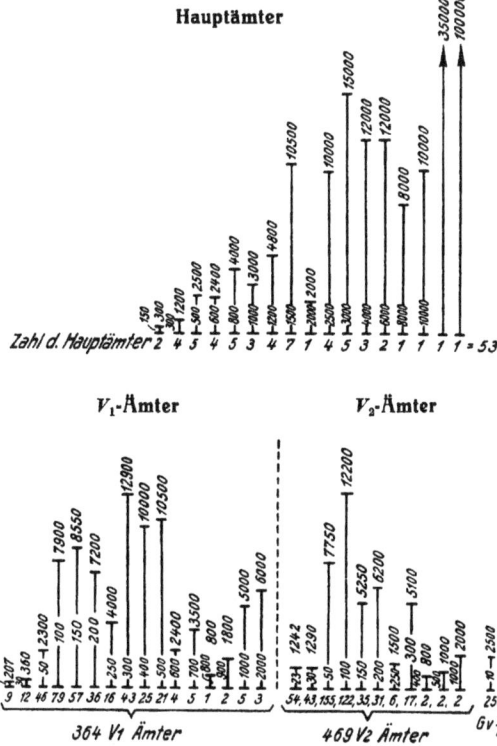

Hauptämter

Zahl d. Hauptämter 2 4 5 4 5 3 4 7 1 4 5 3 2 1 1 1 1 = 53

V_1-Ämter

364 V_1 Ämter

V_2-Ämter

469 V_2 Ämter

Bedarf an Anruf-
organen für die Haupt-
ämter:

7	$H\ddot{A}$ mit je	1 500	AO
5	,, ,, ,,	800	,,
5	,, ,, ,,	3 000	,,
5	,, ,, ,,	500	,,
4	,, ,, ,,	300	,,
4	,, ,, ,,	600	,,
4	,, ,, ,,	1 200	,,
4	,, ,, ,,	2 500	,,
3	,, ,, ,,	1 000	,,
3	,, ,, ,,	4 000	,,
2	,, ,, ,,	150	,,
2	,, ,, ,,	6 000	,,
1	,, ,, ,,	2 000	,,
1	,, ,, ,,	8 000	,,
1	,, ,, ,,	10 000	,,
1	,, ,, ,,	35 000	,,
1	,, ,, ,,	100 000	,,

Lageplan für die Mittelwerts-Netzgruppe nach dem Handbetriebssystem.

	Teilnehmer-Zahl		Luft-km	Weg-km
	Anf.-Zust.	End-ausbau	vom HA	vom HA
HA	875	3000	—	—
V_1A	70	250	13,5	15,6
V_2A	30	100	18,8	21,8
Gv 10/n	3	10	15,8	18,3

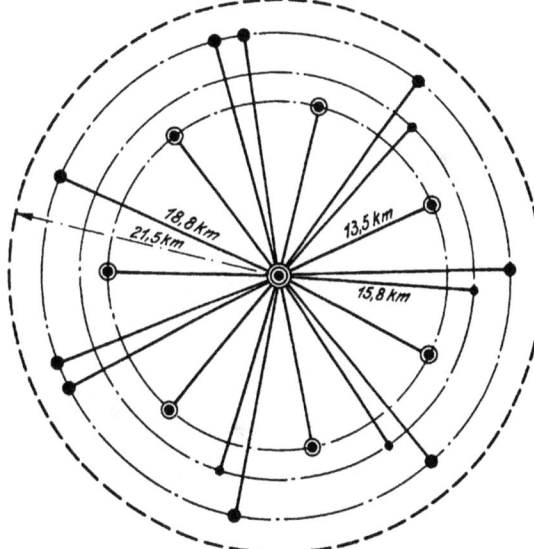

18,8 km 21,5 km 13,5 km 15,8 km

◉ = Hauptamt.
◉ = Verbundamt 1. Grades.
● = Verbundamt 2. Grades.
• = Gv 10/n.

Lageplan für die Mittelwerts-Netzgruppe nach dem Überweisungssystem.

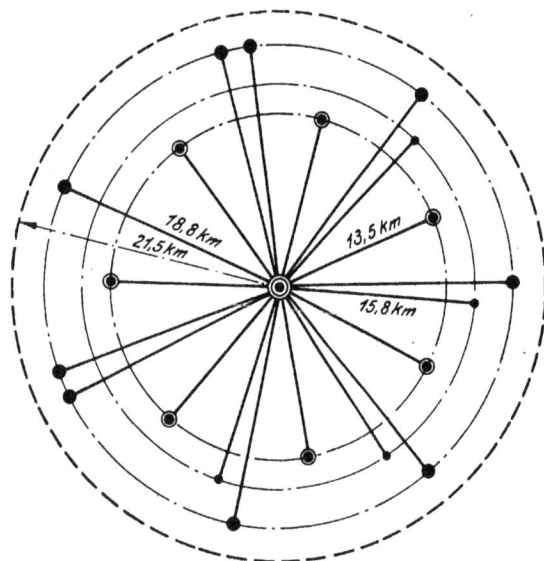

	Teilnehmer-Zahl		Luft-km	Weg-km
	Anf.-Zust.	End-ausbau	vom HA	vom HA
HA	875	3000	—	—
V_1A	70	250	13,5	15,6
V_2A	30	100	18,8	21,8
$Gv\ 10/n$	3	10	15,8	18,3

◎ = Hauptamt.

◉ = Verbundamt 1. Grades.

● = Verbundamt 2. Grades.

• = $Gv\ 10/n$.

Lageplan für die Mittelwerts-Netzgruppe nach dem SA-Netzgruppen-system.

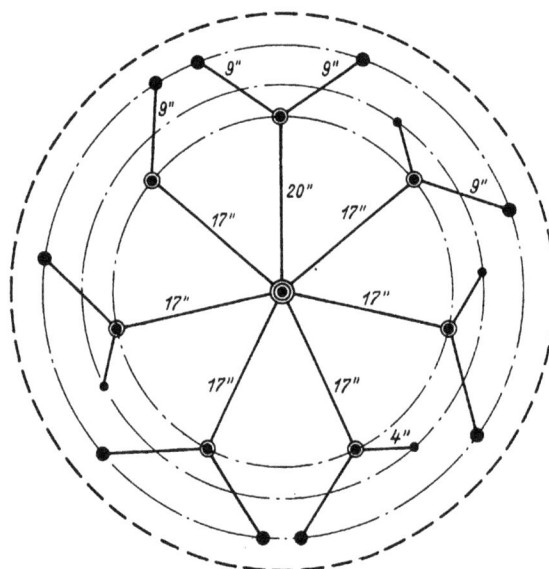

	Teiln.-Zahl		Luft-km		Weg-km	
	Anf.-Zust.	End-ausbau	z. HA.	z. V_1A.	z. HA.	z. V_1A
HA	875	3000	—	—	—	—
V_1A	70	250	13,5	—	15,6	—
V_2A	30	100	18,8	8,2	21,8	10,2
$Gv\ 10/n$	3	10	15,8	6,2	18,3	7,6

◎ = Hauptamt.

◉ = Verbundamt 1. Grades.

● = Verbundamt 2. Grades.

• = $Gv\ 10/n$.

Kurve über die Mehrung der Teilnehmeranschlüsse in Bayern seit Einführung des Fernsprechers im Jahre 1884.

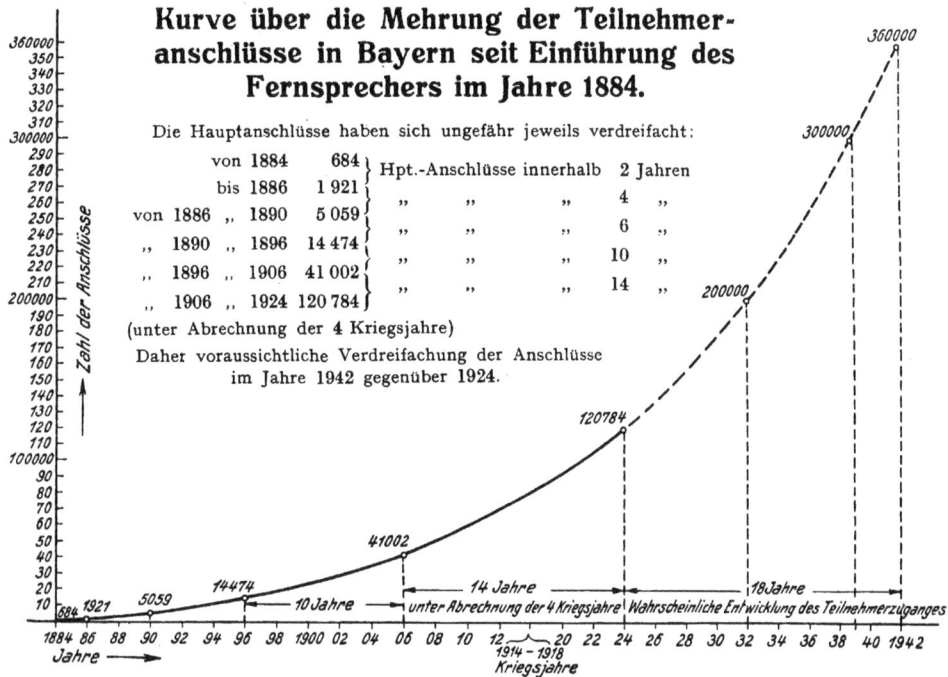

Die Hauptanschlüsse haben sich ungefähr jeweils verdreifacht:

von 1884	684	Hpt.-Anschlüsse innerhalb	2 Jahren		
bis 1886	1 921	,,	,,	,,	4 ,,
von 1886 ,, 1890	5 059	,,	,,	,,	6 ,,
,, 1890 ,, 1896	14 474	,,	,,	,,	10 ,,
,, 1896 ,, 1906	41 002	,,	,,	,,	14 ,,
,, 1906 ,, 1924	120 784				

(unter Abrechnung der 4 Kriegsjahre)

Daher voraussichtliche Verdreifachung der Anschlüsse im Jahre 1942 gegenüber 1924.

Darstellung der veränderlichen Gesprächsziffer, für die ein gesetzmäßiger Verlauf festgestellt wird.

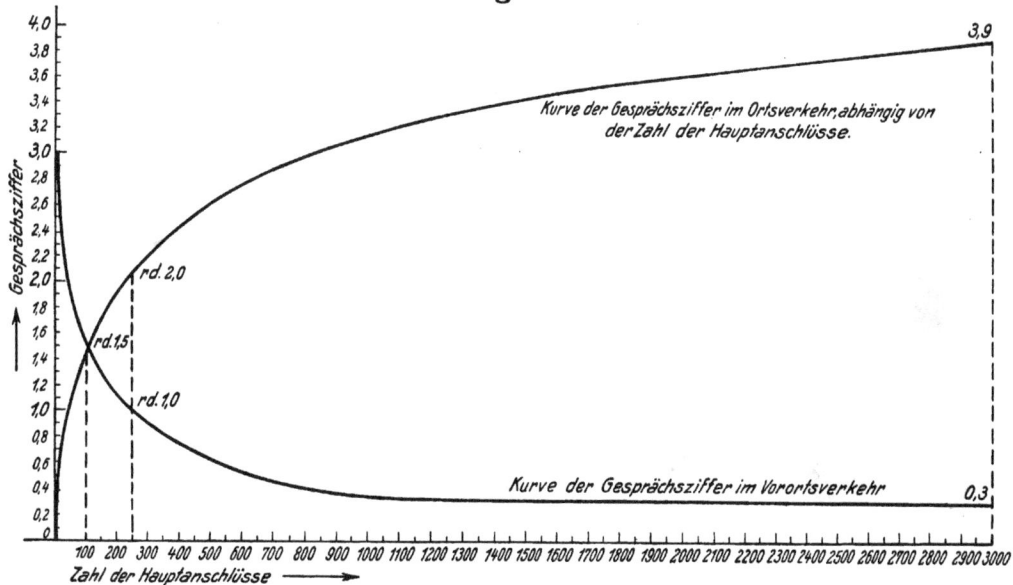

II.

Festsetzung der Leitungsbündel für den Vororts- und Bezirksverkehr und Ermittlung der Anlage- und jährlichen Kosten für die oberirdisch und unterirdisch geführten Vororts- und Bezirksleitungen einer Mittelwertsnetzgruppe.

Leistung eines Leitungsbündels.

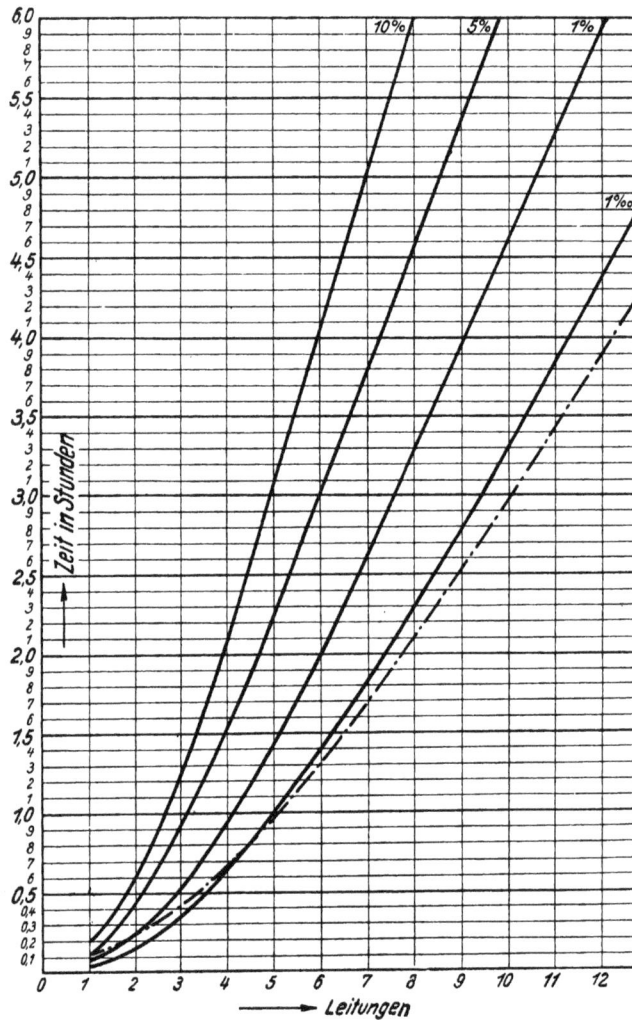

Bestimmung der Leitungsbündel für den Vorortsverkehr in einer Mittelwertsnetzgruppe.

A. Im Handbetriebssystem

mit unbeschränkter Dienstzeit im Hauptamt und mit beschränkter Dienstzeit in den kleinen Landzentralen, wobei für die den V_1-Ämtern gleichzustellenden Landzentralen 12 Stunden und für die den V_2-Ämtern gleichzustellenden Landzentralen 9 Stunden Dienstzeit sich berechnet hat. Als Grundlage für die Bestimmung der Leitungsbündel werden

I. folgende Teilnehmeranschlußzahlen festgelegt:

	a) Anfangszustand	b) Endausbau
1. im Hauptamt	875	3000
2. in jedem der 7 V_1-Ämter	70	250
3. in jedem der 9 V_2-Ämter	30	100
4. in jeder der 4 $Gv\ 10/n$	3	10

II. Die mittlere Belegungsdauer der Leitungen errechnet sich aus jahrelangen Erfahrungen wie folgt zu:

1. Die Dauer einer Fernanmeldung zu $\frac{1}{120}$ h   3. Die Dauer eines Vorortsgespräches zu $\frac{1}{20}$ h

2. Die Dauer eines Ortsgespräches zu $\frac{1}{30}$ h   4. Die Dauer eines Bezirks- oder Ferngespräches zu $\frac{1}{16}$ h.

III. Folgende Gesprächsziffern werden zugrunde gelegt:

	a) Anfangszustand				b) Endausbau							
					e) Normalfall				e'') bei doppelter Gesprächsziffer			
	HA	V_1A	V_2A	$Gv\ 10/n$	HA	V_1A	V_2A	$Gv\ 10/n$	HA	V_1A	V_2A	$Gv\ 10/n$
Ortsverkehr	3,4	1,2	0,73	0,19	3,9	1,82	1,2	0,27	7,8	3,6	2,4	0,5
Vorortsverkehr	0,36	1,05	1,08	1,55	0,3	0,91	1,2	1,35	0,6	1,82	2,4	2,7
Bezirksverkehr	0,17	0,17	0,17	0,17	0,17	0,17	0,17	0,17	0,34	0,34	0,34	0,34
Fernverkehr	0,08	0,08	0,08	0,08	0,08	0,08	0,08	0,08	0,16	0,16	0,16	0,16

Diese aufgeführten Gesprächsziffern werden zur Bestimmung der Belegungszahl einheitlich um 20 % vermehrt.

IV. Die Konzentration des Verkehrs (siehe Seite 4) berechnet sich wie folgt:

1. bei 24 Stunden $\dfrac{1620 \cdot 100}{14400} = 12\%$ 3. bei 9 Stunden $\dfrac{1620 \cdot 100}{10800} = 15\%$

2. ,, 12 ,, $\dfrac{1620 \cdot 100}{12450} = 13\%$ 4. ,, 6 ,, $\dfrac{1620 \cdot 100}{8100} = 20\%.$

Berechnung des TC-Wertes zur Bestimmung des Leitungsbündels
1, vom V_1-Amt zum Hauptamt bei 12 stündiger Dienstzeit.

	a) Anfangszustand	b) Endausbau			
		e) Normalfall		e'') bei doppelter Gesprächsziffer	
Vorortsverkehr abgeh.	$70 \cdot (1,05 + 0,2 \cdot 1,05) \cdot \frac{1}{20} = 4,4$	$250 \cdot (0,91 + 0,2 \cdot 0,91) \cdot \frac{1}{20} = 13,65$		$250 \cdot (1,82 + 0,2 \cdot 1,82) \cdot \frac{1}{20} = 27,3$	
Vorortsverkehr ank. v. HA	$\frac{875 \cdot 70}{772}(0,36 + 0,2 \cdot 0,36) \cdot \frac{1}{20} = 1,71$	$\frac{250 \cdot 3000}{2690}(0,3 + 0,2 \cdot 0,3) \cdot \frac{1}{20} = 5,02$		$279 \cdot (0,6 + 0,2 \cdot 0,6) \cdot \frac{1}{20} = 10,04$	
Vorortsverkehr ank. v. d. Netzgruppe	$0,15 \cdot 70 \cdot (1,05 + 0,2 \cdot 1,05) \cdot \frac{1}{20} = 0,66$	$0,15 \cdot 250 \cdot (0,91 + 0,2 \cdot 0,91) \cdot \frac{1}{20} = 2,04$		$0,15 \cdot 250 (1,82 + 0,2 \cdot 1,82) \cdot \frac{1}{20} = 4,09$	
Bezirksverkehr abgeh.	$70 \cdot (0,17 + 0,2 \cdot 0,17) \cdot \frac{1}{16} = 0,9$	$250 \cdot (0,17 + 0,2 \cdot 0,17) \cdot \frac{1}{16} = 3,19$		$250 \cdot (0,34 + 0,2 \cdot 0,34) \cdot \frac{1}{16} = 6,38$	
Bezirksverkehr ankom.	$70 \cdot (0,17 + 0,2 \cdot 0,17) \cdot \frac{1}{16} = 0,9$	$250 \cdot 1,2 \cdot 0,17 \cdot \frac{1}{16} = 3,19$		$250 \cdot 1,2 \cdot 0,34 \cdot \frac{1}{16} = 6,38$	
Fernverkehr abgehend	$70 \cdot (0,08 + 0,2 \cdot 0,08) \cdot \frac{1}{16} = 0,42$	$250 \cdot (0,08 + 0,2 \cdot 0,08) \cdot \frac{1}{16} = 1,5$		$250 \cdot (0,16 + 0,2 \cdot 0,16) \frac{1}{16} = 3,0$	
Fernverkehr ankommend	$70 \cdot (0,08 + 0,2 \cdot 0,08) \cdot \frac{1}{16} = 0,42$	$250 \cdot 0,096 \cdot \frac{1}{16} = 1,5$		$250 \cdot 1,2 \cdot 0,16 \cdot \frac{1}{16} = 3,0$	
Anmeldung für Bezirks- u. Fernverkehr	$70 \cdot (0,25 + 0,2 \cdot 0,25) \cdot \frac{1}{120} = 0,18$	$250 \cdot (0,25 + 0,2 \cdot 0,25) \cdot \frac{1}{120} = 0,63$		$250 (0,5 + 0,2 \cdot 0,5) \cdot \frac{1}{120} = 1,25$	
TC-Wert	$= 9,59$	$= 30,72$		$= 61,44$	
TC-Wert-Konzentration	$9,59 \cdot 0,13 = 1,24$	$30,72 \cdot 0,13 = 3,99$		$61,44 \cdot 0,13 = 7,99$	
Zahl der Sprechkreise: a) mit 10 % Kurve	3	6		10	
b) mit 36' Ausnützgs.-Dauer	$1,24 : 0,6 = 2$	$3,99 : 0,6 = 7$		$7,99 : 0,6 = 14$	
Zahl der metall. Schleifen	2	5		10	

2. vom V_2A zum Hauptamt bei 9 stündiger Dienstzeit.

	a) Anfangszustand	b) Endausbau — e) Normalfall	b) Endausbau — e'') bei dopp. Gesprächsziffer
Vorortsverkehr abgeh.	$30\cdot(1,08+0,2\cdot1,08)\cdot\frac{1}{20}=1,95$	$100\cdot(1,2+0,2\cdot1,2)\cdot\frac{1}{20}=7,2$	$100\cdot1,2\cdot2,4\cdot\frac{1}{20}=14,4$
Vorortsverkehr ank. v. HA	$\frac{875\cdot30}{772}\cdot(0,36+0,2\cdot0,36)\frac{1}{20}=0,74$	$\frac{3000\cdot100}{2690}\cdot0,36\cdot\frac{1}{20}=2,0$	$\frac{3000\cdot100}{2690}\cdot1,2\cdot0,6\cdot\frac{1}{20}=4,0$
Vorortsverk. ank. v. d. Netzgr.	$0,15\cdot30\cdot1,2\cdot1,08\cdot\frac{1}{20}=0,29$	$0,15\cdot100\cdot1,2\cdot1,2\cdot\frac{1}{20}=1,1$	$0,15\cdot100\cdot1,2\cdot2,4\cdot\frac{1}{20}=2,2$
Bezirksverkehr abgeh.	$30\cdot(0,17+0,2\cdot0,17)\cdot\frac{1}{16}=0,38$	$100\cdot0,204\cdot\frac{1}{16}=1,27$	$100\cdot1,2\cdot0,34\cdot\frac{1}{16}=2,54$
Bezirksverkehr ank.	$30\cdot0,204\cdot\frac{1}{16}=0,38$	$100\cdot0,204\cdot\frac{1}{16}=1,27$	$100\cdot1,2\cdot0,34\cdot\frac{1}{16}=2,54$
Fernverkehr abgeh.	$30\cdot(0,08+0,2\cdot0,08)\cdot\frac{1}{16}=0,18$	$100\cdot0,096\cdot\frac{1}{16}=0,60$	$100\cdot1,2\cdot0,16\cdot\frac{1}{16}=1,20$
Fernverkehr ankommend	$30\cdot0,096\cdot\frac{1}{16}=0,18$	$100\cdot0,096\cdot\frac{1}{16}=0,60$	$100\cdot1,2\cdot0,16\cdot\frac{1}{16}=1,20$
Anmeldg. f. Bez.-u. Fernverk.	$30\cdot(0,25+0,2\cdot0,25)\cdot\frac{1}{120}=0,08$	$100\cdot0,3\cdot\frac{1}{120}=0,25$	$100\cdot1,2\cdot0,5\cdot\frac{1}{120}=0,5$
TC-Wert	$=4,18$	$=14,29$	$=28,58$
TC-Wert Konzentration	$0,15\cdot4,18=0,63$	$0,15\cdot14,29=2,14$	$0,15\cdot28,58=4,28$
Zahl der Sprechkreise: a) mit 10% Kurve	2	4	6
b) mit 36' Ausnützgs.-Dauer	$0,63:0,6=1$	$2,14:0,6=4$	$4,28:0,6=7$
Zahl der metall. Schleifen	2	3	5

3. von $Gv\,10/n$ zum Hauptamt bei 6 stündiger Dienstzeit.

	a) Anfangszustand	b) Endausbau — e) Normalfall	b) Endausbau — e'') bei dopp. Gesprächsziffer
Vorortsverkehr abgeh.	$3\cdot(1,55+0,2\cdot1,55)\cdot\frac{1}{20}=0,28$	$10\cdot(1,35+0,2\cdot1,35)\cdot\frac{1}{20}=0,81$	$10\cdot1,2\cdot2,7\cdot\frac{1}{20}=16,2$
Vorortsverk. ank. v. HA	$\frac{3\cdot875}{772}\cdot0,43\cdot\frac{1}{20}=0,07$	$\frac{10\cdot3000}{2690}\cdot0,36\cdot\frac{1}{20}=0,2$	$\frac{10\cdot3000}{2690}\cdot0,6\cdot1,2\cdot\frac{1}{20}=0,4$
Vorortsverk. ank. v. d. Netzgr.	$0,15\cdot3\cdot1,2\cdot1,55\cdot\frac{1}{20}=0,04$	$0,15\cdot10\cdot1,35\cdot\frac{1}{20}=0,12$	$0,15\cdot10\cdot2,7\cdot1,2\cdot\frac{1}{20}=0,24$
Bezirksverkehr abgeh.	$3\cdot0,204\cdot\frac{1}{16}=0,04$	$10\cdot0,204\cdot\frac{1}{16}=0,127$	$10\cdot1,2\cdot0,34\cdot\frac{1}{16}=0,26$
Bezirksverkehr ank.	$3\cdot0,204\cdot\frac{1}{16}=0,04$	$10\cdot0,204\cdot\frac{1}{16}=0,127$	$10\cdot1,2\cdot0,34\cdot\frac{1}{16}=0,26$
Fernverkehr abgeh.	$3\cdot0,1\cdot\frac{1}{16}=0,02$	$10\cdot0,096\cdot\frac{1}{16}=0,06$	$10\cdot1,2\cdot0,16\cdot\frac{1}{16}=0,12$
Fernverkehr ank.	$3\cdot0,1\cdot\frac{1}{16}=0,02$	$10\cdot0,096\cdot\frac{1}{16}=0,06$	$10\cdot1,2\cdot0,16\cdot\frac{1}{16}=0,12$
Anmeldg. f. Bez.- u. Fernverkehr	$3\cdot0,3\cdot\frac{1}{120}=0,008$	$10\cdot0,3\cdot\frac{1}{120}=0,025$	$10\cdot0,5\cdot\frac{1}{120}\cdot1,2=0,05$
TC-Wert	$=0,518$	$=1,529$	$=3,07$
TC-Wert-Konzentration	$0,20\cdot0,518=0,1036$	$0,20\cdot1,529=0,30$	$0,20\cdot3,07=0,61$
Zahl der Sprechkreise: a) mit 10% Kurve	1	1	2
b) mit 36' Ausnützungsdauer	$0,1036:0,6=1$	$0,3:0,6=1$	$0,61:0,6=1$
Zahl der metall. Schleifen	1	1	1

B. Im Überweisungssystem
mit unbeschränkter 24 stündiger Dienstzeit in allen Ämtern.

Als Grundlagen für die Berechnung gelten I und II wie bei der Berechnung für das Handbetriebssystem.

Zu III. Jedoch werden für die 24 stündige Dienstzeit folgende Gesprächsziffern festgelegt:

	a) Anfangszustand				b) Endausbau — e) Normalfall				b) Endausbau — e'') bei dopp. Gesprächsziffer			
	HA	V_1A	V_2A	$Gr\,10/n$	HA	V_1A	V_2A	$Gr\,10/n$	HA	V_1A	V_2A	$Gr\,10/n$
Ortsverkehr	3,42	1,32	0,86	0,27	3,9	2,0	1,5	0,5	7,8	4,0	3,0	1,0
Vorortsverkehr	0,36	1,19	1,29	2,26	0,3	1,0	1,5	2,5	0,6	2,0	3,0	5,0
Bezirksverkehr	0,17	0,17	0,17	0,17	0,17	0,17	0,17	0,17	0,34	0,34	0,34	0,34
Fernverkehr	0,08	0,08	0,08	0,08	0,08	0,08	0,08	0,08	0,08	0,08	0,08	0,08

Zu IV. Die Konzentration beträgt für 24 Stunden Dienstzeit nach A IV $= 12\%$.

Berechnung des *TC*-Wertes zur Bestimmung des Leitungsbündels

1. vom V_1-Amt zum Hauptamt.

	a) Anfangszustand	b) Endausbau — e) Normalfall	e'') bei dopp. Gesprächsziffer
Vorortsverkehr abgeh.	$70 \cdot (1{,}19 \cdot + 0{,}2 \cdot 1{,}19) \cdot \frac{1}{20} = 5{,}0$	$250 \cdot (1{,}0 + 0{,}2 \cdot 1{,}0) \cdot \frac{1}{20} = 15{,}0$	$250 \cdot 1{,}2 \cdot 2{,}0 \cdot \frac{1}{20} = 30{,}0$
Vorortsverk. ank. v. HA	$\frac{875 \cdot 70}{772}(0{,}36 + 0{,}2 \cdot 0{,}36) \cdot \frac{1}{20} = 1{,}71$	$\frac{3000 \cdot 250}{2690}(0{,}3 + 0{,}2 \cdot 0{,}3) \cdot \frac{1}{20} = 5{,}02$	$\frac{3000 \cdot 250}{2690} \cdot 1{,}2 \cdot 0{,}6 \cdot \frac{1}{20} = 10{,}04$
Vorortsv. ank. v. d. Netzgr.	$0{,}15 \cdot 70(1{,}19 + 0{,}2 \cdot 1{,}19) \cdot \frac{1}{20} = 0{,}75$	$0{,}15 \cdot 250 \cdot 1{,}2 \cdot 1{,}0 \cdot \frac{1}{20} = 2{,}25$	$0{,}15 \cdot 250 \cdot 1{,}2 \cdot 2{,}0 \cdot \frac{1}{20} = 4{,}5$
Bezirksverkehr abg.	$70 \cdot 1{,}2 \cdot 0{,}17 \cdot \frac{1}{16} = 0{,}9$	$250 \cdot 1{,}2 \cdot 0{,}17 \cdot \frac{1}{16} = 3{,}19$	$250 \cdot 1{,}2 \cdot 0{,}34 \cdot \frac{1}{16} = 6{,}38$
Bezirksverkehr ankomm.	$70 \cdot 1{,}2 \cdot 0{,}17 \cdot \frac{1}{16} = 0{,}9$	$250 \cdot 1{,}2 \cdot 0{,}17 \cdot \frac{1}{16} = 3{,}19$	$250 \cdot 1{,}2 \cdot 0{,}34 \cdot \frac{1}{16} = 6{,}38$
Fernverkehr abgeh.	$70 \cdot 1{,}2 \cdot 0{,}08 \cdot \frac{1}{16} = 0{,}42$	$250 \cdot 1{,}2 \cdot 0{,}08 \cdot \frac{1}{16} = 1{,}5$	$250 \cdot 1{,}2 \cdot 0{,}16 \cdot \frac{1}{16} = 3{,}0$
Fernverkehr ankomm.	$70 \cdot 1{,}2 \cdot 0{,}08 \cdot \frac{1}{16} = 0{,}42$	$250 \cdot 1{,}2 \cdot 0{,}08 \cdot \frac{1}{16} = 1{,}5$	$250 \cdot 1{,}2 \cdot 0{,}16 \cdot \frac{1}{16} = 3{,}0$
Anmeldg. f. Bez.- u. Fernv.	$70 \cdot 1{,}2 \cdot 0{,}25 \cdot \frac{1}{120} = 0{,}18$	$250 \cdot 1{,}2 \cdot 0{,}25 \cdot \frac{1}{120} = 0{,}63$	$250 \cdot 1{,}2 \cdot 0{,}5 \cdot \frac{1}{120} = 1{,}25$
TC-Wert	= 10,28	= 32,28	= 64,55
TC-Wert-Konzentration	$0{,}12 \cdot 10{,}28 = 1{,}23$	$0{,}12 \cdot 32{,}28 = 3{,}87$	$0{,}12 \cdot 64{,}55 = 7{,}75$
Zahl der Leitungen	4	8	14

2. vom V_2-Amt zum Hauptamt. 24 Stunden Dienstzeit 12% Konzentration.

	a) Anfangszustand	b) Endausbau — e) Normalfall	e'') bei dopp. Gesprächsziffer
Vorortsverkehr abgeh.	$30 \cdot 1{,}29 \cdot \frac{1}{20} \cdot 1{,}2 = 2{,}32$	$100 \cdot 1{,}5 \cdot 1{,}2 \cdot \frac{1}{20} = 9{,}0$	$100 \cdot 3{,}0 \cdot 1{,}2 \cdot \frac{1}{20} = 18{,}0$
Vorortsverk. ankomm. v. HA	$\frac{875 \cdot 30}{772} \cdot 0{,}36 \cdot \frac{1}{20} \cdot 1{,}2 = 0{,}73$	$\frac{3000 \cdot 100}{2690} \cdot 0{,}3 \cdot 1{,}2 \cdot \frac{1}{20} = 2{,}0$	$\frac{3000 \cdot 100}{2690} \cdot 0{,}6 \cdot 1{,}2 \cdot \frac{1}{20} = 4{,}0$
Vorortsv. ankomm. von der Netzgr.	$0{,}15 \cdot 30 \cdot 1{,}29 \cdot \frac{1}{20} \cdot 1{,}2 = 0{,}35$	$0{,}15 \cdot 100 \cdot 1{,}5 \cdot 1{,}2 \cdot \frac{1}{20} = 1{,}35$	$0{,}15 \cdot 100 \cdot 3{,}0 \cdot 1{,}2 \cdot \frac{1}{20} = 2{,}7$
Bezirksverkehr abgeh.	$30 \cdot 0{,}17 \cdot \frac{1}{16} \cdot 1{,}2 = 0{,}38$	$100 \cdot 1{,}2 \cdot 0{,}17 \cdot \frac{1}{16} = 1{,}27$	$100 \cdot 1{,}2 \cdot 0{,}34 \cdot \frac{1}{16} = 2{,}54$
Bezirksverkehr ankomm.	$30 \cdot 0{,}17 \cdot \frac{1}{16} \cdot 1{,}2 = 0{,}38$	$100 \cdot 1{,}2 \cdot 0{,}17 \cdot \frac{1}{16} = 1{,}27$	$100 \cdot 1{,}2 \cdot 0{,}34 \cdot \frac{1}{16} = 2{,}54$
Fernverkehr abgeh.	$30 \cdot 1{,}2 \cdot 0{,}08 \cdot \frac{1}{16} = 0{,}18$	$100 \cdot 1{,}2 \cdot 0{,}08 \cdot \frac{1}{16} = 0{,}60$	$100 \cdot 1{,}2 \cdot 0{,}16 \cdot \frac{1}{16} = 1{,}2$
Fernverkehr ankomm.	$30 \cdot 1{,}2 \cdot 0{,}08 \cdot \frac{1}{16} = 0{,}18$	$100 \cdot 1{,}2 \cdot 0{,}08 \cdot \frac{1}{16} = 0{,}60$	$100 \cdot 1{,}2 \cdot 0{,}16 \cdot \frac{1}{16} = 1{,}2$
Anmeldg. f. Bez. u. Fernverkehr	$30 \cdot 0{,}25 \cdot 1{,}2 \cdot \frac{1}{120} = 0{,}08$	$100 \cdot 1{,}2 \cdot 0{,}25 \cdot \frac{1}{120} = 0{,}26$	$100 \cdot 1{,}2 \cdot \frac{1}{120} \cdot 0{,}5 = 0{,}5$
TC-Wert	= 4,60	= 16,34	= 32,68
TC-Wertkonzentration	$4{,}60 \cdot 0{,}12 = 0{,}55$	$16{,}34 \cdot 0{,}12 = 1{,}96$	$32{,}68 \cdot 0{,}12 = 3{,}93$
Zahl d. Ltg. aus Kurve	2	5	8

3. vom Gruppenstellenamt zum Hauptamt.

	a) Anfangszustand	b) Endausbau — e) Normalfall	e'') bei dopp. Gesprächsziffer
Vorortsverkehr abgeh.	$3 \cdot 1{,}2 \cdot 2{,}26 \cdot \frac{1}{20} = 0{,}41$	$10 \cdot 1{,}2 \cdot 2{,}5 \cdot \frac{1}{20} = 1{,}5$	$10 \cdot 1{,}2 \cdot 5{,}0 \cdot \frac{1}{20} = 3{,}0$
Vorortsverk. ankomm. v. HA	$\frac{3 \cdot 875}{772} \cdot 0{,}36 \cdot 1{,}2 \cdot \frac{1}{20} = 0{,}15$	$\frac{10 \cdot 875}{772} \cdot 1{,}2 \cdot 0{,}3 \cdot \frac{1}{20} = 0{,}20$	$\frac{10 \cdot 875}{772} \cdot 1{,}2 \cdot 0{,}6 \cdot \frac{1}{20} = 0{,}40$
Vorortsv. ankomm. von der Netzgr.	$0{,}15 \cdot 3 \cdot 1{,}2 \cdot 2{,}26 \cdot \frac{1}{20} = 0{,}07$	$0{,}15 \cdot 10 \cdot 1{,}2 \cdot 2{,}5 \cdot \frac{1}{20} = 0{,}22$	$0{,}15 \cdot 10 \cdot 1{,}2 \cdot 5{,}0 \cdot \frac{1}{20} = 0{,}44$
Bezirksverkehr abgeh.	$3 \cdot 1{,}2 \cdot 0{,}17 \cdot \frac{1}{16} = 0{,}04$	$10 \cdot 1{,}2 \cdot 0{,}17 \cdot \frac{1}{16} = 0{,}127$	$10 \cdot 1{,}2 \cdot 0{,}34 \cdot \frac{1}{16} = 0{,}254$
Bezirksverkehr ankomm.	$3 \cdot 1{,}2 \cdot 0{,}17 \cdot \frac{1}{16} = 0{,}04$	$10 \cdot 1{,}2 \cdot 0{,}17 \cdot \frac{1}{16} = 0{,}127$	$10 \cdot 1{,}2 \cdot 0{,}34 \cdot \frac{1}{16} = 0{,}254$
Fernverkehr abgeh.	$3 \cdot 1{,}2 \cdot 0{,}08 \cdot \frac{1}{16} = 0{,}02$	$10 \cdot 1{,}2 \cdot 0{,}08 \cdot \frac{1}{16} = 0{,}06$	$10 \cdot 1{,}2 \cdot 0{,}16 \cdot \frac{1}{16} = 0{,}12$
Fernverkehr ankomm.	$3 \cdot 1{,}2 \cdot 0{,}08 \cdot \frac{1}{16} = 0{,}02$	$10 \cdot 1{,}2 \cdot 0{,}08 \cdot \frac{1}{16} = 0{,}06$	$10 \cdot 1{,}2 \cdot 0{,}16 \cdot \frac{1}{16} = 0{,}12$
Anmeldg. f. Bez. u. Fernverk.	$3 \cdot 1{,}2 \cdot 0{,}25 \cdot \frac{1}{120} = 0{,}008$	$10 \cdot 1{,}2 \cdot 0{,}25 \cdot \frac{1}{120} = 0{,}025$	$10 \cdot 1{,}2 \cdot 0{,}5 \cdot \frac{1}{120} = 0{,}05$
Ortsverkehr	$3 \cdot 1{,}2 \cdot 0{,}27 \cdot \frac{1}{30} = 0{,}032$	$10 \cdot 0{,}5 \cdot 1{,}2 \cdot \frac{1}{30} = 0{,}2$	$10 \cdot 1{,}2 \cdot 1{,}0 \cdot \frac{1}{30} = 0{,}4$
TC-Wert	= 0,790	= 2,519	= 5,038
TC-Wertkonzentration	$0{,}79 \cdot 0{,}12 = 0{,}095$	$2{,}519 \cdot 0{,}12 = 0{,}30$	$5{,}038 \cdot 0{,}12 = 0{,}60$
Zahl d. Leitungen	1	2	2

C. Im *SA*-Netzgruppensystem
mit unbeschränkter Dienstzeit in allen Ämtern.

Als Grundlagen für die Berechnung gelten die gleichen Angaben wie für das Überweisungssystem.

Berechnung des *TC*-Wertes zur Bestimmung des abgehenden und ankommenden Leitungsbündels
1. vom V_2A zum V_1A.

	a) Anfangszustand	b) Endausbau — e) Normalfall	b) Endausbau — e″) bei doppelter Gesprächsziffer
Blindbelegg. d. Ltg. d. Ortsverk.	$30 \cdot 1,2 \cdot 0,86 \cdot \frac{1}{360} = 0,09$	$100 \cdot 1,2 \cdot 1,5 \cdot \frac{1}{360} = 0,5$	$100 \cdot 1,2 \cdot 3,0 \cdot \frac{1}{360} = 1,0$
Vorortsverkehr abgehend	$30 \cdot 1,2 \cdot 1,29 \cdot \frac{1}{20} = 2,32$	$100 \cdot 1,2 \cdot 1,5 \cdot \frac{1}{20} = 9,0$	$100 \cdot 1,2 \cdot 3,0 \cdot \frac{1}{20} = 18,0$
Anmeldg. für Bez.- und Fernverkehr	$30 \cdot 1,2 \cdot 0,25 \cdot \frac{1}{120} = 0,08$	$100 \cdot 1,2 \cdot 0,25 \cdot \frac{1}{120} = 0,25$	$100 \cdot 1,2 \cdot 0,5 \cdot \frac{1}{120} = 0,5$
Sa. der TC_1-Werte f. abgeh. Verkehr	2,49	9,75	19,50
Vorortsverkehr ank. aus d. *HA*	$\frac{30 \cdot 275}{772} \cdot 0,36 \cdot 1,2 \cdot \frac{1}{20} = 0,74$	$\frac{100 \cdot 3000}{2090} \cdot 0,3 \cdot 1,2 \cdot \frac{1}{20} = 2,0$	$\frac{100 \cdot 3000}{2690} \cdot 0,6 \cdot 1,2 \cdot \frac{1}{20} = 4,0$
„ „ „ „ V_1A	$0,1 \cdot 70 \cdot 1,2 \cdot 1,19 \cdot \frac{1}{20} = 0,5$	$0,1 \cdot 250 \cdot 1,2 \cdot 1,0 \cdot \frac{1}{20} = 1,5$	$0,1 \cdot 250 \cdot 1,2 \cdot 2,0 \cdot \frac{1}{20} = 3,0$
„ „ „ „ Netzgr.	$0,1 \cdot 30 \cdot 1,2 \cdot 1,29 \cdot \frac{1}{20} = 0,23$	$0,1 \cdot 100 \cdot 1,5 \cdot 1,2 \cdot \frac{1}{20} = 0,9$	$0,1 \cdot 100 \cdot 3,0 \cdot 1,2 \cdot \frac{1}{20} = 1,8$
Bezirksverkehr abgeh. Rückruf	$30 \cdot 1,2 \cdot 0,17 \cdot \frac{1}{16} = 0,38$	$100 \cdot 1,2 \cdot 0,17 \cdot \frac{1}{16} = 1,27$	$100 \cdot 1,2 \cdot 0,34 \cdot \frac{1}{16} = 2,54$
„ ankommend	„ = 0,38	„ = 1,27	„ = 2,54
Fernverkehr abgeh. Rückruf	$30 \cdot 1,2 \cdot 0,08 \cdot \frac{1}{16} = 0,18$	$100 \cdot 1,2 \cdot 0,08 \cdot \frac{1}{16} = 0,60$	$100 \cdot 1,2 \cdot 0,16 \cdot \frac{1}{16} = 1,2$
„ ankommend	„ = 0,18	„ = 0,60	„ = 1,2
Sa. d. TC_2-Werte f. ankomm. Verk.	2,59	8,14	16,28
TC_1-Wert-Konzentration	$2,49 \cdot 0,12 = 0,30$	$9,75 \cdot 0,12 = 1,17$	$19,50 \cdot 0,12 = 2,34$
TC_2-Wert-Konzentration	$2,59 \cdot 0,12 = 0,31$	$8,14 \cdot 0,12 = 0,98$	$16,28 \cdot 0,12 = 1,96$
Ltg. Sprechkreise ankommend	2	5	7
„ abgehend	2	4	6

2. Vom *Gv* 10/*n* zum V_1A.

	a) Anfangszustand	e) Normalfall	e″) bei doppelter Gesprächsziffer
Ortsgespräche	$3 \cdot 0,27 \cdot 1,2 \cdot \frac{1}{30} = 0,032$	$10 \cdot 0,5 \cdot 1,2 \cdot \frac{1}{30} = 0,2$	$10 \cdot 1,0 \cdot 1,2 \cdot \frac{1}{30} = 0,4$
Vorortsverkehr abgehend	$3 \cdot 2,26 \cdot 1,2 \cdot \frac{1}{20} = 0,41$	$10 \cdot 2,5 \cdot 1,2 \cdot \frac{1}{20} = 1,5$	$10 \cdot 5,0 \cdot 1,2 \cdot \frac{1}{20} = 3,0$
„ ank. aus d. *HA*	$\frac{875 \cdot 3}{772} \cdot 0,36 \cdot 1,2 \cdot \frac{1}{20} = 0,07$	$\frac{3000 \cdot 10}{2690} \cdot 0,3 \cdot 1,2 \cdot \frac{1}{20} = 0,20$	$\frac{3000 \cdot 10}{2690} \cdot 0,6 \cdot 1,2 \cdot \frac{1}{20} = 0,40$
Bezirksverkehr abg. und ank.	$2 \cdot \left(3 \cdot 0,17 \cdot 1,2 \cdot \frac{1}{16}\right) = 0,08$	$2 \cdot \left(10 \cdot 0,17 \cdot 1,2 \cdot \frac{1}{16}\right) = 0,255$	$2 \cdot \left(10 \cdot 0,34 \cdot 1,2 \cdot \frac{1}{16}\right) = 0,510$
Fernverkehr abg. und ankommend	$2 \cdot \left(3 \cdot 0,08 \cdot 1,2 \cdot \frac{1}{16}\right) = 0,04$	$2 \cdot \left(10 \cdot 0,08 \cdot 1,2 \cdot \frac{1}{16}\right) = 0,12$	$2 \cdot \left(10 \cdot 0,16 \cdot 1,2 \cdot \frac{1}{16}\right) = 0,24$
Anmeldg. für Bez.- u. Fernverkehr	$3 \cdot 0,25 \cdot 1,2 \cdot \frac{1}{120} = 0,008$	$10 \cdot 0,25 \cdot 1,2 \cdot \frac{1}{120} = 0,025$	$10 \cdot 0,5 \cdot 1,2 \cdot \frac{1}{120} = 0,05$
Vorortsverkehr ankommend aus V_1A	$0,01 \cdot 70 \cdot 1,19 \cdot \frac{1}{20} = 0,04$	$0,01 \cdot 250 \cdot 1,2 \cdot 1,0 \cdot \frac{1}{20} = 0,15$	$0,1 \cdot 250 \cdot 2,0 \cdot 1,2 \cdot \frac{1}{20} = 0,30$
„ „ aus Netzgr.	$0,1 \cdot 3 \cdot 2,26 \cdot \frac{1}{20} = 0,03$	$0,1 \cdot 10 \cdot 2,5 \cdot 1,2 \cdot \frac{1}{20} = 0,15$	$0,1 \cdot 10 \cdot 5,0 \cdot 1,2 \cdot \frac{1}{20} = 0,30$
Sa. *TC*-Wert	0,710	2,600	5,200
TC-Wert-Konzentration	$0,710 \cdot 0,12 = 0,1$	$2,600 \cdot 0,12 = 0,31$	$5,200 \cdot 0,12 = 0,64$
Zahl der Leitungen	2	2	2

3. vom V_1-Amt zum Hauptamt.
a) Von einem V_1-Amt mit 2 V_2-Ämtern als Unterämter.
α) Abgehender Verkehr.

	a) Anfangszustand	b) Endausbau — e) Normalfall	b) Endausbau — e″) bei doppelter Gesprächsziffer
Blindbelegung d. Ortsverk.	$70 \cdot 1,32 \cdot 1,2 \cdot \frac{1}{360} = 0,31$	$250 \cdot 1,2 \cdot 2,0 \cdot \frac{1}{360} = 1,7$	$250 \cdot 1,2 \cdot 4,0 \cdot \frac{1}{360} = 3,4$
Vorortsverkehr, 20% Verbindg. über 2 V_2-Ämter	$0,8 \cdot 70 \cdot 1,19 \cdot 1,2 \cdot \frac{1}{20} = 4,0$	$0,8 \cdot 250 \cdot 1,0 \cdot 1,2 \cdot \frac{1}{20} = 12,0$	$0,8 \cdot 250 \cdot 2,0 \cdot 1,2 \cdot \frac{1}{20} = 24,0$
Blindbelegung durch diese 20% Vorortsverkehr	$0,2 \cdot 70 \cdot 1,19 \cdot 1,2 \cdot \frac{1}{360} = 0,06$	$0,2 \cdot 1,0 \cdot 1,2 \cdot 250 \cdot \frac{1}{360} = 0,17$	$0,2 \cdot 250 \cdot 2,0 \cdot 1,2 \cdot \frac{1}{360} = 0,34$
Anmeldg. f. Bez.- u. Fernverkehr	$70 \cdot 0,25 \cdot 1,2 \cdot \frac{1}{120} = 0,18$	$250 \cdot 0,25 \cdot 1,2 \cdot \frac{1}{120} = 0,6$	$250 \cdot 0,5 \cdot 1,2 \cdot \frac{1}{120} = 1,2$
Blindbel. der Ltg. d. Ortsgespr. d. 2 V_2-Ämter	$2 \cdot 0,09 = 0,18$	$2 \cdot 0,5 = 1,0$	$2 \cdot 1,0 = 2,0$
Blindbelegung durch 10% der Vorortsgespräche der 2 V_2-Ämter	$2 \cdot 0,1 \cdot 30 \cdot 1,29 \cdot \frac{1}{360} = 0,022$	$2 \cdot 0,1 \cdot 100 \cdot 1,5 \cdot 1,2 \cdot \frac{1}{360} = 0,1$	$2 \cdot 0,1 \cdot 100 \cdot 3,0 \cdot 1,2 \cdot \frac{1}{360} = 0,2$
Abgeh. Vorortsverk. d. 2 V_2-Ämter	$2 \cdot 0,9 \cdot 2,72 = 4,9$	$2 \cdot 0,9 \cdot 9,0 = 16,2$	$2 \cdot 0,9 \cdot 18,0 = 32,4$
Anmeldg. d. 2 V_2-Ämter	$2 \cdot 0,08 = 0,16$	$2 \cdot 0,25 = 0,5$	$2 \cdot 0,5 = 1,0$
TC-Wert für abgeh. Verkehr	9,812	32,27	61,84
TC-Wert-Konzentration	$9,81 \cdot 0,12 = 1,18$	$32,27 \cdot 0,12 = 3,87$	$64,84 \cdot 0,12 = 7,78$
Zahl der Sprechkreise	5	9	14

β) Ankommender Verkehr.

	a) Anfangszustand	n) Endausbau — e) Normalfall	n) Endausbau — e'') bei doppelter Gesprächsziffer
Ank. Vorort. vom HA	$\dfrac{875 \cdot 70}{772} \cdot 0,36 \cdot 1,2 \cdot \dfrac{1}{20} = 1,71$	$\dfrac{3000 \cdot 250}{2690} \cdot 0,3 \cdot 1,2 \cdot \dfrac{1}{20} = 5,02$	$\dfrac{3000 \cdot 250}{2690} \cdot 0,6 \cdot 1,2 \cdot \dfrac{1}{20} = 10,04$
,, ,, für 2 $V_2 A$	$2 \cdot 0,74 = 1,48$	$2 \cdot 2,0 = 4,0$	$2 \cdot 4,0 = 8,0$
,, ,, aus Netzgruppe	$0,1 \cdot 70 \cdot 1,19 \cdot 1,2 \cdot \dfrac{1}{20} = 0,5$	$0,1 \cdot 250 \cdot 1,2 \cdot 1,0 \cdot \dfrac{1}{20} = 1,5$	$0,1 \cdot 250 \cdot 2,0 \cdot 1,2 \cdot \dfrac{1}{20} = 3,0$
Ank. Vorortsv. aus Netzgr. f. 2 $V_2 A$	$2 \cdot 0,27 = 0,54$	$2 \cdot 0,9 = 1,8$	$2 \cdot 1,8 = 3,6$
Ank. u. abgeh. Bezirksverkehr	$2 \cdot \left(70 \cdot 0,17 \cdot 1,2 \cdot \dfrac{1}{16}\right) = 1,8$	$2 \cdot \left(250 \cdot 0,17 \cdot 1,2 \cdot \dfrac{1}{16}\right) = 6,38$	$2 \cdot \left(250 \cdot 0,34 \cdot 1,2 \cdot \dfrac{1}{16}\right) = 12,76$
,, ,, ,, Fernverkehr	$2 \cdot \left(70 \cdot 0,08 \cdot 1,2 \cdot \dfrac{1}{16}\right) = 0,84$	$2 \cdot \left(250 \cdot 0,08 \cdot 1,2 \cdot \dfrac{1}{16}\right) = 3,0$	$2 \left(250 \cdot 0,16 \cdot 1,2 \cdot \dfrac{1}{16}\right) = 6,0$
Bezirksverkehr für 2 $V_2 A$	$2 \cdot 0,76 = 1,52$	$2 \cdot 2,54 = 5,08$	$2 \cdot 5,08 = 10,16$
Fernverkehr für 2 $V_2 A$	$2 \cdot 0,38 = 0,76$	$2 \cdot 1,26 = 2,52$	$2 \cdot 2,52 = 5,04$
TC-Wert für ank. Verkehr	$= 9,15$	$= 29,30$	$= 58,60$
TC-Wert-Konzentration	$9,15 \cdot 0,12 = 1,09$	$29,30 \cdot 0,12 = 3,52$	$58,6 \cdot 0,12 = 7,03$
Zahl der Sprechkreise	4	9	14
Summa d. Sprechkr. abgeh. u. ank.	9	18	28
Zahl d. gesamt. metall. Leitungen	6	12	19

Für die übrigen 4 V_1-Ämter mit je 1 $V_2 A$ und je 1 Gruppenstellenanlage gilt die gleiche Berechnung wie für V_1-Amt mit V_2-Amt.

b) von einem $V_1 A$ mit einem $V_2 A$ oder von einem V_2-Amt mit einem Gv 10/n zum Hauptamt.

α) Abgehender Verkehr.

	a) Anfangszustand	b) Endausbau — e) Normalfall	b) Endausbau — e'') bei doppelter Gesprächsziffer
Blindbeleg. d. Ltg. d. Ortsverk.	wie vorher $= 0,31$	wie vorher $= 1,7$	wie vorher $= 3,4$
Vorortsverkehr 10% für $V_2 A$	$0,9 \cdot 70 \cdot 1,2 \cdot 1,19 \cdot \dfrac{1}{20} = 4,5$	$0,9 \cdot 250 \cdot 1,0 \cdot 1,2 \cdot \dfrac{1}{20} = 13,5$	$0,9 \cdot 250 \cdot 1,2 \cdot 2,0 \cdot \dfrac{1}{20} = 27,0$
Blindbeleg. f. diese 10% Vorortsv.	$^1/_2 \cdot 0,06 = 0,03$	$^1/_2 \cdot 0,17 = 0,085$	$^1/_2 \cdot 0,34 = 0,17$
Anmeldung f. Bez.- u. Fernverkehr	wie vorher $= 0,18$	wie vorher $= 0,6$	wie vorher $= 1,2$
Blindbeleg. d. Ortsgespr. d. $V_2 A$	$^1/_2 \cdot 0,18 = 0,09$	$^1/_2 \cdot 1,0 = 0,5$	$^1/_2 \cdot 2,0 = 1,0$
Blindbeleg. d. 10% Vorortsg. des $V_2 A$ für $V_1 A$	$^1/_2 \cdot 0,026 = 0,013$	$^1/_2 \cdot 0,1 = 0,05$	$^1/_2 \cdot 0,2 = 0,1$
Vorortsverkehr des $V_2 A$	$^1/_2 \cdot 4,9 = 2,45$	$^1/_2 \cdot 16,2 = 8,1$	$^1/_2 \cdot 32,4 = 16,2$
Anmeldung des $V_2 A$	$^1/_2 \cdot 0,16 = 0,08$	$^1/_2 \cdot 0,5 = 0,25$	$^1/_2 \cdot 1,0 = 0,5$
Summa TC-Werte	$= 7,653$	$= 24,785$	$= 49,57$
TC-Wert-Konzentration	$7,65 \cdot 0,12 = 0,92$	$24,78 \cdot 0,12 = 2,98$	$49,57 \cdot 0,12 = 5,96$
Zahl der Sprechkreise	4	8	12

β) Ankommender Verkehr.

	a) Anfangszustand	b) Endausbau — e) Normalfall	b) Endausbau — e'') bei doppelter Gesprächsziffer
Ank. Vorortsverkehr aus HA	wie vorher $= 1,4$	wie vorher $= 5,2$	wie vorher $= 10,4$
,, ,, Netzgr.	,, ,, $= 0,5$	,, ,, $= 1,5$	,, ,, $= 3,0$
abg. u. ank. Bezirksverk. (Rückruf)	,, ,, $= 1,8$	,, ,, $= 6,4$	,, ,, $= 12,8$
,, ,, ,, Fernverkehr	,, ,, $= 0,84$	,, ,, $= 3,0$	,, ,, $= 6,0$
Vorortsverkehr für 1 $V_2 A$ aus HA	$^1/_2 \cdot 1,48 = 0,74$	$^1/_2 \cdot 4,0 = 2,0$	$^1/_2 \cdot 8,0 = 4,0$
,, ,, ,, Netzgr.	$^1/_2 \cdot 0,54 = 0,27$	$^1/_2 \cdot 1,8 = 0,9$	$^1/_2 \cdot 3,6 = 1,8$
ank. u. abgeh. Bezirksverk. f. $V_2 A$	$^1/_2 \cdot 1,52 = 0,76$	$^1/_2 \cdot 5,08 = 2,54$	$^1/_2 \cdot 10,16 = 5,08$
,, ,, ,, Fernverkehr	$^1/_2 \cdot 0,76 = 0,38$	$^1/_2 \cdot 2,52 = 1,26$	$^1/_2 \cdot 5,04 = 2,52$
Summa TC-Werte	$= 6,69$	$= 22,80$	$= 45,60$
TC-Wert-Konzentration	$6,69 \cdot 0,12 = 0,81$	$22,80 \cdot 0,12 = 2,74$	$45,60 \cdot 0,12 = 5,48$
Zahl der Sprechkreise	4	8	12
Sa. der abgeh. u. ank. Sprechkreise	8	16	24
Zahl der metall. Leitungen	6	11	16

Zusammenstellung der Leitungszahlen.

	Zahl d. Ämter	ankommend	abgehend	ankommend	abgehend	ankommend	abgehend
V_2-Amt zum V_1-Amt	9	2	2	5	4	7	6
GV zum V_1-Amt	4	2	2	2	2	2	2
V_1-Amt mit 2 $V_2 A$ z. HA	2	4	5	9	9	14	14
$V_1 A$ m. 1 $V_2 A$ u. GV 10 z. HA	5	4	4	8	8	12	12

Zusammenstellung der benötigten Leitungs- und Kabel-km.

a) Anfangszustand

	A. Handbetriebssystem						B. Überweisungssystem						C. S.A.-Netzgruppe					
	Zahl der Ämter	Zahl der Sprechkreise	Zahl der Schleifen	Weg-km	Sprechkreis-km	Schleifen-km	Zahl der Ämter	Zahl der Sprechkreise	Zahl der Schleifen	Weg-km	Sprechkreis-km	Schleifen-km	Zahl der Ämter	Zahl der Sprechkreise	Zahl der Schleifen	Weg-km	Sprechkreis-km	Schleifen-km
Vom V_2A zum HA	9	1	1	21,8	196,2	196,2	9	2	2	21,8	392,4	392,4	9	4	3	10,2	368	275,4
„ V_1A „ HA	7	2	2	15,6	218,4	218,4	7	4	4	15,6	436,8	436,8	—	—	—	—	—	—
„ $Gv10$ „ HA	4	1	1	18,2	72,8	72,8	4	1	1	18,2	72,8	72,8	—	—	—	—	—	—
„ V_2A „ V_1A	—	—	—	—	—	—	—	—	—	—	—	—	4	2	2	7,6	60,8	60,8
„ $Gv10$ „ V_1A	—	—	—	—	—	—	—	—	—	—	—	—	—	—	—	—	—	—
„ V_1A mit 2 V_2A zum HA	—	—	—	—	—	—	—	—	—	—	—	—	2	9	6	15,6	280,5	187,2
„ V_1A „ 1 V_2A „ HA	—	—	—	—	—	—	—	—	—	—	—	—	1	8	6	15,6	124,8	93,6
„ V_1A „ 1 V_2A und 1 $Gv10$ zum HA	—	—	—	—	—	—	—	—	—	—	—	—	4	8	6	15,6	499,2	374,4
Summe:	—	—	—	—	487,4	487,4	—	—	—	—	902,0	902,0	—	—	—	—	1333,6	991,4

e) Endausbau

	A. Handbetriebssystem						B. Überweisungssystem						C. S.A.-Netzgruppe					
	Zahl der Ämter	Zahl der Sprechkreise	Zahl der Schleifen	Weg-km	Sprechkreis-km	Schleifen-km	Zahl der Ämter	Zahl der Sprechkreise	Zahl der Schleifen	Weg-km	Sprechkreis-km	Schleifen-km	Zahl der Ämter	Zahl der Sprechkreise	Zahl der Schleifen	Weg-km	Sprechkreis-km	Schleifen-km
Vom V_2A zum HA	9	4	3	21,8	784,8	588,6	9	5	5	21,8	981	981	9	9	6	10,2	826,2	550,8
„ V_1A „ HA	7	7	5	15,6	764,4	546,0	7	8	8	15,6	873,6	873,6	—	—	—	—	—	—
„ $Gv10$ „ HA	4	1	1	18,2	72,8	72,8	4	2	2	18,2	145,6	145,6	—	—	—	—	—	—
„ V_2A „ V_1A	—	—	—	—	—	—	—	—	—	—	—	—	4	4	3	7,6	91,2	91,2
„ $Gv10$ „ V_1A	—	—	—	—	—	—	—	—	—	—	—	—	—	—	—	—	—	—
„ V_1A mit 2 V_2A zum HA	—	—	—	—	—	—	—	—	—	—	—	—	2	18	12	15,6	561,6	374,4
„ V_1A „ 1 V_2A „ HA	—	—	—	—	—	—	—	—	—	—	—	—	1	16	11	15,6	249,6	171,6
„ V_1A „ 1 V_2A und 1 $Gv10$ zum HA	—	—	—	—	—	—	—	—	—	—	—	—	4	16	11	15,6	998,4	686,4
Summe:	—	—	—	—	1622,0	1207,4	—	—	—	—	2000,2	2000,2	—	—	—	—	2727,0	1874,4

e'') Endausbau bei doppelter Gesprächsziffer

	A. Handbetriebssystem						B. Überweisungssystem						C. S.A.-Netzgruppe					
	Zahl der Ämter	Zahl der Sprechkreise	Zahl der Schleifen	Weg-km	Sprechkreis-km	Schleifen-km	Zahl der Ämter	Zahl der Sprechkreise	Zahl der Schleifen	Weg-km	Sprechkreis-km	Schleifen-km	Zahl der Ämter	Zahl der Sprechkreise	Zahl der Schleifen	Weg-km	Sprechkreis-km	Schleifen-km
Vom V_2A zum HA	9	7	5	21,8	1373,4	981	9	8	8	21,8	1569,6	1569,6	9	13	9	10,2	1193,4	826,2
„ V_1A „ HA	7	14	10	15,6	1528,8	1092	7	14	14	15,6	1528,8	1528,8	—	—	—	—	—	—
„ $Gv10$ „ HA	4	1	1	18,2	72,8	72,8	4	2	2	18,2	145,6	145,6	—	—	—	—	—	—
„ V_2A „ V_1A	—	—	—	—	—	—	—	—	—	—	—	—	4	4	3	7,6	91,2	91,2
„ $Gv10$ „ V_1A	—	—	—	—	—	—	—	—	—	—	—	—	—	—	—	—	—	—
„ V_1A mit 2 V_2A zum HA	—	—	—	—	—	—	—	—	—	—	—	—	2	28	19	15,6	823,6	592,8
„ V_1A „ 1 V_2A „ HA	—	—	—	—	—	—	—	—	—	—	—	—	1	24	16	15,6	374,4	249,6
„ V_1A „ 1 V_2A und 1 $Gv10$ zum HA	—	—	—	—	—	—	—	—	—	—	—	—	4	24	16	15,6	1497,6	998,4
Summe:	—	—	—	—	2975,0	2145,8	—	—	—	—	3244,0	3244,0	—	—	—	—	3980,2	2758,2

Bestimmung der Zahl der Nachbarnetzgruppen und ihrer Luft- und Wegentfernung.

Netzgruppe	Lfd. Nr.	Nachbar-Netzgruppen	Luft-km	Weg-km	Netzgruppe	Lfd. Nr.	Nachbar-Netzgruppen	Luft-km	Weg-km
München	1	Augsburg	55	70			Übertrag:	1553	1789
	2	Buchloe	63	65	Nördlingen	63	Dillingen		
	3	Weilheim	45	50		64	Augsburg		
	4	Schaftlach	32	40		65	Ingolstadt	70	75
	5	Rosenheim	53	60		66	Weißenburg	37	48
	6	Mühldorf	70	75		67	Ansbach	50	55
	7	Freising	32	32	Ingolstadt	68	Augsburg		
	8	Ingolstadt	70	70		69	Nördlingen		
Weilheim	9	Buchloe	37	40		70	Weißenburg	42	45
	10	Füssen	40	50		71	Beilngries	30	33
	11	Garmisch	37	42		72	Regensburg	58	67
	12	Schaftlach	42	50		73	Landshut	60	63
	13	München				74	Freising	45	55
Schaftlach	14	Weilheim			Freising	75	München		
	15	Garmisch	55	70		76	Ingolstadt		
	16	Rosenheim	32	35		77	Landshut	32	32
	17	München				78	Mühldorf	60	65
Rosenheim	18	Schaftlach			Mühldorf	79	München		
	19	München				80	Freising		
	20	Mühldorf	50	55		81	Landshut	41	50
	21	Traunstein	42	55		82	Pfarrkirchen	35	42
Garmisch	22	Weilheim				83	Traunstein		
	23	Schaftlach				84	Rosenheim		
	24	Füssen	30	62	Landshut	85	Mühldorf		
Traunstein	25	Rosenheim				86	Freising		
	26	Mühldorf	42	45		87	Ingolstadt		
	27	Reichenhall	22	28		88	Regensburg	52	60
Reichenhall	28	Traunstein				89	Straubing	50	52
Augsburg	29	München				90	Pfarrkirchen	58	65
	30	Ingolstadt	55	62	Pfarrkirchen	91	Mühldorf		
	31	Nördlingen	60	65		92	Landshut		
	32	Dillingen	37	45		93	Straubing	55	60
	33	Neu-Ulm	63	70		94	Passau	43	47
	34	Buchloe	37	40	Passau	95	Pfarrkirchen		
	35	Memmingen	64	75		96	Straubing	72	75
Neu-Ulm	36	Dillingen				97	Zwiesel	50	52
	37	Augsburg			Zwiesel	98	Passau		
	38	Buchloe	68	75		99	Straubing	50	58
	39	Memmingen	46	50		100	Cham	48	50
Buchloe	40	Augsburg			Straubing	101	Pfarrkirchen		
	41	Neu-Ulm				102	Passau		
	42	Memmingen	37	42		103	Zwiesel		
	43	Kempten	45	50		104	Cham	38	40
	44	Füssen	50	60		105	Regensburg	38	42
	45	Weilheim				106	Landshut		
	46	München			Regensburg	107	Landshut		
Memmingen	47	Ulm				108	Ingolstadt		
	48	Augsburg				109	Beilngries	45	47
	49	Buchloe				110	Amberg	50	63
	50	Kempten	30	32		111	Cham	48	50
Kempten	51	Buchloe				112	Straubing		
	52	Füssen	32	35		113	Landshut		
	53	Lindau	50	62	Beilngries	114	Regensburg		
	54	Memmingen				115	Amberg	50	62
Lindau	55	Kempten				116	Nürnberg	52	62
Füssen	56	Kempten				117	Weißenburg	38	45
	57	Buchloe				118	Ingolstadt		
	58	Garmisch			Cham	119	Regensburg		
	59	Weilheim				120	Amberg	62	70
Dillingen	60	Neu-Ulm				121	Weiden	62	87
	61	Augsburg				122	Zwiesel		
	62	Nördlingen	30	32		123	Straubing		
		Übertrag:	1553	1789			Übertrag:	3074	3506

Netzgruppe	Lfd. Nr.	Nachbar-Netzgruppen	Luft-km	Weg-km	Netzgruppe	Lfd. Nr.	Nachbar-Netzgruppen	Luft-km	Weg-km
		Übertrag:	3074	3506			Übertrag:	4471	5064
Amberg.....	124	Nürnberg ...	57	52	Schweinfurt...	190	Würzburg ...	35	38
	125	Bayreuth	55	62		191	Bamberg		
	126	Weiden	32	42		192	Koburg.....		
	127	Cham				193	Kissingen....	20	22
	128	Regensburg ...			Würzburg....	194	Rothenburg.		
	129	Beilngries....				195	Neustadt a. d. A.		
Weiden.....	130	Cham......				196	Bamberg		
	131	Amberg.....				197	Schweinfurt...		
	132	M.-Redwitz ...	42	45		198	Kissingen....	45	55
	133	Bayreuth	50	62		199	Lohr......	32	37
Nürnberg	134	Amberg.....			Kissingen	200	Würzburg....		
	135	Beilngries				201	Schweinfurt...		
	136	Weißenburg ...	45	50		202	Lohr......	42	47
	137	Ansbach	40	47	Lohr......	203	Aschaffenburg..	30	32
	138	Neustadt a. d. A.	37	37		204	Kissingen....		
	139	Bamberg	50	56		205	Würzburg....		
	140	Bayreuth	62	72	Aschaffenburg..	206	Lohr......		
Ansbach	141	Nördlingen ...			Bayreuth	207	Koburg.....		
	142	Weißenburg ...	42	47	Ludwigshafen ..	208	Neustadt a H.	25	27
	143	Nürnberg				209	Kirchheimboland.	35	42
	144	Neustadt a. d. A.	32	35		210	Kaiserslautern..	50	50
	145	Rothenburg ...	27	32	Neustadt	211	Ludwigshafen ..		
Rothenburg...	146	Ansbach				212	Landau.....	17	17
	147	Neustadt a. d. A.	37	40		213	Kaiserslautern..	30	33
	148	Würzburg....	50	50		214	Pirmasens ...	42	50
Neustadt	149	Ansbach			Landau.....	215	Pirmasens....	37	40
	150	Rothenburg ...				216	Neustadt		
	151	Würzburg.	42	55	Kirchheimboland.	217	Kaiserslautern..	30	35
	152	Bamberg	37	40		218	Ludwigshafen ..		
	153	Nürnberg			Kaiserslautern..	219	Kirchheimboland.		
Weißenburg ...	154	Ansbach				220	Ludwigshafen ..		
	155	Nürnberg				221	Kusel	27	30
	156	Beilngries				222	Zweibrücken ..	35	42
	157	Ingolstadt....				223	Pirmasens....	27	33
	158	Nördlingen ...				224	Neustadt a. d. H.		
Bamberg	159	Nürnberg....			Pirmasens....	225	Kaiserslautern..		
	160	Neustadt a. d. A.				226	Landau.....		
	161	Würzburg ...	70	72		227	Zweibrücken ..	18	22
	162	Schweinfurt...	50	50	Zweibrücken ..	228	Pirmasens....		
	163	Koburg.....	40	42		229	Kaiserslautern..		
	164	Kronach	50	53	Kusel	230	Kusel	28	35
	165	Bayreuth	50	52		231	Kaiserslautern..		
Amberg	166	M.-Redwitz ...				232	Zweibrücken ..		
Mühldorf	167	München			Pirmasens....	233	Neustadt a. d. H.		
Bayreuth	168	Weiden					Summe:	5076	5761
	169	M.-Redwitz ...	37	50					
	170	Amberg.....					Zahl der Nachbarnetzgruppen:		
	171	Nürnberg					233 : 53 = 4,39 rd. 5		
	172	Bamberg							
	173	Kronach	37	40			Luftentfernung 5076 km : 117 = 43,3 km		
	174	Hof	50	52					
M.-Redwitz ...	175	Amberg.....	63	75			Wegentfernung 5761 km : 117 = 49,23 km		
	176	Weiden							
	177	Bayreuth							
	178	Hof	38	43					
Hof	179	Kronach	40	50					
	180	M.-Redwitz ...							
	181	Bayreuth							
Kronach	182	Bayreuth							
	183	Bamberg							
	184	Koburg.....	25	27					
	185	Hof							
Koburg.....	186	Kronach							
	187	Bayreuth	52	65					
	188	Schweinfurt...	58	63					
	189	Bamberg							
		Übertrag:	4471	5064					

Berechnung der Bezirksleitungszahl.
Zahl der Nachbarnetzgruppen 5.

Gesprächsziffer im Bezirksverkehr 0,17; Konzentration 12%. Über die Bezirksleitungen sind außerdem 20% der Vorortsgespräche der V_1A, und 30% der Vorortsgespräche der V_2A, die in die Nachbarnetzgruppen abwandern, abzuwickeln. Für die Leitungsberechnung wird im Verkehr mit Wählersteuerung eine Ausnutzungsdauer von 42' pro Leitung festgelegt, wie sie sich aus Erfahrungszahlen ergab.

	a) Anfangszustand	b) Endausbau	
		e) Normalfall	e'') doppelte Gesprächsziffer
TC-Wert f. Bezirksverkehr	$(875+777)\cdot0,17\cdot1,2\cdot\frac{1}{16}=21,2$	$(3000+2690)\cdot0,17\cdot1,2\cdot\frac{1}{16}=73,0$	$(3000+2690)\cdot0,34\cdot1,2\cdot\frac{1}{20}=146,0$
TC-Wert f. 30% Vorortsgespr. d. V_2A	$9\cdot30\cdot0,3\cdot1,29\cdot1,2\cdot\frac{1}{20}=6,3$	$9\cdot100\cdot1,5\cdot0,3\cdot1,2\cdot\frac{1}{20}=24,3$	$9\cdot100\cdot3,0\cdot0,3\cdot1,2\cdot\frac{1}{20}=48,4$
TC-Wert f. 20% Vorortsgespr. d. V_1A	$7\cdot70\cdot0,2\cdot1,19\cdot1,2\cdot\frac{1}{20}=7,0$	$7\cdot250\cdot1,0\cdot1,2\cdot0,2\cdot\frac{1}{20}=21,0$	$7\cdot250\cdot2,0\cdot0,2\cdot1,2\cdot\frac{1}{20}=42,0$
Sa. der TC-Werte	34,5	118,3	236,4
TC-Wert-Konzentration	$34,5\cdot0,12=4,2$	$118,3\cdot0,12=14,2$	$236,4\cdot0,12=28,4$
TC-Wert-Konzentration : 5	$4,2:5=0,84$	$14,2:5=2,84$	$28,4:5=5,68$
Zahl der Ltg. 42' Ausnutzungsdauer	$0,84:0,7\cong2$	$2,84:0,7\cong4$	$5,68:0,7\cong8$
Zahl d. Ltg. pro Richtg.	$2\cdot2=4$	$2\cdot4=8$	$2\cdot8=16$
Gesamtzahl d. Ltg. im Amt	$5\cdot4=20$	$5\cdot8=40$	$5\cdot16=80$

Berechnung der Fernleitungszahl für den großen Fernverkehr einer Netzgruppe.

	a) Anfangszustand	b) Endausbau	
		e) Normalfall	e'') doppelte Gesprächsziffer
Zur Zeit sind in Bayern 154 große Fernltgn. vorhanden, die 308 Anruforgane bedingen, dazu kommen noch 30 Ltg. für innerdeutschen und 26 für den Auslandsverkehr, die nur 1 Anruforgan in den bayerischen Ämtern haben, insgesamt:	$308+30+26=364\ AO;$ d. i. pro Netzgruppe; $\frac{364}{53}=7\ AO.$	ebenso wie bei den Bezirksleitungen kommt für die 3fache Teilnehmerzahl die doppelte Leitungs- oder AO-Zahl in Rechnung, also $2\times7=14\ AO.$	eine Verdopplung des Gesprächsverkehrs erfordert die doppelte Leitungszahl. $2\times14=28\ AO.$

Feststellung der Anlagekosten und des jährlichen Aufwandes für Verzinsung, Abschreibung und Unterhaltung von oberirdisch geführten Bezirksfernleitungen aus 2 mm Bronzedraht.

(Nach dem Preisstand vom 1. April 1925 und 30jähriger Lebensdauer der Leitungen und Armierungen sowie 15jähriger Lebensdauer der Stangen.)

Erläuterungen zu S. 23

Zu lfd. Nr. 1: Von den Doppelleitungen sind 30% zur Viererbildung herangezogen.

Zu lfd. Nr. 2: Bei Gestängen mit Armierungen von acht Schleifen aufwärts sind pro km Linie rund 60% höhere Stangen wegen der Baumpflanzungen vorzusehen. Doppelgestänge ist bei Armierungen von 6 × 8 Tragstiften, bzw. bei 22 Schleifen zu errichten.

Zu lfd. Nr. 2—5: Die Frachtkosten für Stangen, Armierung und Drahtleitung sind für eine durchschnittliche Bahnstrecke von 150 km errechnet. Für die Verteilung des Bauzeuges auf der Baustrecke sind 30 M. für eine Fuhrlohntagschicht angesetzt.

Zu lfd. Nr. 8: Die Verzinsung des Anlagewertes ist mit 5% angenommen, da sich der Bau der Netzgruppenanlagen auf einen Zeitraum von etwa 20 Jahren erstrecken wird und innerhalb dieser Zeit mit einer Minderung der Zinsquote für Leihkapitalien zu rechnen ist.

Zu lfd. Nr. 11—13: Der Anfallwert der Holzstangen ist mit 0 anzusetzen. Der Wert der anfallenden Armierungen ist nach 30jähriger Gebrauchsdauer mit ein Drittel des Neuwertes berechnet, da einerseits ein Teil der Armierungen nur mehr Alteisenwert besitzt und andererseits die brauchbar anfallenden Stücke hohe Instandsetzungskosten erfordern. Der Metallwert der anfallenden Drahtleitungen ist unter Berücksichtigung des Schmelz- und Gewichtsverlustes, der Umarbeitungs- und Frachtkosten mit rd. 40%

des Neuwertes angesetzt. In den Abbruchkosten sind auch die Rücktransportkosten zu den Baumagazinen enthalten.

Zu lfd. Nr. 14: Zur Ermittlung der Abschreibungsquote ist die Lebensdauer der Stangen mit 15, der Armierungen und Drahtleitungen mit 30 Jahren angenommen. Die Aufbau- und Abbruchkosten der Stangen sind daher für den Divisor mit $n = 30$ doppelt in Rechnung zu setzen.

Zu lfd. Nr. 17—19: Bei den Unterhaltungskosten des Holzgestänges sind neben den jährlichen Ausgaben für Stangenauswechslung, Anker- und Strebenerneuerung, Stangenrichten auch die Kosten für Abnahme und Wiederaufbringung der Drähte und Armierungen in Rechnung zu ziehen. Die Ausgaben für Leitungsunterhaltung umfassen die Kosten für Störungsbehebung, Drahtregulierung, Glockenauswechslung und Baumausästung und errechnen sich zu 12 M./km. Außerdem ist für den durch die Störungen verursachten Gebührenentgang nach den statistischen Ermittlungen ein Betrag von 3 M./km für die Stammleitung und von 2×3 M./km für die Viererleitung anzusetzen.

Einheitskosten pro km Metall-Freileitung.

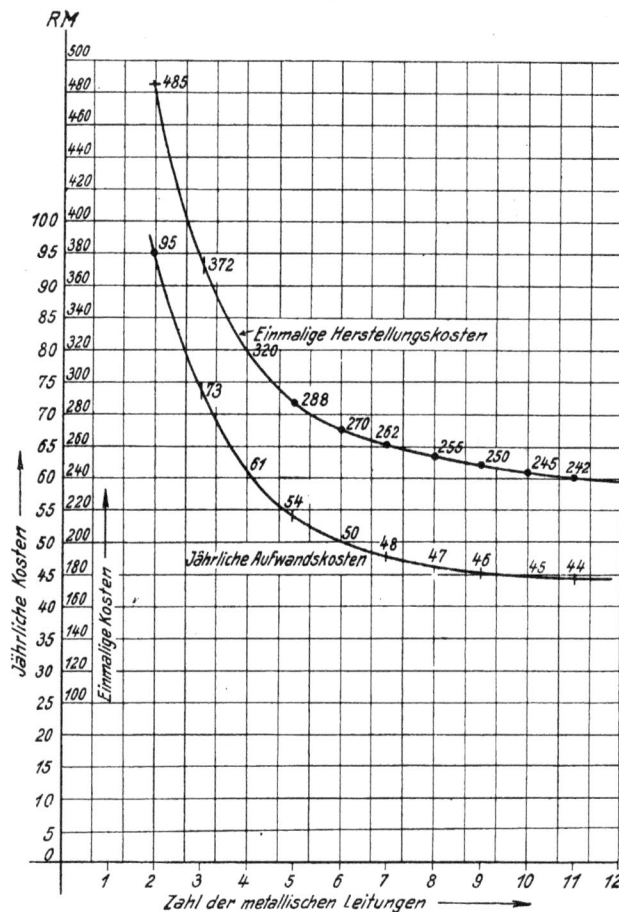

Rechts stehende Legende / Bemerkungen:

a = Anlagewert
b = Anfallwert
c = Abbruchkosten
n = 30 Jahre
Die Abbruchkosten f. d. Stangen mit 15 jähr. Lebensdauer sind doppelt anzusetzen

Gruppenüberschriften (Randspalten): Neuwert des Gestänges · Abschreibungskosten · Jährl. Unterhaltungskosten · Jährl. Gesamtkosten für Unterhaltung, Abschreibung und Verzinsung · 30% Viererleitungen

№	Bezeichnung	2/2,6	4 · 5,2	6 · 7,8	8/10,4	10/13	12/15,6	14/18,2	16/20,8	18/23,4	20/26	22/28,6	24/31,2	26 · 33,8	28 · 36,4	30 · 39
1	Zahl der met. Doppelltgn. und Sprechkreise	2/2,6	4 5,2	6 7,8	8/10,4	10/13	12/15,6	14/18,2	16/20,8	18/23,4	20/26	22/28,6	24/31,2	26 33,8	28 36,4	30 39
2	Anlagekosten des Gestg. f. 1 km RM. — Einfachgestg. Doppelgestg.	530	530	530	580	670	720	720	720	720	720	1400	1400	1650	1650	1650
3	Armierung	140	140	185	260	300	350	470	540	540	620	540	540	630	630	760
4	Drahtleitung	300	600	900	1190	1480	1780	2080	2370	2670	2960	3260	3560	3850	4150	4450
5	Gesamtkosten des Gestänges — Einfachgestg.	970	1270	1615	2030	2450	2850	3270	3630	3930	4300	—	—	—	—	—
5	— Doppelgestg.	—	—	—	—	—	—	—	—	—	—	5200	5500	6130	6430	6860
6	Anlagewert für 1 km — metallische Doppelleitung	485	317,50	269,17	253,75	245,—	237,50	233,57	226,87	218,33	215,—	236,36	229,15	235,73	229,64	228,67
7	desgl. — Sprechkreis	370,75	244,23	207,05	195,19	188,46	182,70	179,67	174,52	167,95	165,38	181,82	176,28	181,36	176,62	175,90
8	5% Verzinsung des Anlagewertes (v. Ziff. 5)	48,50	63,50	80,75	101,50	122,50	142,50	163,50	181,50	196,50	215,—	260,—	275,—	306,50	321,50	343,—
9	Zinsquote — metallische Doppelltg.	24,25	15,88	13,46	12,69	12,25	11,88	11,68	11,35	10,92	10,75	11,82	11,46	11,79	11,48	11,43
10	für 1 km — Sprechkreis	18,65	12,21	10,35	9,76	9,42	9,13	8,98	8,73	8,40	8,27	9,09	8,81	9,07	8,83	8,79
11	Anfallwert = 0 Abbruchkost. — Einfachgestg. Doppelgestg.	80,—	80,—	80,—	92,—	108,—	115,—	115,—	115,—	115,—	115,—	200,—	200,—	280,—	280,—	280,—
12	Armierung m. Glocken u. Tragst. — Anfallwert	24,50	24,50	34,80	47,50	57,50	65,20	93,50	111,20	111,20	130,30	108,80	108,80	128,80	128,80	144,60
12	— Abbruchkost.	29,90	29,90	36,80	55,20	57,50	69,—	80,50	85,10	85,10	96,60	85,10	85,10	98,90	98,90	110,40
13	Drahtltg. — Anfallwert	80,—	160,—	240,—	320,—	400,—	480,—	560,—	640,—	720,—	800,—	880,—	960,—	1040,—	1120,—	1200,—
13	— Abbruchkost.	25,—	50,—	75,—	100,—	125,—	150,—	175,—	200,—	225,—	250,—	275,—	300,—	325,—	350,—	375,—
14	Abschreibungsquote $x = \dfrac{a-(b-c)}{n}$	53,68	61,85	71,40	86,06	102,03	115,79	127,40	137,13	145,29	155,54	212,38	220,54	253,17	261,34	273,69
15	Abschreibungsquote — metallische Doppelltg.	26,84	15,46	11,90	10,76	10,20	9,65	9,10	8,57	8,07	7,78	9,65	9,19	9,73	9,33	9,12
16	für 1 km — Sprechkreis	20,65	11,89	9,15	8,28	7,85	7,42	7,—	6,59	6,20	5,98	7,43	7,07	7,49	7,18	7,02
17	Unterhaltungskosten — Einfachgestg. Doppelgestg.	55,—	55,—	55,—	63,—	73,—	80,—	88,—	96,—	96,—	100,—	158,—	158,—	178,—	178,—	182,—
18	desgl. — Armierung	2,—	2,—	2,—	2,50	2,50	3,—	3,50	4,—	4,—	4,—	4,—	4,—	4,50	4,50	5,—
19	desgl. Drahtleitung — met. Doppelltg.	30,—	60,—	90,—	120,—	150,—	180,—	210,—	240,—	270,—	300,—	330,—	360,—	390,—	420,—	450,—
19	— Sprechkreis	31,80	63,60	95,40	127,20	159,—	190,80	222,60	254,40	286,20	318,—	349,80	386,60	413,40	445,20	477,—
20	Gesamtkost. d. Unterhaltg. — met. Doppelltg.	87,—	117,—	147,—	185,50	225,50	263,—	301,50	340,—	370,—	404,—	492,—	522,—	572,50	602,50	637,—
20	— Sprechkreis	88,80	120,60	152,40	192,70	234,50	273,80	314,10	354,40	386,20	422,—	511,80	543,60	595,90	627,70	664,—
21	desgl. für 1 km — met. Doppelltg.	43,50	29,25	24,50	23,19	22,55	21,92	21,54	21,25	20,56	20,20	22,36	21,75	22,02	21,52	21,23
21	— Sprechkreis	34,15	23,20	19,54	18,53	18,04	17,55	17,26	17,04	16,51	16,23	17,90	17,42	17,63	17,24	17,03
22	Jährl. Gesamtkosten für 1 km met. Doppelltg. — Verzinsung	24,85	15,88	13,46	12,69	11,88	11,88	11,68	11,35	10,92	10,75	11,82	11,46	11,79	11,48	11,43
22	— Abschreibung	26,84	15,46	11,90	10,76	10,20	9,65	9,10	8,57	8,07	7,78	9,65	9,19	9,73	9,33	9,12
22	— Unterhaltung	43,59	29,25	24,50	23,19	22,55	21,92	21,54	21,25	20,56	20,20	22,36	21,75	22,02	21,52	21,23
22	— Summe:	94,59	60,59	49,86	46,64	45,—	42,45	42,32	41,17	39,55	38,73	43,83	42,40	43,54	42,33	41,78
23	desgl. für 1 km Sprechkreis — Verzinsung	18,65	12,21	10,35	9,76	9,42	9,13	8,98	8,73	8,40	8,27	9,09	8,81	9,07	8,83	8,79
23	— Abschreibung	20,65	11,89	9,15	8,28	7,85	7,42	7,—	6,59	6,21	5,98	7,43	7,07	7,49	7,18	7,02
23	— Unterhaltung	34,15	23,20	19,54	18,53	18,04	17,55	17,26	17,04	16,51	16,23	17,90	17,42	17,63	17,24	17,03
23	— Summe:	73,45	47,30	39,04	36,57	35,31	34,10	33,24	32,36	31,12	30,48	34,42	33,30	34,19	33,25	32,84

Einheitskosten pro km oberirdischer Phantomleitung.

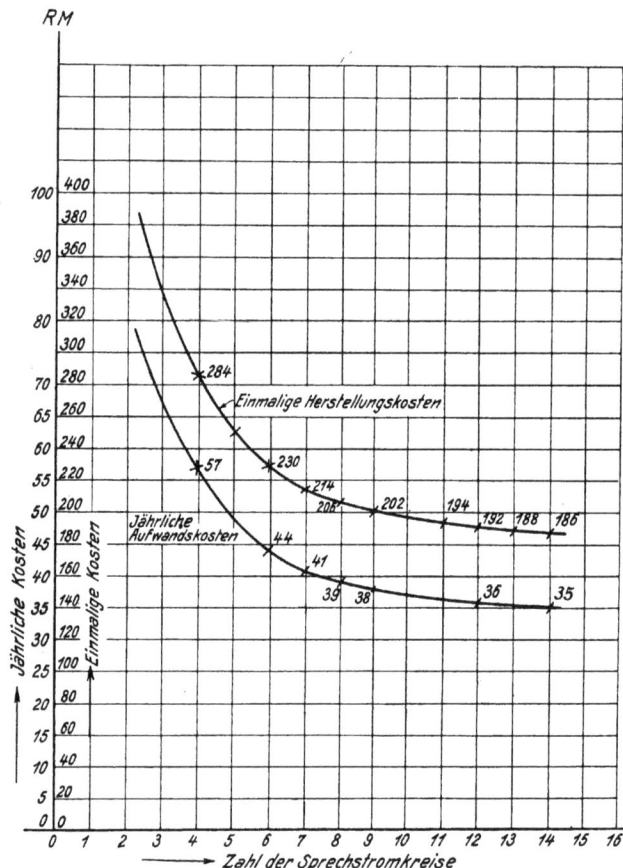

Feststellung der Anlagekosten für 0,9 mm Bezirkskabel in paariger und Viererausnützung.

(Nach dem Preisstand vom 1. April 1925.)

Erläuterungen zu S. 26.

Zu lfd. Nr. 1: Hohlkabelpreise nach Stand: 1924 April/Mai (TRA/VI BI, Nr. 70, vom 2. Juni 1924).

Zu lfd. Nr. 4 und 5: Metallwert, errechnet und in den Vollkabelpreis einbezogen mit 1,30 M./kg Cu und 0,65 M./kg Pb.

Zu lfd. Nr. 6: lfd. m Kabelgraben (0,80 m × 0,50 m) einschließlich Einfüllen und Wiederherstellen der Bodenflächen bei Stundenlohn 0,89 M. = 1,50 M., das ist für 30 km = 45000 M. und für Pflasterwiederinstandsetzung in Städten = 5000 × 3 = 15000 M., in Summa 60000 M.

Zu lfd. Nr. 7: Die hier treffenden Kosten sind in Ziff. 6 einbezogen, ihrer Vermehrung bei vieldrähtigen Kabeln wird bei der Aufrundung Rechnung getragen.

Zu lfd. Nr. 8: Nachdem bewehrte Kabel vorgesehen sind, wird doppelte Ziegelsteinabdeckung in 5 km entfernten Ortschaften zu je 0,5 km angenommen, pro 5 km: 500 × 8 × 2 × 0,06 M. = 480 bis 500 M. einschließlich Einlegen.

Zu lfd. Nr. 9—10: Bei Fabrikationslänge 500 m werden nach Abzug der auch als Spließmuffen geltenden Pupin- und Abgleichspunkte: 59 — (15 + 16) = 59 — 31 = 28 ≅ 30 Muffen benötigt, bei den übrigen Fabrikationslängen ergeben sich für 334 m: $(30 \times 3 - 1) - (15 + 16) = 89 - 31 = 58$ $\cong$ 60 Muffen, für 250 m: $(30 \times 4 - 1) - (15 + 16) = 119 - 31 = 88 \cong 90$ Muffen, für 200 m: $(30 \times 5 - 1) - (15 + 16) = 149 - 31 = 118 \cong 120$ Muffen, für 143 m: $(30 \times 7 - 1) - (15 + 16) =$ $= 209 - 31 = 178 \cong 180$ Muffen, für 125 m: $(30 \times 8 - 1) - (15 + 16) = 239 - 31 = 208 \cong 210$ Muff.

Zu lfd. Nr. 11—12: Nach Angabe der Siemens & Halske-A.-G. *S K 2 Vtbl.* 219 (*Kl*) *Po.* vom 2. Mai 1925 treffen auf 30 km 15 Pupinpunkte und 16 Abgleichpunkte.

Zu lfd. Nr. 13—14: Der Erdabgleich wird in jenen Fällen, wo Kabel nicht im Störbereich elektrischer Wechselstrombahnen verlaufen, nicht nötig sein. Für die Fälle des Bedarfs sind die von Siemens & Halske für den Paar- und Erdabgleich jeweils angegebenen Kostenbeträge (nach lfd. Nr. 13 und 14) im Verhältnis der für Abgleich der Paare und Vierer ohne und mit Erdabgleich festgestellten Werte gekürzt und aus diesen Ergebnissen und den Beträgen für Paar- und Erdabgleich das arithmetische Mittel gezogen. Mit diesen Werten ist auch dem wohl teilweise notwendigen Erdabgleich bei Paarpupinisierung Rechnung getragen.

Zu lfd. Nr. 15: Für die 30-km-Strecke werden zwei Endverschlüsse angenommen.

Zu lfd. Nr. 16: Für die Frachtberechnung wurde die Strecke Berlin—Nürnberg mit etwa 500 km zugrunde gelegt, wofür der 100-kg-Frachtsatz bei Tarif A 10: 5,28 M. beträgt. Das Ladegewicht wurde aus der Summe der Kabelgewichte unter Berücksichtigung der Fabrikationslängen derart ermittelt, daß für das Trommelleergewicht jeweils 200 kg zugeschlagen wurden. Beträge für Trommelausfahren sind mit 30 M. für je zwei Trommeln angesetzt.

Zu lfd. Nr. 17: Die Aufrundung wurde zu etwa 10% der voraufgeführten Kosten angenommen, bei 200'' und 250''-Kabeln wurden die Aufrundungen etwas geringer bewertet, da trotz der höheren Einlegekosten (s. lfd. Nr. 7) die Steigerung der Aufrundung nicht proportional der Kostensumme (unwahrscheinlich hoch) genommen werden kann.

Zu lfd. Nr. 13a und 14a: In der Voraussetzung, daß der Erdabgleich nur im Störungsbereich elektrischer Wechselstrombahnen nötig sein wird, wurden Sach- und Montagekosten mit einem Mittelwert für Kondensatorausgleich mit und ohne Erdabgleich eingesetzt.

Zu lfd. Nr. 15a: Die Frachtkosten wurden des höheren Gewichtes für die Stamm- und Viererspulenkasten wegen etwas höher vorgesehen.

Zu lfd. Nr. 20a: Durch die Einbeziehung der Viererschaltungen liegen hier die Sprechkreiskilometer 50% höher als nach lfd. Nr. 20 die Aderpaarkilometer.

Lfd. Nr.	Paarzahl u. Fabrikationslänge in m	4	6	8	10	14	20	30	50	100	150	200	250
1	Fabrikationslänge in m	500	500	500	500	500	500	500	334	250	200	143	125
	pro Meter												
2	Hohlpreis pro 1 m (RM.)	1,00	1,15	1,30	1,35	1,57	1,81	2,24	3,06	5,55	7,69	9,79	11,00
3	Cu 1,30 M./kg Bedarf pro m/kg	0,052	0,077	0,103	0,127	0,178	0,254	0,381	0,636	1,272	1,909	2,545	3,181
	Pb 0,65 M./kg	0,644	0,681	0,798	0,910	0,995	1,460	1,685	2,356	3,841	5,678	7,503	8,906
4	Metallwert pro m/RM	0,49	0,54	0,65	0,76	0,88	1,28	1,59	2,36	4,15	6,17	9,19	9,92
5	Lfd. Nr. 2 + 4 =	1,49	1,69	1,95	2,11	2,45	3,09	3,83	5,42	9,70	13,86	18,98	20,92
	Reichsmark für 30 km												
6	Vollkabelpreis	44 700,—	50 700,—	58 500,—	63 300,—	73 500,—	92 700,—	114 900,—	162 600,—	291 000,—	415 800,—	569 400,—	627 600,—
7	Gesamte Erdarbeiten und Kabeleinlegen	60 000,—	60 000,—	60 000,—	60 000,—	60 000,—	60 000,—	60 000,—	60 000,—	60 000,—	60 000,—	60 000,—	60 000,—
8	Kabelschutz	3000,—	3000,—	3000,—	3000,—	3000,—	3600,—	3000,—	3000,—	3000,—	3000,—	3000,—	3000,—
9	Spließmuffen	30 × 16	30 × 16	30 × 16	30 × 16	30 × 19	30 × 19	30 × 32	60 × 32	90 × 45	120 × 50	180 × 86	210 × 120
		480,—	480,—	480,—	480,—	570,—	570,—	960,—	1920,—	4050,—	6000,—	15 480,—	25 200,—
10	Spließen	30 × 82	30 × 82	30 × 88	30 × 90	30 × 93	30 × 109	30 × 129	60 × 168	90 × 218	120 × 263	180 × 300	210 × 310
		2460,—	2460,—	2640,—	2700,—	2790,—	3270,—	3870,—	10 080,—	19 620,—	31 600,—	54 000,—	65 100,—
11	Spulenkasten für Stammpupinisierung	15 × 295	15 × 380	15 × 470	15 × 530	15 × 1120	15 × 1370	15 × 1800	15 × 2720	15 × 4810	15 × 6670	15 × 9620	15 × 11 460
		4425,—	5700,—	7050,—	7950,—	16 800,—	20 550,—	27 000,—	40 800,—	72 150,—	100 050,—	144 300,—	171 900,—
12	Montagekosten	15 × 265	15 × 265	15 × 290	15 × 300	15 × 320	15 × 344	15 × 405	15 × 470	15 × 654	15 × 780	15 × 1320	15 × 1440
		3975,—	3975,—	4350,—	4500,—	4800,—	5160,—	6075,—	7050,—	9810,—	11 700,—	19 800,—	21 600,—
13	Abgleichsachkosten	16 × 100	16 × 104	16 × 109	16 × 110	16 × 110	16 × 120	16 × 148	16 × 208	16 × 327	16 × 406	16 × 520	16 × 648
		1600,—	1664,—	1744,—	1760,—	1760,—	1920,—	2368,—	3328,—	5232,—	6496,—	8320,—	10 368,—
14	Montagekosten	16 × 331	16 × 331	16 × 337	16 × 347	16 × 358	16 × 415	16 × 532	16 × 644	16 × 892	16 × 933	16 × 1034	16 × 1178
		5296,—	5296,—	5392,—	5552,—	5728,—	6640,—	8512,—	10 304,—	14 272,—	14 928,—	16 544,—	18 848,—
15	Endverschlüsse samt Montage	368,—	378,—	438,—	438,—	526,—	526,—	720,—	840,—	1204,—	1630,—	1850,—	2160,—
16	Frachten	3400,—	3600,—	4000,—	4590,—	4900,—	6380,—	7300,—	10 000,—	15 500,—	21 100,—	27 600,—	32 500,—
17	Aufrundung	129 704,—	137 253,—	147 594,—	154 270,—	174 374,—	200 716,—	234 705,—	309 922,—	495 838,—	672 504,—	920 294,—	1 038 276,—
		10 296,—	12 747,—	12 406,—	15 730,—	15 626,—	19 284,—	25 295,—	30 078,—	54 162,—	67 496,—	79 706,—	91 724,—
18	Summe:	140 000,—	150 000,—	160 000,—	170 000,—	190 000,—	220 000,—	260 000,—	340 000,—	550 000,—	740 000,—	1 000 000,—	1 130 000,—
19	Anlagekosten pro a) Kabelkilometer RM.	4667,—	5000,—	5333,—	5667,—	6667,—	7333,—	8667,—	11 333,—	18 333,—	24 667,—	33 333,—	37 667,—
20	Zahl der Adernpaar km	120 km	180 km	240 km	300 km	420 km	600 km	900 km	1500 km	3000 km	4500 km	6000 km	7500 km
	b) Adernpaarkilom. RM.	1167,—	833,—	667,—	567,—	476,—	367,—	289,—	227,—	183,—	164,—	167,—	151,—
	Reichsmark für 30 km												
11a	Spulenkasten für Stamm- und Viererpupinisierung	15 × 470	15 × 1050	15 × 1200	15 × 1370	15 × 1660	15 × 2360	15 × 3260	15 × 4810	15 × 8500	15 × 13 280	15 × 17 000	15 × 22 900
		7050,—	15 750,—	18 000,—	20 550,—	24 900,—	35 400,—	48 900,—	72 150,—	127 500,—	199 200,—	255 000,—	343 500,—
12a	Montagekosten	15 × 265	15 × 265	15 × 290	15 × 300	15 × 320	15 × 344	15 × 405	15 × 470	15 × 654	15 × 780	15 × 1320	15 × 1440
		3975,—	3975,—	4350,—	4500,—	4800,—	5160,—	6075,—	7050,—	9810,—	11 700,—	19 800,—	21 600,—
13a	Abgleichsachkosten	16 × 115	16 × 123	16 × 133	16 × 143	16 × 173	16 × 200	16 × 262	16 × 365	16 × 618	16 × 933	16 × 1173	16 × 1458
		1840,—	1968,—	2128,—	2288,—	2768,—	3200,—	4194,—	5840,—	9888,—	14 928,—	18 768,—	23 328,—
14a	Montagekosten	16 × 510	16 × 510	16 × 545	16 × 554	16 × 569	16 × 670	16 × 840	16 × 1028	16 × 1425	16 × 1865	16 × 2130	16 × 2780
		8160,—	8160,—	8720,—	8864,—	9104,—	10 720,—	13 440,—	16 448,—	22 800,—	29 840,—	34 080,—	44 480,—
15a	Frachten	3600,—	4000,—	4400,—	5000,—	5400,—	6900,—	7900,—	11 000,—	17 000,—	23 000,—	29 500,—	35 000,—
17a	Sa. lfd. Nr. (5—10) + 15 + (11a—16a) u. Aufrundung	135 633,—	150 871,—	162 656,—	171 120,—	187 358,—	221 446,—	263 959,—	350 928,—	565 872,—	796 898,—	1 060 878,—	1 250 968,—
		14 367,—	19 129,—	17 344,—	18 880,—	22 642,—	18 554,—	26 041,—	39 072,—	54 128,—	73 102,—	89 122,—	99 032,—
18a	Summe:	150 000,—	170 000,—	180 000,—	190 000,—	210 000,—	240 000,—	290 000,—	390 000,—	620 000,—	870 000,—	1 150 000,—	1 350 000,—
19a	a) Kabelkilom. (30)	5000,—	5667,—	6000,—	6333,—	7000,—	8000,—	9667,—	13 000,—	20 667,—	29 000,—	38 333,—	45 000,—
20a	Zahl der Sprechkreis-km	180 km	270 km	360 km	450 km	630 km	900 km	1350 km	2250 km	4500 km	6750 km	9000 km	11 250 km
	b) Sprechkreiskilomet. RM.	833,—	630,—	500,—	422,—	333,—	267,—	215,—	173,—	138,—	129,—	128,—	120,—

Vergleich der Anlagekosten

1. eines pupinisierten und
2. eines doppelt pupinisierten Kabels mit Viererbildung.

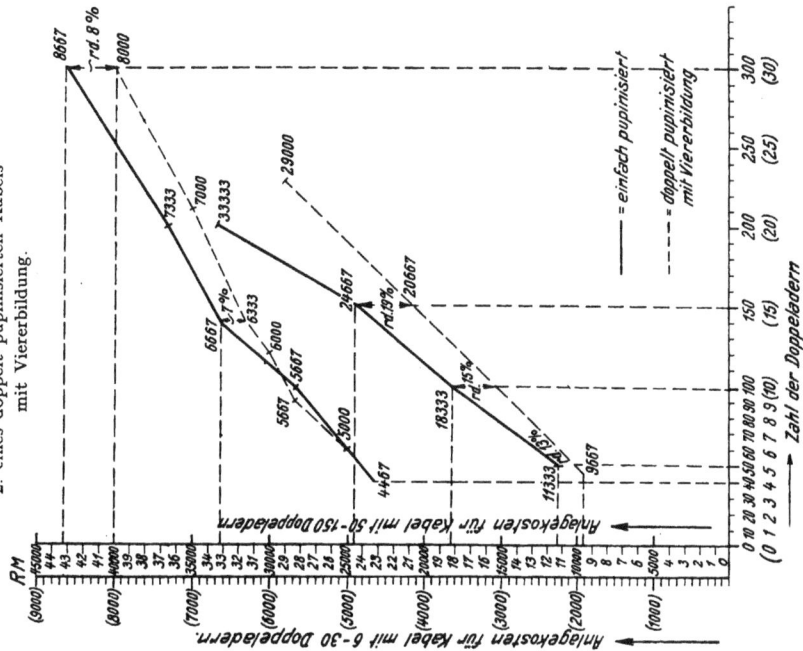

Einheitskosten pro km unterirdischer Kabelleitung.

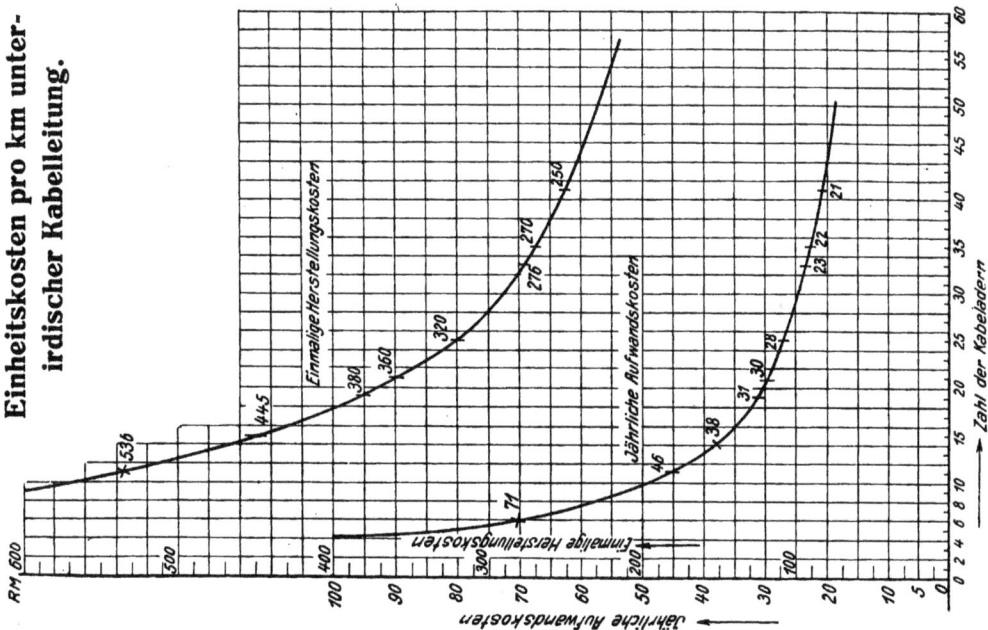

Feststellung des Aufwandes für Verzinsung, Abschreibung und Unterhaltung von 0,9 mm Bezirkskabeln in paariger und Viererverseilung.

(Nach dem Preisstand vom 1. April 1925 bei 30jähriger Gebrauchsfähigkeit der Kabelanlage.)

Erläuterungen zu S. 29.

Zu lfd. Nr. 3: Das Schmelzgewicht des Aderkupfers nach 30 Jahren ist um 5%, jenes des Kabelmantelbleis um 10% geringer als der Neuwert angesetzt.

Zu lfd. Nr. 5: Der Geldwert der vorbezeichneten verminderten Metallmengen ist nach dem Kursstand der ursprünglichen Neubeschaffung errechnet: also 1 kg Kupfer = 1,30 M., 1 kg Blei = 0,65 M. (s. a. Ziff. 9).

Zu lfd. Nr. 7: Der Anlagewert ist aus S. 26 (lfd. Nr. 18) entnommen (s. a. Ziff. 7, S. 29).

Zu lfd. Nr. 8: Bei Hingabe des Anlagewertes als Leihkapital wurde vorsichtig für kurzfristige Anlage und im Hinblick auf fortschreitendes Sinken des Zinsfußes, soweit dies die Wirtschaftsbelastung möglich werden läßt, nur mit einem Erträgnis von 5% gerechnet.

Zu lfd. Nr. 9: Der Altstoffwert der Kabelanlage ist mit dem Metallwert nach Ziff. 6 (also nach 30 Jahren) angesetzt, wobei die Wiederverwendung der Muffen, Pupinkästen und Abgleichmittel außer Berücksichtigung blieb. Es ist hierbei auch vorausgesetzt, daß das alte Kabel nur zwecks Ersatzes durch ein stärkeres Wiederverwendung, herausgenommen wird, also Erdarbeiten für Wiedergewinnung des alten Kabels nicht anzurechnen sind. Das Herausnehmen des alten Kabels zur Metallausbeute — also mit Einrechnung der Erdkabelzerschneidungs- und Umschmelzarbeiten könnten etwa erst vom 100paarigen Kabel an in Frage kommen. Unter solcher Voraussetzung des greifbaren Metallwertes müßten die alten zwei mit 50paarigen Kabel mit einem Altwert von 0 M. angesetzt werden, was angesichts der Tatsache, daß die Gebrauchsdauer für Kabel mehr oder minder willkürlich zu 30 Jahren angenommen wird, nicht vertretbar ist.

Zu lfd. Nr. 10: Die Unterhaltungskosten pro km für niederpaarige Kabel müssen für die Praxis ungleich höher angenommen werden als für hochpaarige, denn die Erdarbeiten sind bei Störungen für alle Kabelgrößen die gleichen.

Zu lfd. Nr. 7a: s. Ziff. 7.

Zu lfd. Nr. 9a: Der Altstoffwert ist nach den Ausführungen zu Ziff. 9 derselbe wie dort.

Zu lfd. Nr. 10a: Die Unterhaltungskosten sind hier die gleichen wie bei paariger Verseilung, die Viererverseilung und -Pupinisierung sind nicht angerechnet.

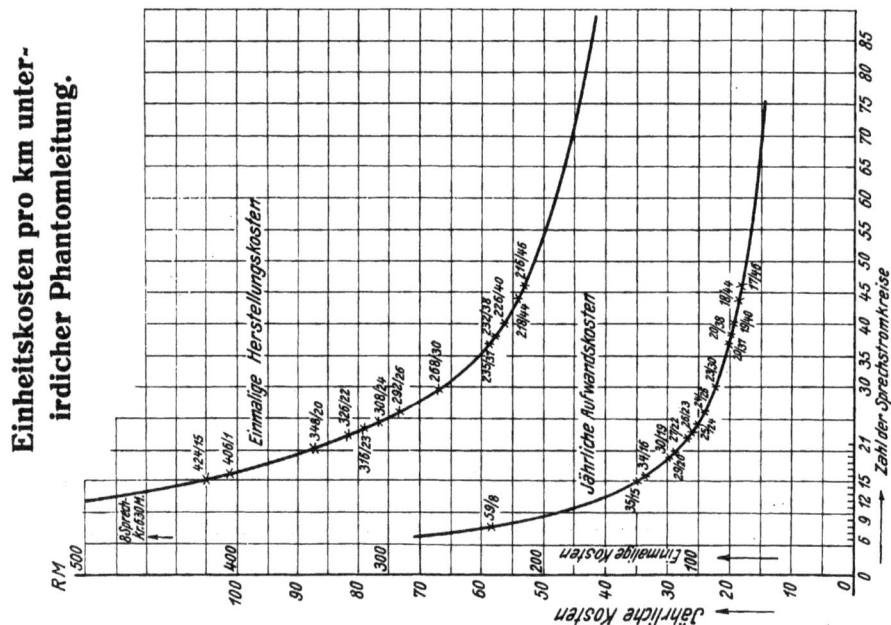

Nr.		4/6	6/9	8/12	10/15	14/21	20/30	30/45	50/75	100/150	150/225	200/300	250/375
1	Paar- und Sprechkreiszahl — Fabrikationslänge . . . m	500	500	500	500	500	500	500	334	250	200	143	125
2	Cu } Gewicht pro 1 km/kg im neuen Kabel	52	77	103	127	178	254	381	636	1 272	1 909	2 545	3 181
2	Pb }	644	681	798	910	995	1 460	1 685	2 356	3 841	5 678	7 503	8 906
3	Cu } Gewicht pro 1 km/kg im alten Kabel	49,40	73,15	97,85	120,65	169,10	241,30	361,95	604,20	1 208,20	1 813,55	2 417,75	3 021,95
3	Pb }	579,60	612,90	718,20	819,—	895,50	1 314,—	1 516,50	2 120,40	3 456,90	5 110,20	6 752,70	8 015,40
4	Cu } Gewicht für 30 km/kg im alten Kabel	1 482	2 194	2 935	3 619	5 073	7 239	10 858	18 126	36 246	54 406	72 532	90 658
4	Pb }	17 388	18 387	21 546	24 570	26 065	39 420	45 495	63 612	103 707	153 306	202 581	240 462
5	Cu } Wert { im alten Kabel RM. / pro 30 km RM. (also nicht greifbar)	1 926,60	2 852,20	3 815,50	4 704,70	6 594,90	9 410,70	14 115,40	23 563,80	47 119,80	70 727,80	94 291,60	117 855,40
5	Pb }	11 302,20	11 951,55	14 004,90	15 970,50	17 462,25	25 623,—	29 571,75	41 347,80	67 409,55	99 648,90	131 677,65	156 300,30
6	Metallwert in 30 km altem Kabel RM.	13 228,80	14 803,75	17 820,40	20 675,20	24 057,15	35 033,70	43 687,15	65 911,60	114 519,35	170 376,70	225 969,25	274 155,70 = Altstoffwert A
7	Anlagewert bei paariger Verseilung RM.	140 000,—	150 000,—	160 000,—	170 000,—	200 000,—	220 000,—	260 000,—	340 000,—	550 000,—	740 000,—	1 000 000,—	1 130 000,— = Neuwert N
8	5% Verzinsung des Anlagekapitals jährl. RM.	7 000,—	7 500,—	8 000,—	8 500,—	10 000,—	11 000,—	13 000,—	17 000,—	22 000,—	37 000,—	50 000,—	56 500,—
9	Jährl. Abschreibung $\frac{N-A}{30}$ RM.	4 226,—	4 507,—	4 739,—	4 978,—	5 865,—	6 116,—	7 210,—	9 136,—	14 516,—	18 987,—	25 801,—	28 528,—
	pro Paarkilometer RM.	5,—	4,—	3,—	2,50	2,—	1,70	1,50	1,30	1,—	1,—	1,—	1,—
10	jährl. Unterhaltungskosten RM.	600,—	720,—	720,—	750,—	840,—	1 020,—	1 350,—	1 950,—	3 000,—	4 500,—	6 000,—	7 500,—
11	Aderpaarkilometer	120	180	240	300	420	600	900	1 500	3 000	4 500	6 000	7 500
11	Jährl. Aufwand RM.	11 820,—	12 727,—	13 459,—	14 228,—	16 705,—	18 136,—	21 560,—	28 086,—	39 516,—	60 487,—	81 801,—	92 528,—
12	d. i. pro Aderpaarkilometer RM.	99	71	56	47	40	30	24	19	13,2	13,4	13,3	12,3
7a	Anlagewert bei Viererverseilung RM.	150 000,—	170 000,—	180 000,—	190 000,—	210 000,—	240 000,—	290 000,—	390 000,—	620 000,—	870 000,—	1 150 000,—	1 350 000,— = Neuwert N_1
8a	5% Verzinsung des Anlagekapitals jährl. RM.	7 500,—	8 500,—	9 000,—	9 500,—	10 500,—	12 000,—	14 500,—	19 500,—	31 000,—	43 500,—	55 750,—	67 500,—
9a	Jährl. Abschreibung $\frac{N_1-A}{30}$ RM.	4 599,—	5 173,—	5 406,—	5 644,—	6 198,—	6 832,—	8 210,—	10 803,—	16 849,—	23 321,—	30 801,—	35 861,—
10a	Jährl. Unterhaltungskosten = lfd. Nr. 10 RM.	600,—	720,—	720,—	750,—	840,—	1 020,—	1 350,—	1 950,—	3 000,—	4 500,—	6 000,—	7 500,—
11a	Jährlicher Aufwand RM.	12 699,—	14 393,—	15 126,—	15 894,—	17 538,—	19 852,—	24 060,—	32 253,—	50 849,—	71 321,—	92 551,—	110 061,—
12a	Sprechkreiskilometer	180	270	360	450	630	900	1 350	2 250	4 500	6 730	9 000	11 250
12a	pro Sprechkreiskm. RM.	71,—	53,—	42,—	35,—	28,—	22,—	18,—	14,—	11,3	10,6	10,3	9,9

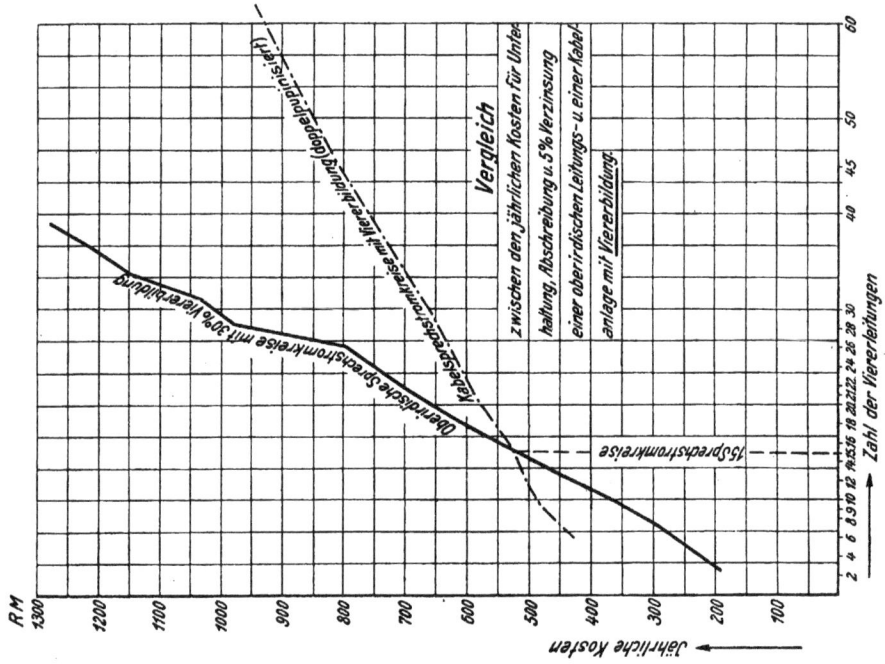

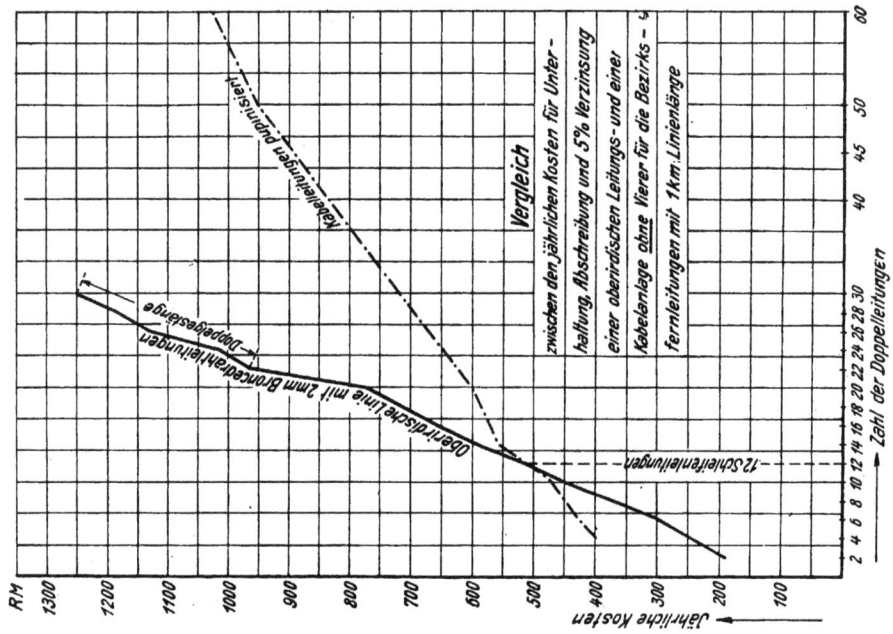

Ermittlung des einmaligen und jährlichen Kostenaufwandes für Herstellung und Unterhaltung der Verbindungsleitungen einer Mittelwertsnetzgruppe.

A. Handbetriebssystem.

1. Mit direkter Leitungsführung.

Leitungsweg	Ämter-zahl	Sprech-kreis-zahl	Linien-km	Sprech-kreis-km	Größe des Leitungs-bündels	Bau o U	Einmalige Kosten pro km in R.M.	Einmalige Gesamt-kosten in R.M.	Jährl. Kosten pro km in R.M.	Jährliche Ges.-Kosten in R.M.	Durchschnittskosten pro km einmalig in RM.	Durchschnittskosten pro km jährlich in RM.
Anfangszustand — Netzgruppenleitungen:												
V_2A zum HA	9	1	21,8	196,2	1	O	690	135 378	133	20 094,6		
Gv 10 zum HA	4	1	18,2	72,8	1	O	690	50 232	133	9 682,4		
V_1A zum HA mit Bezirksleitung	5	2	15,6	156	2 + 4 = 6	O	230	35 880	44	6 864		
V_1A zum HA ohne Bezirksltg.	2	2	15,6	62,4	2	O	485	30 264	95	5 928		
Summe				487,4				251 754		48 569	516	99,7
Bezirksleitungen:												
bis zu V_1-Amter	5	4	15,6	312	4 + 2 = 6	O	230	71 760	44	13 728		
bis Grenze	5	4	9,4	188	4	O	286	53 768	57	10 716		
Summe				500				125 528		24 444	251,1	68,9
Endausbau mit normaler Gesprächsziffer — Netzgruppenleitungen:												
V_2A zum HA	9	4	21,6	784,8	4	O	286	224 452,8	57	44 733,6		
Gv 10 zum HA	4	1	18,2	72,8	1	O	690	50 232	133	9 682,4		
V_1A zum HA mit Bezirksleitung	5	7	15,6	546	7 + 8 = 15	U	424	231 504	35	19 110,0		
V_1A zum HA ohne Bezirksltg.	2	7	15,6	218,4	7	O	214	46 737,6	41	8 954,4		
Summe				1622,0				552 926,4		82 480,4	342	50,9
Bezirksleitungen:												
bis zu V_1-Amter	5	8	15,6	624	8 + 7 = 15	U	424	264 576	35	21 840		
bis Grenze	5	8	9,4	376	8	U	630	236 880	59	22 184		
Summe				1000,0				501 456		44 024	501	44,0
Endausbau mit doppelter Gesprächsziffer — Netzgruppenleitungen:												
V_2A zum HA	9	7	21,8	1373,4	7	O	214	293 907,6	41	56 309,4		
Gv 10 zum HA	4	1	18,2	72,8	1	O	690	50 232	133	9 682,4		
V_1A zum HA mit Bezirksleitung	5	14	15,6	1092,0	16 + 14 = 30	U	268	292 656	23	25 116		
V_1A zum HA ohne Bezirksltg.	2	14	15,6	436,8	14	O	186	81 244,8	35	15 288		
Summe				2 975,0				718 040,4		106 395,8	241,3	35,8
Bezirksleitungen:												
bis zu V_1-Amter	5	16	15,6	1248	16 + 14 = 30	U	268	324 464	23	28 704		
bis Grenze	5	16	94	752	16	U	406	305 312	34	25 568		
Summe				2 000				639 776		54 272	319,9	27,2

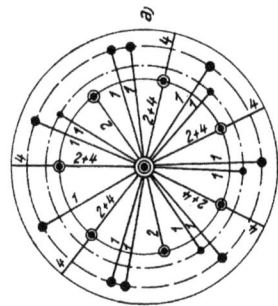

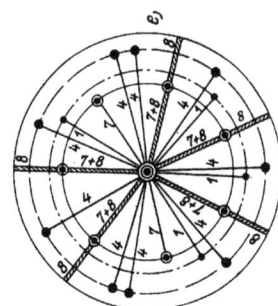

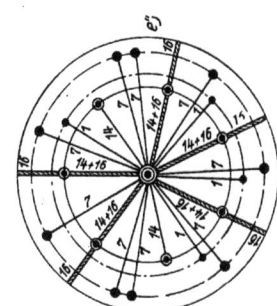

Ermittlung des einmaligen und jährlichen Kostenaufwandes für Herstellung und Unterhaltung der Verbindungsleitungen einer Mittelwertsnetzgruppe.

2. Mit Führung der Leitungen über die V_1-Ämter.

	Leitungsweg	Ämterzahl	Sprechkreiszahl	Linien-km	Sprechkreis-km	Größe des Bündels	Bau o	Bau U	Einmalige Kosten pro km in RM.	Einmalige Gesamtkosten in RM.	Jährl. Kosten pro km in RM.	Jährliche Gesamtkosten in RM.	Durchschnittskosten pro km einmalig in RM.	Durchschnittskosten pro km jährlich in RM.
Anfangszustand	**Netzgruppenleitungen:**													
	V_2A zum V_1A	9	1	10,2	91,8	1	O		690	63 342	133	12 209,4		
	Gv 10 zum V_1A	4	1	7,6	30,4	1	O		690	20 976	133	4 043,2		
	V_1A m. 2 V_2A z. HA m. Bez.-Ltg.	2	4	15,6	124,8	4 + 4 = 8	O		206	25 708,8	39	4 867,2		
	V_1A m.1V_2A u. Gv10 m. Bez.-Ltg.	2	4	15,6	124,8	4 + 4 = 8	O		206	25 708,8	39	4 867,2		
	V_1A m.1V_2A u.1Gv10 ohne Bez.-Ltg.	2	4	15,6	124,8		O		286	35 692,8	57	7 113,6		
	V_1A mit 1 V_2A mit Bez.-Ltg.	1	3	15,6	46,8	3 + 4 = 7	O		214	10 015,2	41	1 918,8		
	Summe				543,4					181 443,6		35 019,4	333,9	64,5
	Bezirksleitungen:													
	V_1A mit 2 V_2A	2	4	15,6	124,8	4 + 4 = 8	O		206	25 708,8	39	4 867,2		
	V_1A mit 1 V_2A und Gv 10	2	4	15,6	124,8	4 + 4 = 8	O		206	25 708,8	39	4 867,2		
	V_1A mit 1 V_2A	1	4	15,6	62,4	4 + 3 = 7	O		214	13 353,6	41	2 548,4		
	bis Grenze	5	4	9,4	188,0	4	O		286	53 768	57	10 716		
	Summe				500					118 539,2		23 008,8	237	46
Endausbau mit normaler Gesprächsziffer	**Netzgruppenleitungen:**													
	V_2A zum V_1A	9	4	10,2	367,2	4	O		286	105 019,2	57	20 930,4		
	Gv 10 zum V_1A	4	1	7,6	30,4	1	O		690	20 976	133	4 043,2		
	V_1A m. 2 V_2A z. HA m. Bez.-Ltg.	2	15	15,6	468	15 + 8 = 23		U	316	147 688	26	12 168,0		
	V_1A m.1V_2A u. Gv10 m. Bez.-Ltg.	2	12	15,6	374,4	12 + 8 = 20		U	348	130 291,2	29	10 857,6		
	V_1A m.1V_2A u. Gv10 ohn. B.-Ltg.	2	12	15,6	374,4	12	O		192	71 884,8	36	13 478,4		
	V_1A mit 1 V_2A m. Bez.-Ltg.	1	11	15,6	171,6	11 + 8 = 19		U	360	61 776	30	5 148,0		
	Summe				1786,0					537 635,2		66 625,6	391	37
	Bezirksleitungen:													
	V_1A mit 2 V_2A	2	8	15,6	249,6	8 + 15 = 23		U	316	78 873,6	26	6 489,6		
	V_1A mit 1 V_2A und Gv 10	2	8	15,6	249,6	8 + 12 = 20		U	348	86 860,8	29	7 238,4		
	V_1A mit 1 V_2A	1	8	15,6	124,8	8 + 11 = 19		U	360	44 928	30	3 744,4		
	bis Grenze	5	8	9,4	376	8		U	630	236 880	59	22 184,0		
	Summe				1 000					447 542,4		39 656,4	447	39,7
Endausbau mit doppelter Gesprächsziffer	**Netzgruppenleitungen:**													
	V_2A zum V_1A	9	7	10,2	642,6	7	O		214	137 516,4	41	26 346,6		
	Gv 10 zum V_1A	4	1	7,6	30,4	1	O		690	20 976,0	133	4 043,2		
	V_1A m. 2 V_2A z. HA m. Bez.-Ltg.	2	28	15,6	873,6	28 + 16 = 44		U	218	190 444,8	18	15 724,3		
	V_1A m.1V_2A u. Gv10 m. Bez.-Ltg.	2	22	15,6	686,4	22 + 16 = 38		U	232	159 244,8	20	13 728,0		
	V_1A m.1V_2A u. Gv10 ohn. B.-Ltg.	2	22	15,6	686,4	22	O		326	223 766,4	27	18 532,8		
	V_1A mit 1 V_2A m. Bez.-Ltg.	1	21	15,6	327,6	21 + 16 = 37		U	235	76 986,0	20	6 552,0		
	Summe				3247					808 934,4		84 927,4	249,2	21,9
	Bezirksleitungen:													
	V_1A mit 2 V_2A	2	16	15,6	499,2	16 + 28 = 44		U	218	108 825,6	18	8 956,5		
	V_1A mit 1 V_2A und Gv 10	2	16	15,6	499,2	16 + 22 = 38		U	232	115 814,4	20	9 984,0		
	V_1A mit 1 V_2A	1	16	15,6	249,6	16 + 21 = 37		U	235	58 656,0	20	4 992,0		
	bis Grenze	5	16	15,6	752	16		U	406	305 312,0	34	25 568		
	Summe				2000					588 608,0		49 500,5	294,3	24,8

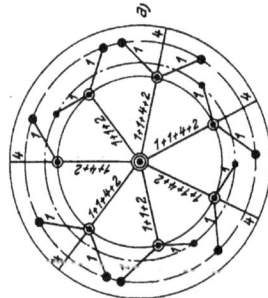
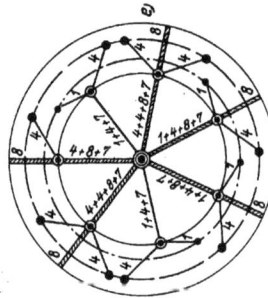
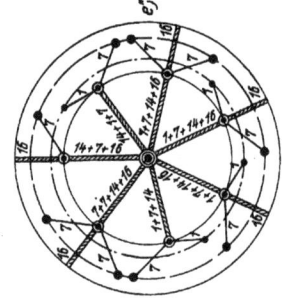

B. Überweisungssystem.

1. Mit direkter Leitungsführung.

Leitungsweg	Ämterzahl	Leitungs-zahl	Linien km	Leitungs-km	Größe des Leitsbündels	Bau O|U	Einmalige Kosten pro km in RM.	Einmalige Gesamtkosten in RM.	Jährliche Kosten pro km in RM.	Jährliche Gesamtkosten in RM.	Durchschnittskosten pro km einmalig in RM.	jährlich in RM.
Anfangszustand												
Netzgruppenleitungen:												
V_1A zum HA	9	2	21,8	392,4	2	O	485	190314	95	37278		
Go 10 zum HA	4	1	18,2	72,8	2	O	690	50232	133	9682,4		
V_1A zum HA mit Bezirksltg.	5	4	15,6	312,0	$4+3=7$	O	262	81744	48	14976		
V_2A zum HA	2	4	15,6	124,8	4	O	318	39686,4	61	7612,8		
Summe:				902,0				361976,4		69549,2	401,3	77,1
Bezirksleitungen:												
bis V_1A	5	4¹)	15,6	312	$3+4=7$	O	$\frac{266+206}{2}=236$	73632	$\frac{48+38}{2}=43$	13416	¹) 4 Sprechkreise	3 Leitungen
bis Grenze	5	4	9,4	188	4	O	286	53768	57	10716		
Summe:				500				127400		24132	254,8	48,2
Endausbau mit normaler Gesprächsziffer												
Netzgruppenleitungen:												
V_2A zum HA	9	5	21,8	981	5	O	288	282528	54	52974		
Go 10 zum HA	4	2	18,2	145,6	2	O	485	70616	95	13832		
V_1A zum HA mit Bezirksltg.	5	8	15,6	624	$8+6=14$	U	466	290784	38	23712		
V_1A zum HA ohne Bezirksltg.	2	8	15,6	249,6	8	O	255	63648	47	11731,2		
Summe:				2000,2				707576		102249,2	353,7	51
Bezirksleitungen:												
bis V_1A	5	8	15,6	624	$6+8=14$	U	$\frac{466+406}{2}=436$	272064	$\frac{38+34}{2}=36$	22464		
bis Grenze	5	8	9,4	376	8	U	630	238880	59	22184		
Summe:				1000				510944		44648	510,9	44,6
Endausbau mit doppelter Gesprächsziffer												
Netzgruppenleitungen:												
V_2A zum HA	9	8	21,8	1569,6	8	O	255	400248	47	73771,2		
Go 10 zum HA	4	2	18,2	145,6	2	O	485	70616	95	13832,0		
V_1A zum HA mit Bezirksltg.	5	14	15,6	1092	$14+11=25$	U	320	349440	27	29484		
V_1A zum HA ohne Bezirksltg.	2	14	15,6	436,8	14	O	466	203648,8	38	16598,4		
Summe:				3234				1023852,8		133685,6	316,6	41,4
Bezirksleitungen:												
bis V_1A	5	16¹)	15,6	1248	$11+14=25$	U	$\frac{320+268}{2}=294$	366912	$\frac{27+25}{2}=26$	32448	¹) 16 Sprechkreise	bez. 11 Schleifen
bis Grenze	5	16	9,4	752	16	U	406	305312	34	25568		
Summe:				2000				672224		58016	336	29

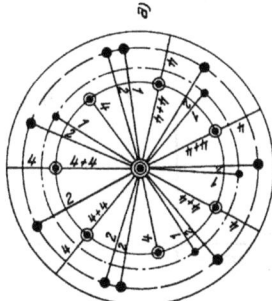

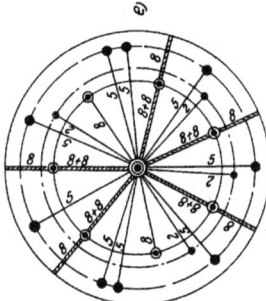

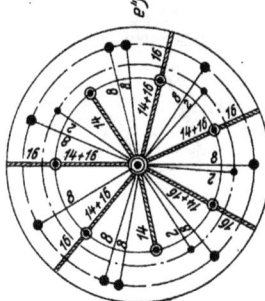

Leitungsweg	Ämterzahl	Leitungszahl	Linien-km
Netz-			
V_2-Amt zum $V_1 A$	9	2	10,2
$Gv10$ zum V_1-Amt	4	1	7,6
$V_1 A$ m. 2 $V_2 A$ z. HA mit B.-L. .	2	8	15,6
$V_1 A$ m. 1 $V_2 A$ u. 1 $Gv10$ z. HA m. B.-L. .	2	7	15,6
$V_1 A$ m. 1 $V_2 A$ u. 1 $Gv10$ ohne B.-L. .	2	7	15,6
$V_1 A$ mit 1 $V_2 A$ mit Bezirksl. . .	1	6	15,6
Summe:			
Bezirks-			
$V_1 A$ mit 2 $V_2 A$	2	4	15,6
$V_1 A$ mit 1 $V_2 A$ u. 1 $Gv10$	2	4	15,6
$V_1 A$ mit 1 $V_2 A$	1	4	15,6
bis Grenze	5	4	9,4
Summe:			
Netz-			
V_2-Amt zum $V_1 A$	9	5	10,2
$Gv10$ zum V_1-Amt	4	2	7,6
$V_1 A$ mit 2 $V_2 A$ z. HA mit B.-L. .	2	18	15,6
$V_1 A$ m. 1 $V_2 A$ u. 1 $Gv10$ z. HA m. B.-L. .	2	15	15,6
$V_1 A$ mit 1 $V_2 A$ u. 1 $Gv10$ ohne B.-L. .	2	15	15,6
$V_1 A$ mit 1 $V_2 A$ mit B.-L.	1	13	15,6
Summe:			
Bezirks-			
$V_1 A$ mit 2 $V_2 A$	2	[1]) 8	15,6
$V_1 A$ mit 1 $V_2 A$ und 1 $Gv10$ . . .	2	8	15,6
$V_1 A$ mit 1 $V_2 A$	1	8	15,6
bis Grenze	5	8	9,4
Summe:			
Netz-			
V_2-Amt zum $V_1 A$	9	8	10,2
$Gv10$ zum V_1-Amt	4	2	7,6
$V_1 A$ mit 2 $V_2 A$ z. HA m. B.-L. . . .	2	30	15,6
$V_1 A$ m. 1 $V_2 A$ u. 1 $Gv10$ z. HA m. B.-L. .	2	24	15,6
$V_1 A$ mit 1 $V_2 A$ u. 1 $Gv10$ ohne B.-L. .	2	24	15,6
$V_1 A$ mit 1 $V_2 A$ mit B.-L.	1	22	15,6
Summe:			
Bezirks-			
$V_1 A$ mit 2 $V_2 A$	2	[1]) 16	15,6
$V_1 A$ mit 1 $V_2 A$ und 1 $Gv10$	2	[1]) 16	15,6
$V_1 A$ mit 1 $V_2 A$	1	16	15,6
bis Grenze	5	16	9,4
Summe:			

Leitungen über die V_1-Ämter.

Leitungs-km	Größe des Leitungsbündels	Bau O	Bau U	Einmalige Kosten pro km in RM.	Einmalige Gesamtkosten in RM.	Jährliche Kosten pro km in RM.	Jährliche Gesamtkosten in RM.	Durchschnittskosten pro km einmalig in RM.	Durchschnittskosten pro km jährlich in RM.
gruppenleitungen.									
183,6	2	O		485	89 046	95	17 442		
30,4	1	O		690	20 976	133	4 043,2		
249,6	8 + 3 = 11	O		242	60 403,2	44	10 982,4		
218,4	7 + 3 = 10	O		245	53 508	45	9 828,0		
218,4	7	O		262	57 220,8	48	10 483,2		
93,4	6 + 3 = 9	O		250	23 400	46	4 305,6		
993,8					304 554,0		57 084,4	306,4	57,4
leitungen.									
124,8	3 + 8 = 11	O		$\frac{242+192}{2}=217$	27 081,6	$\frac{44+36}{2}=40$	4 992		
124,8	3 + 7 = 10	O		$\frac{245+195}{2}=220$	27 486	$\frac{45+37}{2}=41$	5 116,8		
62,4	3 + 6 = 9	O		$\frac{250+200}{2}=225$	14 040	$\frac{46+38}{2}=42$	2 620,8		
188,0	4	O		286	53 768	57	10 716		
500,0					122 375,6		23 445,6	244,7	46,9
gruppenleitungen.									
459	5	O		288	132 192	54	24 786		
60,8	2	O		485	29 488	95	5 776		
561,6	18 + 6 = 24		U	328	184 204,8	28	15 724,8		
468	15 + 6 = 21		U	360	168 480	30	14 040		
468	15		U	445	208 260	37	17 316		
202,8	13 + 6 = 19		U	380	77 064	31	6 286,8		
2 220,2					799 688,8		83 929,6	360,2	37,8
leitungen.									
249,6	6 + 18 = 24		U	$\frac{328+290}{2}=310$	77 376	$\frac{28+24}{2}=26$	6 489,6		
249,6	6 + 15 = 21		U	$\frac{360+316}{2}=338$	84 364,8	$\frac{30+26}{2}=28$	6 988,8		¹) 8 Sprechkreise
124,8	6 + 13 = 19		U	$\frac{380+336}{2}=358$	44 678,4	$\frac{31+30}{2}=30,5$	3 806,4		= 6 Leitungen
376	8		U	630	236 880	59	22 184,0		
1 000,0					443 299,2		39 468,8	443,2	39,4
gruppenleitungen.									
734,4	8	O		255	187 272	47	34 516,8		
60,8	2	O		485	29 488	95	5 776		
936	30 + 11 = 41		U	250	234 000	21	19 656		
748,8	24 + 11 = 35		U	270	202 176	22	16 473,6		
748,8	24		U	328	245 606,4	28	20 966,4		
343,2	22 + 11 = 33		U	276	94 723,2	23	7 893,6		
3 572,0					993 265,6		105 282,4	278	29,4
leitungen.									
499,2	11 + 30 = 41		U	$\frac{250+216}{2}=233$	116 313,6	$\frac{21+17}{2}=19$	9 484,8		
499,2	11 + 24 = 35		U	$\frac{270+226}{2}=245$	122 304,0	$\frac{22+19}{2}=20,5$	10 233,6		¹) 16 Sprechkreise
249,6	11 + 22 = 33		U	$\frac{276+232}{2}=254$	63 398,4	$\frac{23+20}{2}=21,5$	5 366,4		= 11 Leitungen
752	11		U	406	305 312	34	25 568		
2 000,0					607 328		50 652,8	303,6	25,3

7*

C. SA-Netzgruppensystem.

Leitungsweg	Ämter-zahl	Sprech-kreis-zahl	Linien-km	Sprech-kreis km	Größe des Leitungsbündels	Bau o / U	Einmal. Kosten pro km in RM.	Einmalige Gesamtkosten in RM.	Jährl. Kosten pro km in RM.	Jährliche Gesamt-kosten in RM.	Durchschnittskosten pro km einmalig in RM.	jährlich in RM.
Anfangszustand												
Netzgruppenleitungen:												
V_2A zum V_1A	9	4	10,2	368	4	o	286	105 248	57	20 976		
Gv10 zum V_1A	4	1	7,6	30,4	1	o	690	20 976	133	4 043,2		
V_1A m. 2 V_2A zum HA m. B.-L.	2	9	15,6	280,8	9+4=13	o	188	52 790,4	35	9 828		
V_1A mit 1 V_2A mit Bezirksl.	3	8	15,6	374,4	8+4=12	o	192	71 884,8	36	13 478,4		
V_1A mit 1 V_2A ohne Bezirksl.	2	8	15,6	249,6	8	o	206	51 417,6	39	9 734,4		
Summe:				1 303,2				302 316,8		58 060,0	231,2	44,6
Bezirksleitungen:												
bis V_1A mit 2 V_2A	2	4	15,6	124,8	4+9=13	o	188	23 462,4	35	4 368,0		
bis V_1A mit 1 V_2A	3	4	15,6	187,2	4+8=12	o	192	35 942,4	36	6 739,2		
bis Grenze	5	4	9,4	188	4	o	286	53 768	57	10 716,0		
Summe:				500,0				113 172,8		21 823,2	226,4	43,6
Endausbau mit normaler Gesprächsziffer												
Netzgruppenleitungen:												
V_2A zum V_1A	*9	9	10,2	826,2	9	o	202	166 892,4	38	31 395,6		
Gv10 zum V_1A	4	2	7,6	60,8	2	o	485	29 488	95	5 776,0		
V_1A m. 2 V_2A zum HA m. B.-L.	2	18	15,6	561,6	18+8=26	U	292	163 987,2	24	13 478,4		
V_1A m. 1 V_2A zum HA m. B.-L.	3	16	15,6	748,8	16+8=24	U	308	230 630,4	25	18 720		
V_1A mit 1 V_2A ohne Bezirksl.	2	16	15,6	499,2	16	U	406	202 675,2	34	16 972,8		
Summe:				2 696,6				793 673,2		86 342,8	294,4	32,1
Bezirksleitungen:												
bis V_1A mit 2 V_2A	2	8	15,6	249,6	8+18=26	U	292	72 883,2	24	5 990,4		
bis V_1A mit 1 V_2A	3	8	15,6	374,4	8+16=24	U	308	115 315,2	25	9 360,0		
bis Grenze	5	8	9,4	376	8	U	630	236 880	59	22 184		
Summe:				1 000,0				425 078,4		37 534,4	425	37,5
Endausbau mit doppelter Gesprächsziffer												
Netzgruppenleitungen:												
V_2A zum V_1A	9	13	10,2	1 193,4	13	o	188	224 359,2	35	41 769		
Gv10 zum V_1A	4	2	7,6	60,8	2	U	485	29 488	95	5 776		
V_1A mit 2 V_2A mit Bezirksl.	2	28	15,6	873,6	28+16=44	U	218	190 444,8	18	15 724,8		
V_1A mit 1 V_2A mit Bezirksl.	3	24	15,6	1 123,2	24+16=40	U	226	253 843,2	19	21 340,8		
V_1A mit 1 V_2A ohne Bezirksl.	2	24	15,6	748,8	24	U	308	230 630,4	25	18 720		
Summe:				3 999,8				928 765,6		103 330,6	232,2	25,8
Bezirksleitungen:												
bis V_1A mit 2 V_2A	2	16	15,6	499,2	16+28=44	U	218	108 825,6	18	8 985,6		
bis V_1A mit 1 V_2A	3	16	15,6	748,8	16+24=40	U	226	169 228,8	19	14 227,2		
bis Grenze	5	16	9,4	752	16	U	406	305 312	34	25 568		
Summe:				2 000,0				583 366,4		48 780,8	291,6	24,4

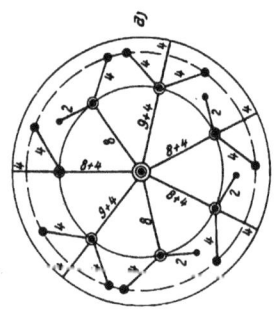

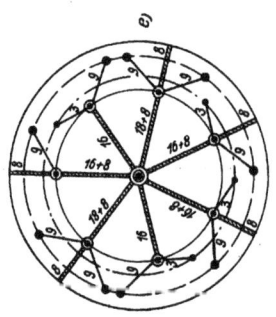

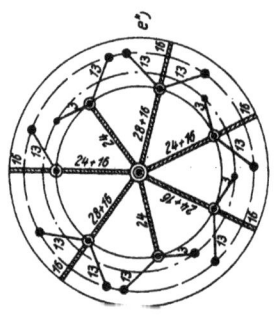

Einmalige Kosten des Aufwandes für Vorortsleitungen einer Mittelwertsnetzgruppe.

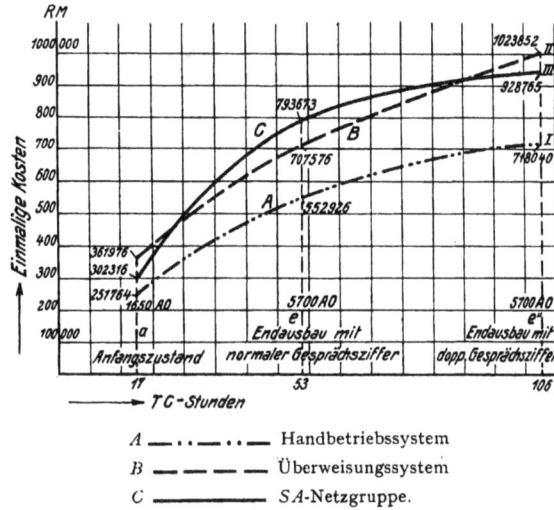

A —··—··— Handbetriebssystem
B — — — — Überweisungssystem
C ——————— SA-Netzgruppe.

Jährliche Kosten des Aufwandes für Vorortsleitungen einer Mittelwertsnetzgruppe.

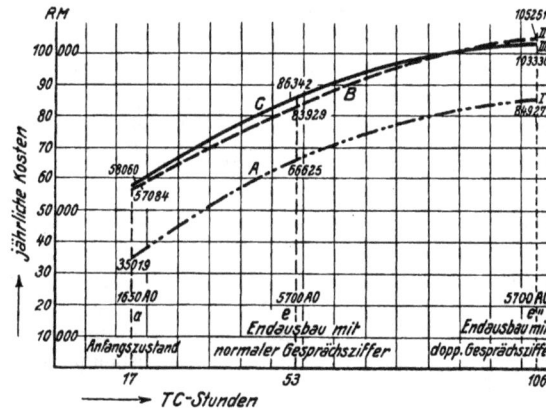

III.

Die Sprechstellen und Teilnehmerleitungen einer Mittelwertsnetzgruppe.

Die Kosten der apparatentechnischen Einrichtungen eines Hauptanschlusses
einschließlich der Kosten für die Nebenstellen und Zwischen- und Zentralumschalter.

(Die zu den römischen Indexziffern gehörigen Bemerkungen siehe Seite 38 und 39.)

	(Summe)	Zwischenumschalter für 1 Hauptstelle und:					Zentralumschalter (I) für					
		1 n	2 n	3 n	4 n	5 n (I)	1 H / 5 n (I)	2 H / 10 n (I)	3 H / 15 n (I)	5 H / 25 n	10 H / 50 n	15 H / 100 n
1. Bayern (II) ohne die OPDen Landshut und Regensburg; Ende 1913 = Stück:		13 420	3 860	1 180	430	140	230	380	90	90	40	15
2. Auf 100 Stück treffen (III) 1913 = Stück:		20	5,7	1,8	0,6	0,2	0,3	0,56	0,13	0,13	0,06	0,02
3. Vermehrung (IV) a) rund 25% (1913—1923)		5	1,42	0,45	0,15	0,05	0,075	0,14	0,03	0,03	0,015	0,005
b) rund 10% (1912—1925)		2	0,6	0,2	0,06	0,02	0,03	0,06	0,013	0,013	0,006	0,002
4. Auf 100 Stück (IV) treffen 1923 (bei 25% Mehrung) Stück:		25	7,12	2,25	0,75	0,25	0,38	0,70	0,16	0,16	0,075	0,025
5. Von 100 H liegen am Umschalter (V) rund = Stück:	Tischapp. 40	25	7	2	1		0,5	1,5	0,5	1	1	0,5
6. Es benötigen Tisch-Apparate 100 OB-H = Stck.	165	25	7,12	2,25	0,75	0,25	0,38	0,70	0,16	0,16	0,075	0,025
Einzelpreis einschl. Sicherg.-Kästchen, Batterie usw. M.	73,3	37,0	44,5	52,0	59,50	67,0	185	360	431	796	1 358	2 624
Montage und Material M.	10,0	3,0	3,0	3,0	3,0	3,0	25	25	40	70	150	200
Summe rund M.	84	40	48	55	63	70	210	385	470	870	1 500	2 825
Somit kosten 100 OB-H M.	13 860	1 000	342	124	47	18	80	270	75	140	112	70
M. oder für 1 H = 161,38 M (II)	16 138						2 278					
7. Es benötigen 100 ZB-SA-H Stck. (VI)	130	25	7,12	2,25	0,75	0,25	0,38	0,70	0,16	0,16	0,075	0,025
Einzelpreis einschl. Sicherg.-Kästchen, Batterie usw. M.	65	169	210	229	265	281	800	1 000	1 200	1 800	4 100	5 100
Montage u. Material M.	9	16	20	25	30	34	50	60	70	80	150	200
Summe rund M.	74	185	230	254	295	315	850	1 060	1 270	1 880	4 230	5 300
Somit kosten 100 ZB-SA-H rund M.	9 620	4 630	1 640	570	220	80	320	750	200	300	320	130
M. oder für 1 H = 187,80 M. (IX)	18 780						9160					

8. Für ZB-Betrieb kommen die gleichen Apparatepreise unter Wegfall des Nummernschalterpreises in Betracht, also rund für 1 H = 171 M. (IX).

Bemerkungen. I. Die Kniehebelumschalter für 6, 10 und 20 Doppelleitungen wurden schätzungsweise auf Umschalter 1 H/5 N, 2 H/10 N und 3 H/15 N verteilt, die neuen, selteneren Muster 3 H/10 N, 4 H/20 N, 15 H/50 N sind bei den entsprechend größeren Typen inbegriffen zu erachten, die SA-NA (Nebenstellenanlagen) sind unberücksichtigt gelassen. Vom Kostenstandpunkt aus betrachtet, können ihre Mehrkosten durch die Minderkosten der teig-Einrichtungen*) als abgegolten erachtet werden.

II. Die Zahl der HA betrug Ende 1913 74606, ohne die dienstlichen und die sogenannten sonstigen Anschlüsse, also ohne die öffentlichen Sprechstellen, die Telegraphenanstalten mit Telephonbetrieb und die G Ö, sowie ohne die damals gesondert behandelten Nebentelegraphen. OPD Landshut mit 3586 H und OPD Regensburg mit 3759 H sind nicht in die damalige Statistik miteinbezogen worden, also sind nur 74606 — 7345 = 67261 H der Erhebung zugrunde gelegt.

Auf die 74606 H treffen 39384 N, also auf 1 H (39384 : 74606) = $\underline{0{,}53\ N}$.

III. Daraus ergibt sich, daß auf 100 H = $(20 \cdot 1) + (5{,}7 \cdot 2) + (1{,}8 \cdot 3) + (0{,}6 \cdot 4) + (0{,}2 \cdot 5) + (0{,}3 \cdot 5) + (0{,}56 \cdot 10) + (0{,}13 \cdot 15) + (0{,}13 \cdot 25) + (0{,}06 \cdot 50) + (0{,}02 \cdot 100) = 57{,}5$ Nebenstellenanschlußorgane treffen, also auf 1 H = 0,57, was mit obigen 0,53 annähernd übereinstimmt.

IV. Ende 1923 betrug die Zahl der Teilnehmer-HA 109644; die Zahl der Teilnehmer-N (einschließlich teig) 75253, also treffen auf 1 H: 0,686 = $\underline{0{,}69\ N}$; danach haben sich die N, bezogen auf 1 H, in den letzten 10 Jahren um rd. 25% (von 1913 = 0,53 um 0,14) vermehrt. Hieraus ergibt sich, daß auf 100 H treffen im Jahre 1923 = $(25 \cdot 1) + (7{,}12 \cdot 2) + (2{,}25 \cdot 3) + (0{,}75 \cdot 4) + (0{,}25 \cdot 5) + (0{,}38 \cdot 5) + (0{,}70 \cdot 10) + (0{,}16 \cdot 15) + (0{,}16 \cdot 25) + (0{,}075 \cdot 50) + (0{,}025 \times 100) = 71{,}90$ belegte Nebenstellenan-

*) teig-Einrichtungen sind teilnehmereigene Sprechstelleneinrichtungen.

schlußorgane oder 0,72 pro 1 H, was wieder mit obigen 0,69 annähernd übereinstimmt. Die SA-NA mit einigen 100 N sind dabei vernachlässigt.

V. Es treffen also Ende 1923 auf 100 H rd. 170 Anschlüsse $(H + N)$, davon liegen an Zwischenumschaltern 35 H, an Zentralumschaltern 5 H, an einfachen Sprechapparaten 60 H und an Nebenstellenleitungen 70 N; im OB-Betrieb benötigen die 35 Zwischenumschalter H je einen Sprechapparat, im ZB- und SA-System dagegen nicht.

VI. Wie unter Ziff. V erwähnt, benötigen die Zwischenumschalter im ZB-SA-System keinen eigenen Tischtelephonapparat; daher für 100 H nur 130 einfache Tischapparate.

Für Mitte 1925 ergibt sich unter Verwendung des Preises des neuen ZB-SA-Apparates folgendes:

VII. Ende 1924 sind vorhanden:

a) nach der Fernsprechstatistik vom 31. Dezember 1924 = 120 784 H und 79 326 N = $\underline{0,66\,N}$ pro 1 H,

b) nach der Monatsstatistik der OPD (zur Verfügung vom 16. Oktober 1920) 120 696 H und 77 079 N = $\underline{0,64\,N}$ pro 1 H.

Am 1. Juli 1925 weist die gleiche Statistik aus:

128 860 H und 79 621 N = $\underline{0,62\,N}$ pro 1 H.

VIII. Der Preis des neuen ZB-SA-Apparates, Muster 1925, ist vorläufig mit 28 + 12 M. (Mikrotelephon) + 10 M. (Nummernschalter) = 50 M. angenommen; hierzu Sicherungskästchenanteil (= 1 M.) + Montage mit Material (= 9 M.) = 60 M. Die übrigen Preise sind unverändert aus lfd. Nr. 7 entnommen. Hiernach errechnet sich also aus 0,62 N pro 1 H und dem neuen ZB-SA-Apparatepreis für etwa

ab Mitte 1925:

		Zwischenumschalter für 1 H					und Zentralumschalter für $\frac{H}{N}$ =					
		1 N	2 N	3 N	4 N	5 N	$\frac{1H}{5N}$	$\frac{2H}{10N}$	$\frac{3H}{15N}$	$\frac{5H}{25N}$	$\frac{10H}{50N}$	$\frac{15H}{100N}$
9. ZB-SA-1925 für einen Stand von $H + N$:H = 1,63 (VII), d. i. nur 10% Mehrung gegenüber 1913.							(Lfd. Nr. 2 + lfd. Nr. 3b)					
Es treffen auf 100 H: Tischapparate 163 — (31,68 + 3,68) = ...	Tischapp. 128	22	6,3	2,0	0,66	0,22	0,33	0,62	0,14	0,14	0,066	0,022
Einzelpreis f. Sich.-Kästchen u. Batterie, Montage und Material . M.	60 (VIII)	31,18 H an Zw.-Umsch.					3,68 H an Zentr.-Umsch.					
		185	230	254	295	315	850	1 060	1 270	1 880	4 230	5 300
Somit kosten 100 ZB-SA-1925 H . . . . . . M.	7 680	4 070	1 450	510	200	70	280	660	180	260	280	120
Summe: M. oder **157,60** für 1 H bei neuem App.-Modell 1925.	15 760	8 080							(IX)			

10. 100 ZB 1925 H kosten 15 760 M. — 1 630 M. = 14 130 M. (Abzug des Nummernschalterpreises — 10 M. je Stück — für 163 Apparate) oder **141,30** M. für 1 neuen Apparat, Modell 1925 (IX).

IX. 1. Alle besonderen Zusatzeinrichtungen, wie weitere Wecker, Anschlußdosen für tragbare Apparate, Konsolen, Einrichtungen zum Mit- oder Nichtmithören usw. sind unberücksichtigt gelassen (sie werden im übrigen zum größten Teil wie auch die SA-NA durch besondere Zusatzgebühren erfaßt). Hierzu wird ein Zusatz von 5 M. pro H für angemessen gehalten.

2. Die Beschaffungskosten (Bestellung, Übernahme und Prüfung, Versandkosten zur Apparatenwerkstätte und zu den OPDen, Lagerungskosten, Stilliegen von Vorräten usw.) sind nicht berechnet (etwa noch 10% Zuschlag).

3. Zu den hier verwendeten Preisen ist heute (Juli 1925) ein in Aussicht stehender Preiszuschlag von 10% außerdem noch hinzuzurechnen; man hat also mit folgenden Werten zu rechnen:

1 OB-H: Bis 1924: 161,38 M. + 5 M. = $\underline{\text{rd. 165 M.}}$

1925: 165 M. + 10% hiervon = $\underline{\text{rd. 180 M.}}$

1 ZB-H: Bis 1924: 171,20 M. + 5 M. = $\underline{\text{175 M.}}$

1925: 141,30 M. + 5 M. + 10% = $\underline{\text{rd. 160 M.}}$

1 ZB-SA-H: Bis 1924: 187,80 M. + 5 M. = $\underline{\text{rd. 195 M.}}$

1925: 157,60 M. + 5 M. + 10% von 162,60 M. = 178,86 M.

$\underline{\text{rd. 180 M.}}$

Kostenermittlung für 1 km Teilnehmerkabeldoppelader.

Beschaffung, Verzinsung, Abschreibung und Unterhaltung.

Nach dem Preisstand vom 1. April 1925.

XIV "KA 28"

Zeichenerklärung.

- = Abzweig-Spließung.
- = Verbindungs-Spließung.
- Sp = Spließschacht: 4,90 m lang, 1,30 m breit, 1,67 m hoch.
- N = Normalschacht: 1,47 m lang, 1,30 m breit, 1,67 m hoch.
- Gr.Br. = Grabenbreite.
- = Gußasphalt.
- = Granit mit Mastixausguß.
- = Granit ohne Mastixausguß.
- = Klinker mit Betonunterlage.
- = Klinker ohne Betonunterlage.
- = Makadam.
- = Gewöhnliche Chaussierung.
- = Riesel und Rasen.

*) Verwaltungsausgaben, Werkzeugabnutzung, Unvorhergesehenes 15% ≈ 20000 M.

Verlegte Adernpaarkilometer: ~ 1220 km [77]

Baustrecke	Kabelgraben-Lg. m [1]	pro lfd. m M.	Graben-kosten M.	Schacht-kosten M.	Kabel-schacht-mat. M.	Gewicht kg	Frachten u. Vert. d. M.	Verlegen d. Kabelsch. M.	Wiederherstellung der Fahrbahn und Gehsteigflächen qm	Kosten M.	Kabel-lieferung M.	Kabel-gewicht kg	Fracht u. Vert. M.	Kabel-einziehen M.	Kabel-spließg. M.
VSt I	127,05	3,50	~450 [2]	900 [2]	2030 [6]	40000 [7]	3500 [19]	350 [20]	134 [24]	1100 [24]	1950 [32]	1000 [43]	2500 [54]	70 [55]	300 [63]
I—II	218,10	3,00	650	630 [3]	1750 [8]	34200 [9]					10000 [33]	9800 [44]		200 [56]	800 [64]
II—III	208,10	3,00	620	630	1670 [10]	32700		1360 [21]			8800 [34]	8200 [45]		200 [57]	300 [65]
III—IV	198,10	3,00	590	630	1600 [11]	31200			782 [25]	6100 [25]	7400 [35]	7100 [46]		200 [58]	300 [66]
IV—V	218,10	3,00	650	630	1750 [12]	34200					6200 [36]	6300 [47]		150 [59]	250 [67]
V—VI	248,10	2,60	650	630	1060 [13]	21400 [14]			650 [26]	2900 [26]	5500 [37]	5800 [48]		150 [60]	200 [68]
VI—VII	248,25	2,60	650	630	1060	21400		1800 [22]			4100 [38]	4000 [49]		100 [61]	220 [69]
VII—VIII	248,50	2,60	650	550 [4]	1060 [15]	21400			650 [27]	3700 [27]	4400 [39]	4000 [50]		100 [61]	120 [70]
VIII—IX	248,50	2,60	650	550	1060	21400					2600 [40]	2600 [50]		100 [62]	120 [71]
IX—X	248,50	2,60	650	550	1060	21400					2600	2600 [50]		100 [62]	60 [72]
X—XI	248,50	2,60	650	550	1060	21400			425 [28]	1200 [28]	2300 [41]	2500 [51]		100 [62]	80 [73]
XI—XII	699,25	1,00	700	550	800 [16]	3400 [17]			420 [29]	1500 [29]	1250 [41]	1400 [52]		100 [62]	—
XII—XIII	700,00	1,00	700	10	800	3400 [17]		1200 [23]	420 [30]	550 [30]	1250 [41]	1400 [52]		(siehe Anmerkung 23)	70 [74]
XIII—XIV	700,00	1,00	700	10	800	3400 [17]					1250 [41]	1400 [52]			30 [75]
XIV bis KA 28"	40),00	1,00	400 [5]	10 [4a]	450 [18]	1900			380 [31]	100 [31]	750 [42]	900 [53]			30 [76] / 20 [76]
	9360		9360	7460	18010	312700	3500	4710		17150	62350	60500	2500	1570	2930

Kosten des Adernpaarkilometers:

*) 20000 M.
Sa.: 130000 M.
150000 M. : 1220 km ≈ 123 M.

Anmerkungen zu 1) mit 77) siehe Seite 41, 42 u. 43.

Anmerkungen zur Kostenermittlung für 1 km Teilnehmerkabel-doppelader.

1. Je eine halbe Schachtlänge abgezogen.
2. Einführungsschacht 2,0 × 2,0 × 2,0 Lichtmaß.

Aushub mit Verschalen (3,0 × 3,0 × 2,2) × 9 M. . . . . . . ≅ 180 M.

Mauerwerk [2 × (2,50 + 2,0) × 0,25 × 2,0] × 80 M. . . . . = 360 „

Betonsohle (2,5 × 2,5 × 0,2) × 47 M. . . . . = 60 „

Abdeckung (Sonderausführung) . . . . = 200 „

Abdeckung einbauen . . . . = 50 „

zur Aufrundung . . . . = 50 „

Summe: 900 M.

3. Spließschacht 1,90 × 1,30 × 1,67 m Lichtmaß.

Aushub mit Verschalen (2,80 × 2,20 × 2,05) × 9 M. . . . . ≅ 114 M.

Mauerwerk [2 × (2,40 + 1,30) × 0,25 × 1,67] × 80 M. . . . ≅ 250 „

Betonsohle (2,40 × 1,80 × 0,2) × 47 M. . . . . ≅ 40 „

Abdeckung (Muster Katzenberger) . . . . = 140 „

Abdeckung einbauen . . . . = 40 „

zur Aufrundung . . . . = 46 „

Summe: 630 M.

4. Normalschacht 1,47 × 1,30 × 1,67 m Lichtmaß.

Aushub mit Verschalen (2,40 × 2,20 × 2,05) × 9 M. . . . . ≅ 100 M.

Mauerwerk [2 × (1,97 + 1,30) × 0,25 × 1,67] × 80 M. . . . ≅ 220 „

Betonsohle (1,97 × 1,80 × 0,20) × 47 M. . . . . ≅ 35 „

Abdeckung (Muster Katzenberger) . . . . = 125 „

Abdeckung einbauen . . . . = 30 „

zur Aufrundung . . . . = 40 „

Summe: 550 M.

4a). Spließabdeckung: Ziegelsteine mit Riffelblechbelag.
5. Einschließlich Dübelsetzen für Hochführung.
6. 260 Sohlstücke 1 × 4 à 5,04 M. + 130 Deckelstücke 1 × 4 à 5,51 M., einschließlich Bruch.
7. 260 × 94 kg + 130 × 110 kg ≅ 40000 kg.
8. 222 Sohlstücke 1 × 3 à 3,67 M. + 222 Deckelstücke 1 × 3 à 4,21 M., einschließlich Bruch.
9. 222 × 69 kg + 222 × 85 kg ≅ 34200 kg.
10. 212 Sohlstücke 1 × 3 à 3,67 M. + 212 Deckelstücke à 4,21 M., einschließlich Bruch.
11. 202 Sohlstücke und Deckelstücke wie vor.
12. Wie bei Anmerkung 8.
13. 251 Deckelstücke 1 × 3 à 4,21 M. ≅ 1060 M., einschließlich Bruch.
14. 251 × 85 kg ≅ 21400 kg.
15. Wie bei Anmerkung 13.
16. 720 dm Schutzeisen, Durchm. 40 mm (Kustermann) + 250 Schellen für Durchm. 40 mm + 700 Klemmbügel mit Keilen = 720 × 0,95 M. + 250 × 0,194 M. + 700 × 0,062 M. ≅ 800 M.
17. 720 × 4,6 kg = 3312 kg + Gewicht der 250 Schellen + der Klemmbügel mit Keilen ≅ 3400 kg.
18. 410 dm Schutzeisen, Durchm. 40 mm + 150 Schellen für Durchm. 40 mm + 400 Klemmbügel mit Keilen = 410 × 0,95 M. + 1,50 × 0,194 M. + 400 × 0,062 M. ≅ 450 M.
19. Die 312700 kg Formstücke und Schutzeisen werden nach Tarifklasse E (10) — vorwiegend Zementformstücke — auf durchschnittlich 100 km — ab OPD.-Sitz — (0,61 M./100 kg) verfrachtet. Das Verteilen erfordert:

$$\frac{312700 \text{ kg}}{4000 \text{ kg}} \cong 80 \text{ Fuhren} \cong 30 \text{ Fuhrwerkstagschichten à 30 M.} + 30 \times 2 \text{ Arbeitstagschichten}$$

à 8 M. Somit Gesamtkosten 3127 × 0,61 M. + 30 × (30 + 2 × 8) = 3500 M.
20. Formstücke: 128 m × (3 × 4 Öffnungen) pro lfd. m = 2,70 M. = 128 × 2,70 ≅ 350 M.
21. „ 842,4 m × (2 × 3 Öffnungen) pro lfd. m = 1,60 M. ≅ 845 × 1,60 ≅ 1360 M.
22. „ 1490,35 m × (1 × 3 Öffnungen) pro lfd. m = 1,20 M. ≅ 1500 × 1,20 = 1800 M.

23. Schutzeisen (*a*) + Kabeleinlegen (*b*) + Fertigstellen (*c*) der Hochführung (*a* + *b* = 2500 × 0,25 M. =
= 625 M.) + (*c* = Befestigung der Schutzeisen: 2 × 8 M. (Tagschicht) = 16 M. + Lieferung
des Kabelschrankes für 28″, einschließlich Endverschluß und Sicherungen. 75 M. + 35 M. + 95 M. =
= 205 M. + Einbau und Aufstellen = (3 + 3) × 8 M. = 48 M. + Lieferung von 8 m Ständer-
schacht: 8 × 10 M. = 80 M. + Anbringen desselben 3 × 8 M. = 24 M. + Lieferung von 3 × 10 m
10″ Gummikabel = 30 × 3,60 M. = 108 M. + Einziehen und Einschalten derselben (2 + 4) × 8
= 48 M.) ≅ 1200 M.

24. Gußasphalt: 127,05 m × 1 m (Breite) + 7 m² für Einführungsschacht ≅ 134 × 8,20 M. ≅ 1100 M.

25. Granitwürfel mit Mastixausguß: 842,4 m × 0,9 m (Breite) + 4 Spließschächte à 5,9 m² = 782 (m²)
× 7,80 M. = 6100 M.

26. Granitwürfel ohne Mastixausguß: 744,85 m × 0,85 m (Breite) + 2 Spließschächte à 5,9 m² + 1 Normalschacht à 4,9 m² ≅ 650 (m²) × 4,5 M. ≅ 2900 M.

27. Klinker mit Betonunterlage: 745,5 m × 0,85 m (Breite) + 3 Nomalschächte à 4,9 m² ≅ 650 (m²)
× 5,70 M. ≅ 3700 M.

28. Klinker ohne Betonunterlage: 699,25 m × 0,60 m (Breite) + 1 Normalschacht à 4,9 (m²) = 425 (m²)
× 2,80 M. ≅ 1200 M.

29. Makadam. 700 m × 0,6 m (Breite) = 420 (m²) × 3,60 M. ≅ 1500 M.

30. Gewöhnl. Chaussierung: 700 m × 0,6 m (Breite) = 420 (m²) × 1,30 M. ≅ 550 M.

31. Riesel für 380 m Kabelgraben × 0,6 m (Breite) = 228 (m²) × 0,40 M. ≅ 100 M.

32. Lackpapierkabel mit Bleimantel (*LPM*) je 20 m: 1 × 20″ à 1,80 M./m + 17 × 40″ à 3,25 M./m
+ 16 × 56″ à 2,48 M./m = 1596″ mit rd. 1950 M.

33. Je 152 m (mit Spließzuschlag): 300″ 0,6 Fbst à 10,52 M. + 224″ 0,8 Fb à 13,07 M. + 224″ 0,6 Fb
à 9,14 M. + 200″ 0,6 Fbst à 7,64 M. + 200″ 0,6 Fbst à 7,64 M. + 224″ 0,6 Fbst à 8,31 M. + 224″
0,6 Fb à 9,14 M. ≅ 10000 M.

34. Je 222 m (mit Spließzuschlag): 224″ 0,8 Fb à 13,07 M. + 224″ 0,6 Fb à 9,14 + 224″ 0,6 Fbst à 8,31 M.
+ 224″ 0,6 Fb à 9,14 M. ≅ 8800 M.

35. Je 212 m (mit Spließzuschlag): 168″ 0,8 Fb à 10,03 M. + 168″ 0,6 Fb à 7,24 M. + 224″ 0,6 Fbst
à 8,31 M. + 224″ 0,6 Fb à 9,14 M. ≅ 7400 M.

36. Je 202 m (mit Spließzuschlag): 140″ 0,8 Fb à 8,69 M. + 168″ 0,6 Fb à 7,24 M. + 224″ 0,6 Fbst
à 8,31 M. + 140″ 0,6 Fb à 6,26 M. ≅ 6200 M.

37. Je 222 m (mit Spließzuschlag): 112″ 0,8 Fb à 7,22 M. + 168″ 0,6 Fb à 7,24 M. + 224″ 0,6 Fbst
à 8,31 M. + 42″ 0,6 Fu à 2,08 M. ≅ 5500 M.

38. Je 252 m (mit Spließzuschlag): 112″ 0,8 Fb à 7,22 M. + 168″ 0,8 Fbst à 9,13 M. ≅ 4100 M.

39. Je 252 m (mit Spließzuschlag): 56″ 0,8 Fu à 3,63 M. + 112″ 0,8 Fbst à 6,56 M. ≅ 2600 M.

40. Je 252 m (mit Spließzuschlag): 56″ 0,8 Fu à 3,63 M. + 84″ 0,8 Fbst à 5,38 M. ≅ 2300 M.

41. Je 702 m (mit Spließzuschlag): 28″ 0,8 Fbl à 1,77 M. ≅ 1250 M.

42. Je 405 m (mit Spließzuschlag): 28″ 0,8 Fbl à 1,77 ≅ 750 M.

43. 1000 kg schätzungsweise.

44. 152 (m) × (8,9 + 11,0 + 7,5 + 6,7 + 6,7 + 7,0 + 7,5) kg + 7 (Trommeln) × 200 kg ≅ 9800 kg.

45. 222 (m) × (11,0 + 7,5 + 7,0 + 7,5) kg + 4 × 200 kg ≅ 8200 kg.

46. 212 (m) × (8,65 + 6,3 + 7,0 + 7,5) kg + 4 × 200 kg ≅ 7100 kg.

47. 202 (m) × (7,80 + 6,3 + 7,0 + 5,8) kg + 4 × 200 kg ≅ 6300 kg.

48. 222 (m) × (6,40 + 6,3 + 7,0 + 2,75) kg + 4 × 200 kg ≅ 5800 kg.

49. 252 (m) × (6,40 + 7,5) kg + 2 × 200 kg ≅ 4000 kg.

50. 252 (m) × (3,20 + 5,55) kg + 2 × 200 kg ≅ 2600 kg.

51. 252 (m) × (3,20 + 4,95) kg + 2 × 200 kg ≅ 2500 kg.

52. 702 (m) × 1,65 kg + 1 × 200 kg ≅ 1400 kg.

53. 402 (m) × 1,65 kg + 1 × 200 kg ≅ 900 kg.

54. Die 60500 kg werden ab Nürnberg auf eine mittlere Entfernung von 200 km nach Tarifklasse A (10)
verfrachtet, woraus sich $\frac{60500 \text{ kg}}{100 \text{ kg}}$ × 2,62 M. = 1600 M. Frachten ergeben, für Verteilen werden
für rd. 40 Trommeln $\frac{40}{3}$ Fuhrwerkstagschichten à 30 M. + $\frac{40}{3}$ × 2 Begleitertagschichten zu je
8 M. notwendig, d. s. rd. 2500 M.

55. Einziehen von 34 Stück à 20 m Lackkabeln rd. 3 × 3 = 9 Tagschichten à 8 M. ≅ 70 M.

56. 152 (m) × (0,2 + 0,25 + 0,20 + 0,15 + 0,15 + 0,20) M. ≅ 200 M. Einheitssätze pro m Kabel-
einziehen nach Preisliste 1913. Diese können unter Berücksichtigung des zeitsparenden Motor-
windenbetriebes hier noch gelten.

57. 222 (m) × (0,25 + 0,20 + 0,15 + 0,20) M. ≅ 200 M.

58. 292 (m) × (0,20 + 0,20 + 0,15 + 0,20) M. ≅ 200 M.

59. 202 (m) × (0,20 + 0,20 + 0,15 + 0,15) M. ≅ 150 M.

60. 222 (m) × (0,20 + 0,28 + 0,15 + 0,15) M. ≅ 150 M.

61. 252 (m) × (0,20 + 0,20) M. ≅ 100 M.

62. 252 (m) × (0,15 + 0,15) M. ≅ 100 M.

63. rd. 1600 Lackaderpaare an den Verteiler schalten pro Paar 20 Pf. ≅ 300 M.

64. rd. 1600 Doppeladern in Überführungsmuffen einschließlich Muffengestell und Muffen pro Aderpaar 50 Pf. = 800 M.

65. 4 × 224″ ≅ 900″ à 0,35 M. ≅ 300 M., einschließlich Muffen und sonstigem Spließmaterial.

66. Wie vor. Die 28″-Vorratsaderpaare im Schacht II werden hinsichtlich der schwierigen Abzweig-
spließung als gespließte Aderpaare ebenfalls zu 35 Pf. pro Paar berechnet.

67. Die ankommenden 784″ ≅ 800″ werden der erschwerten Abzweigung wegen für voll gespließt, der
liegenbleibenden 112 Vorratsaderpaare wegen nur mit 30 Pf. pro Paar berechnet, also:
800 × 0,30 M. ≅ 250 M.

68. 672″ ≅ 700″ ankommend zu je 30 Pf. nach voriger Begründung ≅ 200 M.

69. 546″ ≅ 550″ ankommend werden der kleineren Kabelgröße und der Abzweigungen wegen zu
40 Pf. pro Aderpaar berechnet, somit 550 × 0,40 M. ≅ 220 M.

70. 280″ ≅ 300 ankommend mit Rücksicht auf die kleinere Kabelform und das sternverseilte 168″-
Kabel zu 40 Pf. pro Aderpaar, somit 300 × 0,40 M. = 120 M.

71. rd. 300″ ankommend, einerseits der kleineren Kabelform und der Sternverseilung des 168″-Kabels
halber sowie andererseits der in Vorrat bleibenden 112″ wegen noch zu 40 Pf. per Aderpaar,
somit 300 × 0,40 M. = 120 M.

72. 112″ zu je 50 Pf. = 112 × 0,50 M. ≅ 60 M.

73. 168″ zu je 50 Pf. = 168 × 0,50 M. ≅ 80 M.

74. 140″ zu je 50 Pf. = 140 × 0,50 ≅ 70 M.

75. 28″ der kleineren Kabelform und des Aushebens und Schließens der Spließgrube wegen zu je 1 M.,
somit 28″ ≅ 30″ × 1 M. = 30 M.

76. Das Einschalten des 28″-Endverschlusses wird der kleinen Kabelform und des vorsichtigeren Arbeitens
auf dem Speicherboden halber zu 70 Pf. pro Doppelader angesetzt, somit ≅ 30″ × 0,70 M. ≅ 20 M.

77. 0,15 (km) × (300 + 224 + 224 + 200 + 200 + 224 + 224) (Paare) + 0,22 × (224 + 224 + 224
+ 224) + 0,21 × (168 + 168 + 224 + 224) + 0,20 × (140 + 168 + 224 + 140) + 0,22 × (112
+ 168 + 224 + 42) + 0,25 × (112 + 168) + 0,25 × (112 + 168) + 0,25 × (56 + 112) + 0,25
× (56 + 112) + 0,25 × (56 + 84) + 0,25 × (56 + 84) + 2,5 × 28 = 1219,68 ≅ 1220 Aderpaarkilometer.

Feststellung des Aufwandes für Verzinsung, Abschreibung und Unterhaltung von Teilnehmerhauptkabeln.

(Errechnet nach dem Preisstand vom 1. April 1925 für die zur „Ermittlung der
Anlagekosten von 1 km Teilnehmerkabeldoppelader" aufgebaute Telephonkabel-
anlage mit 1 220 km Adernpaarkilometer und einem Anlagewert von 150 000 RM.)

Lfd. Nr.		
1	Neuwert (N) der Kabelanlage mit 1 220 Adernpaarkilometer	150 000 RM.
2	Altstoffwert (A) der gleichen Anlage nach 30 Jahren.	27 000 „
3	Jährl. 5proz. Verzinsung des Anlagekapitals (N) . . . . ·	7 500 „
4	Jährl. Abschreibung $\frac{N-A}{30}$	4 100 „
5	Jährl. Unterhaltungskosten.	600 „
6	Jährl. Aufwand für die Kabelanlage (lfd. Nr. 3 + 4 + 5)	12 200 „
7	Jährl. Aufwand für 1 Adernpaarkilometer: $\frac{12 200 \text{ RM.}}{1 220}$ = ...	10 „

Beschaffte Metallmengen der Kabelanlage.

Zu lfd. Nr. 2:	m	Doppelad.	Ad. St. mm	Art	Cu-Ziff.	Pb-Ziff.	Cu kg	Pb kg
Lackpapierkabel der Einführung	1 × 20 m	20	—	—	0,113	0,415	2,260	8,150
	17 × 20 m	40	—	—.	0,628	1,103	213,250	375,920
	16 × 20 m	56	—	—	0,317	1,018	101,440	325,760
Bewehrte Röhrenkabel *VSt* — I	152	300	0,6	Fbst	1.696	3,500	257,792	532,000
	152	224	0,8	Fb	2,252	5,679	342,304	863,208
	152	224	0,6	Fb	1,267	3,583	192,584	544,616
	152	200	0,6	Fbst	1,131	2,714	171,912	412,528
	152	200	0,6	Fbst	1,131	2,714	171,912	412,528
	152	224	0,6	Fbst	1,267	2,752	192,584	418,304
	152	224	0,6	Fb	1,267	3,583	192,584	544,616
I — II	222	224	0,8	Fb	2,252	5,679	499,944	1 260,738
	222	224	0,6	Fb	1,267	3,583	281,274	795,426
	222	224	0,6	Fbst	1,267	2,752	281,274	610,944
	222	224	0,6	Fb	1,267	3,583	281,274	795,426
II — III	212	168	0,8	Fb	1,688	4,244	357,856	899,728
	212	168	0,6	Fb	0,950	3,016	201,400	639,392
	212	224	0,6	Fbst	1,267	2,752	268,604	583,424
	212	224	0,6	Fb	1,267	3,583	268,604	759,596
III — IV	202	140	0,8	Fb	1,407	3,796	284,214	766,792
	202	168	0,6	Fb	0,950	3,016	191,900	609,232
	202	224	0,6	Fbst	1,267	2,752	255,934	555,904
	202	140	0,6	Fb	0,792	2,675	159,984	540,350
IV — V	222	112	0,8	Fb	1,126	3,016	249,972	669,552
	222	168	0,6	Fb	0,950	3,016	210,900	669,552
	222	224	0,6	Fbst	1,267	2,752	281,274	610,944
	222	42	0,6	Fu	0,237	1,630	52,614	361,860
V — VI	252	112	0,8	Fb	1,126	3,016	283,752	760,032
	252	168	0,8	Fbst	1,688	3,376	425,376	856,752
VI — VII	252	112	0,8	Fb	1,126	3,016	283,752	760,032
	252	168	0,8	Fbst	1,688	3,376	425,376	850,752
VII — VIII	252	56	0,8	Fu	0,563	2,367	141,876	596,484
	252	112	0,8	Fbst	1,126	2,392	283,752	602,784
VIII — IX	252	56	0,8	Fu	0,563	2,367	141,876	596,484
	252	112	0,8	Fbst	1,126	2,392	283,752	602,784
IX — X	252	56	0,8	Fu	0,563	2,367	141,876	596,484
	252	84	0,8	Fbst	0,844	2,249	212,688	566,748
X — XI	252	56	0,8	Fu	0,563	2,367	141,876	596,484
	252	84	0,8	Fbst	0,844	2,249	212,688	566,748
Blanke Einlegekabel — XI — XII	702	28	0,8	Fbl	0,281	1,212	197,262	850,824
XII — XIII	702	28	0,8	Fbl	0,281	1,212	197,262	850,824
XIII — XIV	702	28	0,8	Fbl	0,281	1,212	197,262	850,824
XIV — *KA* 28″	405	28	0,8	Fbl	0,281	1,212	113,805	490,860
						Gesamtmenge:	9 649,875	26 555,490

Geldwert dieser Metallmengen bei 1,30 RM./kg Cu und 0,65 RM./kg *Pb* .= 9649,875 × 1,30 RM. + + 26555,490 × 0,65 RM. = 12545 RM. + 17261 RM. = 29806 RM.

Zu lfd. Nr. 2: Zur Festsetzung des Altstoffwertes (*A*) der zugrundegelegten Kabelanlage diene folgende Überlegung: soweit Röhrenkabel in Frage kommen, werden solche nur zum Ersatz gegen anderspaarige herausgezogen. Das festverlegte 28″-*Fbl*-Kabel (XI—*KA* 28″) wird kaum durch ein anderes ersetzt, ihm wird im Bedarfsfall ein weiteres beigelegt werden. In beiden Fällen ist es also gerechtfertigt, Löhne und sonstige Aufwendungen für die Gewinnung des Kabelmetalls (innerhalb der 30 Jahre) nicht anzusetzen, da sie nicht der stofflichen Verwertung fraglicher Kabel dienen, sondern der Kabelanlagevergrößerung. Die Annahme einer Lebensdauer von 30 Jahren für Papierkabel ist mehr oder minder willkürlich, jedenfalls durch die Erfahrung nicht ohne weiteres bestätigt. Der Altstoffwert der gesamten Kabelanlage ist, ohne Rücksicht auf die Einschätzung der Schächte, Kanäle, Muffen und sonstiger Zubehörungen lediglich mit dem nach 30 Jahren um 5% geminderten Kupfer- und mit dem um 10% geminderten Bleiwert angesetzt, somit auf: 12545 RM. × 0,95 + 17261 RM. × 0,90 = 11917,75 RM. + + 15534,90 RM. = 27453 RM. ≅ 27000 RM.

Zu lfd. Nr. 3: Bei Hingabe des Anlagewertes als Leihkapital wurde vorsichtig für kurzfristige Anlage und im Hinblick auf fortschreitendes Sinken des Zinsfußes, soweit dies die Wirtschaftsbelastung zuläßt, nur mit einem Erträgnis von 5% gerechnet.

Zu lfd. Nr. 5: Die Unterhaltungskosten pro Jahr für die zugrunde gelegte Kabelanlage enthalten:

1 × 12 Schächte reinigen und lüften = 12 × 2 × 8 RM. = 192 RM.

1 × 12   ,,   lüften   =   2 × 8 RM. = 16 RM.

Erneuerung der Schachtabdeckungen nach 15 Jahren:

$$\frac{(1 \times 270 + 6 \times 200 + 5 \times 170)\ \text{RM.}}{30\ (\text{Jahre})} \qquad = 77\ \text{RM.}$$

Beseitigen eines Kabelfehlers   ≅ 100 RM.

Größere Änderungen an der Kabelanlage pro 5 Jahre

≅ 1000 RM. für 1 Jahr   ≅ 200 RM.

Summe = 585 ≅ 600 RM.

Zu lfd. Nr. 7: Nach der Kostenermittlung für 1 km Teilnehmerkabeldoppelader umfaßt die der Aufstellung zugrunde gelegte Kabelanlage = 1220 Aderpaarkilometer.

Kostenermittlung für 1 km oberirdisch geführte Teilnehmeranschluß-Doppelleitung.

Nach dem Preisstande vom 1. April 1925.

Schematische Darstellung einer Netzgruppen-Kabelaufführung für 28 Doppeladern.

+ Eisernes Dachgestänge.

•—• Stangenlinie.

•--◄ Teilnehmerabzweigleitung.

A. Herstellungskosten.

Der Kostenberechnung liegt eine vollausgebaute Kabelaufführung für 28 Doppeladern einer Netzgruppe mittlerer Größe zugrunde. Für die Aufführung ist ein doppelseitig bespannter Bockständer für 6 × 6 und für die beiden Linienstränge 2 Rohrständer mit 5 × 6 bzw. 5 × 4 Tragstiften angenommen. Im übrigen werden Stangen mit Winkeleisen- bzw. Baumträgerarmierungen verwendet. Die Kosten des Kabelschrankes einschl. Gummikabel sind bei der Kabelanlage verrechnet.

Kostenberechnung.

Vortrag		Einzelpreis		Gesamtkosten	
		M.	Pf.	M.	Pf.
I. Ständerlinien:					
1. Eiserner Bockständer für 18 Doppelleitungen (6 × 6 Trgst.)	18 Dltg.	20	—	360	—
2. Blitzableitung aus Eisenseil.	1 St.	70	—	70	—
3. Rohrständer 1 zu 5 × 6; 1 zu 5 × 4 Tragstift, zusammen.	25 Dltg.	16	—	400	—
4. Bronzedrahtdoppelleitung 1,5 mm; 14 × 120 + 10 × 120 = 2880 m	2,88 km	92	50	266	40
5. Abzweigleitungen einschließlich Stützpunkte 28 × 0,10 km	2,80 km	180	—	504	—
	Summe I	—	—	1600	40
II. Stangenlinien:					
6. 24 Stangen zu 9 m	24 St.	10	—	240	—
10 ,, ,, 10 m	10 St.	12	50	125	—
6 ,, ,, 11 m	6 St.	14	70	88	20
5 Streben . . . . ·.	5 St.	7	60	38	—
5 Anker	5 St.	5	—	25	—
Arbeitslohn für Stangenaufstellung: 24 × 4,00 + 10 × 5,40 + 6 × 6,00 + 5 × 2,70	—	—	—	199	50
7. Stangenarmierungen					
4 St. zu 5 × 4 Trgst.	4 St.	7	50	30	—
7 ,, ,, 4 × 4 ,, ...	7 St.	6	20	43	40
11 ,, ,, 3 × 4 ,, ...	11 St.	4	50	49	50
6 ,, ,, 2 × 4 ,, ...	6 St.	3	20	19	20
Arbeitslohn für Befestigung der Armierungen 4 × 3,20 + 7 × 3,00 + 11 × 2,00 + 6 × 1,60	—	—	—	65	40
8. Bronzedrahtdoppelleitung 1,5 mm an Stangen mit Glocken u. Trgst. 3 10 × 200 + 8 × 200 + 6 × 300 + 3 × 200 + 8 × 150 + 6 × 250 + 4 × 300 + 2 × 100 + 1 × 100 + 2 × 150 + 3 × 100 m == 10,80 km	Doppelleitung	93	50	1009	80
	Summe II	—	—	1933	—

Vortrag	Einzel-preis		Gesamt-kosten	
	M.	Pfg.	M.	Pfg.
III. Frachtkosten:				
9. Bahnfracht für die Dachständer auf eine mittlere Entfernung von 50 km. Gesamtgewicht 650 kg. Frachtsatz Kl. I für 100 kg 1,20 M. . . . . 6,5 ×	1	20	7	80
10. Bahnfracht für Bronzedraht auf eine mittlere Entfernung von 100 km. Gewicht einschl. Glocken und Stützen 1100 kg. Frachtsatz Kl. I f. 100 kg = 2,00 M. . . 11 ×	2	—	22	—
11. Bahnfracht für die Stangen auf eine mittlere Entfernung von 100 km. Gesamtgewicht 5300 kg. Frachtsatz Kl. E für 100 kg = 0,70 M. . . . . 53 ×	—	70	37	10
12. Verteilen des Drahtes, der Stangen und Bauzeuges auf der Strecke. Gesamtgewicht 7000 kg. Hiezu sind rund 7 Fuhrlohntagschichten à 30,— M. nötig . . . . . . 7 ×	30	—	210	—
Summe III	—	—	276	90
IV. Allgemeine Kosten:				
13. Für Werkzeugabnützung, Verwaltungsausgaben u. Unvorhergesehenes 15% der Bausumme von 3810,30 M.				
Summe IV	—	—	589	70
Zusammenstellung:				
I. Ständerlinien	—	—	1600	40
II. Stangenlinien	—	—	1933	—
III. Frachtkosten	—	—	276	90
IV. Allgemeine Kosten	—	—	589	70
Gesamtsumme A = Neuwert:	—	—	4400	—

Gesamtgestänge der Doppelleitungen: $2,88 + 2,80 + 10,80 = 16,48$ km, demnach Kosten für 1 km Teilnehmeranschlußdoppelleitung $= \frac{4400}{16,48} = 266,99$ M. oder $\cong 267,—$ **M.**

B. Jährliche Kosten für Unterhaltung, Abschreibung und Verzinsung.

I. Jährliche Unterhaltungskosten:

1. der 3 eisernen Dachständer, Dachinstandsetzung, Ständeranstrich usw..	60	—	—	—
2. des Holzgestänges einschließlich Armierungen $\frac{715,78}{15} + 15,30$ M.	63	—	—	—
3. der Drahtleitungen, Drahtregulierung, Störungsbeseitigung usw. pro km Doppelleitung 9,— M; $16,48 \cdot 9,—$ M. . . . . =	148	—	—	—
Summe	271	—	—	—
Demnach trifft auf 1 km Doppelleitung $\frac{271,—}{16,48}$ . . . . =	—	—	16	40
II. Abbruchkosten und Altwert.				
4. Abbruchkosten der 3 Dachständer einschl. Dachinstandsetzung	200	—	—	—
5. „ des Holzgestänges	80	—	—	—
6. „ der Gestängearmierungen	40	—	—	—
7. „ der Drahtleitungen . . . . · · ·	160	—	—	—
8. Wert der anfallenden 3 eisernen Dachständer	420	—	—	—
9. „ „ „ Stangenarmierungen	80	—	—	—
10. „ des anfallenden Drahtmaterials einschl. Glocken und Stützen	500	—	—	—

11. Hieraus zu berechnende Abschreibungsquote $x = \dfrac{a - (b - c)}{n}$ $a =$ Neuwert; $b =$ Altwert; $c =$ Abbruchkosten; $n = 30$ Jahre. Neuwert für Stangen mit 15 jähriger Lebensdauer ist doppelt anzusetzen. $x = \dfrac{(4400 + 715,70) - (420 + 80 + 500) + (200 + 80 + 40 + 160)}{30}$

$= \dfrac{4595,70}{30} = 153,19$ M. Demnach beträgt die Abschreibungsquote für 1 km Anschlußdoppelleitung $\dfrac{153,19}{16,48} = 9,39$ M oder $\cong$	—	—	9	40

III. Jährliche Gesamtkosten für Unterhaltung, Abschreibung und Verzinsung

1. Unterhaltungskosten	16	40	—	—
2. Abschreibungsquote	9	40	—	—
3. Verzinsung des Anlagewertes mit 5%; d. i. $4400 \times 0,05$ M. = 220 M.; für 1 km Anschlußdoppelleitung somit $\dfrac{220,—}{16,48} =$	13	30	—	—
zusammen	39	10	—	—
oder $\cong$	—	—	39	—

Die jährlich aufzuwendenden Kosten für Unterhaltung, Abschreibung und Verzinsung betragen somit für 1 km Teilnehmeranschlußdoppelleitung = **39,— Mark.**

IV.

Die Bestimmung der Zahl der Arbeitsplätze und der Grundrisse für die von Hand bedienten Umschalteeinrichtungen einer Mittelwertsnetzgruppe.

Bestimmung der Zahl der von Hand bedienten Arbeitsplätze einer Mittelwertsnetzgruppe.

A. Im reinen Handbetriebssystem in der Stunde des Höchstverkehrs

mit unbeschränkter Dienstzeit im Hauptamte und mit beschränkter Dienstzeit in den kleinen Landzentralen, wobei für die den V_1-Ämtern gleichzustellenden Landzentralen 12 Stunden, für die den V_4-Ämtern gleichzustellenden Landzentralen 9 Stunden und für die den Gv 10 gleichzustellenden Landzentralen 6 Stunden Dienstzeit nach Abschnitt I S. 3 sich berechnet hat.

Als Grundlage für die Berechnung der Arbeitsplätze werden:

I. Die gleichen Teilnehmeranschlußzahlen und Gesprächsziffern, nach Abschnitt II S. 13 festgelegt.

II. Als Leistung einer Beamtin werden auf Grund der vorliegenden Erfahrungsziffern folgende Zahlen festgelegt:

1. am Vorschalteschrank: 200 Verbindungen,
2. in einer ZB-Anlage mit Glühlampensignalisierung und selbsttätiger Zählung: 190 Verbindungen pro Stunde,
3. in den kleinen Landzentralen mit Klappenschränken und Strichzählung für den Ortsverkehr: 165 Verbindungen; für den abgehenden Vorortsverkehr, Bezirks- und Fernverkehr mit Zettel- und Zeitbestimmung: 40 Verbindungen; für den gleichen Verkehr in ankommender Richtung: 60 Verbindungen,
4. im Überweisungsverkehr für den Fall, daß kein Anmeldezettel geschrieben werden muß: 60 Verbindungen,
5. im Überweisungsverkehr: 40 Verbindungen für den Fall, daß der Anmeldezettel geschrieben und die Gesprächszeit aufgezeichnet werden muß,
6. für die Ortsaufsicht bis zu 10 Arbeitsplätzen eine und jeweils für je 10 weitere Arbeitsplätze eine Aufsicht,
7. im Fernamt:
   1. für die Anmeldung der Bezirks- und Ferngespräche: 50 Verbindungen,
   2. an den Fernplätzen: 25—30 Verbindungen,
   3. für die Auskunft 5% der gesamten Arbeitsplätze,
   4. für die Fernaufsicht 10% der Arbeitsplätze.

Bestimmung der Zahl der Arbeitsplätze.

A. Im Handbetriebssystem.

I. Ortsamt mit 24 Stunden Dienstzeit.

	a) Anfangszustand		b) Endausbau			
			e) normale Gesprächsziffer		e'') doppelte Gesprächsziffer	
Ortsverkehr	$875 \cdot 1,2 \cdot 3,4$	$= 3575$	$3000 \cdot 1,2 \cdot 3,9$	$= 14050$	$3000 \cdot 1,2 \cdot 7,8$	$= 28100$
Anmeldung im Bezirks- u. Fernverkehr	$875 \cdot 1,2 \cdot 0,25$	$= 262$	$3000 \cdot 1,2 \cdot 0,25 =$	900	$3000 \cdot 1,2 \cdot 0,5$	$= 1800$
Anmeldung im Vorortsverkehr .	$875 \cdot 1,2 \cdot 0,36$	$= 378$	$3000 \cdot 1,2 \cdot 0,3$	$= 1080$	$3000 \cdot 1,2 \cdot 0,6$	$= 2160$
Summe der Verbindungen . . .		$= 4215$		$= 16030$		$= 32060$
In der Stunde höchsten Verkehrs	$4215 \cdot 0,12$	$= 506$	$16030 \cdot 0,12$	$= 1924$	$32060 \cdot 0,12$	$= 3848$
Zahl der Arbeitsplätze	$506 : 190$	$= 2,7$	$1924 : 190$	$= 10,0$	$3848 : 190$	$= 20$
Zahl der AO pro Platz	$875 : 2,7$	$= 325$	$3000 : 10$	$= 300$	$3000 : 20$	$= 150$
Ortsaufsichtsplätze (10%) . . .	$2,7 : 10$	$= 0,27$	$10 : 10$	$= 1$	$20 : 10$	$= 2$

II. Überweisungsamt mit 12 Std. Dienstzeit.

Im Verkehr mit den V_1-Ämtern 13$^0/_0$ Konzentration,

,, ,, ,, ,, V_2-Ämtern 15$^0/_0$,,

im Mittel 14$^0/_0$;

	a) Anfangszustand	b) Endausbau	
		e) normale Gesprächsziffer	e'') doppelte Gesprächsziffer
Vom Hauptamt abgeh. Vorortsv.	$875 \cdot 0{,}36 \cdot 1{,}2 = 378$	$3000 \cdot 0{,}3 \cdot 1{,}2 = 1080$	$3000 \cdot 0{,}6 \cdot 1{,}2 = 2160$
Von d. 7 V_1-Ämtern ank. Vorortsv.	$7 \cdot (70 \cdot 1{,}2 \cdot 1{,}05) = 618$	$7 \cdot (250 \cdot 1{,}2 \cdot 0{,}91) = 1900$	$7 \cdot (250 \cdot 1{,}2 \cdot 1{,}82) = 3800$
Von d. 9 V_2-Ämtern ank. Vorortsv.	$9 \cdot (30 \cdot 1{,}2 \cdot 1{,}08) = 350$	$9 \cdot (100 \cdot 1{,}2 \cdot 0{,}91) = 1296$	$9 \cdot (100 \cdot 1{,}2 \cdot 2{,}4) = 2592$
Von den 4 $G v$/10-Ämtern ankomm. Vorortsverkehr	$4 \cdot (3 \cdot 1{,}2 \cdot 1{,}55) = 22$	$4 \cdot (10 \cdot 1{,}2 \cdot 1{,}2) = 65$	$4 \cdot (10 \cdot 1{,}2 \cdot 1{,}35) = 130$
Von den 20 Handzentralen Anm. für Bez.- und Fernverkehr . . .	$772 \cdot 1{,}2 \cdot 0{,}25 = 231$	$2690 \cdot 1{,}2 \cdot 0{,}25 = 807$	$2690 \cdot 1{,}2 \cdot 0{,}5 = 1614$
Summe d. abgeh. Verb. m. Zettel	$= 378$	$= 1080$	$= 2160$
Summe d. ank. Verb. ohne Zettel	$= 1221$	$= 4068$	$= 8136$
Stundenleistg. i. abgeh. Verk. 14$^0/_0$	$378 \cdot 0{,}14 = 53$	$1080 \cdot 0{,}14 = 151$	$2160 \cdot 0{,}14 = 302$
Stundenleistung i. ank. Verk. 14$^0/_0$	$1221 \cdot 0{,}14 = 171$	$4068 \cdot 0{,}14 = 570$	$8136 \cdot 0{,}14 = 1140$
Zahl der Arbeitsplätze	$53 : 40 = 1{,}3$	$141 : 40 = 3{,}8$	$302 : 40 = 7{,}6$
Zahl der AO pro Platz	$171 : 60 = 2{,}85$	$570 : 60 = 9{,}5$	$1140 : 60 = 19{,}0$
Summe der Arbeitsplätze	$= 4{,}15$	$= 13{,}3$	$= 26{,}6$
Zahl der AO im Amt	$7 \cdot 2 + 9 \cdot 1 + 4 \cdot 1 = 27$	$7 \cdot 7 + 9 \cdot 4 + 4 \cdot 1 = 89$	$7 \cdot 14 + 9 \cdot 7 + 4 \cdot 1 = 165$
Zahl der AO pro Platz	$27 : 4{,}15 = 6{,}5$	$89 : 13{,}3 = 6{,}7$	$165 : 26{,}6 = 6{,}2$
Aufsichtsplätze . . . . · .	$4{,}15 : 10 = 0{,}42$	$13{,}3 : 10 = 1{,}33$	$26{,}6 : 10 = 2{,}66$

III. Am Vorschalteschrank.

Bezirks- u. Fernverk. im HA . .	$2 \cdot 875 \cdot 1{,}2 \cdot 0{,}25 = 524$	$2 \cdot 3000 \cdot 1{,}2 \cdot 0{,}25 = 1800$	$2 \cdot 3000 \cdot 1{,}2 \cdot 0{,}5 = 3600$
Bezirks- u. Fernverk. d. Landzentr.	$2 \cdot 772 \cdot 1{,}2 \cdot 0{,}25 = 464$	$2 \cdot 2690 \cdot 1{,}2 \cdot 0{,}25 = 1614$	$2 \cdot 2690 \cdot 1{,}2 \cdot 0{,}50 = 3228$
20$^0/_0$ Vorortsgespr. d. V_1-Ämter, die im Bez.-Verk. abges. werden . .	$2 \cdot 0{,}2 \, (70 \cdot 7 \cdot 1{,}2 \cdot 1{,}05) = 246$	$2 \cdot 0{,}2 \cdot 7 \cdot 250 \cdot 0{,}91 \cdot 1{,}2 = 762$	$2 \cdot 0{,}2 \cdot 7 \cdot 250 \cdot 1{,}82 \cdot 1{,}2 = 1524$
30$^0/_0$ Vorortsgespr. d. V_2-Ämter, die im Bez.-Verk. abges. werden . .	$2 \cdot 0{,}3 \cdot 9 \cdot 30 \cdot 1{,}08 \cdot 1{,}2 = 208$	$2 \cdot 0{,}3 \cdot 9 \cdot 100 \cdot 1{,}2 \cdot 1{,}2 = 776$	$2 \cdot 0{,}3 \cdot 9 \cdot 100 \cdot 1{,}2 \cdot 2{,}4 = 1552$
Summe der Verbindungen	$= 1442$	$= 4952$	$= 9904$
Stundenleistung	$1442 \cdot 0{,}14 = 202$	$4952 \cdot 0{,}14 = 694$	$9904 \cdot 0{,}14 = 1388$
Zahl der Arbeitsplätze	$202 : 200 = 1{,}0$	$553 : 200 = 3{,}47$	$1388 : 200 = 6{,}94$
Aufsichtsplätze	$= 0{,}1$	$= 0{,}28$	$= 0{,}56$

a) Aufsichten.

Ortsamt	0,27	1	2
Überweisungsamt	0,42	1,33	2,66
Vorschalteschrank	0,1	0,35	0,70
Summe der Aufsichtsplätze . . .	0,79	2,68	5,36

b) Ortsauskunft.

5$^0/_0$ der Arbeitspl. im Orts- und Überweisungsamt	$(1{,}0 + 4{,}15 + 2{,}7) \cdot 0{,}05 = 0{,}4$	$(2{,}76 + 13{,}3 + 10) \cdot 0{,}05 = 1{,}3$	$(5{,}52 + 26{,}6 + 20) \cdot 0{,}05 = 2{,}6$

IV. a) Landzentrale 1 mit 12 Std. Dienstzeit.

Ortsverkehr	$70 \cdot 1{,}2 \cdot 1{,}2 = 101$	$250 \cdot 1{,}82 \cdot 1{,}2 = 547$	$250 \cdot 3{,}64 \cdot 1{,}2 = 1094$
Abg. Vorortsverk. und Anmeldung für Bez.-Fernverkehr	$70 \cdot (1{,}05 + 0{,}25) \cdot 1{,}2 = 109$	$250 \cdot (0{,}91 + 0{,}25) \cdot 1{,}2 = 348$	$250 \cdot (1{,}82 + 9{,}5) \cdot 1{,}2 = 696$
Bezirks- und Fernverkehr . . .	$2 \cdot 70 \cdot 1{,}2 \cdot 0{,}25 = 42$	$2 \cdot 250 \cdot 1{,}2 \cdot 0{,}25 = 150$	$2 \cdot 250 \cdot 1{,}2 \cdot 0{,}5 = 300$
Ank. Vorortsverkehr aus HA . .	$\dfrac{875 \cdot 70}{772} \cdot 0{,}36 \cdot 1{,}2 = 28$	$\dfrac{3000 \cdot 250}{2690} \cdot 0{,}3 \cdot 1{,}2 = 104$	$\dfrac{3000 \cdot 250}{2690} \cdot 0{,}6 \cdot 1{,}2 = 208$
Ank. Vorortsverkehr aus Netzgr. .	$0{,}3 \cdot 70 \cdot 1{,}05 \cdot 1{,}2 = 26$	$0{,}3 \cdot 250 \cdot 0{,}91 \cdot 1{,}2 = 42$	$0{,}3 \cdot 250 \cdot 0{,}91 \cdot 1{,}2 = 84$
Summe d. abg. Verbindg. m. Zettel	$= 109$	$= 348$	$= 696$
Summe der ank. Verb. ohne Zettel	$= 96$	$= 296$	$= 592$
Ortsverkehr Konzentration . . .	$101 \cdot 0{,}13 = 13$	$547 \cdot 0{,}13 = 72$	$1094 \cdot 0{,}13 = 144$
Abg. Verkehr Konzentration . . .	$109 \cdot 0{,}13 = 14$	$348 \cdot 0{,}13 = 45$	$696 \cdot 0{,}13 = 90$
Ank. Verkehr Konzentration . . .	$96 \cdot 0{,}13 = 12$	$296 \cdot 0{,}13 = 39$	$592 \cdot 0{,}13 = 78$
Zahl der Plätze f. Ortsverkehr . .	$13 : 165 = 0{,}08$	$72 : 165 = 0{,}44$	$144 : 165 = 88$
Zahl der Plätze für abgeh. Verk.	$14 : 40 = 0{,}35$	$45 : 40 = 1{,}12$	$90 : 40 = 2{,}24$
Zahl d. Plätze f. ank. Verkehr . .	$12 : 60 = 0{,}2$	$39 : 60 = 0{,}65$	$78 : 60 = 1{,}3$
Summe der Arbeitsplätze	$= 0{,}63$	$= 2{,}21$	$= 4{,}42$

	a) Anfangszustand	b) Endausbau	
		e) normale Gesprächsziffer	e'') doppelte Gesprächsziffer

b) Landzentrale 2. V_2-Amt mit 9 Std. Dienstzeit.

	a) Anfangszustand	e) normale Gesprächsziffer	e'') doppelte Gesprächsziffer
Ortsverkehr	$30 \cdot 0,73 \cdot 1,2 = 26$	$100 \cdot 1,2 \cdot 1,2 = 144$	$100 \cdot 1,2 \cdot 2,4 = 288$
Abg. Vorortsverkehr u. Anmeldung für Bezirks- u. Fernverkehr...	$30 \cdot (1,08 + 0,25) = 48$	$100 \cdot (1,2+0,25) \cdot 1,2 = 174$	$100 \cdot (2,4+0,5) \cdot 1,2 = 348$
Bez.- u. Fernverkehr	$30 \cdot 0,25 \cdot 1,2 \cdot 2 = 18$	$100 \cdot 2 \cdot 0,25 \cdot 1,2 = 60$	$100 \cdot 2 \cdot 0,5 \cdot 1,2 = 120$
Ank. Vorortsverkehr aus HA	$\frac{875 \cdot 30}{772} \cdot 0,36 \cdot 1,2 = 15$	$\frac{3000 \cdot 100}{2690} \cdot 0,3 \cdot 1,2 = 40$	$\frac{3000 \cdot 100}{2690} \cdot 0,6 \cdot 1,2 = 80$
Ank. Vorortsverkehr aus Netzgr.	$0,3 \cdot 30 \cdot 1,8 \cdot 0,12 = 12$	$0,3 \cdot 100 \cdot 1,2 \cdot 1,2 = 44$	$0,3 \cdot 100 \cdot 1,2 \cdot 2,4 = 88$
Summe der abg. Verbindg. m. Zettel	$= 48$	$= 174$	$= 348$
Summe der ank. Verb. ohne Zettel	$= 45$	$= 144$	$= 288$
Ortsverkehr Konzentration	$26 \cdot 0,15 = 4$	$144 \cdot 0,15 = 22$	$288 \cdot 0,15 = 44$
Abg. Verkehr Konzentration	$48 \cdot 0,15 = 7$	$174 \cdot 0,15 = 26$	$348 \cdot 0,15 = 52$
Ank. Verkehr Konzentration	$45 \cdot 0,15 = 7$	$144 \cdot 0,15 = 22$	$288 \cdot 0,15 = 44$
Zahl d. Arb.-Plätze f. Ortsverkehr	$4 : 165 = 0,03$	$22 : 165 = 0,14$	$44 : 165 = 0,28$
Zahl d. Arb.-Plätze f. abg. Verkehr	$7 : 40 = 0,18$	$26 : 40 = 0,65$	$52 : 40 = 1,3$
Zahl d. Arb.-Plätze f. ank. Verkehr	$7 : 60 = 0,11$	$22 : 60 = 0,36$	$44 : 60 = 0,72$
Summe der Arbeitsplätze	$= 0,32$	$= 1,15$	$= 2,30$

c) Landzentrale 3. $Gv\,10$ mit 6 Std. Dienstzeit.

	a) Anfangszustand	e) normale Gesprächsziffer	e'') doppelte Gesprächsziffer
Ortsverkehr	$3 \cdot 0,19 \cdot 1,2 = 0,7$	$10 \cdot 3 \cdot 0,25 \cdot 1,2 = 3$	$10 \cdot 3 \cdot 0,5 \cdot 1,2 = 6$
Abg. Vorortsverk. u. Anmeldung f. Bezirks- u. Fernverkehr	$3 \cdot (1,55+0,25) \cdot 1,2 = 6,5$	$10 \cdot (1,35+0,25) \cdot 1,2 = 19$	$10 \cdot (2,7+0,5) \cdot 1,2 = 38$
Bezirks- u. Fernverkehr	$3 \cdot 0,25 \cdot 1,2 \cdot 2 = 1,8$	$10 \cdot 0,25 \cdot 2 \cdot 1,2 = 6$	$10 \cdot 0,5 \cdot 2 \cdot 1,2 = 12$
Ank. Vorortsverkehr aus HA.	$\frac{3 \cdot 875}{772} \cdot 0,3 \cdot 1,2 = 1,4$	$\frac{10 \cdot 3000}{2690} \cdot 0,3 \cdot 1,2 = 4$	$\frac{3000 \cdot 10}{2690} \cdot 0,6 \cdot 1,2 = 8$
Ank. Vorortsverkehr aus Netzgr.	$0,3 \cdot 3 \cdot 1,55 \cdot 1,2 = 1,6$	$0,3 \cdot 10 \cdot 1,35 \cdot 1,2 = 3,0$	$0,3 \cdot 10 \cdot 2,7 \cdot 1,2 = 6$
Summe der abg. Verbindungen	$= 6,5$	$= 19$	$= 38$
Summe der ank. Verbindungen	$= 4,8$	$= 13$	$= 26$
Ortsverkehr Konzentration	$0,7 \cdot 0,20 = 0,1$	$3 \cdot 0,20 = 0,6$	$6 \cdot 0,2 = 1,2$
Abg. Verkehr Konzentration	$6,5 \cdot 0,20 = 1,3$	$19 \cdot 0,20 = 3,8$	$38 \cdot 0,2 = 7,6$
Ank. Verkehr Konzentration	$4,8 \cdot 0,20 = 0,96$	$13 \cdot 0,20 = 2,6$	$26 \cdot 0,2 = 5,2$
Zahl d. Arb.-Plätze f. Ortsverkehr	$0,1 : 165 = 0,000$	$0,6 : 165 = 0,002$	$1,2 : 165 = 0,004$
Zahl d. Arb.-Plätze f. abg. Verkehr	$1,3 : 40 = 0,032$	$3,8 : 40 = 0,095$	$7,6 : 40 = 0,19$
Zahl d. Arb.-Plätze f. ank. Verkehr	$0,96 : 60 = 0,016$	$2,6 : 60 = 0,043$	$5,2 : 60 = 0,086$
Summe der Arbeitsplätze	$= 0,048$	$= 0,140$	$= 0,280$

V. Im Fernamt.

a) Am Anmeldetisch.

	a) Anfangszustand	e) normale Gesprächsziffer	e'') doppelte Gesprächsziffer
Vom HA. abg. Bez.- u. Ferngespr.	$875 \cdot 0,25 \cdot 1,2 = 263$	$3000 \cdot 0,25 \cdot 1,2 = 900$	$3000 \cdot 0,5 \cdot 1,2 = 1800$
Von der Netzgruppe abg. Bezirks- u. Ferngespräche	$772 \cdot 0,25 \cdot 1,2 = 232$	$2690 \cdot 0,25 \cdot 1,2 = 807$	$2690 \cdot 0,5 \cdot 1,2 = 1614$
20% d. Vorortsgespr. d. V_1-Ämter, d. i. Bezirksverk. abges. werden	$0,2 \cdot 7 \cdot 70 \cdot 1,05 \cdot 1,2 = 123$	$0,2 \cdot 7 \cdot 250 \cdot 0,91 \cdot 1,2 = 381$	$0,2 \cdot 7 \cdot 250 \cdot 1,82 \cdot 1,2 = 762$
30% d. Vorortsgespr. d. V_2-Ämter, d. i. Bezirksverk. abges. werden	$0,3 \cdot 9 \cdot 30 \cdot 1,08 \cdot 1,2 = 104$	$0,3 \cdot 9 \cdot 100 \cdot 1,2 \cdot 1,2 = 388$	$0,3 \cdot 9 \cdot 100 \cdot 2,4 \cdot 1,2 = 776$
Summe der Verbindungen	$= 702$	$= 2476$	$= 4952$
Stundenleistung	$702 \cdot 0,12 = 84$	$2476 \cdot 0,12 = 298$	$4952 \cdot 0,12 = 596$
Zahl der Arbeitsplätze	$84 : 50 = 1,66$	$298 : 50 = 6$	$596 : 50 = 12$

b) An den Schränken für den Bezirksverkehr.

	a) Anfangszustand	e) normale Gesprächsziffer	e'') doppelte Gesprächsziffer
Abg. u. ank. Bezirksverkehr	$2 \cdot (875+772) \cdot 0,17 \cdot 1,2 = 674$	$2 \cdot (3000+2690) \cdot 0,17 \cdot 1,2 = 2310$	$2 \cdot (3000+2690) \cdot 0,34 \cdot 1,2 = 4620$
20% d. Vorortsgespr. d. $V_1 Ä$	$(0,2 \cdot 7 \cdot 70 \cdot 1,05 \cdot 1,2) \cdot 2 = 246$	$2 \cdot (0,2 \cdot 7 \cdot 250 \cdot 0,91 \cdot 1,2) = 762$	$2 \cdot (0,2 \cdot 7 \cdot 250 \cdot 1,82 \cdot 1,2) = 1524$
30% d. Vorortsgespr. d. $V_2 Ä$	$2 \cdot (0,3 \cdot 9 \cdot 30 \cdot 1,08 \cdot 1,2) = 208$	$2 \cdot (0,3 \cdot 9 \cdot 100 \cdot 1,2 \cdot 1,2) = 776$	$2 \cdot (0,3 \cdot 9 \cdot 100 \cdot 2,4 \cdot 1,2) = 1552$
Summe der Verbindungen	$= 1128$	$= 3848$	$= 7696$
Transitverkehr 10%	$= 112$	$= 384$	$= 769$
Gesamtsumme der Verbindungen	$= 1240$	$= 4232$	$= 8465$
Stundenleistung	$1240 \cdot 0,12 = 149$	$4232 \cdot 0,12 = 508$	$8465 \cdot 0,12 = 1016$
Zahl der Arbeitsplätze	$149 : 30 = 5$	$508 : 30 = 16,9$	$1016 : 30 = 33,8$
Zahl der AO pro Platz	$20 : 5 = 4$	$40 : 16,9 = 2,4$	$80 : 33,8 = 2,4$

c) An den Schränken für den Fernverkehr.

	a) Anfangszustand	e) normale Gesprächsziffer	e'') doppelte Gesprächsziffer
Zahl der Fernverbindungen	$2 \cdot (875+772) \cdot 0,08 \cdot 1,2 = 320$	$2 \cdot (3000+2690) \cdot 0,08 \cdot 1,2 = 1095$	$2 \cdot (3000+2690) \cdot 0,16 \cdot 1,2 = 2190$
Transitverkehr 10%	$= 32$	$= 109$	$= 219$
Summe der Verbindungen	$= 352$	$= 1204$	$= 2409$
Stundenleistung	$352 \cdot 0,12 = 42$	$1204 \cdot 0,12 = 144$	$2409 \cdot 0,12 = 288$
Zahl der Arbeitsplätze	$42 : 25 = 2$	$144 : 25 = 6$	$288 : 25 = 12$
Zahl der AO pro Platz	$7 : 2 = 3,5$	$14 : 6 = 2,3$	$28 : 12 = 2,3$

	a) Anfangszustand	b) Endausbau	
		e) normale Gesprächsziffer	e'') doppelte Gesprächsziffer

d) Aufsicht.

	a) Anfangszustand	e) normale Gesprächsziffer	e'') doppelte Gesprächsziffer
Anmeldung 10%	0,16	0,6	1,2
Bezirksverkehr 10%	0,5	1,69	3,38
Fernverkehr 10%	0,17	0,60	1,20
Summe der Arbeitsplätze	0,83	2,89	5,78

e) Fernauskunft.

	a) Anfangszustand	e) normale	e'') doppelte
5% der Arbeitsplätze im Fernamt ohne Anmeldung	$(2,1 + 5) \cdot 0,05 = 0,35$	$(7,2 + 16,9) \cdot 0,05 = 1,2$	$(14,4 + 33,8) \cdot 0,05 = 2,40$

B. Im Überweisungssystem.

Es gelten die gleichen Angaben wie im Abschnitt II, Seite 14; ebenso die für das Handbetriebssystem angegebenen Leistungen einer Telephonistin.

I. Überweisungsamt.

	a) Anfangszustand	e) normale Gesprächsziffer	e'') doppelte Gesprächsziffer
Vorortsverkehr d. V_1-Ämter, 80% davon mit Zettel	$0,8 \cdot (7 \cdot 70 \cdot 1,19 \cdot 1,2) = 560$	$0,8 \cdot 7 \cdot 250 \cdot 1,0 \cdot 1,2 = 1680$	$0,8 \cdot 7 \cdot 250 \cdot 2,0 \cdot 1,2 = 3360$
Vorortsverkehr d. V_2-Ämter, 70% davon mit Zettel	$0,7 \cdot (9 \cdot 30 \cdot 1,29 , 1,2) = 293$	$0,7 \cdot 9 \cdot 100 \cdot 1,5 \cdot 1\cdot2 = 1132$	$0,7 \cdot 9 \cdot 100 \cdot 3,0 \cdot 1,2 = 2264$
Vorortsverkehr d. Gv10 mit Zettel	$4 (3 \cdot 1,2 \cdot 2,66) = 38$	$4 \cdot 10 \cdot 2,5 \cdot 1,2 = 120$	$4 \cdot 10 \cdot 5,0 \cdot 1,2 = 240$
Abgehender Vorortsverkehr vom $HA.$ mit Zettel	$875 \cdot 0,36 \cdot 1,2 = 376$	$3000 \cdot 0,3 \cdot 1,2 = 1080$	$3000 \cdot 0,6 \cdot 1,2 = 2160$
20% Vorortsgespräche der V_1-Ämter, die im Bezirksverkehr abgesetzt werden	$0,2 \cdot (7 \cdot 70 \cdot 1,19 \cdot 1,2) = 140$	$0,2 \cdot 7 \cdot 250 \cdot 1,0 \cdot 1,2 = 420$	$0,2 \cdot 7 \cdot 250 \cdot 2,0 \cdot 1,2 = 840$
30% Vorortsgespräche der V_2-Ämter, die im Bezirksverkehr abgesetzt werden	$0,3 \cdot (9 \cdot 30 \cdot 1,08 \cdot 1,2) = 139$	$0,3 \cdot 9 \cdot 100 \cdot 1,5 \cdot 1,2 = 486$	$0,3 \cdot 9 \cdot 100 \cdot 3,0 \cdot 1,2 = 972$
Anmeldung für Bezirk und Fernverkehr von den Landzentralen	$772 \cdot 0,25 \cdot 1,2 = 236$	$2690 \cdot 0,25 \cdot 1,2 = 807$	$2690 \cdot 0,50 \cdot 1,2 = 1614$
Summe d. Verbindgn. mit Zettel	$= 1267$	$= 4012$	$= 8024$
Summe d. Verbindgn. ohne Zettel	$= 515$	$= 1713$	$= 3426$
Stundenleistung im Vorortsverkehr	$1267 \cdot 0,12 = 152$	$4012 \cdot 0,12 = 482$	$8024 \cdot 0,12 = 964$
Stundenleistung im Bezirksverkehr	$515 \cdot 0,12 = 62$	$1713 \cdot 0,12 = 206$	$3426 \cdot 0,12 = 412$
Zahl der Arb.-Plätze für abgehenden Verkehr	$152 : 40 = 3,8$	$482 : 40 = 12$	$964 : 40 = 24$
Zahl der Arb.-Plätze für ankommenden Verkehr	$62 : 60 = 1,1$	$206 : 60 = 3,4$	$412 : 60 = 6,8$
Summe der Arbeitsplätze	$= 4,9$	$= 15,4$	$= 30,8$
Zahl der AO pro Platz	$50 : 4,9 = 10$	$109 : 15,4 = 7$	$178 : 30,8 = 6$

II. Vorschalteschrank.

	a) Anfangszustand	e) normale Gesprächsziffer	e'') doppelte Gesprächsziffer
Bezirks- u. Fernverkekr im HA	$875 \cdot 0,25 \cdot 1,2 \cdot 2 = 524$	$3000 \cdot 0,25 \cdot 1,2 \cdot 2 = 1800$	$2 \cdot 3000 \cdot 0,5 \cdot 1,2 = 3600$
Bezirks und Fernverkehr d. Landzentralen	$772 \cdot 0,25 \cdot 1,2 \cdot 2 = 464$	$2690 \cdot 0,25 \cdot 1,2 \cdot 2 = 1614$	$2 \cdot 2690 \cdot 0,5 \cdot 1,2 = 3228$
20% Vorortsgespräche d. $V_1Äe$	$0,2 \cdot 70 \cdot 7 \cdot 1,19 \cdot 1,2 \cdot 2 = 280$	$0,2 \cdot 7 \cdot 250 \cdot 1,0 \cdot 1,2 \cdot 2 = 840$	$2 \cdot 0,2 \cdot 7 \cdot 250 \cdot 2,0 \cdot 1,2 = 1680$
30% Vorortsgespräche d. $V_2Äe$	$0,3 \cdot 70 \cdot 9 \cdot 1,29 \cdot 1,2 \cdot 2 = 278$	$0,3 \cdot 9 \cdot 100 \cdot 1,5 \cdot 1,2 \cdot 2 = 972$	$2 \cdot 0,3 \cdot 9 \cdot 100 \cdot 3,0 \cdot 1,2 = 1944$
Summe der Verbindungen	$= 1546$	$= 5226$	$= 10452$
Stundenleistung	$1546 \cdot 0,12 = 186$	$5226 \cdot 0,12 = 627$	$10452 \cdot 0,12 = 1254$
Zahl der Arbeitsplätze	$186 : 200 = 0,93$	$627 : 200 = 3,13$	$1254 : 200 = 6,27$

a) Auskunft.

	a) Anfangszustand	e) normale	e'') doppelte
Zahl der Arbeitsplätze	0,4	1,3	2,6

b) Aufsicht.

	a) Anfangszustand	e) normale	e'') doppelte
10% der Arbeitsplätze	$(4,9 + 0,93 + 0,4) \cdot 0,1 = 0,62$	$(15,4 + 3,13 + 1,3) \cdot 0,1 = 1,96$	$(30,8 + 6,27 + 2,6) \cdot 0,1 = 3,92$

III. Fernamt.

a) Anmeldetisch.

	a) Anfangszustand	e) normale Gesprächsziffer	e'') doppelte Gesprächsziffer
Bezirks- u. Fernverkehr d. Netzgr.	$(875 + 772) \cdot 0,25 \cdot 1,2 = 495$	$(3000 + 2690) \cdot 0,25 \cdot 1,2 = 1707$	$(3000 + 2690) \cdot 0,50 \cdot 1,2 = 3414$
20% Vorortsverkehr der V_1A	$0,2 \cdot 70 \cdot 7 \cdot 1,19 \cdot 1,2 = 140$	$0,2 \cdot 250 \cdot 7 \cdot 1,0 \cdot 1,2 = 420$	$0,2 \cdot 250 \cdot 7 \cdot 2,0 \cdot 1,2 = 840$
30% Vorortsverkehr der V_2A	$0,3 \cdot 30 \cdot 9 \cdot 1,29 \cdot 1,2 = 139$	$0,3 \cdot 100 \cdot 9 \cdot 1,5 \cdot 1,2 = 486$	$0,3 \cdot 100 \cdot 9 \cdot 3,0 \cdot 1,2 = 972$
Summe der Verbindungen	$= 774$	$= 2613$	$= 5226$
Stundenleistung	$774 \cdot 0,12 = 93$	$2613 \cdot 0,12 = 314$	$5226 \cdot 0,12 = 628$
Zahl der Arbeitsplätze	$93 : 50 = 1,86$	$314 : 50 = 6,28$	$628 : 50 = 12,56$

	a) Anfangszustand	b) Endausbau	
		e) normale Gesprächsziffer	e'') doppelte Gesprächsziffer

b) An den Schränken für den Bezirksverkehr.

Abgeh. u. ank. Bezirksverkehr. .	$2(875+772)\cdot0{,}17\cdot1{,}2=$ 674	$2(3000+2690)\cdot0{,}17\cdot1{,}2=2310$	$2(3000+2690)\cdot0{,}34\cdot1{,}2=4620$
20% Vorortsverkehr der V_1A. .	$2\cdot140$ = 280	$2\cdot420$ = 840	$2\cdot840$ = 1680
30% Vorortsverkehr der V_2A. .	$2\cdot139$ = 278	$2\cdot486$ = 972	$2\cdot972$ = 1944
Summe der Verbindungen. . . .	⎰1232	=4122	:= 8244
10% Transitverkehr	⎱ 123	= 412	= 824
Gesamtsumme d. Verbindungen .	= 1355	=4534	= 9068
Stundenleistung	$1355\cdot0{,}12$ = 163	$4534\cdot0{,}12$ = 540	$9068\cdot0{,}12$ = 1080
Zahl der Arbeitsplätze	163 : 30 = 5,4	540 : 30 = 18	1080 : 30 = 36
Zahl der AO	20 : 5,4 = 3,7	40 : 18 = 2,2	80 : 36 = 2,3

c) An den Schränken für den Fernverkehr.

Zahl der Fernverbindungen . . .	$2\cdot(875+772)\cdot0{,}08\cdot1{,}2=320$	$2(3000+2690)\cdot0{,}08\cdot1{,}2=1095$	$2(3000+2690)\,0{,}16\cdot1{,}2=2190$
Summe der Verbindung $+10\%$ Transitverkehr	320 + 32 = 352	1095 + 109 = 1204	2190 + 219 = 2409
Stundenleistung	$352\cdot0{,}12$ = 42	$1204\cdot0{,}12$ = 144	$2409\cdot0{,}12$ = 288
Zahl der Arbeitsplätze	42 : 25 = 2	144 : 25 = 6	288 : 25 = 12
Zahl der AO	7 : 2 = 3,5	14 : 6 = 2,3	28 : 12 = 2,3

d) Fernauskunft.

wie beim Handbetrieb	0,35	1,2	2,4

e) Aufsicht.

Anmeldung	0,196 = 0,20	0,62	1,25
Bezirksverkehr.	0,54	1,8	3,6
Fernverkehr und Auskunft . . .	0,20	0,72	1,44
Summe der Arbeitsplätze	0,94	3,14	6,29

C. Im SA-Netzgruppen-System.

Es gelten die gleichen Angaben wie für das Überweisungssystem.

Fernamt

a) Am Anmeldetisch.

Wie beim Überweisungssystem	1,96	6,28	12,56

b) An den Schränken für den Bezirksverkehr.

Abgehender Bezirksverkehr . . .	$(875+772)\cdot0{,}17\cdot1{,}2=337$	$(3000+2690)\cdot0{,}17\cdot1{,}2=1155$	$(3000+2690)\cdot0{,}34\cdot1{,}2=2310$
20% Vorortsverkehr der V_1A, wie beim Überweisungsamt . .	280 : 2 = 140	842 : 2 = 420	1680 : 2 = 840
30% Vorortsverkehr der V_2A wie beim Überweisungsamt . .	278 : 2 = 139	972 : 2 = 486	1744 : 2 = 972
Summe der Verbindungen. . . .	= 616	= 2061	= 4122
10% Transitverkehr	= 62	= 206	= 412
Summe der Verbindungen. . . .	= 678	= 2267	= 4534
Stundenleistung	$678\cdot0{,}12$ = 83	$2267\cdot0{,}12$ = 270	$4534\cdot0{,}12$ = 540
Zahl der Arbeitsplätze	83 : 30 = 2,8	270 : 30 = 9	540 : 30 = 18
Zahl der AO an den Arbeitsplätzen	10 : 2,8 = 3,7	20 : 9 = 2,3	40 : 18 = 2,3

c) An den Schränken für den Fernverkehr.

Wie beim Überweisungssystem .	2	6	12
Zahl der AO an den Arbeits-Pl. .	7 : 2 = 3,5	14 : 6 = 2,3	28 : 12 = 2,3

d) Fernauskunft.

Wie beim Überweisungssystem .	0,35	1,2	2,4

e) Aufsicht.

Anmeldung	0,2	0,62	1,25
Bezirksverkehr.	0,28	0,9	1,8
Fernverkehr	0,17	0,6	1,2
Fernauskunft	0,04	0,12	0,24
Summe der Arbeitsplätze	0,69	2,24	4,49

8*

Zusammenstellung

über die Zahl der Arbeitsplätze der von Hand bedienten Umschalteeinrichtungen in den Hauptämtern und Landzentralen einer Mittelwertsnetzgruppe (aus den in S. 47—51 aufgerundeten Zahlen).

	A) Handbetriebssystem mit beschränkter Dienstzeit			B) Überweisungssystem mit unbeschränkter Dienstzeit			C) SA-Netzgruppensystem mit unbeschränkter Dienstzeit		
	Im Anfangszustand der Anlage	Im Endausbau bei normaler Gesprächsziffer	Im Endausbau bei doppelter Gesprächsziffer	Im Anfangszustand der Anlage	Im Endausbau bei normaler Gesprächsziffer	Im Endausbau bei doppelter Gesprächsziffer	Im Anfangszustand der Anlage	Im Endausbau bei normaler Gesprächsziffer	Im Endausbau bei doppelter Gesprächsziffer
Im Hauptamte									
1. Fernvermittlungsplätze	1	4	7	1	4	7	—	—	—
2. Überweisungsplätze	5(6,5)	14(6,7)	27(6,2)	5(10)	16(7)	31(6)	—	—	—
3. Ortsplätze	3(325)	10(300)	20(150)	—	—	—	—	—	—
4. Aufsichtstische	1	3	6	1	2	4	—	—	—
5. Auskunftsplätze	1	2	3	1	2	3	—	—	—
Im Fernamte									
1. Anmeldetische	2	6	12	2	7	13	2	7	13
2. Fernplätze für Bezirksverkehr .	5(4)	17(2,4)	34(2,4)	6(3,7)	18(2,3)	36(2,3)	3(3,7)	9(2,3)	18(2,3)
3. Fernplätze für Fernverkehr . .	2(3,5)	6(2,3)	12(2,3)	2(3,5)	6(2,3)	12(2,3)	2(3,5)	6(2,3)	12(2,3)
4. Auskunftsplätze	1	2	3	1	2	3	1	2	3
5. Aufsichtstische	1	3	6	1	4	6	1	3	5
In den Landzentralen									
1. In den V_1-Ämtern	1 (70)	3(250) [2 F u. 10]	5(250) [4 F u. 10]	—	—	—	—	—	—
2. In den V_2-Ämtern	1 (30)	2(100)	3(100)	—	—	—	—	—	—
3. In den Gv 10/II	1 (10)	1 (10)	1 (10)	—	—	—	—	—	—

Anmerkung: Die Zahl der Anruforgane an den Arbeitsplätzen ist in ( ) Klammern, die Zahl der Fern- und Ortsplätze in [ ] Klammern angegeben.

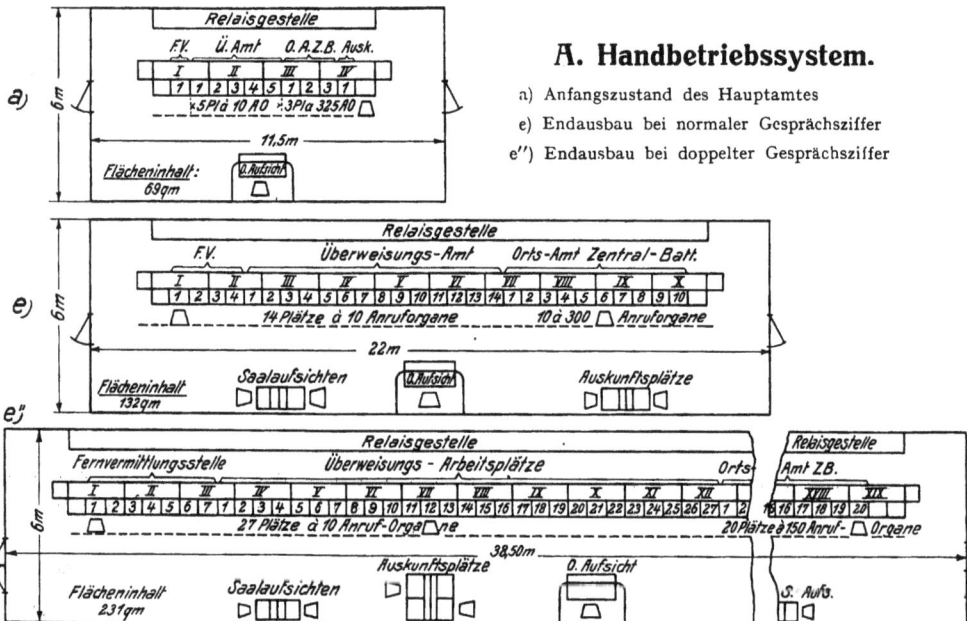

A. Handbetriebssystem.

a) Anfangszustand des Hauptamtes

e) Endausbau bei normaler Gesprächsziffer

e'') Endausbau bei doppelter Gesprächsziffer

B. Überweisungssystem.

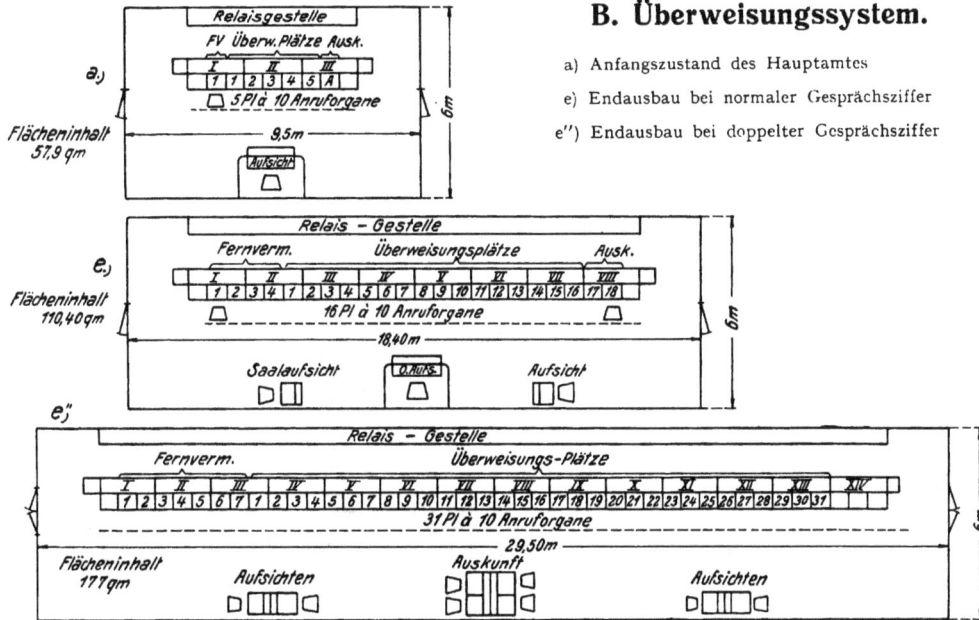

a) Anfangszustand des Hauptamtes

e) Endausbau bei normaler Gesprächsziffer

e″) Endausbau bei doppelter Gesprächsziffer

a.) Flächeninhalt 57,9 qm

Relaisgestelle
FV Überw. Plätze Ausk.
I II III
1 1 2 3 4 5 A
5 Pl à 10 Anruforgane
Aufsicht
9,5 m — 6 m

e.) Flächeninhalt 110,40 qm

Relais - Gestelle
Fernverm.   Überweisungsplätze   Ausk.
I II III IV V VI VII VIII
1 2 3 4 1 2 3 4 5 6 7 8 9 10 11 12 13 14 15 16 17 18
16 Pl à 10 Anruforgane
18,40 m — 6 m
Saalaufsicht   O.Aufs.   Aufsicht

e.″) Flächeninhalt 177 qm

Relais - Gestelle
Fernverm.   Überweisungs-Plätze
I II III IV V VI VII VIII IX X XI XII XIII XIV
1 2 3 4 5 6 7 1 2 3 4 5 6 7 8 9 10 11 12 13 14 15 16 17 18 19 20 21 22 23 24 25 26 27 28 29 30 31
31 Pl à 10 Anruforgane
29,50 m — 6 m
Aufsichten   Auskunft   Aufsichten

Einführungsraum mit Hauptverteiler

für 900 Teilnehmer

für eine Umschalteeinrichtung *ZB* mit Handbetriebssystem im Anfangszustand (a) mit 1300″ Sicherungen und 900″ Lötösen.
Bodenfläche = 16,63 qm.

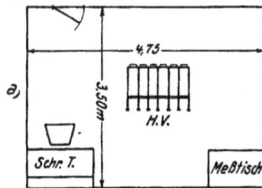

a) 4,75 — 3,50 m — H.V. — Schr. T. — Meßtisch

Einführungsraum mit Hauptverteiler

für 3000 Teilnehmer

für eine Umschalteeinrichtung *ZB* mit Handbetriebssystem im Endausbau (e u. e″) mit 4000″ Sicherungen und 3000″ Lötösen.
Bodenfläche = 28,00 qm.

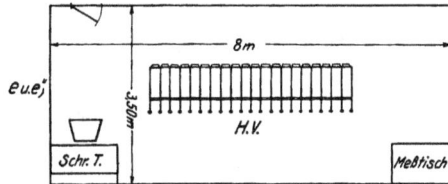

e u. e) 8 m — 3,50 m — H.V. — Schr. T. — Meßtisch

Landzentralen zu A. (Handbetriebssystem).

1. In den V₁-Ämtern (7 Ämter)

a) Anfangszustand
Bodenfläche 10,50 qm

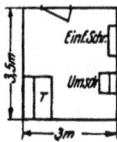

e) Endausbau bei normaler Gesprächsziffer. Bodenfläche 28,00 qm.

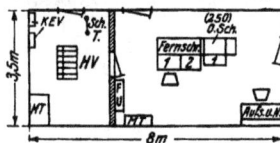

e″) Endausbau bei doppelter Gesprächsziffer. Gesamtbodenfläche = 35,00 qm.

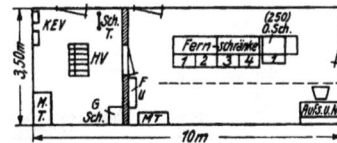

2. In den V₂-Ämtern (9 Ämter)

a) Anfangszustand
Bodenfläche 10,5 qm

e) Endausbau bei normaler Gesprächsziffer
Bodenfläche 11,55 qm

e″) Endausbau bei doppelter Gesprächsziffer
Bodenfläche 18,15 qm

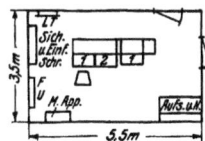

3. GV 10/II Anlagen
(4 Anlagen)

Fernamt
A. für das Handbetriebs- und B. für das Überweisungssystem

mit beschränkter Dienstzeit der Landzentralen, — — — — mit unbeschränkter Dienstzeit.

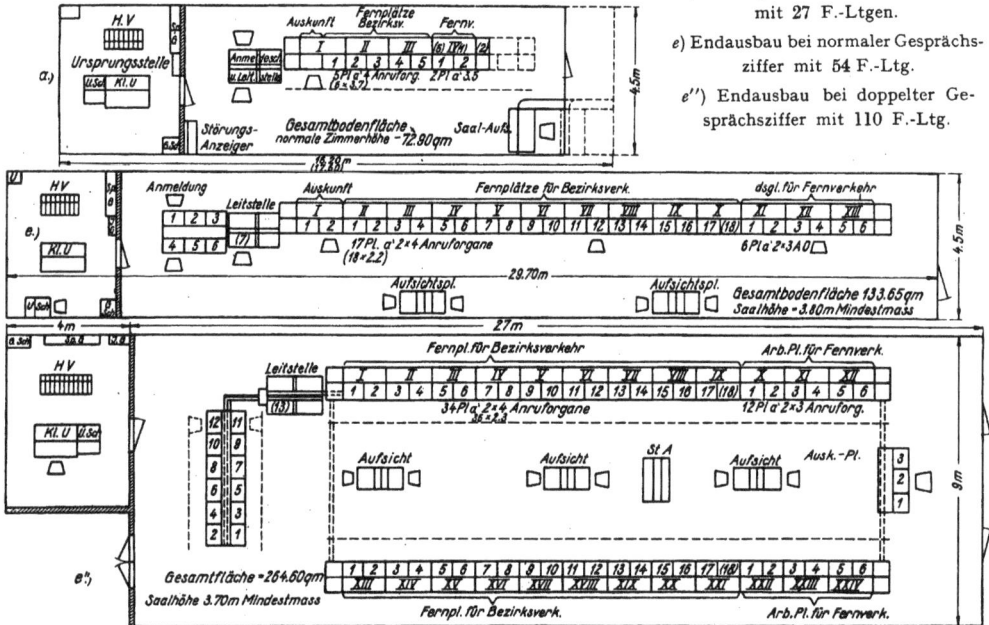

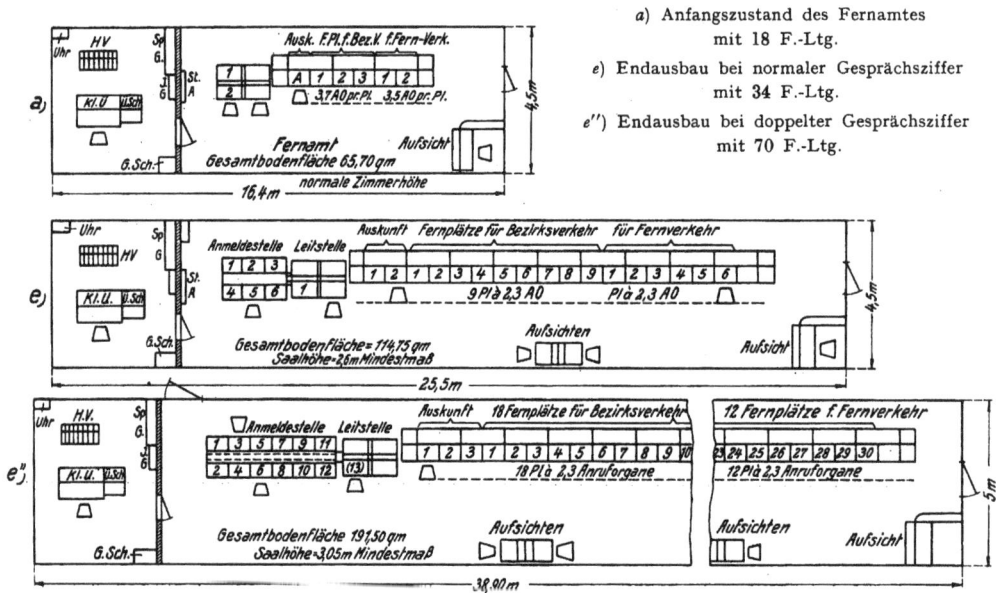

a) Anfangszustand des Fernamtes
mit 27 F.-Ltgen.

e) Endausbau bei normaler Gesprächsziffer mit 54 F.-Ltg.

e″) Endausbau bei doppelter Gesprächsziffer mit 110 F.-Ltg.

C. für das SA-Netzgruppensystem

mit unbeschränkter Dienstzeit.

a) Anfangszustand des Fernamtes
mit 18 F.-Ltg.

e) Endausbau bei normaler Gesprächsziffer
mit 34 F.-Ltg.

e″) Endausbau bei doppelter Gesprächsziffer
mit 70 F.-Ltg.

V.

Die Bestimmung der Wählerzahlen und der Grundrisse für die selbsttätig wirkenden Umschalteeinrichtungen einer Mittelwertsnetzgruppe.

A) Gruppenverbindungsplan für die *SA*-Umschaltestellen nach dem Überweisungssystem.

(Diagramm: Gruppenverbindungsplan mit Spalten (4) LZ3 Rufnummer 20, (9) LZ2 11–09, (7) LZ1 200–500, Hauptamt 2000–5000, Fern-Verm., Überweisungsamt, Anmeldung, Fernamt; Zeilen I.VW, II.VW, I.GW, II.GW, LW; rechts Fernleitung, FV, VSt; zur Fernvermittlung u. Überweisungsplätzen.)

```
x  ←  Anfangszustand
x  ←  Endausbau m. normal. Gesprächsziffer
x  ←    „      „    „    dopp.     „
```

B) Wählerzahlberechnung für die Überweisungsnetzgruppe.
I. Hauptamt.

	a) Anfangszustand	b) Endausbau	
		e) Normale Gesprächsziffer	e″) Doppelte Gesprächsziffer

I. Vorwähler.

I. Vorwähler	875	3000	3000
Gesprächszähler	875	3000	3000

II. Vorwähler.

Ortsverkehr	$100 \cdot 3{,}42 \cdot 1{,}2 \cdot \frac{1}{30} = 13{,}7$	$100 \cdot 3{,}9 \cdot 1{,}2 \cdot \frac{1}{30} = 15{,}6$	$100 \cdot 7{,}8 \cdot 1{,}2 \cdot \frac{1}{30} = 31{,}2$
Anmeldg. d. Vorortsgespräche .	$100 \cdot 0{,}36 \cdot 1{,}2 \cdot \frac{1}{120} = 0{,}36$	$100 \cdot 0{,}3 \cdot 1{,}2 \cdot \frac{1}{120} = 0{,}30$	$100 \cdot 0{,}6 \cdot 1{,}2 \cdot \frac{1}{120} = 0{,}6$
Anmeldg. f. Bez.- u. Fernverkehr .	$100 \cdot 0{,}25 \cdot 1{,}2 \cdot \frac{1}{120} = 0{,}25$	$100 \cdot 0{,}25 \cdot 1{,}2 \cdot \frac{1}{120} = 0{,}25$	$100 \cdot 0{,}5 \cdot 1{,}2 \cdot \frac{1}{120} = 0{,}5$
TC-Wert des Gesamtverkehrs . .	$= 14{,}31$	$= 16{,}15$	$= 32{,}3$
TC-Wert, Konzentration	$14{,}31 \cdot 0{,}12 = 1{,}72$	$16{,}15 \cdot 0{,}12 = 1{,}94$	$32{,}3 \cdot 0{,}12 = 3{,}88$
Wählerzahl pro 100er Gruppe . .	7	8	11
Gesamtzahl der Wähler	$9 \cdot 7 = 63$	$30 \cdot 8 = 240$	$30 \cdot 11 = 330$

I. Gruppenwähler.

TC-Wert pro 2000er Gruppe . .	$\frac{1{,}72 \cdot 2000}{100} = 34{,}4$	$\frac{1{,}94 \cdot 2000}{100} = 38{,}8$	$\frac{3{,}88 \cdot 2000}{100} = 7{,}76$
Gruppenabzug	$34\% = 0{,}66 \cdot 34{,}4 = 22{,}7$	$31\% = 0{,}69 \cdot 38{,}8 = 26{,}8$	$20\% = 0{,}8 \cdot 77{,}6 = 62{,}0$
TC-Wert pro halbe 2000er Gruppe	$= 11{,}35$	$= 13{,}4$	$= 31{,}0$
Wählerzahl pro 2000er Gruppe .	—	42	84
Wählerzahl pro halbe Gruppe .	24	26	48
Gesamtzahl der Wähler	24	68	132

II. Gruppenwähler.

TC-Wert pro 1000er Gruppe . .	$= 11{,}35$	$= 13{,}4$	$= 31{,}0$
20% kleinerer Verkehrswert . .	$0{,}8 \cdot 11{,}35 = 9{,}08$	$0{,}8 \cdot 13{,}4 = 10{,}72$	$0{,}8 \cdot 31{,}0 = 24{,}8$
Wählerzahl pro 1000er Gruppe .	24	25	56
Gesamtzahl der Wähler	24	$3 \cdot 25 = 75$	$3 \cdot 56 = 168$

	a) Anfangszustand	b) Endausbau — e) Normale Gesprächsziffer	b) Endausbau — e'') Doppelte Gesprächsziffer

Leitungswähler.

	a) Anfangszustand	e) Normale Gesprächsziffer	e'') Doppelte Gesprächsziffer
TC-Wert pro 100er Gr. II GW .	9,08	10,72	24,8
pro 100er Gruppe	0,908	1,07	2,48
Verkehrszuschlag	$(42\%) = 1,42 \cdot 0,908$	$(40\%) = 1,4 \cdot 1,07$	$(28\%) = 1,28 \cdot 2,48$
TC-Wert	1,29	1,5	3,18
Wählerzahl pro 100er Gruppe	6	7	10
Gesamtzahl der Wähler	$9 \cdot 6 = 54$	$30 \cdot 7 = 210$	$30 \cdot 10 = 300$

Anmelde-Gruppenwähler.

	a) Anfangszustand	e) Normale Gesprächsziffer	e'') Doppelte Gesprächsziffer
Anmeldg. f. Vorort, Bezirks- und Fernverkehr	$0,61 \cdot 9 = 5,49$	$30 \cdot 0,55 = 16,5$	$30 \cdot 1,1 = 33$
Gruppenabzug am I. GW	$(34\%) = 3,62$	$(31\%) = 11,4$	$(20\%) = 27,4$
TC-Wert-Konzentration	$3,62 \cdot 0,12 = 0,44$	$11,4 \cdot 0,12 = 1,37$	$27,4 \cdot 0,12 = 3,3$
Zahl der Wähler	4	6	10

II. Landzentrale 1 $(V_1\text{-}A)$.
I. Vorwähler.

	a) Anfangszustand	e) Normale Gesprächsziffer	e'') Doppelte Gesprächsziffer
I. Vorwähler	70	250	250
Gesprächszähler	70	250	250

II. Vorwähler ohne Umsteuerkontaktbetrieb.

	a) Anfangszustand	e) Normale Gesprächsziffer	e'') Doppelte Gesprächsziffer
Ortsverkehr	$100 \cdot 1,32 \cdot 1,2 \cdot \frac{1}{30} = 5,3$	$100 \cdot 2,0 \cdot 1,2 \cdot \frac{1}{30} = 8,0$	$100 \cdot 4,0 \cdot 1,2 \cdot \frac{1}{30} = 16,0$
abgehender Vorortsverkehr	$100 \cdot 1,19 \cdot 1,2 \cdot \frac{1}{20} = 7,15$	$100 \cdot 1,0 \cdot 1,2 \cdot \frac{1}{20} = 6,0$	$100 \cdot 2,0 \cdot 1,2 \cdot \frac{1}{20} = 12,0$
Anmeldg. im Bez.- u. Fernverkehr	$100 \cdot 0,25 \cdot 1,2 \cdot \frac{1}{120} = 0,25$	$100 \cdot 0,25 \cdot 1,2 \cdot \frac{1}{120} = 0,25$	$100 \cdot 0,5 \cdot 1,2 \cdot \frac{1}{120} = 0,5$
ank. Vorortsverkehr aus HA	$\frac{70 \cdot 875}{772} \cdot 0,36 \cdot 1,2 \cdot \frac{1}{20} = 1,71$	$\frac{100 \cdot 3000}{2690} \cdot 0,3 \cdot 1,2 \cdot \frac{1}{20} = 2,0$	$\frac{100 \cdot 3000}{2690} \cdot 0,6 \cdot 1,2 \cdot \frac{1}{20} = 4,0$
,, ,, ,, Netzgr.	$70 \cdot 1,19 \cdot 1,2 \cdot 0,2 \cdot \frac{1}{20} = 1,0$	$100 \cdot 0,2 \cdot 1,0 \cdot 1,2 \cdot \frac{1}{20} = 1,2$	$100 \cdot 0,2 \cdot 2,0 \cdot 1,2 \cdot \frac{1}{20} = 2,4$
Bez.- u. Fernverkehr	$2 \cdot 70 \cdot 0,25 \cdot 1,2 \cdot \frac{1}{16} = 2,62$	$100 \cdot 2 \cdot 0,25 \cdot 1,2 \cdot \frac{1}{16} = 3,74$	$100 \cdot 2 \cdot 0,5 \cdot 1,2 \cdot \frac{1}{16} = 7,48$
Sa. TC-Wert	$= 18,03$	$= 21,19$	$= 42,38$
TC-Wert, Konzentration	$18,03 \cdot 0,12 = 2,1$	$21,19 \cdot 0,12 = 2,6$	$42,38 \cdot 0,12 = 5,2$
Zahl der Wähler pro 100er Gr.	8	10	14
Gesamtzahl der Wähler	8	$(2 \times 10) + 6 = 26$	$(2 \times 14) + 10 = 38$

I. Gruppenwähler.

	a) Anfangszustand	e) Normale Gesprächsziffer	e'') Doppelte Gesprächsziffer
TC-Wert des II. VW	2,06	$2,5 \cdot 2,8 = 7,0$	$2,5 \cdot 5,6 = 14$
Gruppenabzug	—	$(7\%) = 0,93 \cdot 7,0 = 6,51$	$(2\%) = 0,98 \cdot 14 = 13,7$
Zahl der Wähler	8	15	28

Leitungswähler.

	a) Anfangszustand	e) Normale Gesprächsziffer	e'') Doppelte Gesprächsziffer
TC-Wert der I. GW pro 100er Gr.	2,1	$7,0 : 2,5 = 2,80$	$14,0 : 2,5 = 5,6$
Gruppenzuschlag	—	$(7\%) = 1,07 \cdot 2,80 = 3,0$	$(3\%) = 5,6 \cdot 1,03 = 5,8$
20% kleinerer Verkehrswert	2,06	2,4	4,6
Wählerzahl pro 100er Gruppe	8	10	15
Gesamtzahl der Wähler	8	$(2 \cdot 10) + 6 = 26$	$(2 \cdot 15) + 10 = 40$

III. Landzentrale 2 $(V_2\text{-}A)$.
I. Vorwähler.

	a) Anfangszustand	e) Normale Gesprächsziffer	e'') Doppelte Gesprächsziffer
I. Vorwähler	30	100	100
Gesprächszähler	30	100	100

Leitungswähler.

	a) Anfangszustand	e) Normale Gesprächsziffer	e'') Doppelte Gesprächsziffer
TC-Wert der Ortsgespräche	$30 \cdot 0,86 \cdot 1,2 \cdot \frac{1}{30} = 1,03$	$100 \cdot 1,5 \cdot 1,2 \cdot \frac{1}{30} = 6$	$100 \cdot 3,0 \cdot 1,2 \cdot \frac{1}{30} = 12$
TC-Wert des abgeh. Vorortsverkehrs	$30 \cdot 0,29 \cdot 1,2 \cdot \frac{1}{20} = 2,32$	$100 \cdot 1,5 \cdot 1,2 \cdot \frac{1}{20} = 9$	$100 \cdot 3,0 \cdot 1,2 \cdot \frac{1}{20} = 18$
TC-Wert des aus HA ank. Vorortsverkehrs	$\frac{30 \cdot 875}{772} \cdot 0,36 \cdot 1,2 \cdot \frac{1}{20} = 0,74$	$\frac{100 \cdot 3000}{2690} \cdot 0,3 \cdot 1,2 \cdot \frac{1}{20} = 2,0$	$\frac{100 \cdot 3000}{2690} \cdot 0,6 \cdot 1,2 \cdot \frac{1}{20} = 4,0$
TC-Wert des aus Netzgr. ank. Vorortsverkehrs	$30 \cdot 0,2 \cdot 1,29 \cdot 1,2 \cdot \frac{1}{20} = 0,48$	$100 \cdot 0,2 \cdot 1,5 \cdot 1,2 \cdot \frac{1}{20} = 1,8$	$100 \cdot 0,2 \cdot 3,0 \cdot 1,2 \cdot \frac{1}{20} = 3,6$
TC-Wert des Bezirks und Fernverkehrs	$\left(30 \cdot 0,25 \cdot 1,2 \cdot \frac{1}{16}\right) \cdot 2 = 1,12$	$\left(100 \cdot 0,25 \cdot 1,2 \cdot \frac{1}{16}\right) \cdot 2 = 3,75$	$\left(100 \cdot 0,5 \cdot 1,2 \cdot \frac{1}{16}\right) \cdot 2 = 7,5$
TC-Wert des Anmeldeverkehrs	$30 \cdot 0,25 \cdot 1,2 \cdot \frac{1}{120} = 0,08$	$100 \cdot 0,25 \cdot 1,2 \cdot \frac{1}{120} = 0,25$	$100 \cdot 0,5 \cdot 1,2 \cdot \frac{1}{120} = 0,5$
Sa. TC-Werte	$= 5,77$	$= 22,80$	$= 45,6$
TC-Wert, Konzentration	$5,77 \cdot 0,12 = 0,69$	$22,80 \cdot 0,12 = 2,74$	$45,6 \cdot 0,12 = 5,5$
Wählerzahl	4	9	14

	a) Anfangszustand	b) Endausbau	
		c) Normale Gesprächsziffer	c″) Doppelte Gesprächsziffer

IV. Landzentrale 3.

I. Vorwähler.

I. Vorwähler	3	10	10
Zähler	3	10	10

Leitungswähler.

TC-Wert der Ortsgespräche . .	$3 \cdot 0,27 \cdot 1,2 \cdot \frac{1}{30} = 0,03$	$10 \cdot 0,5 \cdot 1,2 \cdot \frac{1}{30} = 0,2$	$10 \cdot 1,0 \cdot 1,2 \cdot \frac{1}{30} = 0,4$
TC-Wert des abgeh. Vorortsverkehrs	$3 \cdot 2,26 \cdot 1,2 \cdot \frac{1}{20} = 0,04$	$10 \cdot 2,5 \cdot 1,2 \cdot \frac{1}{20} = 1,5$	$10 \cdot 5,0 \cdot 1,2 \cdot \frac{1}{20} = 3,0$
TC-Wert des aus HA ank. Vorortsverkehrs	$\frac{875 \cdot 3}{772} \cdot 0,36 \cdot 1,2 \cdot \frac{1}{20} = 0,09$	$\frac{3000 \cdot 10}{2690} \cdot 0,3 \cdot 1,2 \cdot \frac{1}{20} = 0,20$	$\frac{10 \cdot 3000}{2690} \cdot 0,6 \cdot 1,2 \cdot \frac{1}{20} = 0,4$
TC-Wert des aus Netzgr. ank. Vorortsverkehrs	$0,2 \cdot 3 \cdot 2,26 \cdot 1,2 \cdot \frac{1}{20} = 0,08$	$0,2 \cdot 10 \cdot 2,5 \cdot 1,2 \cdot \frac{1}{20} = 0,3$	$0,2 \cdot 10 \cdot 5,0 \cdot 1,2 \cdot \frac{1}{20} = 0,6$
Anmeldg. z. Bez.- u. Fernverkehr	$3 \cdot 0,25 \cdot 1,2 \cdot \frac{1}{120} = 0,008$	$10 \cdot 0,25 \cdot 1,2 \cdot \frac{1}{120} = 0,025$	$10 \cdot 0,5 \cdot 1,2 \cdot \frac{1}{120} = 0,05$
Bezirks- und Fernverkehr . . .	$2 \cdot 3 \cdot 0,25 \cdot 1,2 \cdot \frac{1}{16} = 0,12$	$2 \cdot 10 \cdot 0,25 \cdot 1,2 \cdot \frac{1}{16} = 0,37$	$10 \cdot 2 \cdot 0,5 \cdot 1,2 \cdot \frac{1}{16} = 0,74$
Sa. TC-Werte	$= 0,368$	$= 2,595$	$= 5,19$
TC-Wert, Konzentration	$0,368 \cdot 0,12 = 0,04$	$2,6 \cdot 0,12 = 0,312$	$5,19 \cdot 0,12 = 0,62$
Wählerzahl	2	3	4

Kurve zur Bestimmung der Wähler
mit kleinen TC-Werten und vollkommener Bündelung.

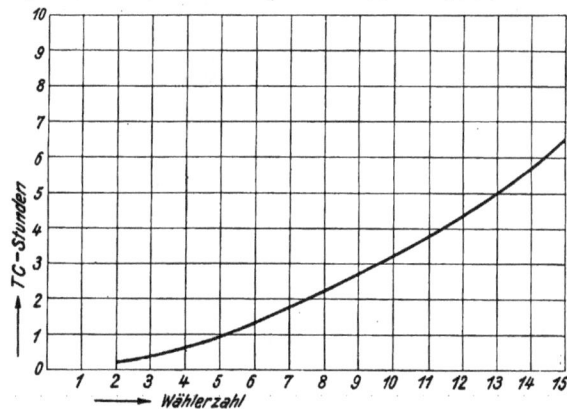

Verkehrszuschlagskurven.

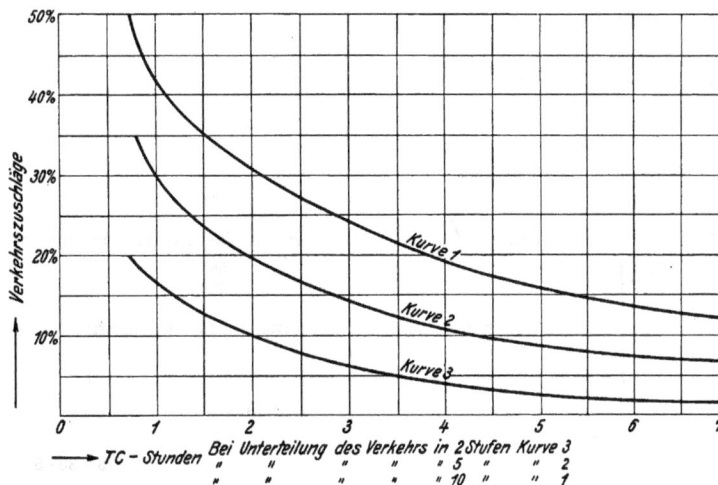

Kurven für die Bestimmung der Wähler aus den TC-Werten.

Kurve a. Vollkommene Leitungsbündel, nur wenn 11te VW oder Mischwähler vorhanden sind.

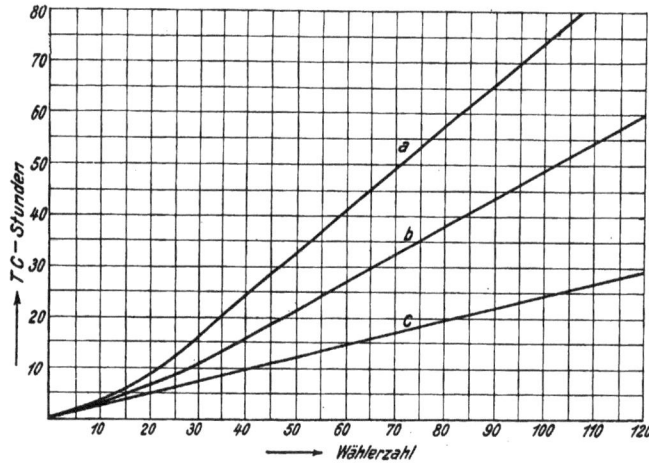

Kurve b. Unvollkommene Leitungsbündel, nur bei guter Mischung und Staffelung.

Kurve c. Reine 10er Bündel ungestaffelt und ungemischt.

C) Wählerzahlberechnung für das SA-Netzgruppensystem.

I. Im Hauptamt.

	a) Anfangszustand	b) Endausbau e) Normale Gesprächsziffer	b) Endausbau e") Doppelte Gesprächsziffer
I. Vorwähler.			
I. $V.$-$W.$	875	3 000	3 000
Zähler	875	3 000	3 000
II. Vorwähler.			
Ortsverkehr pro 100er Gruppe .	$100\cdot3{,}42\cdot1{,}2\cdot\frac{1}{30}=13{,}7$	$100\cdot3{,}9\cdot1{,}2\cdot\frac{1}{30}=15{,}6$	$100\cdot7{,}8\cdot1{,}2\cdot\frac{1}{30}=31{,}2$
Abgehender Vorortsverkehr . .	$100\cdot0{,}36\cdot1{,}2\cdot\frac{1}{20}=2{,}16$	$100\cdot0{,}3\cdot1{,}2\cdot\frac{1}{20}=1{,}8$	$100\cdot0{,}6\cdot1{,}2\cdot\frac{1}{20}=3{,}6$
Anmeld. f. Bez. u. Fernverkehr.	$100\cdot0{,}25\cdot1{,}2\cdot\frac{1}{120}=0{,}25$	$100\cdot0{,}25\cdot1{,}2\cdot\frac{1}{120}=0{,}25$	$100\cdot0{,}5\cdot1{,}2\cdot\frac{1}{120}=0{,}5$
Summe TC-Werte	$=16{,}11$	$=17{,}65$	$=35{,}3$
TC-Wert Konzentration	$16{,}11\cdot0{,}12=1{,}93$	$17{,}65\cdot0{,}12=2{,}12$	$35{,}3\cdot0{,}12=4{,}24$
Zahl d. II.-V.-W. pro 100er Gruppe	7	8	12
Gesamtzahl der Wähler	$9\cdot7=63$	$30\cdot8=240$	$30\cdot12=360$
I. Gruppenwähler.			
TC-Wert für 200er Gruppe . .	$\frac{1{,}93\cdot2000}{100}=38{,}6$	$\frac{2{,}12\cdot2000}{100}=42{,}4$	$\frac{4{,}24\cdot2000}{100}=84{,}8$
Gruppenabzug	$(31\%)=38{,}6\cdot0{,}69=26{,}6$	$(30\%)=42{,}4\cdot0{,}7=29{,}8$	$(18\%)=84{,}8\cdot0{,}82=69{,}6$
TC-Wert	$26{,}6:2=13{,}3$	$=29{,}8$	$=69{,}6$
Zahl pro Gruppe	28/30	47/60	95/105
Zahl pro $\frac{1}{2}$ Gruppe	28/30	$47+28=75/90$	$95+53=148/160$
Gesamtzahl der Wähler	—	28/30	53/60

Übertrager und I. Gruppenwähler für den ankommenden Verkehr aus der Netzgruppe.

	a) Anfangszustand	e) Normale Gesprächsziffer	e") Doppelte Gesprächsziffer
Zahl der ank. Sprechkr.	30	58	78
Zahl der Übertrager und i. GW	30	58	78

Fern-Gruppenwähler für den ankommenden Fernverkehr aus 5 Nachbarnetzgruppen.

	a) Anfangszustand	e) Normale Gesprächsziffer	e") Doppelte Gesprächsziffer
Zahl der ank. Bezirksltg. . . .	10	20	40
Zahl der FGW	10	20	40

Fernvermittlungsgruppenwähler.

	a) Anfangszustand	e) Normale Gesprächsziffer	e") Doppelte Gesprächsziffer
Zahl der Arbeitsplätze . . .	5	15	30
pro Platz 5 FGW	$5\cdot5=25$	$15\cdot5=75$	$30\cdot5=150$

	a) Anfangszustand	b) Endausbau	
		e) Normale Gesprächsziffer	e'') Doppelte Gesprächsziffer

Interne II. Gruppenwähler.

TC-Wert pro 1 000er Gruppe	$13{,}7 \cdot 10 \cdot 0{,}69 \cdot 0{,}8 \qquad = 75{,}6$	$15{,}6 \cdot 10 \cdot 0{,}7 \qquad = 109$	$31{,}2 \cdot 10 \cdot 0{,}82 \qquad = 256$
ankommend. Vorortsverkehr . .	$0{,}5 \cdot 772 \cdot 1{,}24 \cdot 1{,}2 \cdot \dfrac{1}{20} \cdot 0{,}8 = 28{,}7$	$0{,}5 \cdot \dfrac{2\,690}{2{,}69} \cdot 1{,}2 \cdot 0{,}8 \cdot 1{,}2 \cdot \dfrac{1}{20} = 29$	$0{,}5 \dfrac{2\,690}{2{,}69} \cdot 2{,}4 \cdot 1{,}2 \cdot 0{,}8 \cdot \dfrac{1}{20} = 58$
Bezirks- und Fernverkehr . . .	$2 \cdot (1\,000 \cdot 0{,}25 \cdot 0{,}8 \cdot 1{,}2) \cdot \dfrac{1}{16} = 30$	$2 \cdot (1\,000 \cdot 0{,}25 \cdot 0{,}8 \cdot 1{,}2) \cdot \dfrac{1}{16} = 30$	$2 \cdot 30 \qquad = 60$
Summe TC-Werte	$= 134{,}3$	$= 168$	$= 374$
TC-Wert Konzentration	$134{,}3 \cdot 0{,}12 \qquad = 16{,}1$	$168 \cdot 0{,}12 \qquad = 20{,}2$	$374 \cdot 0{,}12 \qquad = 44{,}9$
Wählerzahl pro 1000er Gruppe	$35/45$	45	95
Gesamtzahl der Wähler	$35/45$	$3 \cdot 45 \qquad = 135$	$3 \cdot 95 \qquad = 285$

Anmelde-Gruppenwähler.

Anmeld. für Bezirks- u. Fernverk.	$1\,000 \cdot 0{,}25 \cdot 1{,}2 \cdot \dfrac{1}{120} = 2{,}5$	$1\,000 \cdot 0{,}25 \cdot 1{,}2 \cdot \dfrac{1}{120} = 2{,}5$	$2 \cdot 2{,}5 \qquad = 5{,}0$
Anmeld. f. Vororts- und Nachbar-netzgruppen-Verkehr	$1\,000 \cdot 0{,}25 \cdot 1{,}2 \cdot 1{,}24 \cdot \dfrac{1}{130} = 3{,}1$	$1\,000 \cdot 0{,}25 \cdot 1{,}2 \cdot 1{,}1 \cdot \dfrac{1}{120} = 2{,}75$	$2 \cdot 2{,}75 \qquad = 5{,}5$
Gruppenabzug	$(31^0/_0) = 5{,}6 \cdot 0{,}69 \qquad = 3{,}86$	$(30^0/_0) = 5{,}25 \cdot 0{,}7 \qquad = 3{,}70$	$(18^0/_0) = 10{,}5 \cdot 0{,}82 \qquad = 8{,}6$
TC-Wert, Konzentration . . .	$3{,}86 \cdot 0{,}12 \qquad = 0{,}46$	$3{,}70 \cdot 0{,}12 \qquad = 0{,}45$	$8{,}6 \cdot 0{,}12 \qquad = 1{,}03$
Wählerzahl pro Gruppe	3	3	5
Gesamtzahl der Wähler	$1{,}6 \cdot 3 \qquad = 5$	$5{,}5 \cdot 3 \qquad = 17$	$5{,}5 \cdot 5 \qquad = 27$

Leitungswähler.

TC-Wert pro 100er Gr. an II. GW	$16{,}9 : 10 \qquad = 1{,}69$	$20{,}2 : 10 \qquad = 2{,}02$	$37{,}44 : 10 \qquad = 3{,}74$
TC-Wert für LW	$1{,}69 \cdot 0{,}98 \cdot 1{,}35 \qquad = 2{,}16$	$2{,}02 \cdot 0{,}98 \cdot 1{,}30 \qquad = 2{,}58$	$3{,}74 \cdot 0{,}98 \cdot 1{,}22 \qquad = 4{,}48$
Wählerzahl pro 100er Gruppe .	8	9	12
Gesamtzahl der Wähler	$9 \cdot 8 \qquad = 72$	$30 \cdot 9 \qquad = 270$	$30 \cdot 12 \qquad = 360$

Zeitzonenzähler im Hauptamt.

TC-Wert für d. abgeh. Verkehr	$900 \cdot 0{,}36 \cdot 1{,}2 \cdot \dfrac{1}{20} = 19{,}4$	$3\,000 \cdot 0{,}3 \cdot 1{,}2 \cdot \dfrac{1}{20} = 54{,}0$	$3\,000 \cdot 0{,}6 \cdot 1{,}2 \cdot 0{,}6 = 108{,}0$
TC-Wert pro Dekade 7, 8, 9. .	$19{,}4 : 3 \qquad = 6{,}5$	$54 : 3 \qquad = 18$	$108 : 3 \qquad = 36$
TC-Wert, Konzentration . . .	$6{,}5 \cdot 0{,}12 \qquad = 0{,}780$	$18 \cdot 0{,}12 \qquad = 2{,}16$	$36 \cdot 0{,}12 \qquad = 4{,}32$
Wählerzahl.	5	$9—10$	$13—15$
Gesamtzahl der Wähler	15	30	45

II. Gruppenwähler für den abgehenden Verkehr.

Zahl der abgeh. Sprechkreise .	28	58	78
Zahl der II. GW	$3 \cdot 10 \qquad = 30$	$3 \cdot 20 \qquad = 60$	$3 \cdot 25 \qquad = 75$

Übertrager für den abgehenden Verkehr.

Abgehende Sprechkreise	28	58	78
Zahl der Übertrager.	28	58	78

II. Im Verbundamt V_1-A.

I. Vorwähler.

I. VW oder Anrufsucher. . . .	10	250	250
Zähler u. Teilnehmeranschlußorg.	10	250	250

II. Vorwähler mit Umsteuerkontaktbank.

TC-Wert des Ortsverkehrs. . .	$100 \cdot 1{,}32 \cdot 1{,}2 \cdot \dfrac{1}{30} = 5{,}3$	$100 \cdot 2{,}0 \cdot 1{,}2 \cdot \dfrac{1}{30} = 8{,}0$	$100 \cdot 4{,}0 \cdot 1{,}2 \cdot \dfrac{1}{30} = 16{,}0$
TC-Wert des Vorortsverkehrs .	$100 \cdot 1{,}19 \cdot 1{,}2 \cdot \dfrac{1}{20} = 7{,}15$	$100 \cdot 1{,}0 \cdot 1{,}2 \cdot \dfrac{1}{20} = 6{,}0$	$100 \cdot 2{,}0 \cdot 1{,}2 \cdot \dfrac{1}{20} = 12{,}0$
TC-Wert des Anmeldeverkehrs.	$100 \cdot 0{,}25 \cdot 1{,}2 \cdot \dfrac{1}{120} = 0{,}25$	$100 \cdot 0{,}25 \cdot 1{,}2 \cdot \dfrac{1}{120} = 0{,}25$	$100 \cdot 0{,}5 \cdot 1{,}2 \cdot \dfrac{1}{120} = 0{,}5$
Summe TC-Werte	$= 12{,}70$	$= 14{,}25$	$= 28{,}5$
TC-Wert Konzentration. . . .	$12{,}7 \cdot 0{,}12 \qquad = 1{,}52$	$14{,}25 \cdot 0{,}12 \qquad = 1{,}71$	$28{,}5 \cdot 0{,}12 \qquad = 3{,}42$
Wählerzahl pro 100er Gruppe .	7	7	11
Gesamtzahl der Wähler	7	$(2 \cdot 7) + 5 \qquad = 19$	$(2 \cdot 11) + 7 \qquad = 29$

Übertrager mit Mitlaufwerk und Zeit-Zonen-Zähler.

TC-Wert d. Verk. d. $V_1 A$ z. HA	$0{,}31 + 4{,}1 + 0{,}06 + 0{,}18 = 4{,}65$	$1{,}7 + 12 + 0{,}17 + 0{,}6 = 14{,}47$	$3{,}4 + 24 + 0{,}34 + 1{,}2 = 28{,}94$
TC-Wert Konzentration	$4{,}65 \cdot 0{,}12 \qquad = 0{,}558$	$14{,}47 \cdot 0{,}12 \qquad = 1{,}736$	$28{,}94 \cdot 0{,}12 \qquad = 3{,}472$
Zahl der Leitungen	3	6	9
Zahl der ZZZ	3	6	9

	a) Anfangszustand	b) Endausbau	
		e) Normale Gesprächsziffer	e'') Doppelte Gesprächsziffer

Überzählige Mitlaufwerke für den Internverkehr.

	a) Anfangszustand	e) Normale Gesprächsziffer	e'') Doppelte Gesprächsziffer
TC-Wert für Blindbelegung . .	$70 \cdot 1{,}32 \cdot 1{,}2 \cdot \dfrac{1}{360} = 0{,}32$	$250 \cdot 2{,}0 \cdot 1{,}2 \cdot \dfrac{1}{360} = 1{,}67$	$250 \cdot 4{,}0 \cdot 1{,}2 \cdot \dfrac{1}{360} = 3{,}34$
Blindbel. durch d. 2 $V_2 A$ . . .	$2 \cdot \left(30 \cdot 0{,}86 \cdot 1{,}2 \cdot \dfrac{1}{360}\right) = 0{,}17$	$2 \cdot \left(100 \cdot 1{,}5 \cdot 1{,}2 \cdot \dfrac{1}{360}\right) = 1{,}0$	$2 \cdot \left(100 \cdot 3{,}0 \cdot 1{,}2 \cdot \dfrac{1}{360}\right) = 2{,}00$
Summe TC-Werte	$= 0{,}49$	$= 2{,}67$	$= 5{,}34$
TC-Wert Konzentration	$0{,}49 \cdot 0{,}12 = 0{,}06$	$2{,}67 \cdot 0{,}12 = 0{,}32$	$5{,}34 \cdot 0{,}12 = 0{,}64$
Zahl der Mitlaufwerke.	2	3	4

Übertrager für Durchgangs- und Überbrückungsverkehr
= der Zahl der vom V_2-Amt ankommenden Sprechkreise.

	a) Anfangszustand	e) Normale Gesprächsziffer	e'') Doppelte Gesprächsziffer
V_1-Amt mit 2 V_2-A	$2 \times 2 = 4$	$2 \times 5 = 10$	$2 \times 7 = 14$
V_1-Amt mit 1 $V_2 A$ u. 1 $Gv10$. .	$2 + 2 = 4$	$2 + 5 = 7$	$2 + 7 = 9$
V_1-Amt mit 1 $V_2 A$	2	5	7

Übertrager für den Übergang vom Wechselstrom — zum Gleichstrombetrieb für den ankommenden Verkehr.

	a) Anfangszustand	e) Normale Gesprächsziffer	e'') Doppelte Gesprächsziffer
TC-Wert des Ortsverkehrs. . .	$30 \cdot 1{,}29 \cdot 1{,}2 \cdot 0{,}1 \cdot \dfrac{1}{20} = 0{,}23$	$100 \cdot 1{,}5 \cdot 1{,}2 \cdot 0{,}1 \cdot \dfrac{1}{20} = 0{,}9$	$100 \cdot 3{,}0 \cdot 1{,}2 \cdot 0{,}1 \cdot \dfrac{1}{20} = 1{,}8$
Blindbeleg. d. Ortsgespr. des $V_2 A$	$30 \cdot 0{,}86 \cdot 1{,}2 \cdot \dfrac{1}{360} = 0{,}09$	$100 \cdot 1{,}5 \cdot 1{,}2 \cdot \dfrac{1}{360} = 0{,}5$	$100 \cdot 3{,}0 \cdot 1{,}2 \cdot \dfrac{1}{360} = 1{,}0$
Summe TC-Werte	$= 0{,}31$	$= 1{,}4$	$= 2{,}8$
TC-Wert Konzentration	$0{,}31 \cdot 0{,}12 = 0{,}04$	$1{,}4 \cdot 0{,}12 = 0{,}17$	$2{,}8 \cdot 0{,}12 = 0{,}34$
für 2 V_2-Ämter	$2 \cdot 0{,}04 = 0{,}08$	$2 \cdot 0{,}17 = 0{,}34$	$2 \cdot 0{,}34 = 0{,}68$
Zahl der Übertrager.	2	3	5
Eingebaut werden	3	5	7
Bei 1 V_2-Amt.	2	3	4
Bei 1 V_2-Amt mit 1 $Gv10$ . . .	3	4	5

Gruppenwähler für den ankommenden Verkehr im V_1-Amt.

	a) Anfangszustand	e) Normale Gesprächsziffer	e'') Doppelte Gesprächsziffer
Zahl der ank. Sprechkreise . .	4 (4)	9 (8)	14 (12)
Zahl d. Wähler f. 1 $V_1 A$ m. 2 $V_2 A$	4	9	14
Zahl d. Wähler f. 1 $V_1 A$ m. 1 $V_2 A$	4	8	12

Übertrager für den Übergang vom Wechselstrom- zum Gleichstrombetrieb für den abgehenden Verkehr.

	a) Anfangszustand	e) Normale Gesprächsziffer	e'') Doppelte Gesprächsziffer
TC-Wert f. d. Verkehr zum $V_1 A$	$1{,}71 + 0{,}5 + 1{,}8 + 0{,}84 = 4{,}85$	$5{,}02 + 1{,}5 + 6{,}38 + 3{,}0 = 15{,}90$	$10{,}04 + 3{,}0 + 12{,}76 + 0{,}6 = 31{,}8$
TC-Wert Konzentration	$4{,}85 \cdot 0{,}12 = 0{,}58$	$15{,}9 \cdot 0{,}12 = 1{,}90$	$31{,}8 \cdot 0{,}12 = 3{,}8$
Zahl der Leitungen	3	6	9
Zahl der Übertrager.	3	6	9

Interne Gruppenwähler.

	a) Anfangszustand	e) Normale Gesprächsziffer	e'') Doppelte Gesprächsziffer
TC-Wert d. ank. Vorortverkehr von den $V_2 A$	$2 \cdot \left(30 \cdot 1{,}29 \cdot 1{,}2 \cdot 0{,}1 \cdot \dfrac{1}{20}\right) = 0{,}46$	$2 \cdot \left(100 \cdot 1{,}5 \cdot 1{,}2 \cdot 0{,}1 \cdot \dfrac{1}{20}\right) = 1{,}8$	$2 \cdot \left(100 \cdot 3{,}0 \cdot 1{,}2 \cdot 0{,}1 \cdot \dfrac{1}{20}\right) = 3{,}6$
TC-Wert des Ortsverkehrs. . .	$\left(100 \cdot 1{,}32 \cdot 1{,}2 \cdot \dfrac{1}{30}\right) \cdot 0{,}7 = 5{,}3$	$\left(100 \cdot 2{,}0 \cdot 1{,}2 \cdot \dfrac{1}{30}\right) \cdot 2{,}5 = 20{,}0$	$\left(100 \cdot 4{,}0 \cdot 1{,}2 \cdot \dfrac{1}{30}\right) \cdot 2{,}5 = 40{,}0$
TC-Wert d. Vorortsv. n. d. $V_2 A$	$\left(70 \cdot 1{,}19 \cdot 0{,}5 \cdot 1{,}2 \cdot \dfrac{1}{20}\right) \cdot 2 = 0{,}5$	$\left(100 \cdot 1{,}0 \cdot 1{,}2 \cdot \dfrac{1}{20} \cdot 0{,}05\right) \cdot 2 = 1{,}5$	$\left(100 \cdot 2{,}0 \cdot 1{,}2 \cdot \dfrac{1}{20} \cdot 0{,}05\right) \cdot 2 = 3{,}0$
Blindbelegg. d. Ortsgespr. d. $V_2 A$	$\left(30 \cdot 0{,}86 \cdot 1{,}2 \cdot \dfrac{1}{360}\right) \cdot 2 = 0{,}17$	$\left(100 \cdot 1{,}5 \cdot 1{,}2 \cdot \dfrac{1}{360}\right) \cdot 2 = 1{,}0$	$\left(100 \cdot 3{,}0 \cdot 1{,}2 \cdot \dfrac{1}{360}\right) \cdot 2 = 2{,}0$
Summe TC-Werte	$= 6{,}43$	$= 24{,}3$	$= 48{,}6$
TC-Wert Konzentration	$6{,}4 \cdot 0{,}12 = 0{,}78$	$24{,}3 \cdot 0{,}12 = 2{,}9$	$48{,}6 \cdot 0{,}12 = 5{,}8$
Zahl der Gruppenwähler. . . .	4	9	14

Leitungswähler.

	a) Anfangszustand	e) Normale Gesprächsziffer	e'') Doppelte Gesprächsziffer
TC-Wert d. GW für Ortsverkehr	$= 5{,}76^{[1]}$	$= 21{,}8^{[1]}$	$= 43{,}6^{[1]}$
Ank. Vorortsverkehr aus HA . .	$\dfrac{875 \cdot 70}{772} \cdot 0{,}36 \cdot 1{,}2 \cdot \dfrac{1}{20} = 1{,}71$	$\dfrac{3\,000 \cdot 250}{2\,690} \cdot 0{,}3 \cdot 1{,}2 \cdot \dfrac{1}{20} = 5{,}0$	$\dfrac{3\,000 \cdot 250}{2\,690} \cdot 0{,}6 \cdot 1{,}2 \cdot \dfrac{1}{20} = 10{,}0$
Bezirks- und Fernverkehr . . .	$\left(70 \cdot 0{,}25 \cdot 1{,}2 \cdot \dfrac{1}{16}\right) \cdot 2 = 2{,}62$	$\left(250 \cdot 0{,}25 \cdot 1{,}2 \cdot \dfrac{1}{16}\right) \cdot 2 = 9{,}4$	$\left(250 \cdot 0{,}5 \cdot 1{,}2 \cdot \dfrac{1}{16}\right) \cdot 2 = 18{,}8$
Ank. Vorortsverkehr aus Netzgr.	$70 \cdot 0{,}2 \cdot 1{,}19 \cdot 1{,}2 \cdot \dfrac{1}{20} = 2{,}0$	$250 \cdot 0{,}2 \cdot 1{,}0 \cdot 1{,}2 \cdot \dfrac{1}{20} = 3{,}0$	$250 \cdot 0{,}4 \cdot 1{,}0 \cdot 1{,}2 \cdot \dfrac{1}{20} = 6{,}0$
Summe TC-Werte	$= 12{,}09$	$= 39{,}2$	$= 78{,}4$
TC-Wert Konzentration	$12{,}09 \cdot 0{,}12 = 1{,}45$	$39{,}2 \cdot 0{,}12 = 4{,}7$	$78{,}4 \cdot 0{,}12 = 9{,}4$
TC-Wert pro 100er Gruppe . .	$= 1{,}45$	$= 1{,}88$	$= 3{,}76$
Gruppenzuschlag	—	$(10^0/_0) = 2{,}07$	$(5^0/_0) = 3{,}94$
Zahl pro Gruppe	7	8 (Zahl pro $^1/_2$ Gr. 5)	11 (Zahl pro $^1/_2$ Gr. 8)
Gesamtwählerzahl.	7	$(2 \cdot 8) + 5 = 21$	$(11 \cdot 2) + 8 = 30$

[1]) Diese Werte ergeben sich aus der Summe der TC-Werte für den ankommenden Vororts- und Ortsverkehr, und zwar aus Spalte 1 und 2 für die internen GW.

	a) Anfangszustand	b) Endausbau	
		e) Normale Gesprächsziffer	e'') Doppelte Gesprachsziffer

Übertrager für die Umsetzung von 3- auf 2 adrigen Verkehr zum V_2-Amt.

TC-Wert f. d. Verkehr zum V_2A	$0,74+0,27+0,76+0,38= 2,15$	$2,0+0,9+2,54+1,26= 6,70$	$4,0+1,8+5,08+2,52 = 13,4$
TC-Wert Konzentration	$2,15 \cdot 0,12 = 0,258$	$6,7 \cdot 0,12 = 0,804$	$13,4 \cdot 0,12 = 1,608$
Zahl der Leitungen	2	4	6
Zahl der Übertrager.	2	4	6

Übertrager für den Übergang vom Gleichstrom- zum Wechselstrombetrieb für den Verkehr vom V_1-Amt zum V_2-Amt.

TC-Wert für den Verk. zum V_2A	$= 0,5$	$= 1,5$	$= 3,0$
TC-Wert Konzentration	$0,5 \cdot 0,12 = 0,06$	$1,5 \cdot 0,12 = 0,18$	$3,0 \cdot 0,12 =: 0,36$
Zahl der Wähler	1	2	4
Eingebaut werden.	2	3	4
für 2 V_2-Ämter	$2 \times 2 = 4$	$2 \times 3 = 6$	$2 \times 4 = 8$

III. Im Verbundamt V_2-A.

I. Vorwähler.

I. Vorwähler	30	100	100
Zahler	30	100	100

II. Vorwähler.

TC-Wert des Ortsverkehrs. . .	$30 \cdot 0,86 \cdot 1,2 \cdot \frac{1}{30} = 1,03$	$100 \cdot 1,5 \cdot 1,2 \cdot \frac{1}{30} = 6$	$100 \cdot 3,0 \cdot 1,2 \cdot \frac{1}{30} = 12$
TC-Wert d. abg. Vorortsverkehrs	$30 \cdot 1,29 \cdot 1,2 \cdot \frac{1}{20} = 2,32$	$100 \cdot 1,5 \cdot 1,2 \cdot \frac{1}{20} = 9$	$100 \cdot 3,0 \cdot 1,2 \cdot \frac{1}{20} = 18$
Anmeld. f. Bezirks- u. Fernverk.	$30 \cdot 0,25 \cdot 1,2 \cdot \frac{1}{120} = 0,08$	$100 \cdot 0,25 \cdot 1,2 \cdot \frac{1}{120} = 0,25$	$100 \cdot 0,50 \cdot 1,2 \cdot \frac{1}{120} = 0,5$
Summe TC-Werte.	$= 3,43$	$= 15,25$	$= 30,5$
TC Wert Konzentration	$3,43 \cdot 0,12 = 0,41$	$15,25 \cdot 0,12 = 1,83$	$30,5 \cdot 0,12 = 3,66$
Wählerzahl	3	7	11

Übertrager mit Mitlaufwerk und Zeitzonenzähler.

Zahl der abgeh. Sprechkreise . .	2	5	7
Zahl der Übertrager.	2	5	7

Übertrager für den abgehenden Verkehr.

Zahl der abgeh. Sprechkreise. .	2	5	7
Zahl der Übertrager.	2	5	7

Überzählige Mitlaufwerke.

TC-Wert für Blindbelegung . .	$0,085 \cdot 0,12 = 0,01$	$0,5 \cdot 0,12 = 0,06$	$1,0 \cdot 0,12 = 0,12$
Zahl der Mitlaufwerke.	1	1	1

Leitungswähler für den internen Verkehr.

TC-Wert Konzentr. des Ortsverk.	$1,03 \cdot 0,12 = 0,13$	$6 \cdot 0,12 = 0,72$	$12 \cdot 0,12 = 1,44$
Zahl der Wähler	2	4	6

Übertrager für den ankommenden Verkehr.

Zahl der ank. Sprechkreise. . .	2	4	6
Zahl der Übertrager.	2	4	6

Leitungswähler für den ankommenden Verkehr.

Zahl der ank. Sprechkreise. . .	2	4	6
Zahl der Wähler	2	4	6

Ca) Gruppenverbindungsplan der *SA*-Mittelwertsnetzgruppe. Anfangszustand.

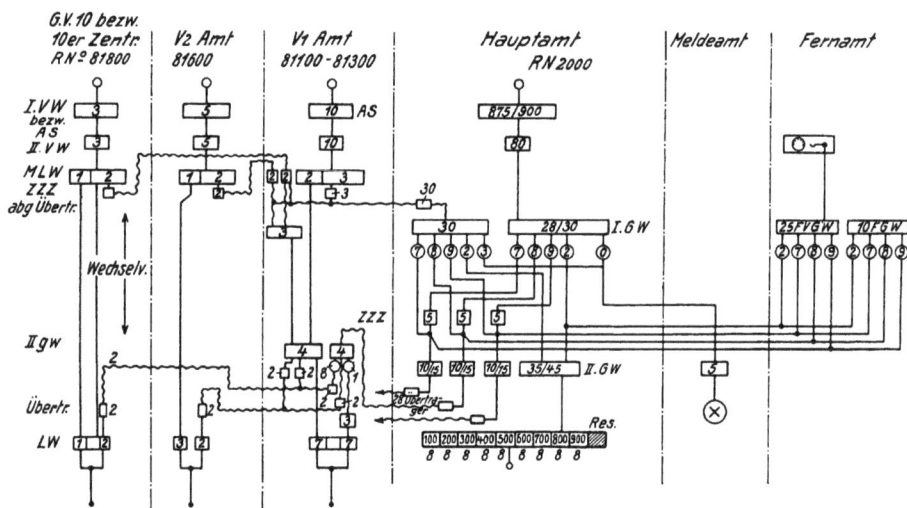

Ce) Gruppenverbindungsplan der *SA*-Mittelwertsnetzgruppe. Endausbau mit einfacher Gesprächsziffer.

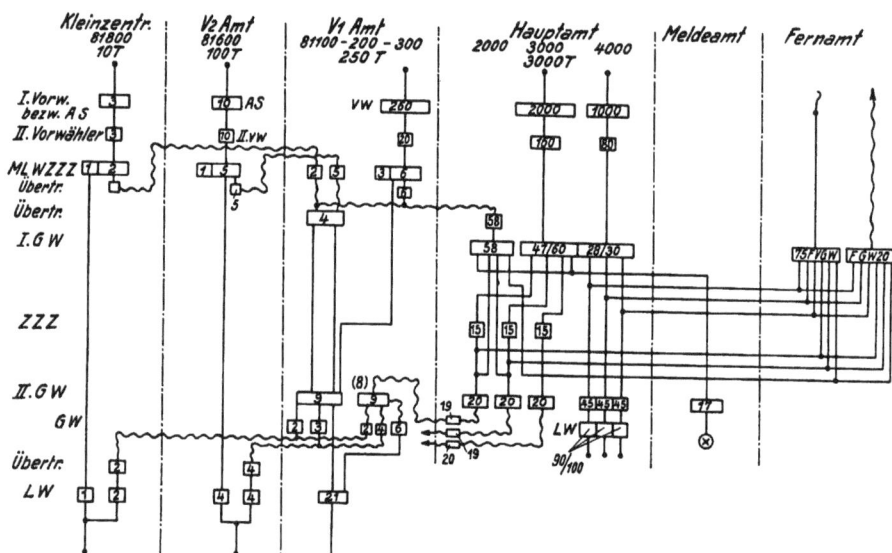

Ce″) Gruppen-Verbindungsplan der *SA*-Mittelwertsnetzgruppe Endausbau mit doppelter Gesprächsziffer.

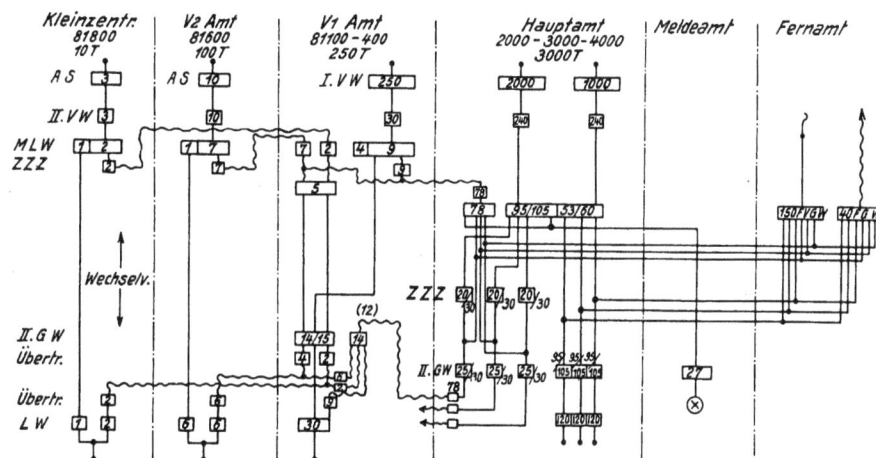

Zusammenstellung des Wählerbedarfes.

B. Im Überweisungssystem.

	a) Anfangszustand		b) Endausbau			
			e) Normale Gesprächsziffer		e″) Doppelte Gesprächsziffer	
	berechnete Wähler	Vororts-Kontakt-sätze	berechnete Wähler	Vororts-Kontakt-sätze	berechnete Wähler	Vororts-Kontakt-sätze
I. Hauptamt.						
II. Vorwähler[1]	80	—	240	—	360	—
I. Gruppenwähler	24	6	68	7	132	18
II. Gruppenwähler	24	6	75	15	168	12
Leitungswähler	54	36	210	90	300	—
II. Landzentrale 1.						
II. Vorwähler[1]	20	—	40	—	40	—
I. Gruppenwähler	8	7	15	—	28	2
Leitungswähler	8	2	26	4	40	5
III. Landzentrale 2.						
I. Vorwähler	40	—	100	—	100	—
Leitungswähler	4	6	9	1	14	1
IV. Landzentrale 3.						
I. Vorwähler	10	—	20	—	20	—
Leitungswähler	2	3	3	2	4	1

[1] Die Zahl der I. Vorwähler entspricht der Zahl der Teilnehmer-Hauptanschlüsse.

C. Im *SA*-Netzgruppensystem.

	a) Anfangszustand		b) Endausbau			
			e) Normale Gesprächsziffer		e'') Doppelte Gesprächsziffer	
	berechnete Wähler	leere Kontaktbänke	berechnete Wähler	leere Kontaktbänke	berechnete Wähler	leere Kontaktbänke

I. Hauptamt.

II. Vorwähler¹)	80	—	240	—	360	—
I. Gruppenwähler	28	2	75	15	148	17
Übertrager für den ank. Verkehr	30	—	58	2	78	12
Gruppenwähler für den ank. Verkehr	30	—	58	2	78	12
Ferngruppenwähler	10	5	20	10	40	5
Fernvermittlungsgruppenwähler	25	5	75	—	150	—
II. Gruppenwähler für Internverkehr	35	10	135	—	285	30
Leitungswähler	72	18	270	30	360	—
Zeit-Zonen-Zähler	15	—	30	—	45	—
II. Gruppenwähler für den abgeh. Verkehr	30	10	60	30	75	15
Übertrager für den abgeh. Verkehr	28	2	58	2	78	12
Anmelde-Gruppenwähler	5	—	17	—	27	—

II. Verbundamt V_1-A.

II. Vorwähler¹)	10	—	20	—	30	—
Übertrager m. Mitlautwerk	3	—	6	—	9	—
Übertrager für den abgeh. Verkehr	3	—	6	—	9	—
Überzähl. Mitlaufwerke	2	—	3	—	4	—
Übertrager f. Durchgangs- u. Überbrückungsverkehr	2	—	5	—	7	—
Übertrager für Wechselstrom-Gleichstrombetr. im ank. Verkehr	2	—	3	—	4	—
Gruppenwähler für ank. Verkehr	4	—	8	7	12	3
Übertrager für Wechselstrom-Gleichstrombetr. im abgeh. Verkehr	3	—	6	—	9	—
Interne Gruppenwähler	4	7	9	6	14	1
Leitungswähler	7	3	21	9	30	6
Übertrager für Übergg. von 3- auf 2-adr. Verkehr	2	1	4	—	6	—
Gleichstrom-Wechselstrom-Übertrager	2	—	3	—	8	—
Vorratskontaktsätze für Übertrager	—	5	—	10	—	10

III. Verbundamt V_2-A.

II. Vorwähler¹)	5	—	10	—	10	—
Übertrager mit Mitlaufweik	2	—	5	—	7	—
Übertrager für abgeh. Verkehr	2	—	5	—	7	—
Überzähl. Mitlaufwerke	1	—	1	—	1	—
Leitungswähler für internen Verkehr	2	—	4	—	6	—
Leitungswähler für ank. Verkehr	2	—	4	—	6	—
Übertrager für ank. Verkehr	2	—	4	—	6	—
Kontaktsätze für Übertrager	—	5	—	5	—	5

IV. Gruppenanlage *Gv* 10/n.

II. Vorwähler¹)	3	—	3	—	3	—
Übertrager mit Mitlaufwerk	2	—	2	—	2	—
Übertrager für den abgeh. Verkehr	2	—	2	—	2	—
Überzählige Mitlaufwerke	1	—	1	—	1	—
Leitungswähler für Internverkehr	1	—	1	—	1	—
Leitungswähler für den ank. Verkehr	2	2	2	2	2	2
Übertrager für den ank. Verkehr	2	—	2	—	2	—
Vorratssätze für Übertrager	—	5	—	5	—	5
Signalsatz	1	—	1	—	1	—

¹) Die Zahl der I. Vorwähler entspricht der Zahl der Teilnehmer-Hauptanschlüsse.

B) Überweisungssystem.

Wähleraufstellungsplan für Landzentralen.

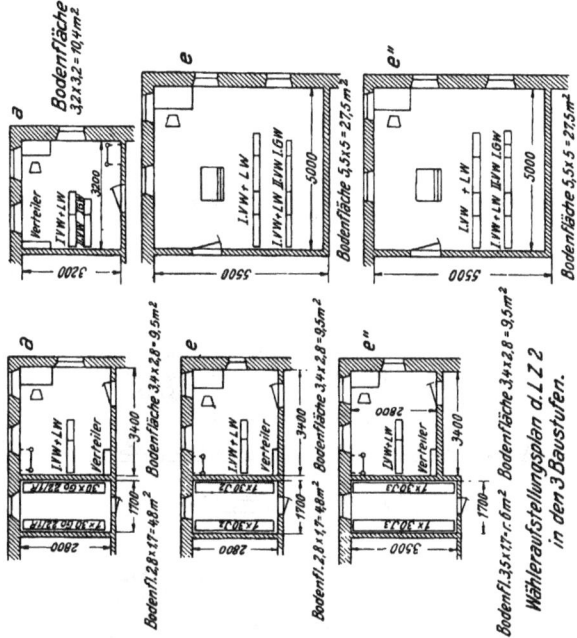

Bodenfläche 3,2 x 3,2 = 10,4 m²

a

e

Bodenfläche 5,5 x 5 = 27,5 m²

Wähleraufstellungsplan d. L Z 1 in den 3 Baustufen.

e"

a

e

Bodenfläche 3,4 x 2,8 = 9,5 m²

e"

Wähleraufstellungsplan d. L Z 2 in den 3 Baustufen.

Bodenfläche 2,7 x 2 = 5,4 m²

Wähleraufstellungsplan der L Z 3 in den 3 Baustufen.

Wähleraufstellungsplan des Hauptamtes (e) im Endausbau (norm. Gesprächsziffer).

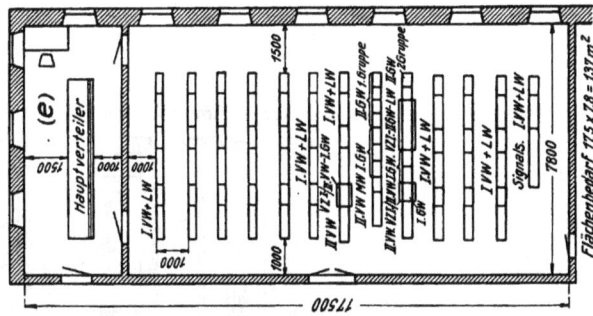

Flächenbedarf 17,5 x 7,8 = 137 m²

Wähleraufstellungsplan des Hauptamtes (e'') im Endausbau (dopp. Gesprächsziffer).

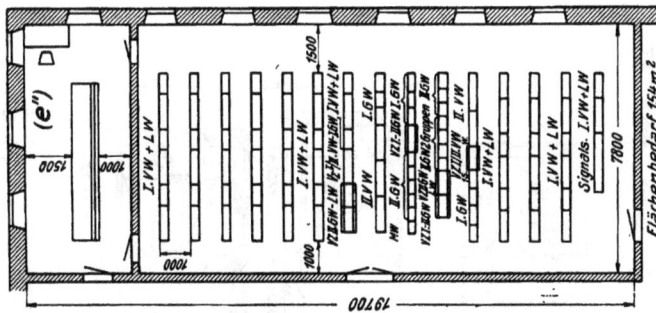

Flächenbedarf 154 m²

B) Überweisungssystem.

Wähleraufstellungsplan des Hauptamtes (a) im Anfangszustand.

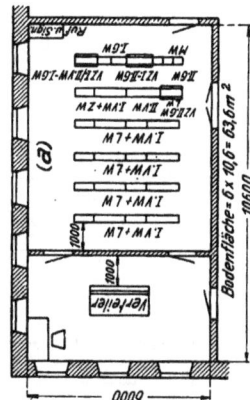

Bodenfläche 6 x 10,6 = 63,6 m²

C) *SA*-Netzgruppensystem.

Wähleraufstellungsplan des Hauptamtes im Endausbau

(doppelte Gesprächsziffer)   (normale Gesprächsziffer)

e".   e.

Flächenbedarf 21 · 7,8 = 164 m².   Flächenbedarf 24,0 · 7,8 = 187 m²,

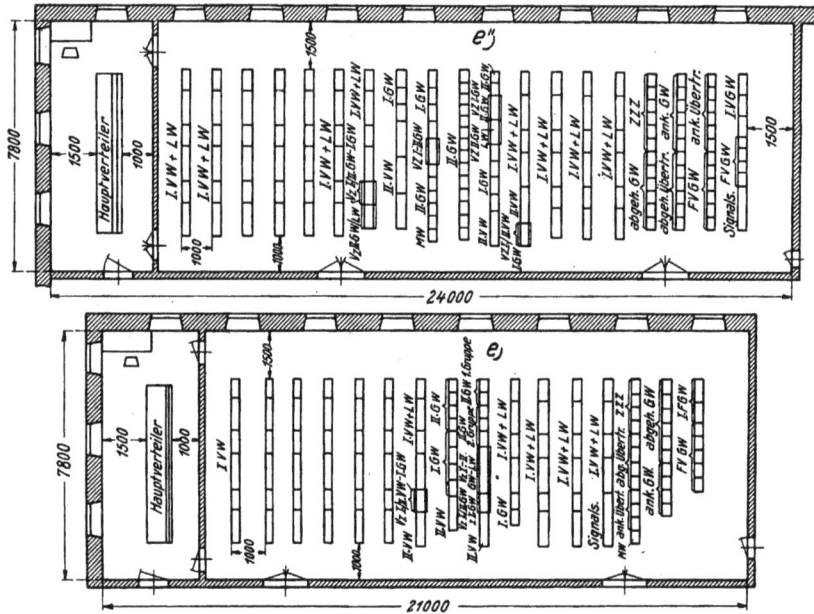

Wähleraufstellungsplan des Hauptamtes im Anfangszustand.

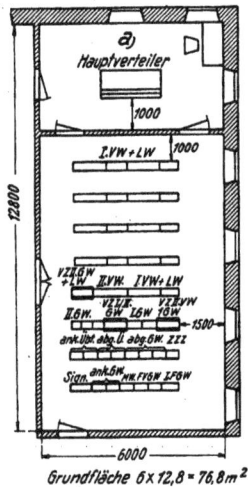

Wähleraufstellungsplan der V₁-Ämter in den 3 Baustufen.

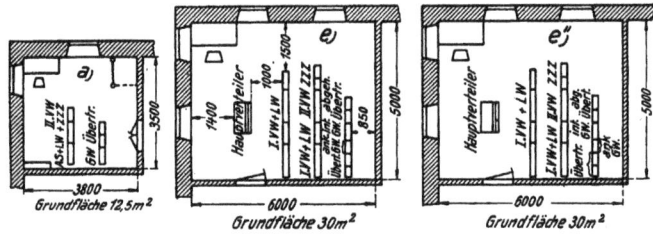

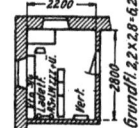

Wähleraufstellungsplan der V₂-Ämter in den 3 Baustufen.

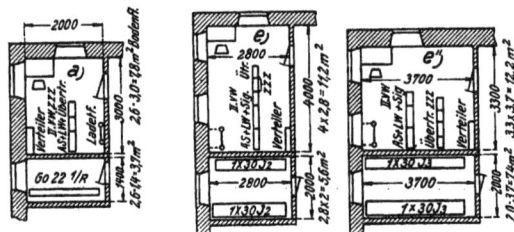

Wähleraufstellungsplan der Gᵥ-Ämter in den 3 Baustufen.

VI.
Ermittlung der Lieferungs- und jährlichen Kosten für die Umschalteeinrichtungen einer Mittelwertsnetzgruppe.

Kostenvoranschläge
für sämtliche Umschalteeinrichtungen einer Mittelwertsnetzgruppe.

A. Handbetriebssystem.
I. Ortsamt mit den Fernvermittlungs-, Überweisungs- und Ortsnetzschränken.

Vortrag	a) Anfangszustand			b) Endausbau					
				e) normale Gesprächsziffer			e″) doppelte Gesprächsziffer		
	Zahl der Einheiten	Einheits-kosten M	Herstellungs-kosten M.	Zahl der Einheiten	Einheits-kosten M.	Herstellungs-kosten M.	Zahl der Einheiten	Einheits-kosten M.	Herstellungs-kosten M.
1. Hauptverteiler mit selbstmeldenden Feinsicherungen an den vertikalen und 20 teiligen Lötösenstreifen an den horizontalen Buchten . . .	1300 Sicherungen und 900 Lötösen	—	—	4000 Sicherungen u. 3000 Lötösen	—	—	4000 Sicherungen u. 3000 Lötösen	—	—
2. Kabelkästen und Abschlußtüren, Mahagoni fourniert, an den Enden der Schrankreihen	2 St.	—	—	2 St.	—	—	2 St.	—	—·
3. Dreiplätzige Umschalteschränke mit einem Klinkenfeld bis 3000 Teilnehmer, Mahagoni-Verkleidung für den Fernvermittlungsverkehr									
a) mit 1 Leerplatz, 1 Arbeitsplatz für die Fernvermittlung mit 18 Schnurpaaren, 1 Arbeitsplatz für den Überweisungsverkehr mit 12 Schnurpaaren u. 10 Anrufsorganen mit Lampen und Abfrageklinkenstreifen . .	1 St.	—	—·	—	—	—	—	—	—
b) desgl. mit 1 Leerplatz und 2 Arbeitsplätzen für die Fernvermittlung	—	—	—	1 St.	—	—	1 St.	—	—
c) desgl. mit 2 Arbeitsplätzen für die Fernvermittlung mit 18 Schnurpaaren, 1 Arbeitsplatz für den Überweisungsverkehr mit 12 Schnurpaaren und 10 A.O.	—	—	—	1 St.	—	--	1 St.	—	—
d) desgl. mit 3 Arbeitsplätzen für die Fernvermittlung und je 18 Schnurpaaren . . .	—	—	—	—	—	--	1 St.	—	—
4. a) 3 plätzige Umschalteschränke für den Überweisungsverkehr mit 10 A.O, 12 Schnurpaaren und 2 Anmeldeklinken zum Fernamt	1 St.	—	—	4 St.	--	—	8 St.	—	—
b) desgleichen mit 2 Arbeitsplätzen für den Überweisungsverkehr und 1 Arbeitsplatz für den Ortsverkehr mit 18 Schnurpaaren und 150 A.O.	—	—	—	—	—	—	1 St.	—	—

9*

Vortrag	a) Anfangszustand			b) Endausbau					
				e) normale Gesprächsziffer			e'') doppelte Gesprächsziffer		
	Zahl der Einheiten	Einheitskosten M.	Herstellungskosten M.	Zahl der Einheiten	Einheitskosten M.	Herstellungskosten M.	Zahl der Einheiten	Einheitskosten M.	Herstellungskosten M.
5. Schränke für den Ortsverkehr mit 4 Anmeldeklinken									
a) mit 1 Platz für den Überweisungsverkehr und 2 Plätzen für den Ortsverkehr mit je 325 A.O., 18 Schnurpaaren und 4 Anmeldeklinken . .	1 St.	—	—	—	—	—	—	—	—
b) desgl. mit 1 Arbeits- und 325 A.O. und 2 Leerplätzen	1 St.	—	—	—	—	—	—	—	—
c) desgleichen mit 3 Arbeitsplätzen je 300 A.O., 18 Schnurpaaren und 4 Anmeldeklinken	—	—	—	2 St.	—	—	—	—	—
d) desgleichen wie unter a, jedoch nur mit 300 A.O. .	—	—	—	1 St.	—	—	—	—	—
e) desgleichen mit 2 Arbeitsplätzen und 1 Leerplatz mit 4 Anmeldeklinken	—	—	—	1 St.	—	—	—	—	—
f) desgleichen mit 3 Arbeitsplätzen, je 150 A.O. und 18 Schnurpaaren.	—	—	—	—	—	—	6 St.	—	—
g) desgleichen mit 1 Arbeitsplatz, 150 A.O. und 2 Leerplätzen	—	—	—	—	—	—	1 St.	—	—
6. 20 teilige Parallelklinken mit je 2 m 63 adr. Baumwollseiden-Kabel und je zwei Kabelformen $\left(\frac{4\cdot900}{20}\right)$ $\left(\frac{10\cdot3000}{20}\right)\left(\frac{14\cdot3000}{20}\right)$ . .	180 St.	—	—	1500 St.	—	—	2100 St.	—	—
7. Relaisgestelle aus Eisen doppelt 60 cm breit, 40 cm tief und rd. 2 m hoch . .	4 St.	—	—	10 St.	—	—	19 St.	—	—
8. Relais für die Abtrennung der Teilnehmerleitungen in den Vorschalteschränken .	900 St.	—	—	3000 St.	—	—	3000 St.	—	—
9. Je 1 Anruf- und 1 Trennrelais für die Anruforgane der Schränke	1800 St.	—	—	6000 St.	—	—	6000 St.	—	—
10. Schluß- und Überweisungsrelais für den Abfrageapparat der Schränke									
a) für die Arbeitsplätze der Vorschalteschränke (1 · 18 · 2) (4 · 36) (7 · 36)	36 St.	—	—	144 St.	—	—	252 St.	—	—
b) desgl. der Überwachungsschränke (5 · 10 · 2) (14 · 20) (27 · 20)	100 St.	—	—	280 St.	—	—	540 St.	—	—
c) der Ortsschränke (3 · 18 · 2) (10 · 36) (20 · 36)	108 St.	—	—	360 St.	—	—	720 St.	—	—
11. Ruf- u. Kontrollrelais (2 · 8) (2 · 28) (2 · 54)	16 St.	—	—	56 St.	—	—	108 St.	—	—
12. Lampenkabel 10″ doppelt ausgeformt zur Verbindung der Lampen mit dem Relais $\left(\frac{900\cdot5\,m}{10}\right)\left(\frac{3000\cdot5\,m}{10}\right)$.	à 5 m 500 m	—	—	2000 m	—	—	2000 m	—·	—
13. Klinkenkabel 10‴ doppelt ausgeformt zur Verbindung der Abfrageklinken mit den Relais	à 5 m 500 m	—	—	2000 m	—	—	2000 m	—	—

Vortrag	a) Anfangszustand			b) Endausbau					
				e) normale Gesprächsziffer			e'') doppelte Gesprächsziffer		
	Zahl der Einheiten	Einheits-kosten M.	Herstellungs-kosten M.	Zahl der Einheiten	Einheits-kosten M.	Herstellungs-kosten M.	Zahl der Einheiten	Einheits-kosten M.	Herstellungs-kosten M.
14. a) Sicherungen und	2 Leisten à 5 Fass. 8 St.	—	—	6 Leisten à 5 Fass. 28 St.	—	—	12 Leisten à 5 Fass. 54 St.	—	—
b) Sammelschienen für die Gleich- und Rufstrom-spannungen	8 m	—	—	19 m	—	—	35 m	—	—
15. Verkleidg. der Relaiskästen	4 Buchten 15 qm	—	—	10 Bucht. 40 qm	—	—	19 Bucht. 70 qm	—	—
16. Sprechgarnituren	25 St.	—	—	60 St.	—	—	120 St.	—	—
17. Aufsichtstisch	1 St.	—	—	5 St.	—	—	12 St.	—	—
18. 42″ Kabel mit Bleimantel H. V. zum 1. Ansatzschrank à 20 m	900 m	—	—	3000 m	—	—	3000 m	—	—
Gesamtkosten: A 1 (Ortsamt) rd. . . .	—	—	68 800,—	—	—	226 500,—	—	—	322 000,—

II. Die Landzentralen LZ1, LZ2 und LZ3.

1. 7 Landzentralen, die den V_1-Ämtern entsprechen.

	a) Anfangszustand			e) normale Gesprächsziffer			e'') doppelte Gesprächsziffer		
1. Hauptverteiler f. 250 Innen-leitungen	—	—	—	1 St.	—	—	1 St.	—	—
2. Einführungsschrank für 112 Doppeladern	1 St.	—	—	—	—	—	—	—	—
3. Untersuchungstisch . . .	—	—	—	1 St	—	—	1 St.	—	—
4. Klinkenumsch. mit Sicherungen u. Verteiler f. max. 20 Fernleitungen.	—	—	—	1 St.	—	—	1 St.	—	—
5. Klappenzentr. - Umschalter für max. 100 Anruforgane mit 4 Schnurpaaren . . .	1 St.	—	—	—	—	—	—	—	—
6. Zentralumschalter mit 250 Anruforganen u. Vielfach-klinkenstreif. m. 16 Schnur-paaren	—	—	—	1 St.	—	—	1 St.	—	—
7. Fernleitungstische m. 2 Arbeitsplätz., je 5 Anrufklappen, 2 × 6 Schnurpaaren u. Sprechgarnitur mit Doppeltrennklinke für 250 Teilnehmerleitungen	—	—	—	1 St.	—	—	2 St.	—	—
8. Kabelkasten	—	—	—	1 St.	—	—	1 St.	—	—
9. Telephontisch m. Tischapparat für Nachrichtenübermittlung und für Aufsicht	1 St.	—	—	1 St.	—	—	1 St.	—	—
10. Kabel von Einführungsschrank und H.V. zu den Apparaten	5 × 5 m 21″	—	—	13 × 8 m 21″	—	—	13 × 8 m 21″	—	—
11. Kabel innerh. d. Schränke	—	—	—	—	—	—	—	—	—
12. Montage, Transport u. Aufrundung	—	—	—	—	—	—	—	—	—
Summe l für 1 LZ1:	—	—	2 000,—	—	—	9 000,—	—	—	13 000,—
Für 7 Landzentralen LZ1:	—	—	14 000,—	—	—	63 000,—	—	—	91 000,—

Vortrag	a) Anfangszustand			b) Endausbau					
				e) normale Gesprächsziffer			e'') doppelte Gesprächsziffer		
	Zahl der Einheiten	Einheitskosten M.	Herstellungskosten M.	Zahl der Einheiten	Einheitskosten M.	Herstellungskosten M.	Zahl der Einheiten	Einheitskosten M.	Herstellungskosten M.

2. 9 Landzentralen, die den V_2-Ämtern entsprechen.

Vortrag	Zahl der Einheiten	Einheitskosten M.	Herstellungskosten M.	Zahl der Einheiten	Einheitskosten M.	Herstellungskosten M.	Zahl der Einheiten	Einheitskosten M.	Herstellungskosten M.
1. Sicherungs- u. Einführungsschränke für Teilnehmeranschlüsse	1 St.	—	—	1 St.	—	—	1 St.	—	—
2. Wandkonsole m. Ohmmeter und Untersuchungsapparat	—	—	—	1 St.	—	—	1 St.	—	—
3. Zentralumschalter für 50 Doppelleitungen	1 St.	—	—	—	—	—	—	—	—
4. Desgl. f. 100 D.-Leitg. mit Vielfachklinken	—	—	—	—	—	—	1 St.	—	—
5. Zentralumschalt. f. 100 D.-Leitg. m. 2 Arbeitsplätzen	—	—	—	1 St.	—	—	—	—	—
6. Fernleitungstisch mit 2 Arbeitsplätz. je 5 Anrufklappen, 2 × 6 Schnurpaaren, Sprechgarnit. und Doppeltrennklinken für 100 Teilnehmerleitungen	—	—	—	—	—	—	1 St.	—	—
7. Klinkenumsch. mit Sichg. u. Verteiler für max. 5 + 10 Fernleitungen	—	—	—	1 St.	—	—	1 St.	—	—
8. Telephontisch f. Nachrichtenübermittlung	—	—	—	1 St.	—	—	1 St.	—	—
9. Kabelkasten	—	—	—	—	—	—	1 St.	—	—
10. Kabelbedarf, Montage und Sonstiges	—	—	—	—	—	—	—	—	—
Summe 2, für 1 L Z₂:	—	—	1 400,—	—	—	4 000,—	—	—	7 000,—
Für 9 Landzentralen L Z₂:	—	—	12 600,—	—	—	36 000,—	—	—	63 000,—

3. 4 Landzentralen, die den $G v$ 10/II Anlagen entsprechen.

Vortrag	Zahl der Einheiten	Einheitskosten M.	Herstellungskosten M.	Zahl der Einheiten	Einheitskosten M.	Herstellungskosten M.	Zahl der Einheiten	Einheitskosten M.	Herstellungskosten M.
1. Sicherungskästchen m. Glaspatronen u. Luftleerblitzableitern	3 St.	—	—	10 St.	—	—	10 St.	—	—
2. Zwischenumsch. mit Sprechgarnitur f. 3 Doppelleitungen	1 St.	—	—	—	—	—	—	—	—
3. Kniehebel-Umschalter mit Mikrotelephon für 6 Doppel-Leitungen	—	—	—	1 St.	—	—	—	—	—
4. desgl. f. 10 Doppelleitungen	—	—	—	—	—	—	1 St.	—	—
5. für Einrichtung, Arbeitsaufwand und Material	—	—	—	—	—	—	—	—	—
Summe 3 für 1 L Z₃:	—	—	110,—	—	—	280,—	—	—	495,—
Für 4 Landzentralen L Z₃:	—	—	440,—	—	—	1 120,—	—	—	1 980,—

Zusammenstellung.

	Zahl der Einheiten	Einheitskosten M.	Herstellungskosten M.	Zahl der Einheiten	Einheitskosten M.	Herstellungskosten M.	Zahl der Einheiten	Einheitskosten M.	Herstellungskosten M.
Summe 1, L Z₁:	—	—	14 000,—	—	—	63 000,—	—	—	91 000,—
Summe 2, L Z₂:	—	—	12 600,—	—	—	36 000,—	—	—	63 000,—
Summe 3, L Z₃:	—	—	440,—	—	—	1 120,—	—	—	1 980,—
Gesamtsumme A II Landzentralen 1, 2 u. 3	—	—	27 040,—	—	—	100 120,—	—	—	155 980,—
Kostenverteilung pro Anschluß = rd. M.	772 H	—	35,—	2690 H	—	37,—	2690 H	—	58,—

III. Das im Hauptamte untergebrachte Fernamt.

Vortrag	a) Anfangszustand			b) Endausbau					
				e) normale Gesprächsziffer			e'') doppelte Gesprächsziffer		
	Zahl der Einheiten	Einheitskosten M.	Herstellungskosten M.	Zahl der Einheiten	Einheitskosten M.	Herstellungskosten M.	Zahl der Einheiten	Einheitskosten M.	Herstellungskosten M.
1. Hauptverteiler mit Sicherungs- und Lötösenstreifen									
a) für max. 60 Fernleitungen	1 St.	—	—	1 St.	—	—	—	—	—·
b) für max. 120 Fernleitungen	—	—	—	—	—	—	1 St.	—	—
2. Spulengestell mit Einsätzen und Kasten	1 St.	—	—	1 St.	—	—	1 St.	—	—
3. Überweisungsschrank. . .	1 St.	—	—	1 St.	—	—	1 St.	—	—
4. Klinkenumschalter									
a) für max. 60 Fernleitungen	1 St.	—	—	1 St.	—	—	—	—	—
b) für max. 120 Fernleitungen	—	—	—	—	—	—	1 St.	—	—
5. Fernschränke mit Einbau und Sprechgarnituren ohne Vielfachkabel									
a) 1 Arbeitsplatz für Auskunft und 1 Arbeitsplatz für Fernleitungen	1 St.	—	—	—	—	—	—	—	—
b) 2 Arbeitsplätze für Auskunft.	—	—	—	1 St.	—	—	—	—	—
c) 2 Arbeitsplätze für Fernleitungsbetriebe									
α) ohne Schnurverstärker .	3 St.	—	—	8 St.	—	—	16 St.	—	—
β) mit Schnurverstärker .	—	—	—	3 St.	—	—	6 St.	—	—
d) 1 Fernleitungsplatz und 1 Leerplatz	—	—	—	1 St.	—	—	2 St.	—	—
6. Anmeldetisch mit Relaissätzen und Wählern . . .	—	—	—	1 m. 4 Pl. 1 „ 2 „	—	—	6 Tische m. 1 Pl.	—	—
7. Kabelkästen pro Amt . .	2 St.	—	—	2 St.	—	—	4 St.	—	—
8. Auskunftsschränke außer Ortsschrankreihe.	—	—	—	—	—	—	1 St. m. 3 Arb.-Plätzen	—	—
9. Saalaufsichtstisch	1 St.	—	—	—	—	—	—	—	—
10. Schrankaufsichtstische doppelt	—	—	—	2 St.	—	—	3 St.	—	—
11. Störungsanzeiger	1 St.	—	—	1 St.	—	—	1 St.	—	—
12. Gehörschutzapparat . . .	1 St.	—	—	1 St.	—	—	1 St.	—	—
13. Zeitsignal und Uhrenanlage	1 St.	—	—	1 St.	—	—	1 St.	—	—
14. Förderbandanlage	1 Leitstelle 1 Band	—	—	1 Leitstelle 2 Bänder	—	—	1 Leitstelle 3 Bänder	—	—
15. Kabel innerhalb der Schränke	4 St.	—	—	13 St.	—	—	24 St.	—	—
16. Verb.-Kabel vom Hauptverteiler zu den Schränken	—	—	—	—	—	—	—	—	—
17. Montagekosten und Transport	—	—	—	—	—	—	—	—	—
18. Sonstiges und Aufrundung	—	—	—	—	—	—	—	—	—
Gesamtsumme A III (Fernamt)	—	—	48 000	—	—	117 000	—	—	201 600

B. Überweisungssystem.

I. Das Überweisungsamt mit den Fernvermittlungs- und Überweisungsschränken.

Vortrag	a) Anfangszustand			b) Endausbau					
				e) normale Gesprächsziffer			e") doppelte Gesprächsziffer		
	Zahl der Einheiten	Einheitskosten M.	Herstellungskosten M.	Zahl der Einheiten	Einheitskosten M.	Herstellungskosten M.	Zahl der Einheiten	Einheitskosten M.	Herstellungskosten M.
1. Hauptverteiler mit selbstmeldenden Feinsicherungen an den vertikalen und 20 teiligen Lötösenstreifen	1300″ Sichergn,	—	—	4000″ Sichergn.	—	—	4000″ Sichergn.	—	—
a. d. horizontalen Buchten	900 Lötösen	—	—	3000 Lötösen	—	—	3000 Lötösen	—	—
2. Kabelkästen und Abschlußtüren, mahagonifourniert an den Enden der Schrankreihen	je 2 St.	—	—	je 2 St.	—	—	je 2 St.	—	—
3. Dreiplätzige Umschalteschränke mit einem Klinkenfeld bis 3000 Teilnehmer, Mahagoniverkleidung für den Fernvermittlungsverkehr									
a) mit 1 Leerplatz, 1 Arbeitsplatz für Fernvermittlung mit 18 Schnurpaaren und 1 Arbeitsplatz für Überweisungsverkehr und 12 Schnurpaaren mit 10 Anruforganen, mit Lampen und Klinkenstreifen	1 St.	—	—	—	—	—	—	—	—
b) Desgleichen mit 1 Leerplatz und 2 Arbeitsplätzen für den Fernvermittlungsverkehr	—	—	—	1 St.	—	—	1 St.	—	—
c) Desgleichen mit 2 Arbeitsplätzen für den Fernvermittlungsverkehr mit 18 Schnurpaaren und 1 Arbeitsplatz mit 12 Schnurpaaren für den Überweisungsverkehr und 10 Anruforganen	—	—	—	1 St.	—	—	1 St.	—	—
d) Desgleichen mit 3 Arbeitsplätzen für den Fernvermittlungsverkehr mit je 18 Schnurpaaren	—	—	—	—	—	—	1 St.	—	—
4. a) Dreiplätzige Umschalteschränke für den Überweisungsverkehr mit 10 Anruforganen, 12 Schnurpaaren und 2 Anmeldeklinken zum Fernamte	1 St.	—	—	5 St.	—	—	10 St.	—	—
b) Desgleichen 1 Arbeitsplatz für Überweisung mit 10 Anruforganen, 12 Schnurpaaren und 2 Anmeldeklinken zum Fernamt, 1 Arbeitsplatz für Auskunft mit Amtsanruf und 1 Leerplatz . .	1 St.	—	—	—	—	—	—	—	—
5. Dreiplätzige Umschalteschränke mit Ansatzfeld für Vielfachkl. ohne Platzeinbau	—	—	—	1 St.	—	—	1 St.	—	—
6. 20 teilige Parallelklinkenstreifen mit je 2 m 63 adrg. Kabeln und 2 Kabelformen $\left(\frac{3 \cdot 900}{20}\right)\left(\frac{8 \cdot 3000}{20}\right)\left(\frac{14 \cdot 3000}{20}\right)$	132 Streifen	—	—	1200 Streifen	—	—	1200 Streifen	—	—

Vortrag	a) Anfangszustand			b) Endausbau					
				e) normale Gesprächsziffer			e'') doppelte Gesprächsziffer		
	Zahl der Einheiten	Einheits-kosten M.	Herstellungs-kosten M.	Zahl der Einheiten	Einheits-kosten M.	Herstellungs-kosten M.	Zahl der Einheiten	Einheits-kosten M.	Herstellungs-kosten M.
7. Relaisgestelle aus Eisen, 60 cm breit, 40 cm tief und rd. 2 m hoch	3 St.	—	—	8 St.	—	—	14 St.	—	—
8. Relais für die Abtrennung der Teilnehmerleitung in den Vorschalteschränken	900 St.	—	—	3000 St.	—	—	3000 St.	—	—
9. Schluß- und Überwachungsrelais für die Abfrage- und Verbindungsaggregate der Arbeitsplätze									
a) der Fernvermittlungsplätze	$1 \cdot 18 \cdot 2$ $= 36$ St.	—	—	$4 \cdot 18 \cdot 2$ $= 144$ St.	—	—	$7 \cdot 18 \cdot 2$ $= 252$ St.	—	—
b) der Überweisungsplätze	$\begin{cases} 5 \cdot 12 \cdot 2 \\ = 120 \text{ St.} \end{cases}$	—	—	$\begin{cases} 16 \cdot 12 \cdot 2 \\ = 384 \text{ St.} \end{cases}$	—	—	$\begin{cases} 31 \cdot 12 \cdot 2 \\ = 744 \text{ St.} \end{cases}$	—	—
10. Ruf- und Platzkontrollrelais	$6 \cdot 2 =$ 12 St.	—	—	$20 \cdot 2 =$ 40 St.	—	—	$38 \cdot 2 =$ 76 St.	—	—
11. Lampenkabel doppelt ausgeformt von d. Schluß- und Überwachungslampen zu d. Relaisgestellen 10'' adr.	$\frac{18 + 5 \cdot 12}{10}$ $= 8$ St. à 5 m	—	—	$\frac{4 \cdot 18 + 16 \cdot 12}{10}$ $= 27$ St.	—	—	$\frac{7 \cdot 18 + 31 \cdot 12}{10}$ $= 50$ St.	—	—
12. Klinkenkabel 63 adr. doppelt ausgeformt f. die Verbindung d. Abfrageklinken mit d. Relais f. Überweisung (5·10) (16·10) (31·10)	$\frac{5 \cdot 10 \cdot 3}{60}$ $= 3$ St. à 5 m	—	—	$\frac{16 \cdot 10 \cdot 3}{60}$ $= 8$ St.	—	—	$\frac{31 \cdot 10 \cdot 3}{60}$ $= 16$ St.	—	—
13. Sicherungen für Gleich- u. Rufstromspannungsleitung innerhalb der Schränke	2 St. à 5 Fassgn. 7 St.	—	—	5 St. à 5 Fassgn. 22 St.	—	—	8 St. à 5 Fassgn. 38 St.	—	—
14. Verkleidung der Relaisgestelle	13 qm	—	—	31 qm	—	—	52 qm	—	—
15. Sprechgarnituren	14 St.	—	—	45 St.	—	—	90 St.	—	—
16. Aufsichtstische	1 St.	—	—	3 St.	—	—	4 St.	—	—
17. Auskunftschränke vollständig montiert mit 2 Arbeitsplätzen	—	—	—	—	—	—	2 St.	—	—
18. 42 adr. Kabel mit Bleimantel vom Hauptverteiler zum 1. Schrank à 20 m	900 m	—	—	3000 m	—	—	3000 m	—	—
19. 63 adr. Kabel vom letzten Schrank d. Überweisungsamtes z. S.A.-Amt 20 m im Mittel	900 m	—	—	3000 m	—	—	3000 m	—	—
20. Bahntransport und Verpackung	—	—	—	—	—	—	—	—	—
21. Gesamte Montagekosten	—	—	—	—	—	—	—	—	—
22. Unvorhergesehenes und zur Aufrundung	—	—	—	—	—	—	—	—	—
Gesamtkosten: B I (Überweisungsamt) rd.:			42 200,—			145 800,—			212 600,—

II. Das im Hauptamt untergebrachte Fernamt.

Kostenaufwand wie unt. A. III.	—	—	48 000,—	—	—	117 000,—	—	—	201 600,—
Mehrung:									
1. Fernschrank mit 1 aufgebauten und 1 Leerplatz	1 St.	—	—	—	—	—	—	—	—
2. Ausbau eines Leerplatzes	—	—	—	1 St.	—	—	2 St.	—	—
Summe B. II. (Fernamt)	—	—	50 400,—	—	—	118 300,—	—	—	204 200,—

III. Selbstanschlußeinrichtungen im Überweisungsamt.

Vortrag	a) Anfangszustand			b) Endausbau					
				e) normale Gesprächsziffer			e'') doppelte Gesprächsziffer		
	Zahl der Einheiten	Einheitskosten M.	Herstellungskosten M.	Zahl der Einheiten	Einheitskosten M.	Herstellungskosten M.	Zahl der Einheiten	Einheitskosten M.	Herstellungskosten M.
a) Hauptamt.									
1. Verteiler	1 St.	—	—	1 St.	—	—	1 St.	—	—
2. I. Vorwähler	900 St.	—	—	3000 St.	—	—	3000 St.	—	—
3. Gesprächszähler	900 St.	—	—	3000 St.	—	—	3000 St.	—	—
4. II. Vorwähler	80 St.	—	—	240 St.	—	—	360 St.	—	—
5. I. Gruppenwähler	24 St.	—	—	68 St.	—	—	132 St.	—	—
hiezu Vorratskontaktsätze.	6 St.	—	—	7 St.	—	—	12 St.	—	—
6. II. Gruppenwähler	24 St.	—	—	75 St.	—	—	168 St.	—	—
hiezu Vorratskontaktsätze.	6 St.	—	—	15 St.	—	—	12 St.	—	—
7. Meldewähler	4 St.	—	—	6 St.	—	—	10 St.	—	—
8. Leitungswähler	54 St.	—	—	210 St.	—	—	300 St.	—	—
hiezu Vorratskontaktsätze.	36 St.	—	—	90 St.	—	—	—	—	—
Montage pro Anschluß . .	900 St.	—	—	3000 St.	—	—	3000 St.	—	—
Kabel pro Anschluß . . .	900 St.	—	—	3000 St.	—	—	3000 St.	—	—
Summe B III a: (Hauptamt)	—	—	145 000,—	—	—	445 000,—	—	—	520 000,—
Kosten pro Teilnehmer-Anschluß	—	—	161,—	—	—	148,—	—	—	173,—
b) Landzentrale 1.									
1. Verteiler	1 St.	—	—	1 St.	—	—	1 St.	—	—
2. I. Vorwähler	100 St.	—	—	260 St.	—	—	260 St.	—	—
3. Gesprächszähler	100 St.	—	—	260 St.	—	—	260 St.	—	—
4. II. Vorwähler	20 St.	—	—	40 St.	—	—	40 St.	—	—
5. I. Gruppenwähler	8 St.	—	—	15 St.	—	—	28 St.	—	—
hiezu Vorratskontaktsätze	7 St.	—	—	—	—	—	2 St.	—	—
6. Leitungswähler	8 St.	—	—	26 St.	—	—	40 St.	—	—
hiezu Vorratskontaktsätze	2 St.	—	—	4 St.	—	—	5 St.	—	—
7. Signalsatz	1 St.	—	—	1 St.	—	—	1 St.	—	—
Montage pro Anschluß . .	100 St.	—	—	260 St.	—	—	260 St.	—	—
Kabel pro Anschluß . . .	100 St.	—	—	260 St.	—	—	260 St.	—	—
Summe B III b: (Landzentrale 1)	—	—	19 000,—	—	—	42 570,—	—	—	54 000,—
c) Landzentrale 2.									
1. Verteiler	1 St.	—	—	1 St.	—	—	1 St.	—	—
2. Vorwähler	40 St.	—	—	100 St.	—	—	100 St.	—	—
3. Gesprächszähler	40 St.	—	—	100 St.	—	—	100 St.	—	—
4. Leitungswähler	4 St.	—	—	9 St.	—	—	14 St.	—	—
Vorratskontaktsätze . . .	6 St.	—	—	1 St.	—	—	1 St.	—	—
5. Signalsatz	1 St.	—	—	1 St.	—	—	1 St.	—	—
6. Montage pro Anschl. . .	40 St.	—	—	100 St.	—	—	100 St.	—	—
7. Kabel	40 St.	—	—	100 St.	—	—	100 St.	—	—
Summe B III c (Landzentrale 2)	—	—	6 500,—	—	—	14 000,—	—	—	16 000,—

Vortrag	a) Anfangszustand			b) Endausbau					
				e) normale Gesprächsziffer			e'') doppelte Gesprächsziffer		
	Zahl der Einheiten	Einheitskosten M.	Herstellungskosten M.	Zahl der Einheiten	Einheitskosten M.	Herstellungskosten M.	Zahl der Einheiten	Einheitskosten M.	Herstellungskosten M.

d) Landzentrale 3.

1. Verteiler	1 St.	—	—	1 St.	—	—	1 St.	—	—
2. I. Vorwähler	10 St.	—	—	10 St.	—	—	10 St.	—	—
3. Gesprächszähler	10 St.	—	—	10 St.	—	—	10 St.	—	—
4. Leitungswähler	2 St.	—	—	3 St.	—	—	4 St.	—	—
Vorratskontaktsätze . . .	3 St.	—	—	2 St.	—	—	1 St.	—	—
5. Signalsatz	1 St.	—	—	1 St.	—	—	1 St.	—	—
6. Montage und Kabel . . .	—	—	—	—	—	—	—	—	—
Summe B III d (Landzentrale 3)	—	—	2 500,—	—	—	4 000,—	—	—	4 000,—

Zusammenstellung der Lieferungskosten für die SA-Einrichtungen der Landzentralen.

7 Landzentralen 1	7	19 000,—	133 000,—	7	42 570,—	298 000,—	7	54 000,—	378 000,—
9 Landzentralen 2	9	6 500,—	58 500,—	9	14 000,—	126 000,—	9	16 000,—	144 000,—
4 Landzentralen 3	4	2 500,—	10 000,—	4	4 000,—	16 000,—	4	4 000,—	16 000,—
Gesamtsumme B III b, c u. d (Landzentralen 1, 2 u. 3)	—	—	201 500,—	—	—	440 000,—	—	—	538 000,—
Kosten pro Teilnehmeranschluß	772 H	—	260,-	2 690 H	—	164,—	2 690 H	—	200,—

C. SA-Netzgruppensystem.

I. Das im Hauptamt untergebrachte Fernamt.

Vortrag	a) Anfangszustand			b) Endausbau					
				e) normale Gesprächsziffer			e'') doppelte Gesprächsziffer		
	Zahl der Einheiten	Einheitskosten M.	Herstellungskosten M.	Zahl der Einheiten	Einheitskosten M.	Herstellungskosten M.	Zahl der Einheiten	Einheitskosten M.	Herstellungskosten M.
1. Hauptverteiler mit Sicherungs- u. Lotösenstreifen .	1 St.	—	—	1 St.	—	—	1 St.	—	—
2. Spulengestelle m. Einsätzen und Kasten	1 St.	–	-	1 St.	—	—	1 St.	—	—
3. Überwachungsschrank . .	1 St.	—	—	1 St.	—	—	1 St.	—	—
4. Klinkenumschalter . . .	1 St.	—	—	1 St.	—	—	1 St.	—	—
5. Zweiplätzige Fernschränke einschl. Platzeinbau und Sprechgarnituren mit:									
a) 1 Platz für Auskunft und 1 Platz f. Fernleitg.	1 St.	—	—		—	—	1 St.	—	—
b) 2 Plätzen f. Auskunft . .	—	—	—	1 St.	—	—	1 St.	—	—
c) 1 Platz für Fernltg. und 1 Leerplatz	—	—	—	1 St.	—	—	1 St.	—	—
d) mit 2 Arbeitsplätzen für Fernleitungen									
1. ohne Schnurverstärker .	2 St.	—	—	5 St.	—	—	9 St.	—	—
2. mit Schnurverstärker .	—	—	—	2 St.	—	—	5 St.	—	—
6. Anmeldetische m. 2 Arbeitsplätzen mit Relais und Wählern	Einbau im Leittisch	—	—	3 St.	—	—	6 St.	—	—
7. Kabelkästen pro Amt . .	2 St.	—	—	2 St.	—	—	2 St.	—	—
8. Saalaufsichtstische	1 St.	—	—	1 St.	—	—	1 St.	—	—

Vortrag	a) Anfangszustand			b) Endausbau					
				e) normale Gesprächsziffer			e'') doppelte Gesprächsziffer		
	Zahl der Einheiten	Einheits-kosten M.	Herstellungs-kosten M.	Zahl der Einheiten	Einheits-kosten M.	Herstellungs-kosten M.	Zahl der Einheiten	Einheits-kosten M.	Herstellungs-kosten M.
9. Schrankaufsichtstische doppelt	—	—	—	1 St.	—	—	2 St.	—	—
10. Störungsanzeiger	1 St.	—	—	1 St.	—	—	1 St.	—	—
11. Gehörschutzapparat . . .	1 St.	—	—	1 St.	—	—	1 St.	—	—
12. Zeitsignal u. Uhrenanlage .	1 St.	—	—	1 St.	—	—	1 St.	—	—
13. Förderbandanlage	1 Leitstelle 1 Band	—	—	1 Leitstelle 1 Band	—	—	1 Leitstelle 1 Band	—	—
14. Vielfachkabel innerhalb der Fernschränke	3 St.	—	—	9 St.	—	—	17 St	—	—
15. Verbindungskabel vom Hauptverteiler zu den 1. Fernschränken	—	—	—	-	-	—	—	—	—
16. Montagekosten u. Transport	—	—	—	—	—	—	—	—	—
Summe C I (Fernamt)	—	—	36 900,—	—	—	81 000,—	—	—.	131 200,—

II. Die automatischen Umschalteeinrichtungen des SA-Netzgruppensystems.

a) Hauptamt.

1. Hauptverteiler	1 St.	—	—	1 St.	—	—	1 St.	—	—
2. I. Vorwähler	900 St.	—	—	3000 St.	—	—	3000 St.	—	—
3. Gesprächszähler	900 St.	—	—	3000 St.	—	—	3000 St.	—	—
4. II. Vorwähler	80 St.	—	—	240 St.	—	—	360 St.	—	—
5. I. Gruppenwähler	28 St.	—	—	75 St.	—	—	148 St.	—	—
hiezu Vorratskontaktsätze	2 St.	—	—	15 St.	—	—	17 St.	—	—
6. II. Gruppenwähler	35 St.	—	—	135 St.	—	—	285 St.	—	—
hiezu Vorratskontaktsätze	10 St.	—	—	—	—	—	30 St.	—	—
7. Leitungswähler	72 St.	—	—	270 St.	—	—	360 St.	—	—
hiezu Vorratskontaktsätze	18 St.	—	—	30 St.	—	—	—	—	—
8. Meldewähler	5 St.	—	—	17 St.	—	—	27 St.	—	—
9. Ankommende Übertrager .	30 St.	—	—	58 St.	—	—	78 St.	—	—
hiezu Vorratskontaktsätze	—	—	—	2 St.	—	—	12 St.	—	—
10. Ankommende Gruppen-wähler	30 St.	—	—	58 St.	—	—	78 St.	—	—
hiezu Vorratskontaktsätze	—	—	—	2 St.	—	—	12 St.	—	—
11. Zeitzonenzähler	15 St.	—	—	30 St.	—	—	45 St.	—	—
12. Abgehende Gruppenwähler	30 St.	—	—	60 St.	—	—	75 St.	—	—
hiezu Vorratskontaktsätze	10 St.	—	—	30 St.	—	—	15 St.	—	—
13. Wechselstromfern-Grup-penwähler	10 St.	—	—	20 St.	—	—	40 St.	—	—
hiezu Vorratskontaktsätze	5 St.	—	—	10 St.	—	—	5 St.	—	—
14. Fernvermittlungs-Grup-penwähler	25 St.	—	—	75 St.	—	—	150 St.	—	—
hiezu Vorratskontaktsätze	5 St.	—	—	—	—	—	—	—	—
15. Zwischenverteiler für :									
a) II. G.W.—L.W.	1 St.	—	—	2 St.	—	—	2 St.	—	—
b) I./II. V.W.—I. G.W. . . .	1 St.	—	—	2 St.	—	—	2 St.	—	—
c) I. G.W.—II. G.W. . . .	1 St.	—	—	2 St.	—	—	2 St.	—	—
16. Montage pro Anschluß .	900 St.	—	—	3000 St.	—	—	3000 St.	—	—
17. Kabelkosten pro Anschluß	900 St.	—	—	3000 St.	—	—	3000 St.	—	—
18. Signalsatz	—	—	—	—	—	—	—	—	—
19. Für Bahntransport, Unvor-hergesehenes und zur Ab-rundung	—	—	—	—	—	—	—	—	—
Summe C II a (Hauptamt)	—	—	200 000,—	—	—	620 000,—	—	—	790 000,—
Auf ein Anschlußorgan treffen demnach Kosten von . . .	—	—	222,—	—	—	207,—	—	—	263,—

Vortrag	a) Anfangszustand			b) Endausbau					
				e) normale Gesprächsziffer			e") doppelte Gesprächsziffer		
	Zahl der Einheiten	Einheitskosten M.	Herstellungskosten M.	Zahl der Einheiten	Einheitskosten M.	Herstellungskosten M.	Zahl der Einheiten	Einheitskosten M.	Herstellungskosten M.

b) Verbundämter.

α) V_1-Ämter (Allgemeine Einrichtungen).

Vortrag	Zahl der Einheiten	Einheitskosten	Herstellungskosten	Zahl der Einheiten	Einheitskosten	Herstellungskosten	Zahl der Einheiten	Einheitskosten	Herstellungskosten
1. Verteiler	—	—	—	—	—	—	—	—	—
2. I. Vorwähler oder Anruf- sucher	10 St.	—	—	260 St.	—	—	260 St.	—	—
3. Gesprächszähler und Teil- nehmer-Anschlußorgane .	100 St.	—	—	260 St.	—	—	260 St.	—	—
4. II. Vorwähler für Umsteue- rung	10 St.	—	—	20 St.	—	—	30 St.	—	—
5. Mitlaufwerk für Zeitzonen- zählung (Vorratssätze) . .	3 St.	—	—	6 St.	—	—	9 St.	—	—
6. Überzählige Mitlaufwerke .	2 St.	—	—	3 St.	—	—	4 St.	—	—
7. Abgehende Übertrager . .	3 St.	—	—	6 St.	—	—	9 St.	—	—
8. Interne Gruppenwähler .	4 St.	—	—	9 St.	—	—	14 St.	—	—
hiezu Vorratskontaktsätze.	2 St.	—	—	6 St.	—	—	1 St.	—	—
9. Leitungswähler	7 St.	—	—	21 St.	—	—	30 St.	—	—
hiezu Vorratskontaktsätze	3 St.	—	—	7 St.	—	—	10 St.	—	—
Signalsatz	1 St.	—	—	1 St.	—	—	1 St.	—	—
Zusammen	—	—	11 817,—	—	—	37 626,—	—	—	46 180,—
Montage pro Anschluß . .	100 St.	—	—	260 St.	—	—	260 St.	—	—
Kabel pro Anschluß . . .	100 St.	—	—	260 St.	—	—	260 St.	—	—
Vorstehende Summe C II b α kommt für sämtliche V_1- Ämter in Anrechnung	—	—	15 147,—	—	—	46 206,—	—	—	54 760,—

1. V_1-Amt mit 2 V_2-Ämtern und dessen besondere Zusatzapparate.

Vortrag	Zahl der Einheiten	Einheitskosten	Herstellungskosten	Zahl der Einheiten	Einheitskosten	Herstellungskosten	Zahl der Einheiten	Einheitskosten	Herstellungskosten
1. Übertrager für Durchgang und Überbrückung	4 St.	—	—	10 St.	—	—	14 St.	—	—
2. Wechselstrom-Gleichstrom- Übertrager	3 St.	—	—	5 St.	—	—	7 St.	—	—
3. Ankommde. Gruppenwähler	4 St.	—	—	9 St.	—	—	14 St.	—	—
hiezu Vorratskontaktsätze.	—	—	—	6 St.	—	—	1 St.	—	—
4. Wechselstrom-Gleichstrom- Übertrager	3 St.	—	—	6 St.	—	—	9 St.	—	—
5. Gleichstrom-Wechselstrom- Übertrager	4 St.	—	—	6 St.	—	—	8 St.	—	—
6. Abgehende Wechselstrom- Übertrager	4 St.	—	—	8 St.	—	—	12 St.	—	—
7. Vorratssätze für Übertrager	5 St.	—	—	15 St.	—	—	10 St.	—	—
Summe C II α 1 (V_1-Amt m. 2 V_2-Ämtern)	—	—	5 604,—	—	—	12 223,—	—	—	16 183,—

2. V_1-Amt mit 1 V_2-Amt und dessen besondere Zusatzapparate.

Vortrag	Zahl der Einheiten	Einheitskosten	Herstellungskosten	Zahl der Einheiten	Einheitskosten	Herstellungskosten	Zahl der Einheiten	Einheitskosten	Herstellungskosten
1. Übertrager für Durchgangs- und Überbrückungsverkehr	2 St.	—	—	5 St.	—	—	7 St.	—	—
2. Wechs.-Gleichstr.-Übertrag.	2 St.	—	—	3 St.	—	—	4 St.	—	—
3. Ankommde. Gruppenwähler	4 St.	—	—	8 St.	—	—	12 St.	—	—
hiezu Vorratskontaktsätze.	—	—	—	7 St.	—	—	3 St.	—	—
4. Wechs.-Gleichstr.-Übertrag.	3 St.	—	—	6 St.	—	—	9 St.	—	—
5. Gleichstr.-Wechselstrom- Übertrager	2 St.	—	—	3 St.	—	—	4 St.	—	—
6. Abgehende Wechselstrom- übertrager	2 St.	—	—	4 St.	—	—	6 St.	—	—
hiezu Vorratskontaktsätze . .	5 St.	—	—	10 St.	—	—	10 St.	—	—
Summe C II b α 2: (V_1-Amt m. 1 V_2-Amt)	—	—	4 009,—	—	—	8 526,—	—	—	11 344,—

| Vortrag | a) Anfangszustand | | | b) Endausbau | | | | | |
| | | | | e) normale Gesprächsziffer | | | e'') doppelte Gesprächsziffer | | |
	Zahl der Einheiten	Einheits-kosten M.	Herstellungs-kosten M.	Zahl der Einheiten	Einheits-kosten M.	Herstellungs-kosten M.	Zahl der Einheiten	Einheits-kosten M.	Herstellungs-kosten M.

3. V_1-Amt mit 1 V_2-Amt und 1 Gruppenanlage und dessen besondere Zusatzapparate.

1. Übertrager für Durchgangs- u. Überbrückungsverkehr .	4 St.	—	—	7 St	—	—	9 St.	—	—
2. Wechsel-Gleichstromübertr.	3 St.	—	—	4 St.	—	—	5 St.	— —	— —
3. Ankomm. Gruppenwähler .	4 St.	—	—	8 St.	—	—	12 St.	— —	—
hiezu Vorratskontaktsätze .	—	—	—	7 St.	—	—	3 St.	—	—
4. Wechsel-Gleichstromübertr.	3 St.	—	—	6 St.	—	—	9 St.	— —	— —
5. Gleich-Wechselstromübertr.	4 St.	— —	— —	5 St.	—	—	6 St.	— —	— —
6. Abgehende Wechselstrom-übertrager	4 St.	—	—	6 St.	—	—	8 St.	—	—
hiezu Vorratskontaktsätze .	5 St.	—	—	10 St.	—	—	10 St.	—	—
Summe C II b α 3: (V_1-Amt m. 1 V_2-Amt u. 1 Gv 10)	—	—	5 604,—	—	—	10 121,—	—	—	12 939,—

Zusammenstellung der Lieferkosten für die V_1-Ämter.

1. V_1-Amt mit 1 V_2-Amt									
a) Allgem. Einrichtungen .	—	—	15 147	—	—	46 206	—	—	54 760
b) Zusatzapparate	—	—	4 009	—	—	8 526	—	—	11 344
c) Zur Abrundung	—	—	844	—	—	2 268	—	—	2 896
Summe 1:	—	—	20 000	—	—	57 000	—	—	69 000
2. V_1-Amt mit 2 V_2-Ämtern									
a) Allgem. Einrichtungen .	—	—	15 147	—	—	46 206	—	—	54 760
b) Zusatzapparate	—	—	5 604	—	—	12 223	—	—	16 183
c) Zur Abrundung	—	—	1 249	—	—	2 571	—	—	3 057
Summe 2:	—	—	22 000	—	—	61 000	—	—	74 000
3. V_1-Amt mit 1 V_2-Amt und 1 Gruppenanlage									
a) Allgem. Einrichtungen .	—	—	15 147	—	—	46 206	—	—	54 760
b) Zusatzapparate	—	—	5 604	—	—	10 121	—	—	12 939
c) Zur Abrundung	—	—	1 249	—	—	2 673	—	—	2 301
Summe 3:	—	—	22 000	—	—	59 000	—	—	70 000

β) V_2-Ämter.

1. Verteiler	1 St.	—	—	1 St.	—	—	1 St.	—	—
2. Anrufsucher.	5 St.	—	—	10 St.	—	—	10 St.	—	—
3. Zähler mit Teilnehmer-Anschlußorganen	40 St.	—	—	100 St.	—	—	100 St.	—	—
4. II. Vorwähler f. Umsteuerg.	5 St.	—	—	10 St.	—	—	10 St.	—	—
5. Mitlaufwerk m. Zeitzonenzählern	2 St.	—	—	5 St.	—	—	7 St.	—	—
6. Überzählige Mitlaufwerke .	1 St.	— —	—	1 St.	—	—	1 St.	— —	—
7. Abgehende Übertrager . .	2 St.	—	—	5 St.	—	—	7 St.	—	—
8. Leitungswähler	2 St.	—	—	4 St.	—	—	6 St.	—	—
Vorratskontaktsätze . . .	1 St.	—	—	2 St.	—	—	—	—	—
9. Ankommende Übertrager .	2 St.	—	—	4 St.	—	—	6 St.	—	—
10. Ank. Leitungswähler . . .	2 St.	—	— —	4 St.	—	—	6 St.	—	—
11. Vorratssätze für Übertrager	5 St.	—	—	5 St.	—	—	5 St.	—	—
12. Montage pro Anschluß . .	40 St.	—	—	100 St.	—	—	100 St.	—	—
13. Kabel pro Anschluß . . .	40 St.	— —	—	100 St.	—	—	100 St.	—	—
14. Signalsatz	1 St.	—	—	1 St.	—	—	1 St.	—	—
15. Transport u. zur Abrundung	—	—	—	—	—	—	—	—	—
Summe C II b β (Verbundämter V_1A)	—		8 000,—	—		18 000,—	—	—	21 000,—

Vortrag	a) Anfangszustand			b) Endausbau					
				e) normale Gesprächsziffer			e'') doppelte Gesprächsziffer		
	Zahl der Einheiten	Einheitskosten M.	Herstellungskosten M.	Zahl der Einheiten	Einheitskosten M.	Herstellungskosten M.	Zahl der Einheiten	Einheitskosten M.	Herstellungskosten M.

γ) Gruppenanlagen.

1. Verteiler	1 St.	—	—	1 St.	—	—	1 St.	—	.
2. Anrufsucher	3 St.	—	—	3 St.	—	—	3 St.	—	—
3. Zähler mit Teilnehmer-An-schlußorganen	10 St.	—	—	10 St.	—	—	10 St.	—	—
4. II. Vorwähler f. Umsteuerg.	3 St.	—	—	3 St.	—	—	3 St.	—	—
5. Mitlaufwerk mit Zeitzonen-zählern	2 St.	—	—	2 St.	—	—	2 St.	—	—
6. Überzählige Mitlaufwerke .	1 St.	—	—	1 St.	—	—	1 St.	—	—
7. Leitungswähler intern . .	1 St.	—	—	1 St.	—	—	1 St.	—	—
8. Leitungswähler ank. . . .	2 St.	—	—	2 St.	—	—	2 St.	—	—
9. Übertrager abgehend . . .	2 St.	—	—	2 St.	—	—	2 St.	—	—
10. Übertrager ankommend .	2 St.	—	—	2 St.	—	—	2 St.	—	—
11. Vorratssätze für Leitungs-wähler	2 St.	—	—	2 St.	—	—	2 St.	—	—
12. Vorratssätze für Über-trager	5 St.	—	—	5 St.	—	—	5 St.	—	—
13. Signalsatz	1 St.	—	—	1 St.	—	—	1 St.	—	—
14. Montage und Kabel . . .	—	—	—	—	—	—	—	—	—
Summe C II b γ (Gruppenanlagen):	—	—	7 000,—	—	—	7 000,—	—	—	7 000,—

Gesamtsumme der Kosten für die Lieferung der *SA*-Einrichtungen in den Verbundämtern des *SA*-Netzgruppensystems.

1. V_1-Amt mit 1 V_2-Amt . .	1 St.	20 000,—	20 000,—	1 St.	57 000,—	57 000,—	1 St.	69 000,—	69 000,—
2. V_1-Amt mit 2 V_2-Ämtern .	2 St.	22 000,—	44 000,—	2 St.	61 000,—	122 000,—	2 St.	74 000,—	148 000,—
3. V_1-Amt mit 1 V_2-Amt und 1 Gruppenanlage	4 St.	22 000,—	88 000,—	4 St.	59 000,—	236 000,—	4 St.	70 000,—	280 000,—
4. V_2-Ämter	9 St.	8 000,—	72 000,—	9 St.	18 000,—	162 000,—	9 St.	21 000,—	189 000,—
5. Gruppenanlagen	4 St.	7 000,—	28 000,—	4 St.	7 000,—	28 000,—	4 St.	7 000,—	28 000,—
Gesamtsumme C II b (sämtliche Verbundämter):	—	—	252 000,—	—	—	605 000,—	—	—	714 000,—
Kosten pro Teilnehmeranschluß	772 H	—	326,—	2690 H	—	225,—	2690 H	—	265,—

Die jährlichen Aufwandskosten für die Umschalteeinrichtungen einschl. des Fernamtes einer Mittelwertsnetzgruppe

unter den gleichen Voraussetzungen wie für die Lieferungskosten

Die Unterhaltungskosten ohne die Kosten des Mechanikerpersonals verhalten sich in der Baustufe

a) $A:B:C = 1:2,5 :2,74$
e) $A:B:C = 1:2,1 :2,36$
e'') $A:B:C = 1;1,87:2,03$

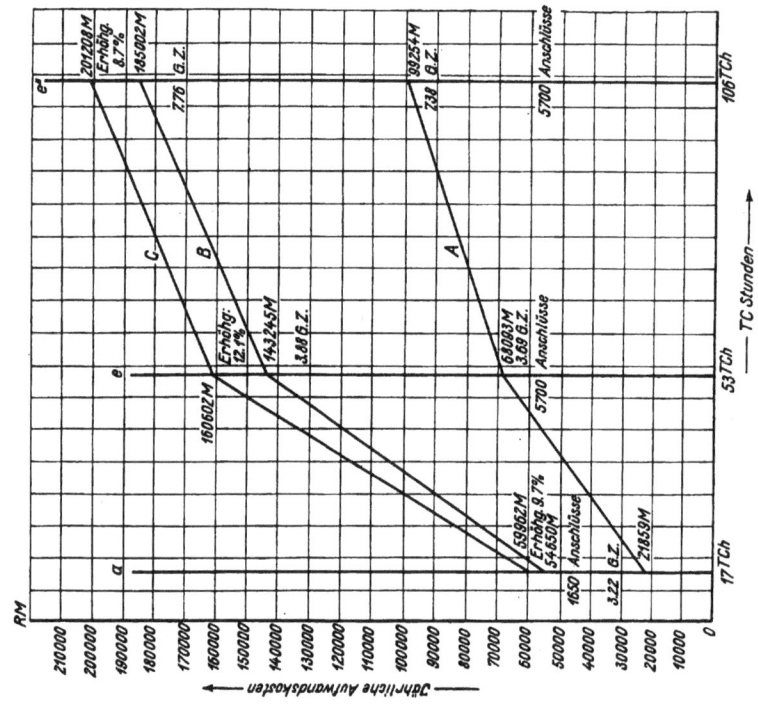

Die einmaligen Lieferungskosten für die Umschalteeinrichtungen einschl. des Fernamtes einer Mittelwertsnetzgruppe

A) Nach dem Handbetriebssystem
B) Nach dem Überweisungssystem
C) Nach dem SA-Netzgruppensystem
a) Im Anfangszustand der Anlagen mit 1650 Anschlüssen mit einer Orts-, Vororts-, Bezirks- und Ferngesprächsziffer von 3,22 bei A und 3,38 bei B und C
e) Im Endausbau mit 5700 Anschlüssen und einer Gesprächsziffer von 3,69 bei A und 3,88 bei B und C
e'') Im Endausbau mit einer Gesprächsziffer von 7,38 bei A und 7,76 bei B und C

Verhältnis der Lieferungskosten:

a) $A:B:C = 1:3,05:3,4$
e) $A:B:C = 1:2,69:2,95$
e'') $A:B:C = 1:2,17:2,4$

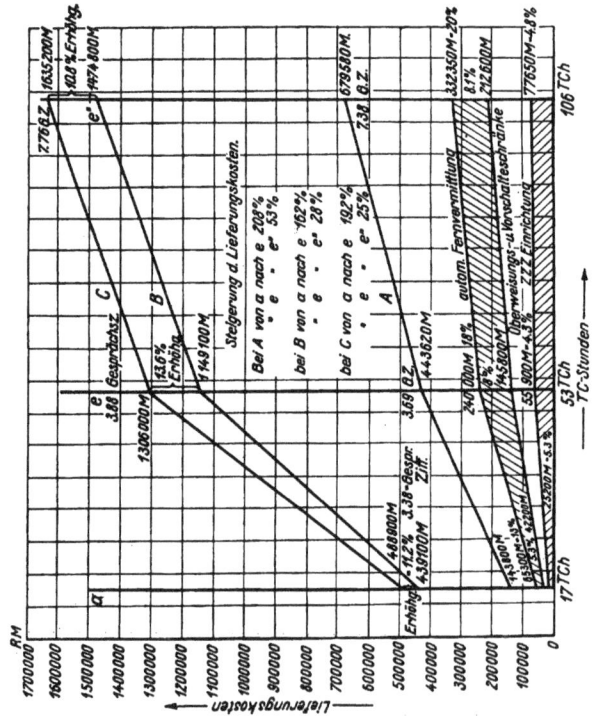

VII.

Die Stromlieferungsanlagen einer Mittelwertsnetzgruppe.
Berechnung des Stromverbrauches einer Mittelwertsnetzgruppe.

A. Für das Handbetriebssystem.

Mit 24 stündiger Dienstzeit im Hauptamt.
„ 12 „ „ in den Landzentralen, die den V_1 Ä entsprechen.
„ 9 „ „ „ „ „ „ „ V_2 Ä „
„ 6 „ „ „ „ „ „ „ $GV/10$ n. Anl. entsprechen.

Die Teilnehmeranschlußzahlen in den verschiedenen Umschaltestellen und Baustufen, die verschiedenen Gesprächsziffern und die Belegungsdauer bei der Gesprächsabwicklung sind aus dem Abschnitt II S. 13—14 zu entnehmen.

Die Dauer der Abnahme einer Verbindung und die Dauer der Auflösung beträgt je 6" = $\frac{1}{600}$ Stunde; die dauernde Belegung eines Arbeitsplatzes

bei 24 stündiger Dienstzeit = 0,55 · 24 = 13h; bei 12 stündiger Dienstzeit = 0,66 · 12 = 8h; bei 9 stündiger Dienstzeit = 0,85 · 9 = 7,5h und bei 6 stündiger Dienstzeit 6h; hierzu 20% für dienstliche, besetzte und Fehlanrufe.

I. Im Hauptamte
a) im Ortsamt (24 Dienststunden).

Vortrag über die einzelnen Stromläufe	Zeitdauer in Stunden	Stromverbrauch der einzelnen Stromkreise	Art der verwendeten Spannung	a) Anfangszustand Stromverbrauch in Amp.-Std. im einzelnen	im ganzen	e) Normale Gesprächsziffer Stromverbrauch in Amp.-Std. im einzelnen	im ganzen	e'') Doppelte Gesprächsziffer Stromverbrauch in Amp.-Std. im einzelnen	im ganzen
1. Anrufrelais, Anruflampe und Kontrollampenstrom	$\frac{1}{600}$	0,22	24 V	$\frac{900 \cdot 3,4 \cdot 1,2 \cdot 0,22}{600}$	1,5	$\frac{3000 \cdot 3,9 \cdot 1,2 \cdot 0,22}{600}$	5,1	$\frac{3000 \cdot 7,8 \cdot 1,2 \cdot 0,22}{600}$	11,0
2. Trennrelais- u. Speisestrom für die verbundenen Sprechstellen	$\frac{1}{30}$	2 × 0,2	24 V	$\frac{900 \cdot 3,4 \cdot 1,2 \cdot 0,4}{30}$	39,0	$\frac{3000 \cdot 3,9 \cdot 1,2 \cdot 0,4}{30}$	188,0	$\frac{3000 \cdot 7,8 \cdot 1,2 \cdot 0,4}{30}$	375,0
3. Schlußzeichenstrom	$\frac{1}{600}$	0,2	24 V	$\frac{900 \cdot 3,4 \cdot 1,2 \cdot 0,2}{600}$	1,2	$\frac{3000 \cdot 3,9 \cdot 1,2 \cdot 0,2}{600}$	4,7	$\frac{3000 \cdot 7,8 \cdot 1,2 \cdot 0,2}{600}$	9,4
4. Amtsmikrophone für a), e) 10 und e'') 20 Arbeitsplätze	13	0,035	24 V	$4 \cdot 0,035 \cdot 13$	1,8	$10 \cdot 0,035 \cdot 13$	4,5	$20 \cdot 0,035 \cdot 13$	9,1
5. Rufsignale und Anmeldesignale	$\frac{1}{900}$	0,2	24 V	$\frac{900 \cdot 3,4 \cdot 1,2 \cdot 0,2}{900}$	0,8	$\frac{3000 \cdot 3,9 \cdot 1,2 \cdot 0,2}{900}$	3,1	$\frac{3000 \cdot 1,2 \cdot 7,8 \cdot 0,2}{900}$	6,2
Summe A I a)					44,3		205,4		410,7

b) an den Überweisungsplätzen (12 Dienststunden).

Vortrag über die einzelnen Stromläufe	Zeitdauer in Stunden	Stromverbrauch der einzelnen Stromkreise	Art der verwendeten Spannung	a) Anfangszustand — Stromverbrauch in Amp.-Std. im einzelnen	im ganzen	e) Normale Gesprächsziffer — Stromverbrauch in Amp.-Std. im einzelnen	im ganzen	e'') Doppelte Gesprächsziffer — Stromverbrauch in Amp.-Std. im einzelnen	im ganzen
1. Für Anrufe im Vorortsverkehr a) Die Landzentr. z. Hauptamte	$\frac{1}{600}$	0,22	24 V	$\frac{(70\cdot7\cdot1,05+30\cdot9\cdot1,08+3\cdot4\cdot1,53)\cdot1,2\cdot0,22}{600}$	0,4	$\frac{(250\cdot7\cdot0,91+100\cdot9\cdot1,2+10\cdot4\cdot1,35)\cdot1,2\cdot0,22}{600}$	1,2	$\frac{(250\cdot7\cdot1,82+100\cdot9\cdot2,4+10\cdot4\cdot2,7)\cdot1,2\cdot0,22}{600}$	2,4
b) Anmeldeverk. der Landzentr. über den Überweisungsschrank	$\frac{1}{600}$	0,22	24 V	$\frac{772\cdot(0,17+0,08)\cdot1,2\cdot0,22}{600}$	0,08	$\frac{2690\cdot(0,17+0,08)\cdot1,2\cdot0,22}{600}$	0,3	$\frac{2690\cdot(0,34+0,08)\cdot1,2\cdot0,22}{600}$	0,6
c) Anmeldeverkehr der Teilnehmer des HA zu den Überweisungsplätzen	$\frac{1}{600}$	0,22	24 V	$\frac{900\cdot0,36\cdot1,2\cdot0,22}{600}$	0,14	$\frac{3000\cdot0,3\cdot1,2\cdot0,22}{600}$	0,4	$\frac{3000\cdot0,6\cdot1,2\cdot0,22}{600}$	0,8
2. Trennrelais- und Speisestrom für hergestellte Verbindungen	$\frac{1}{30}$	2×0,2	24 V	$\frac{(900\cdot0,36+490\cdot1,05+270\cdot1,08+12\cdot1,55)\cdot1,2\cdot0,4}{30}$	18,1	$\frac{(3000\cdot0,3+1750\cdot0,91+900\cdot1,2+40\cdot1,35)\cdot1,2\cdot0,4}{30}$	58,0	$\frac{(3000\cdot0,6+1750\cdot1,82+900\cdot2,4+40\cdot2,7)\cdot1,2\cdot0,4}{30}$	116,0
3. Amtsmikrophone am Ü.-Schr. f. a) 5, e) 14 u. e'') 27 Arb.-Plätze	8	0,035	24 V	$5\cdot0,035\cdot8$	1,4	$14\cdot0,035\cdot8$	4,0	$27\cdot0,035\cdot8$	7,6
4. Rufsignal- u. Dienstlampen	$\frac{1}{900}$	0,2	24 V	$\frac{(900+772)\cdot0,36\cdot1,2\cdot0,2}{900}$	0,16	$\frac{(3000+2690)\cdot0,3\cdot1,2\cdot0,2}{900}$	0,5	$\frac{(3000+2690)\cdot0,6\cdot1,2\cdot0,2}{900}$	1,0
Summe A I b)					20,28		64,4		128,4

c) an den Fernvermittlungsplätzen (24 Dienststunden).

1. Verb. für Teilnehmer der Landzentr. und der HA einschl. Bezirks- u. Fernverkehr u. Speisestrom hiefür	$\frac{1}{16}$	0,135	24 V	$\frac{(900+772)\cdot(0,17+0,08)\cdot1,2\cdot1,5\cdot0,135}{16}$	4,7	$\frac{(3000+2690)\cdot0,17+0,08)\cdot1,2\cdot1,5\cdot0,135}{16}$	16,0	$\frac{(3000+2690)\cdot(0,34+0,08)\cdot1,2\cdot1,5\cdot0,135}{16}$	32,0
2. Amtsmikrophone für a) 1 e) 4 und e'') 7	13	0,035	24 V	$1\cdot0,035\cdot13$	0,05	$4\cdot0,035\cdot13$	1,8	$7\cdot0,035\cdot13$	3,2
3. Rufsignale u. Dienstlampen	$\frac{1}{900}$	0,2	24 V	$\frac{(900+772)\cdot0,25\cdot1,2\cdot0,2}{900}$	0,1	$\frac{(3000+2690)\cdot0,25\cdot1,2\cdot0,2}{900}$	0,4	$\frac{(3000+2690)\cdot0,5\cdot1,2\cdot0,2}{900}$	0,8
Summe A I c)					4,85		18,2		36,0

d) im Fernamte.

1. Der Gesamtstromverbrauch pro Fernltg. ist d. Abhandlung „Der Bau neuer Fernämter" v. Dr. Schreiber, Seite 176/177. entnommen. Zahl der Fernltgn. a) 27, e) 54, e'') 100 . . .	—	a) =0,5 e)u.e''=(1,0)	24 V	$27\cdot0,5$	14,0	$54\cdot1$	54,0	$100\cdot1$	100,0
Zu übertragen:					14,0		54,0		100,0

Vortrag über die einzelnen Stromläufe	Zeitdauer in Stunden	Stromverbrauch der einzelnen Stromkreise	Art der verwendeten Spannung	a) Anfangszustand Stromverbrauch in Amp.-Std. im einzelnen	im ganzen	e) Normale Gesprächsziffer Stromverbrauch in Amp.-Std. im einzelnen	im ganzen	e") Doppelte Gesprächsziffer Stromverbrauch in Amp.-Std. im einzelnen	im ganzen
Übertrag:					14,0		54,0		100,0
2. Für Schnurverstärkung 0,5 Amp.-Std. pro Leitung . . .	—	0,5	10 V	—	—	$6 \cdot 0,5$	3,0	$12 \cdot 0,5$	6,0
Summe A I d)				—	14,0	—	57,0	—	106,0

II. 7 Landzentralen, den V_1-Ämtern entsprechend (12 Dienststunden).

Vortrag über die einzelnen Stromläufe	Zeitdauer in Stunden	Stromverbrauch der einzelnen Stromkreise	Art der verwendeten Spannung	a) Anfangszustand im einzelnen	im ganzen	e) Normale Gesprächsziffer im einzelnen	im ganzen	e") Doppelte Gesprächsziffer im einzelnen	im ganzen
1. Amtsmikrophone der Arbeitsplätze	8	0,035	24 V	Trockenelemente	—	(2 Fern- u. 1 Ortspl.) $7 \cdot 3 \cdot 0,035 \cdot 8$	5,9	(4 Fern- u. 1 Ortspl.) $7 \cdot 5 \cdot 0,035 \cdot 8$	9,8
2. Rufsignale, Anmeldung und Platzlampen	$\frac{1}{900}$	0,2	24 V	Trockenelemente	—	$\dfrac{7 \cdot 250 \cdot 3,0 \cdot 1,2 \cdot 0,2}{900}$	1,4	$\dfrac{7 \cdot 250 \cdot 6,0 \cdot 1,2 \cdot 0,2}{900}$	2,8
Summe A II					—		7,4		12,6

III. 9 Landzentralen, den V_2-Ämtern entsprechend (9 Dienststunden).

Vortrag über die einzelnen Stromläufe	Zeitdauer in Stunden	Stromverbrauch der einzelnen Stromkreise	Art der verwendeten Spannung	a) Anfangszustand im einzelnen	im ganzen	e) Normale Gesprächsziffer im einzelnen	im ganzen	e") Doppelte Gesprächsziffer im einzelnen	im ganzen
1. Amtsmikrophonstrom für die Arbeitsplätze	7,5	0,035	24 V	Trockenelemente	—	(2 Arbeitsplätze) $9 \cdot 2 \cdot 0,035 \cdot 7,5$	4,6	(2 Fern- u. 1 Ortspl.) $9 \cdot 3 \cdot 0,035 \cdot 7,5$	7,1
2. Rufsign. Platzlampe und Anmeldesignale	$\frac{1}{90}$	0,2	24 V	Trockenelemente	—	$\dfrac{9 \cdot 100 \cdot 2,7 \cdot 1,2 \cdot 0,2}{900}$	0,7	$\dfrac{9 \cdot 100 \cdot 5,5 \cdot 1,2 \cdot 0,2}{900}$	1,4
Summe A III					—		5,3		8,5

IV. 4 Landzentralen, den GV 10/II entsprechend.

In sämtlichen Umschaltestellen werden Trockenelemente verwendet.

B. Für das Überweisungssystem.

I. Im Hauptamte (Handbetriebsteil).

a) an den Überweisungsplätzen (24 Dienststunden).

Vortrag über die einzelnen Stromläufe	Zeitdauer in Stunden	Stromverbrauch der einzelnen Stromkreise	Art der verwendeten Spannung	a) Anfangszustand im einzelnen	im ganzen	e) Normale Gesprächsziffer im einzelnen	im ganzen	e") Doppelte Gesprächsziffer im einzelnen	im ganzen
1. a) Für Anrufe d. Vorortsverk. d. Landzentrale z. Hauptamte	$\frac{1}{600}$	0,22	24 V	$\dfrac{(70 \cdot 7 \cdot 1,19 + 30 \cdot 9 \cdot 1,29 + 3 \cdot 4 \cdot 2,26) \cdot 1,2 \cdot 0,22}{600}$	0,43	$\dfrac{(250 \cdot 7 \cdot 1 + 100 \cdot 9 \cdot 1,5 + 10 \cdot 4 \cdot 2,5) \cdot 1,2 \cdot 0,22}{600}$	1,4	$\dfrac{(250 \cdot 7 \cdot 2 + 100 \cdot 9 \cdot 3 + 10 \cdot 4 \cdot 5) \cdot 1,2 \cdot 0,22}{600}$	2,8
b) Anmeldeverkehr der Landzentr. über den Überweisungsplatz .	$\frac{1}{600}$	0,22	24 V	$\dfrac{772 \cdot (0,17 + 0,08) \cdot 1,2 \cdot 0,22}{600}$	0,08	$\dfrac{2690 \cdot (0,17 + 0,08) \cdot 1,2 \cdot 0,22}{600}$	0,3	$\dfrac{2690 \cdot (0,34 + 0,16) \cdot 1,2 \cdot 0,22}{600}$	0,6
c) Anmeldeverk. d. Teiln. d. SA-Amtes z. Überweisungsschrank	$\frac{1}{600}$	0,22	24 V	$\dfrac{900 \cdot 0,36 \cdot 1,2 \cdot 0,22}{600}$	0,14	$\dfrac{3000 \cdot 0,3 \cdot 1,2 \cdot 0,22}{600}$	0,4	$\dfrac{3000 \cdot 0,6 \cdot 1,2 \cdot 0,22}{600}$	0,8
Zu übertragen:					0,65		2,1		4,2

Vortrag über die einzelnen Stromläufe	Zeitdauer in Stunden	Stromverbrauch der einzelnen Stromkreise	Art der verwendeten Spannung	a) Anfangszustand — Stromverbrauch in Amp.-Std. im einzelnen	im ganzen	b) Endausbau — e) Normale Gesprächsziffer — Stromverbrauch in Amp.-Std. im einzelnen	im ganzen	e″) Doppelte Gesprächsziffer — Stromverbrauch in Amp.-Std. im einzelnen	im ganzen
Übertrag:					0,65		2,1		4,2
2. Trennrelais- und Speisestrom für hergestellte Verbindungen	$\frac{1}{30}$	$2\cdot0,2$	24 V	$\frac{(900\cdot0,36+960)\cdot1,2\cdot0,4}{30}$	20,0	$\frac{(3000\cdot0,3+3200)\cdot1,2\cdot0,4}{30}$	65,0	$\frac{(3000\cdot0,6+6400)\cdot1,2\cdot0,4}{30}$	130,0
3. Amtsmikrophone am Überweisungsschrank für a) 5, e) 16 u. e″) 31 Arbeitsplätze	13	0,035	24 V	$5\cdot0,035\cdot13$	2,3	$16\cdot0,035\cdot13$	7,0	$31\cdot0,035\cdot13$	14,0
4. Rufsignale und Dienstlampen	$\frac{1}{900}$	0,2	24 V	$\frac{1284\cdot1,2\cdot0,2}{900}$	0,35	$\frac{4100\cdot1,2\cdot0,2}{900}$	1,1	$\frac{8200\cdot1,2\cdot0,2}{900}$	2,2
5. Stromverbrauch für Schnurverbindungen zu den SA-Anlagen von den Überweisungsplätzen.									
a) Aufbau und Aufhebung der Verbindung	$\frac{1}{900}$	0,6	24 V	$\frac{1284\cdot1,2\cdot0,6}{900}$	0,9	$\frac{4100\cdot1,2\cdot0,6}{900}$	3,2	$\frac{8200\cdot1,2\cdot0,6}{900}$	6,6
b) während d. Verbindungs-Dauer	$\frac{1}{30}$	0,05	24 V	$\frac{1284\cdot1,2\cdot0,05}{30}$	2,6	$\frac{4100\cdot1,2\cdot0,05}{30}$	8,2	$\frac{8200\cdot1,2\cdot0,05}{30}$	16,4
Summe B I a)					26,8		86,6		173,4

b) an den Fernvermittlungsplätzen (24 Dienststunden).

	Zeitdauer in Stunden	Stromverbrauch der einzelnen Stromkreise	Art der verwendeten Spannung	a) Anfangszustand — im einzelnen	im ganzen	e) Normale Gesprächsziffer — im einzelnen	im ganzen	e″) Doppelte Gesprächsziffer — im einzelnen	im ganzen
1. Trennrelais- und Speisestrom bei Verb. der Teilnehmer u. des SA-Ortsnetzes im Bezirks- und Fernverkehr.	$\frac{1}{16}$	0,135	24 V	$\frac{(900+772)\cdot(0,17+0,08)\cdot1,2\cdot1,5\cdot0,135}{16}$	4,7	$\frac{(3000+2690)\cdot(0,17+0,08)\cdot1,2\cdot1,5\cdot0,135}{16}$	16,0	$\frac{(3000+2690)\cdot(0,34+0,08)\cdot1,2\cdot1,5\cdot0,135}{16}$	32,0
2. Stromverbrauch für Verbindg. z. d. SA-Anlagen									
a) Aufbau und Aufhebung der Verbindung	$\frac{1}{900}$	0,6	24 V	$\frac{1284\cdot1,2\cdot0,6}{900}$	0,9	$\frac{4100\cdot1,2\cdot0,6}{900}$	3,3	$\frac{8200\cdot1,2\cdot0,6}{900}$	6,6
b) während der Verbindungsdauer	$\frac{1}{30}$	0,05	24 V	$\frac{1284\cdot1,2\cdot0,05}{30}$	2,6	$\frac{410\cdot1,2\cdot0,05}{30}$	8,2	$\frac{8200\cdot1,2\cdot0,05}{30}$	16,4
3. Amtsmikrophone für a) 1, e) 4, e″) 7 Arbeitsplätze	13	0,035	24 V	$1\cdot0,035\cdot13$	0,05	$4\cdot0,035\cdot13$	1,8	$7\cdot0,035\cdot13$	3,2
4. Rufsignale und Dienstlampen	$\frac{1}{900}$	0,2	24 V	$\frac{(900+772)\cdot0,25\cdot1,2\cdot0,2}{900}$	0,05	$\frac{(3000+2690)\cdot0,25\cdot1,2\cdot0,2}{900}$	0,7	$\frac{(3000+2690)\cdot0,5\cdot1,2\cdot0,2}{900}$	0,8
Summe B I b)					8,3		30,0		59,0

c) im Fernamt (mit 24 Dienststunden).

Vortrag über die einzelnen Stromläufe	Zeitdauer in Stunden	Stromverbrauch der einzelnen Stromkreise	Art der verwendeten Spannung	a) Anfangszustand Stromverbrauch in Amp.-Std. im einzelnen	im ganzen	b) Endausbau e) Normale Gesprächsziffer Stromverbrauch in Amp.-Std. im einzelnen	im ganzen	e'') Doppelte Gesprächsziffer Stromverbrauch in Amp.-Std. im einzelnen	im ganzen
1. Gesamtstromverbr. pro Fernleitung aus der Abhandlung „Bau neuer Fernämter" von Dr. Schreiber entnommen . . von Zahl der Fernleitungen: a) 27, e) 54, e'') 100	—	a) 0,5 e)u.e'') (1,0)	24 V 24 V	$27 \cdot 0,5$	13,5	$54 \cdot 1$	54,0	$100 \cdot 1$	100,0
2. Anmeldesignale uud Kontrolllampen.	$\frac{1}{120}$	0,25	24 V	$\frac{1\,284 \cdot 1,2 \cdot 0,25}{120}$	3,2	$\frac{4\,100 \cdot 1,2 \cdot 0,25}{120}$	10,0	$\frac{8\,200 \cdot 1,2 \cdot 0,5}{120}$	20,0
3. für Schnurverstärkereinrichtung.	pr. Tag	0,5	10 V	$6 \cdot 0,5$	—	$6 \cdot 0,5$	3.—	$12 \cdot 0,5$	6,0
Summe B I c)					16,7		67,0		126,0

II. Automatischer Teil.
a) Im Hauptamt.

Spezifischer Stromverbrauch pro Gesprächseinheit 0,025 Amperestunden (Stromverbrauch für 2 Tage berechnet).

	Zeitdauer	Art der verwendeten Spannung	a) Anfangszustand im einzelnen	im ganzen	e) Normale Gesprächsziffer im einzelnen	im ganzen	e'') Doppelte Gesprächsziffer im einzelnen	im ganzen
1. Ortsverkehr und Anmeldung . .	0,025	60 V	$875 \cdot 3,42 \cdot 1,2 \cdot 2 \cdot 0,025$	180,0	$3\,000 \cdot 3,9 \cdot 1,2 \cdot 2 \cdot 0,025$	700,0	$3\,000 \cdot 7,8 \cdot 1,2 \cdot 2 \cdot 0,025$	1400,0
2. Bezirks- und Fernverkehr . .			$875 \cdot (0,25+0,36) \cdot 1,2 \cdot 2 \cdot 0,025$	32,0	$3\,000 \cdot (0,25+0,3) \cdot 1,2 \cdot 2 \cdot 0,025$	100,0	$3\,000 \cdot (0,5+0,6) \cdot 1,2 \cdot 2 \cdot 0,025$	200,0
Summe B II a)				212,0		800,0		1600,0

b) Landzentrale 1.

	Zeitdauer	Art der verwendeten Spannung	a) Anfangszustand im einzelnen	im ganzen	e) Normale Gesprächsziffer im einzelnen	im ganzen	e'') Doppelte Gesprächsziffer im einzelnen	im ganzen
1. Ortsverkehr	0,025	60 V	$70 \cdot 1,32 \cdot 1,2 \cdot 2 \cdot 0,025$	6,0	$250 \cdot 2 \cdot 0,12 \cdot 2 \cdot 0,025$	30,0	$250 \cdot 4 \cdot 1,2 \cdot 2 \cdot 0,025$	60,0
2. Vorortsverkehr, ank. und abg.	0,025	60 V	$70 \cdot 1,9^1) \cdot 1,2 \cdot 2 \cdot 0,025$	9,0	$250 \cdot 1,6^1) \cdot 1,2 \cdot 2 \cdot 0,025$	30,0	$250 \cdot 3,2^1) \cdot 1,2 \cdot 2 \cdot 0,025$	60,0
3. Anmeldung im Bezirks- u. Fernverkehr			$70 \cdot 0,25 \cdot 1,2 \cdot 2 \cdot 0,025$	1,0	$250 \cdot 0,25 \cdot 1,2 \cdot 2 \cdot 0,025$	3,0	$250 \cdot 0,5 \cdot 1,2 \cdot 2 \cdot 0,025$	6,0
4. Bezirks- und Fernverkehr . .			$70 \cdot 0,25 \cdot 1,2 \cdot 2 \cdot 2 \cdot 0,025$	2,0	$(250 \cdot 0,25 \cdot 1,2) \cdot 2 \cdot 2 \cdot 0,025$	6,0	$(250 \cdot 0,5 \cdot 1,2) \cdot 2 \cdot 2 \cdot 0,025$	12,0
Summe B II b)				18,0		69,0		138,0

c) Landzentrale 2.

	Zeitdauer	Art der verwendeten Spannung	a) Anfangszustand im einzelnen	im ganzen	e) Normale Gesprächsziffer im einzelnen	im ganzen	e'') Doppelte Gesprächsziffer im einzelnen	im ganzen
1. Ortsverkehr	0,025	60 V	$30 \cdot 0,86 \cdot 1,2 \cdot 2 \cdot 0,025$	1,6	$100 \cdot 1,5 \cdot 1,2 \cdot 2 \cdot 0,025$	8,0	$100 \cdot 3,0 \cdot 1,2 \cdot 2 \cdot 0,025$	16,0
2. Vorortsverkehr, ank. u. abg.	0,025	60 V	$30 \cdot 2,0^1) \cdot 1,2 \cdot 2 \cdot 0,025$	5,0	$100 \cdot 2,4^1) \cdot 1,2 \cdot 2 \cdot 0,025$	14,0	$100 \cdot 4,8^1) \cdot 1,2 \cdot 2 \cdot 0,025$	28,0
3. Anmeldung im Bezirks- u. Fernverkehr			$30 \cdot 0,25 \cdot 1,2 \cdot 2 \cdot 0,025$	0,7	$100 \cdot 0,25 \cdot 1,2 \cdot 2 \cdot 0,025$	1,4	$100 \cdot 0,5 \cdot 1,2 \cdot 2 \cdot 0,025$	2,8
4. Bezirks- und Fernverkehr . .			$30 \cdot 0,25 \cdot 1,2 \cdot 2 \cdot 2 \cdot 0,025$	1,4	$100 \cdot 0,25 \cdot 1,2 \cdot 2 \cdot 2 \cdot 0,025$	2,8	$100 \cdot 0,5 \cdot 1,2 \cdot 2 \cdot 2 \cdot 0,025$	5,6
Summe B II c)				8,7		26,2		52,4

¹) Gesprächsziffer für ankommenden und abgehenden Vorortsverkehr = Gesprächsziffer für abgehenden Vorortsverkehr + 60% dieser Ziffer für den ankommenden Vorortsverkehr.

d) Landzentrale 3.

C. Für das SA-Netzgruppensystem.

I. Hauptamt.

II. Fernamt (mit 24. Dienststunden).

Vortrag über die einzelnen Stromläufe	Zeitdauer in Stunden	Stromverbrauch der einzelnen Stromläufe	Art der verwendeten Spannung	a) Anfangszustand – Stromverbrauch in Amp.-Std. im einzelnen	im ganzen	b) Endausbau e) Normale Gesprächsziffer – Stromverbrauch in Amp.-Std. im einzelnen	im ganzen	e'') Doppelte Gesprächsziffer – Stromverbrauch in Amp.-Std. im einzelnen	im ganzen
d) Landzentrale 3.									
1. Ortsverkehr, ank. und abg.		0,025	60 V	$3 \cdot 0,27 \cdot 1,2 \cdot 2 \cdot 0,025$	0,05	$10 \cdot 0,5 \cdot 1,2 \cdot 2 \cdot 0,025$	0,28	$10 \cdot 1 \cdot 1,2 \cdot 2 \cdot 0,025$	0,56
2. Vorortsverkehr, ank. u. Fernverk.		0,025	60 V	$3 \cdot 3,6^{1}) \cdot 1,2 \cdot 2 \cdot 0,025$	0,65	$10 \cdot 4^{1}) \cdot 1,2 \cdot 2 \cdot 0,025$	2,20	$10 \cdot 8^{1}) \cdot 1,2 \cdot 2 \cdot 0,025$	4,40
3. Anmeldung im Bez.- u. Fernverk.				$3 \cdot 0,25 \cdot 1,2 \cdot 2 \cdot 0,025$	0,65	$10 \cdot 0,25 \cdot 1,2 \cdot 2 \cdot 0,025$	0,14	$10 \cdot 0,5 \cdot 1,2 \cdot 2 \cdot 0,025$	0,28
4. Bezirks- und Fernverkehr				$3 \cdot 0,25 \cdot 1,2 \cdot 2 \cdot 0,025$	0,10	$10 \cdot 0,25 \cdot 1,2 \cdot 2 \cdot 0,025$	0,28	$10 \cdot 0,5 \cdot 1,2 \cdot 2 \cdot 0,025$	0,56
Summe B II d)					0,85		2,90		5,80
I. Hauptamt.									
1. Ortsverkehr		0,035	60 V	$875 \cdot 3,42 \cdot 1,2 \cdot 2 \cdot 0,035$	260,0	$3\,000 \cdot 3,9 \cdot 1,2 \cdot 2,0 \cdot 0,035$	1\,000,0	$3\,000 \cdot 7,8 \cdot 1,2 \cdot 2 \cdot 0,035$	2\,000,0
2. Vorortsverkehr ank.		0,035	60 V	$772 \cdot 2 \cdot 1,2 \cdot 1,2 \cdot 0,035$	80,0	$2\,690 \cdot 1,2 \cdot 1,2 \cdot 2 \cdot 0,035$	270,0	$2\,690 \cdot 2,4 \cdot 1,2 \cdot 2 \cdot 0,035$	540,0
3. Vorortsverkehr abgeh.		0,035	60 V	$900 \cdot 0,36 \cdot 1,2 \cdot 2 \cdot 0,035 \cdot 2$	27,0	$3\,000 \cdot 0,3 \cdot 1,2 \cdot 0,035 \cdot 2$	75,0	$3\,000 \cdot 0,6 \cdot 1,2 \cdot 2 \cdot 0,045$	150,0
4. Anmeldung im Bez.- u. Fernverk.				$1\,672 \cdot 0,25 \cdot 1,2 \cdot 2 \cdot 0,035$	35,0	$5\,690 \cdot 0,25 \cdot 1,2 \cdot 2 \cdot 0,035$	120,0	$5\,690 \cdot 0,5 \cdot 1,2 \cdot 2 \cdot 0,045$	240,0
5. Bezirks- und Fernverkehr				$2 \cdot 35$	70,0		240,0		480,0
Summe C I					472,0		1\,705,0		3\,410,0
II. Fernamt (mit 24. Dienststunden).									
I. a) Gesamtstromverbrauch pro Fernleitung aus d. Abhandlung „Bau neuer Fernämter" v. Dr. Schreiber entnommen. Zahl der Fernleitungen a)17, e)34, e'')70	—	a) 0,5 e)u.e'') (1,0)	24 V	$17 \cdot 0,5$	8,5	$34 \cdot 1,00$	34,0	$70 \cdot 1,00$	70,0
2. Anmeldesign. u. Kontrollampen	$\frac{1}{120}$	0,25	24 V	$\dfrac{1\,284 \cdot 1,2 \cdot 0,25}{120}$	3,2	$\dfrac{4\,100 \cdot 1,2 \cdot 0,25}{120}$	10,0	$\dfrac{8\,200 \cdot 1,2 \cdot 0,5}{120}$	20,0
Summe C II a)					11,7		44,0		90,0
3. b) Schnurverstärkereinrichtung pro Fernleitung I. Klasse a) 7, e) 13, e'') 28		0,4	10 V	$7 \cdot 0,4$	2,8	$13 \cdot 0,4$	5,2	$28 \cdot 0,4$	11,2
Summe C II b)					2,8		5,2		11,2
4. c) Aufbau der Verbindungen b. SA u. V_1, V_2 u. $V_3 \cdot A$.	$\frac{1}{900}$	0,5	60 V	$\dfrac{1\,284 \cdot 1,2 \cdot 0,5}{900}$	0,85	$\dfrac{4\,100 \cdot 1,2 \cdot 0,5}{900}$	2,7	$\dfrac{8\,200 \cdot 1,2 \cdot 0,5}{900}$	5,4
5. Zeitdauer der Verbindung	$\frac{1}{10}$	21	60 V	$\dfrac{552 \cdot 1,2 \cdot 0,1}{10}$	6,6	$\dfrac{1\,978 \cdot 1,2 \cdot 0,1}{10}$	24,0	$\dfrac{3\,956 \cdot 1,2 \cdot 0,1}{10}$	48,0
Summe C II c)					7,45		26,7		53,4

¹) Gesprächsziffer für ankommenden und abgehenden Vorortsverkehr = Gesprächsziffer für abgehenden Vorortsverkehr + 60% dieser Ziffer für den ankommenden Vorortsverkehr.

III. Verbundämter.

Spez. Stromverbrauch pro Gesprächseinheit 0,035 Amp.-Std.

a) V_1-Amt.

Vortrag über die einzelnen Stromläufe	Zeitdauer in Stunden	Stromverbrauch der einzelnen Stromkreise	Art der verwendeten Spannung	a) Anfangszustand Stromverbrauch in Amp.-St. im einzelnen	im ganzen	b) Endausbau — e) Normale Gesprächsziffer Stromverbrauch in Amp.-Std. im einzelnen	im ganzen	b) Endausbau — e'') Doppelte Gesprächsziffer Stromverbrauch in Amp.-Std. im einzelnen	im ganzen
1. Ortsverkehr		0,035	60 V	$70 \cdot 1,32 \cdot 1,2 \cdot 2 \cdot 0,035$	9,0	$250 \cdot 2 \cdot 1,2 \cdot 2 \cdot 0,035$	42,0	$250 \cdot 4 \cdot 1,2 \cdot 2 \cdot 0,035$	84,0
2. Vorortsverkehr, abg. und ank.		0,035	60 V	$70 \cdot 1,9 \cdot 1,2 \cdot 2 \cdot 0,035$	14,0	$250 \cdot 1,6 \cdot 1,2 \cdot 2 \cdot 0,035$	42,0	$250 \cdot 3,2 \cdot 1,2 \cdot 2 \cdot 0,035$	84,0
3. Anmeldung im Bezirks- u. Fernverkehr				$70 \cdot 0,25 \cdot 1,2 \cdot 2 \cdot 0,035$	2,0	$250 \cdot 0,25 \cdot 1,2 \cdot 2 \cdot 0,035$	6,0	$250 \cdot 0,5 \cdot 1,2 \cdot 2 \cdot 0,035$	12,0
4. Bezirks- und Fernverkehr				$70 \cdot 0,25 \cdot 1,2 \cdot 2 \cdot 2 \cdot 0,035$	3,0	$250 \cdot 0,25 \cdot 1,2 \cdot 2 \cdot 2 \cdot 0,035$	12,0	$250 \cdot 0,5 \cdot 1,2 \cdot 2 \cdot 2 \cdot 0,035$	24,0
Summe C III a)					28,0		102,0		204,0

b) V_2-Amt.

Vortrag über die einzelnen Stromläufe	Zeitdauer in Stunden	Stromverbrauch der einzelnen Stromkreise	Art der verwendeten Spannung	a) Anfangszustand im einzelnen	im ganzen	e) Normale Gesprächsziffer im einzelnen	im ganzen	e'') Doppelte Gesprächsziffer im einzelnen	im ganzen
1. Ortsverkehr		0,035	60 V	$30 \cdot 0,86 \cdot 1,2 \cdot 2 \cdot 0,035$	2,2	$100 \cdot 1,5 \cdot 1,2 \cdot 2 \cdot 0,035$	12,0	$100 \cdot 3 \cdot 1,2 \cdot 2 \cdot 0,035$	24,0
2. Vorortsverkehr, abg. und ank.		0,035	60 V	$30 \cdot 2 \cdot 1,2 \cdot 2 \cdot 0,035$	6,0	$100 \cdot 2,4 \cdot 1,2 \cdot 2 \cdot 0,035$	19,0	$100 \cdot 4,8 \cdot 1,2 \cdot 2 \cdot 0,035$	38,0
3. Anmeldung im Bezirks- u. Fernverkehr				$30 \cdot 0,25 \cdot 1,2 \cdot 2 \cdot 0,035$	0,8	$100 \cdot 0,25 \cdot 1,2 \cdot 2 \cdot 0,035$	2,2	$100 \cdot 0,5 \cdot 1,2 \cdot 2 \cdot 0,035$	4,4
4. Bezirks- und Fernverkehr				$30 \cdot 0,25 \cdot 1,2 \cdot 2 \cdot 2 \cdot 0,035$	1,6	$100 \cdot 0,25 \cdot 1,2 \cdot 2 \cdot 2 \cdot 0,035$	4,4	$100 \cdot 0,5 \cdot 1,2 \cdot 2 \cdot 2 \cdot 0,035$	8,8
Summe C III b)					10,6		37,6		75,2

c) Gruppenanlage.

Vortrag über die einzelnen Stromläufe	Zeitdauer in Stunden	Stromverbrauch der einzelnen Stromkreise	Art der verwendeten Spannung	a) Anfangszustand im einzelnen	im ganzen	e) Normale Gesprächsziffer im einzelnen	im ganzen	e'') Doppelte Gesprächsziffer im einzelnen	im ganzen
1. Ortsverkehr		0,035	60 V	$3 \cdot 0,27 \cdot 1,2 \cdot 2 \cdot 0,035$	0,07	$10 \cdot 0,5 \cdot 1,2 \cdot 2 \cdot 0,035$	0,41	$10 \cdot 1 \cdot 1,2 \cdot 2 \cdot 0,035$	0,82
2. Vorortsverkehr, abg. und ank.		0,035	60 V	$3 \cdot 3,6 \cdot 1,2 \cdot 2 \cdot 0,035$	0,90	$10 \cdot 4 \cdot 1,2 \cdot 2 \cdot 0,035$	3,00	$10 \cdot 8 \cdot 1,2 \cdot 2 \cdot 0,035$	6,00
3. Anmeldung im Bezirks- u. Fernverkehr				$3 \cdot 0,25 \cdot 1,2 \cdot 2 \cdot 0,035$	0,06	$10 \cdot 0,25 \cdot 1,2 \cdot 2 \cdot 0,035$	0,20	$10 \cdot 0,5 \cdot 1,2 \cdot 2 \cdot 0,035$	0,40
4. Bezirks- und Fernverkehr				$3 \cdot 0,25 \cdot 1,2 \cdot 2 \cdot 0,025$	0,14	$10 \cdot 0,25 \cdot 1,2 \cdot 2 \cdot 2 \cdot 0,035$	0,40	$10 \cdot 0,5 \cdot 1,2 \cdot 2 \cdot 2 \cdot 0,035$	0,80
Summe C III c)					1,17		4,01		8,02

Graphische Tafeln zur Bestimmung der Sammler- und Umformertypen.

I.

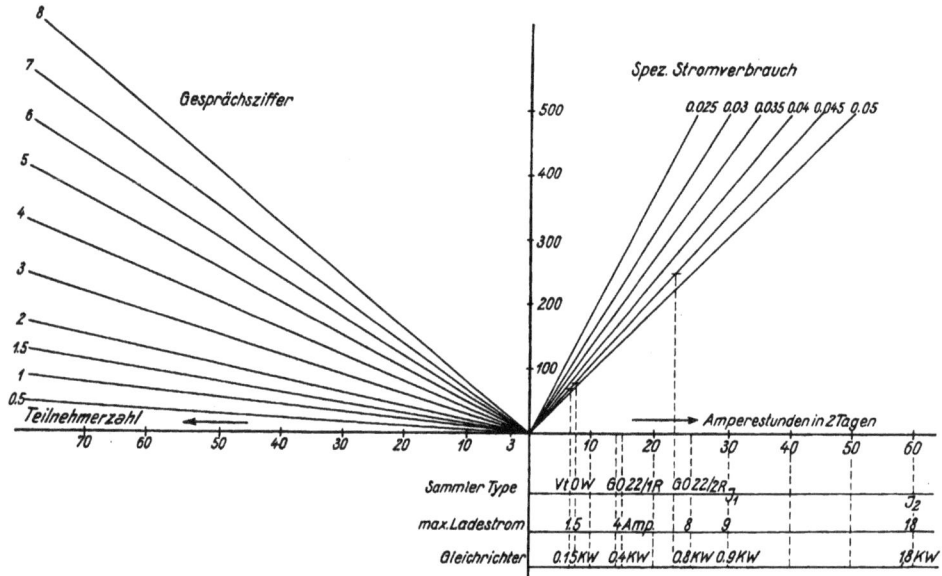

II.

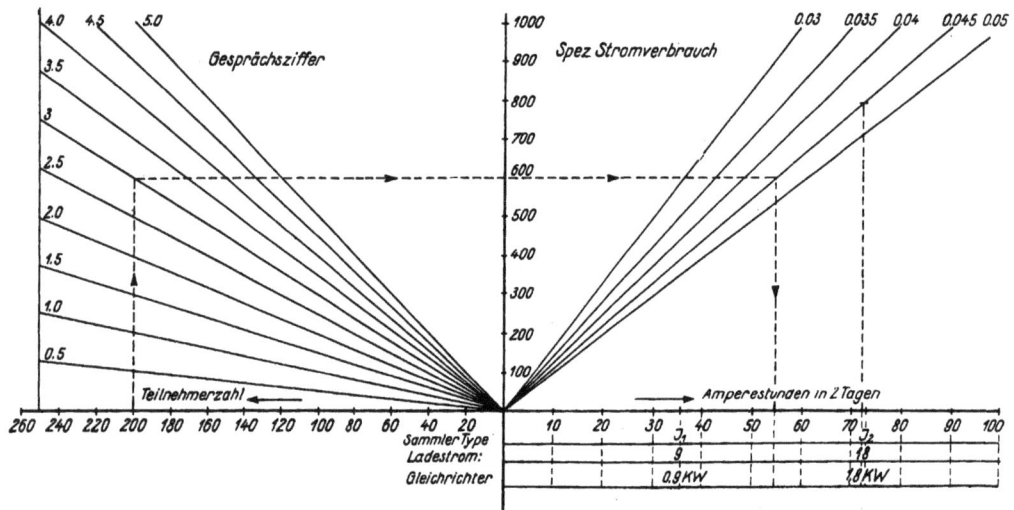

III.

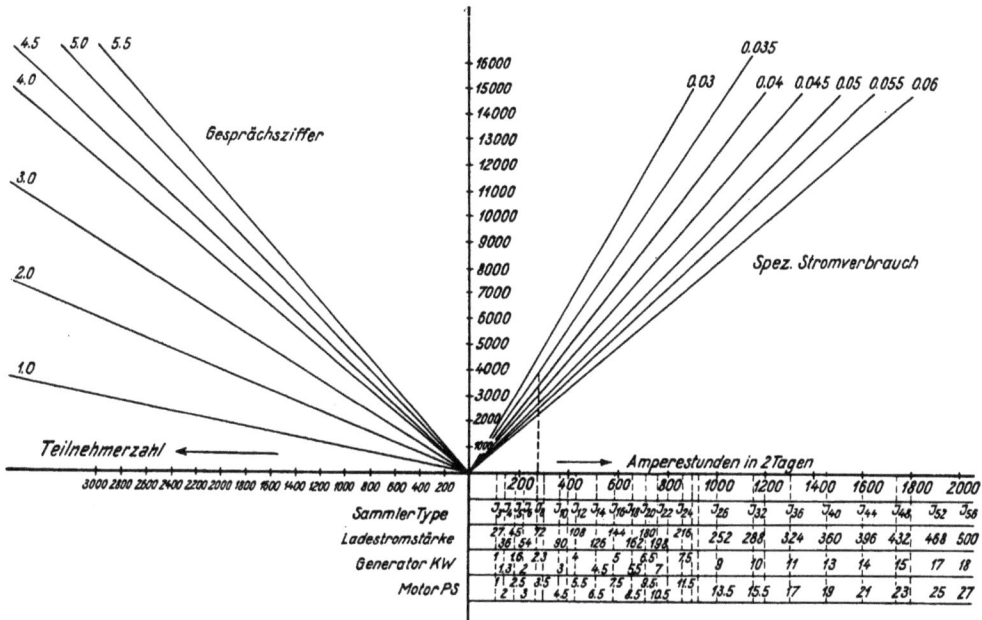

IV.

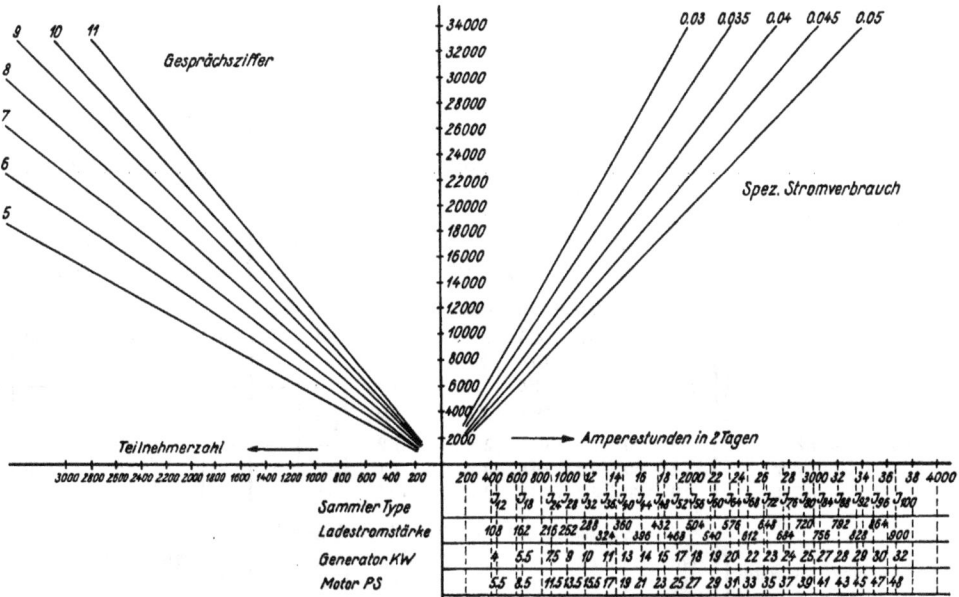

Zusammenstellung

der Einzelteile für die verschiedenen Stromlieferungsanlagen einer Mittelwertsnetzgruppe.

A. Im Handbetriebssystem.

Aufstellungsort der Stromlieferungsanlage	Ampere-Stund.	Spannung der Batterien	Kilowatt-Leistung	PS der Maschinen	Zahl der Akk.-Zellen	Typ der Akk.-Zellen	Ruf-Maschine	Wählstrom-Maschine	f. 10 V	f. 24 V	f. 60 V	f. 220 V	f. Ruf-strom	f. Wähl-strom
a) Anfangszustand.														
a) Hauptamt einschl. Fern-amt	180	24	1,9	2,1	2×12	J 6	1	—	—	10,0	—	—	1.5	—
	4,2	10	0,15	WL.	2×5	VtoW	—	—	2,5	—	—	—	—	—
	0,5	220	0,22	WL.	110	Vto ³/₄	—	—	—	—	—	1,5	—	—
b) Landzentrale LZ 1 . . .	—	—	—	—	—	Tr. El.	—	—	—	—	—	—	—	—
„ „ LZ 2 . . .	—	—	—	—	—	Tr. El.	—	—	—	—	—	—	—	—
„ „ LZ 3 . . .	—	—	—	—	—	Tr. El.	—	—	—	—	—	—	—	—
e) Endausbau mit normaler Gesprächsziffer.														
a) Hauptamt einschl. Fern-amt	740	24	7,0	8,3	2×12	J 22	1	—	—	25,0	—	—	2,5	—
	6,6	10	0,4	GlR.	2×5	Go22/1R	—	—	4	—	—	—	—	—
	2	220	—	WL.	110	Vto ³/₄	—	—	—	—	—	2,5	—	—
b) Landzentrale LZ 1 . . .	7,5	24	0,25	AGlR.	2×12	Go22/1R	—	—	—	1,5	—	—	—	—
„ „ LZ 2 . . .	5,3	24	0,20	AGlR.	2×12	Go22/1R	—	—	—	1,5	—	—	—	—
„ „ LZ 3 . . .	—	—	—	—	—	Tr. El.	—	—	—	—	—	—	—	—
e″) Endausbau mit doppelter Gesprächsziffer.														
a) Hauptamt einschl. Fern-amt	1474	24	14,0	17,4	2×12	J 44	1	—	—	50,0	—	—	2,5	—
	13	10	0,75	GlR.	2×5	Go22/1R	—	—	6	—	—	—	—	—
	4	220	—	WL.	110	Vto	—	—	—	—	—	2,5	—	—
b) Landzentrale LZ 1 . . .	13	24	0,5	AGlR.	2×12	J 1	—	—	—	2,5	—	—	—	—
„ „ LZ 2 . . .	8,5	24	0,4	AGlR.	2×12	Go22/1R	—	—	—	2,5	—	—	—	—
„ „ LZ 3 . . .	—	—	—	—	—	Tr. El.	—	—	—	—	—	—	—	—

B. Im Überweisungssystem.

Aufstellungsort der Stromlieferungsanlage	Ampere-Stund.	Spannung der Batterien	Kilowatt-Leistung	PS der Maschinen	Zahl der Akk.-Zellen	Typ der Akk.-Zellen	Ruf-Maschine	Wählstrom-Maschine	f. 10 V	f. 24 V	f. 60 V	f. 220 V	f. Ruf-strom	f. Wähl-strom
a) Anfangszustand.														
a) Überweisungsamt, Fern-vermittlung u. Fernamt	120	24	1,28	1,50	2×12	J 4	1	—	—	6,0	—	—	2,5	—
	4,2	10	0,15	WL.	2×5	VtoW	—	—	2,5	—	—	—	—	—
	0,5	220	—	WL.	110	Vto ³/₄	—	—	—	—	—	2,5	—	—
b) SA-Amt	220	60	5,75	7,2	2×30	J 8	1	—	—	10,0	—	—	2,5	—
c) Landzentrale LZ 1 . . .	18,3	60	0,75	GlR.	2×30	J 1	—	—	—	2,5	—	—	—	—
„ „ LZ 2 . . .	8,7	60	0,35	GlR.	2×30	Go22/1R	—	—	—	2,5	—	—	—	—
„ „ LZ 3 . . .	0,64	60	0,1	GlR.	1×30	Vto ³/₄	—	—	—	1,5	—	—	—	—
e) Endausbau mit normaler Gesprächsziffer.														
a) Überweisungsamt, Fern-vermittlung u. Fernamt	397	24	3,86	4,6	2×12	J 12	1	—	—	16,0	—	—	4,0	—
	6,6	10	0,2	GlR.	2×5	Go22/1R	—	—	4	—	—	—	—	—
	2,0	220	—	WL.	110	Vto	—	—	—	—	—	—	—	—
b) SA-Amt	836	60	17,3	21,4	2×30	J 24	1	—	—	—	—	35,0	—	4,0	—
c) Landzentrale LZ 1 . . .	69	60	1,8	GlR.	2×30	J 2	—	—	—	—	4,0	—	2,5	—
„ „ LZ 2 . . .	25,4	60	0,8	GlR.	2×30	J 1	—	—	—	—	2,5	—	2,5	—
„ „ LZ 3 . . .	2,9	60	0,2	GlR.	2×30	Vto ³/₄	—	—	—	—	1,5	—	1,5	—
e″) Endausbau mit doppelter Gesprächsziffer.														
a) Überweisungsamt, Fern-vermittlung u. Fernamt	770	24	7,1	8,8	2×12	J 22	1	—	—	25,0	—	—	4,0	—
	13	10	0,4	GlR.	2×5	J 1	—	—	6	—	—	—	—	—
	4	220	—	WL.	110	Vto	—	—	—	—	—	4,0	—	—
b) SA-Amt	1600	60	2,18	2,27	2×30	J 48	1	—	—	—	—	95,0	—	4,0	—
c) Landzentrale LZ 1 . . .	139	60	3,0	4,5	2×30	J 4	—	—	—	—	6,0	—	2,5	—
„ „ LZ 2 . . .	50,8	60	1,6	AGlR.	2×30	J 2	—	—	—	—	4,0	—	2,5	—
„ „ LZ 3 . . .	5,4	60	0,4	AGlR.	1×30	Vto	—	—	—	—	1,5	—	1,5	—

C. Im *SA*-Netzgruppensystem.

Aufstellungsort der Stromlieferungsanlage	Ampere-Stund.	Spannung der Batterien	Kilowatt-Leistung	PS der Maschinen	Zahl der Akk.-Zellen	Typ der Akk.-Zellen	Ruf-Maschine	Wählstrom-Maschine	f. 10 V	f. 24 V	f. 60 V	f. 220 V	f. Ruf-strom	f. Wähl-strom
a) Anfangszustand.														
a) Hauptamt	475	60	10,08	14	2×30	J 14	1	—	—	—	25,0	—	2,5	—
b) Verbundamt V_1A	28	60	0,9	GlR.	2×30	J 1	—	—	—	—	2,5	—	1,5	—
„ V_2A	10,5	60	Fernladung vom V_1A		1×30	Go 22/1 R	—	—	—	—	2,5	—	1,5	—
Gruppenanlage Gv 10/II	1,02	60	„ „		1×30	Vto ³/₄	—	—	—	—	1,5	—	0,75	—
c) Fernamt	26	24	0,22	GlR.	2×12	J 1	1	1	—	4,0	—	—	1,5	1,5
	5,6	10	0,2	WL.	2×5	Vto ³/₄	—	—	2,5	—	—	—	—	—
	0,5	220	—	WL.	110	L ¹/₄	—	—	—	—	—	1,5	—	—
e) Endausbau mit normaler Gesprächsziffer.														
a) Hauptamt	1785	60	2×20	2×30	2×30	J 52	1	—	—	—	150	—	4,0	—
b) Verbundamt V_1A	101	60	2,7	GlR.	2×30	J 3	—	—	—	—	6,0	—	2,5	—
„ V_2A	37,7	60	1,8	GlR.	2×30	J 2	—	—	—	—	2,5	—	2,5	—
Gruppenanlage Gv 10/II	4,02	60	Fernladung		1×30	Vto	—	—	—	—	1,5	—	1,5	—
c) Fernamt	95	24	0,86	1,5	2×12	J 4	1	1	—	10,0	—	—	2,5	2,5
	10	10	0,65	WL.	2×5	Vto	—	—	4,0	—	—	—	—	—
	1,5	220	—	WL.	110	Vto ³/₄	—	—	—	—	—	2,5	—	—
e″) Endausbau mit doppelter Gesprächsziffer.														
a) Hauptamt	3570	60	2×40	2×60	2×30	J 104	1	—	—	—	300	—	4,0	—
b) Verbundamt V_1A	202	60	5,4	7,0	2×30	J 6	1	—	—	—	10,0	—	2,5	—
„ V_2A	75,4	60	3,6	GlR.	2×30	J 3	—	—	—	—	6,0	—	2,5	—
Gruppenanlage Gv 10/II	8,04	60	Fernladung vom V_2A		1×30	Go 22/1 R	—	—	—	—	2,5	—	1,5	—
c) Fernamt	200	24	1,9	2,4	2×12	J 6	1	1	—	10,0	—	—	4,0	4,0
	24,0	10	1,3	GlR.	2×5	J 1	—	—	6,0	—	—	—	—	—
	4,0	220	—	WL.	110	Vto	—	—	—	—	—	4,0	—	—

I. Stromversorgungsanlagen im Handbetriebssystem.

A. Im Hauptamte a) für Ortsamt mit Überweisungs- und Fernvermittlungssätzen und für Fernamt (Anfangszustand).

Gesamtstromverbrauch pro Tag = 83 Amp.-Std.
für 2 Tage 2 × 83 + 10% = 180 Amp.-Std.; hiefür 2 × 12 Zellen J 6 54 Amp. max Ladg. 2 Maschinensätze für Ladung:

$$\frac{54 \cdot 32}{0,9} = 1,9 \text{ KW Leistung} \quad \frac{1,9 \text{ KW}}{0,81} = 2,1 \text{ PS}$$

Ladung der 2 × 5 Zellen $Vtow$ erfolgt über Ladewiderstände aus der 24-V-Batterie.

B., C. und D. Landzentralen, den V_1, $V_2\ddot{A}$ und GV 10/II entsprechend

a) Anfangszustand.

In sämtlichen Amtseinrichtungen und bei den Teilnehmern sind Trockenelemente verwendet.

e) Endausbau für Ortsamt, Überweisungs- und Fernvermittlungsplätze und Fernamt.

Gesamtstromverbrauch für Orts, $\ddot{U}FV$ u. Fernamt pro Tag 340 Amp.-Std. für 2 Tage = 680 + 10% = 740 Amp.-Std.; hiezu erforderlich 2×12 Zellen J 22 mit 198 Amp. max. Ladestromstärke. Maschinensätze f. Ladg. d. 240-Batt.:1 Generator für

$$\frac{198 \cdot 32}{0,9} = 7 \text{ KW Leistung und } \frac{7 \text{ KW}}{0,81} = 8,3 \text{ PSMotor;}$$

für 10 V ist Gleichrichter mit 0,6 KW Leistung verwendet.

B., C. und D. Endzustand e) der Landzentralen V_1, $V_2\ddot{A}$ und GV 10/II

für V_1A f. Ladetafel 1 qm im Einführungsraum untergebracht. 2×12 Zellen GO 22/1 R auf Etagengestell im Keller aufgest. 4 qm Raum. (Argonal-Gleichrichter auf Ladetafel)

für V_2A Ladetafel an der Wand im Amt befestigt und 2×12 Zellen GO 22/1 R auf Etagengestell im Keller aufgest. 4 qm Raum. (Argonal-Gleichrichter auf Ladetafel)

für GV 10/II Trockenelemente verwendet.

e'') Endausbau bei doppelter Gesprächsziffer für Orts-, Überweisungs- und Fernvermittlungsplätze und Fernamt.

Gesamtstromverbrauch für e'': pro Tag 670 Amp.-Std. für 2 Tage = 1340 + 10% = 1474 Amp.-Std.; hiezu erforderlich 2×12 Zellen J 44 mit 396 Amp. max. Ladestromstärke. Größe der Lademaschine für 24 V = $\frac{396 \cdot 32}{0,9}$

$$= 14 \text{ KW Leistung und } \frac{14}{0,81} = 17,4 \text{ PS}$$

für 10-Volt-Batt. = 5 × 2 Zellen GO 22/1 R ist GlR zur Ladung vorgesehen.

B., C. und D. Endzustand e'') der Landzentralen den V_1, $V_2\ddot{A}$ und GV 10/II entsprechend

e'') für V_1A 1 Ladetafel mit 1 qm Raumbedarf in der Einführung aufgestellt; 2 × 12 Zellen J 1 auf Etagengestell im Keller aufgest., 4 qm Raum benötigt. (Argonal-Gleichrichter auf Ladetafel)

für V_2A 1 Ladetafel im Amtsraum an der Wand befestigt mit Argonal-Gleichrichter 2 × 12 Zellen GO 22/1 R auf Etagengestell im Keller aufgestellt, 3 qm Raum.

für GV 10/II Trockenelemente in Verwendung.

II. Stromversorgungsanlagen im Überweisungssystem.

A. Im Hauptamte.

a) für Überweisungs-Fernvermittlungsplätze, Fernamt, autom. Ortsanlage (Anfangszustand).

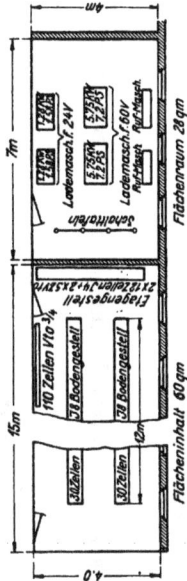

a) 1. Stromverbrauch für Überw. Fernverm. und Fernamt = 52 Amp.-St. pro Tag; für 2 Tage 2 × 52 + 10% = 120 A.-St. Es sind hiefür 2 × 12 Zell. J4 mit 36 Amp. max. Ladg. Erforderlich. Masch.-Sätze

für 24-V-Ladg. = $\dfrac{36 \cdot 32}{0,9}$ = 1,28 KW Leistung und

$\dfrac{1,28}{0,81}$ = 1,58 PS.

2. Stromverbrauch für Ortsamt 130 A.-St. pro Tag, somit für 2 Tage 2 × 130 + 10% = rund 300 A.-St. für Ladg. d. 2 × 30 Zell. J 8 mit max. 72 A. Ladestr.

sind Maschinensätze für 60-V-Ladg. = $\dfrac{72 \cdot 72}{0,9}$ =

5,75 KW und $\dfrac{5,75}{0,81}$ = 7,2 PS erforderlich.

e) Endausbau (Einrichtungen wie unter a).

e) 1. Stromverbrauch für Überw.-Fernvermittlg. und Fernamt = 180,5 A.-St. pro Tag; für 2 Tage 2 × 180,5 + 10% = 397 A.-St. Hiezu sind 2 × 12 Zellen J 12 mit 10 A. max. Ladestr. erforderlich. Masch.-Sätze

für 24 V = $\dfrac{108 \cdot 32}{0,9}$ = 3,8 KW Leistg. $\dfrac{3,86}{0,81}$ = 4,8 PS.

2. Stromverbrauch für Ortsamt 380 A.-St. pro Tag, für 2 Tage 2 × 380 + 10% = 836 A.-St. Hiezu benötigt 2 × 30 Zellen J 21 mit max. 216 A. Ladestrom,

somit Maschinensätze für 60 V = $\dfrac{216 \cdot 72}{0,9}$ = 17,2 KW

Leistung und $\dfrac{17,2}{0,81}$ = 21,4 PS.

3. Für 10 V 3 A.-St. pro Tag 2 × 3 + 10% = 6,6 A.-St. für 2 Tage bei 9 A. max. Ladestr. = Maschinensätze

für 9 × 10 = 0,090 KW Leistung u. $\dfrac{0,090}{600}$ = 0,015 PS.

e") 1. Stromverbrauch für Überw.-Fernverm. u. Fernamt 350 A.-St. pro Tag; für 2 Tage 2 × 350 + 10% = 770 A.-St. Hiezu benötigt 2 × 12 Zellen J 22 mit 1,98

max. Ladestr. Lademasch. hiezu $\dfrac{198 \cdot 32}{0,9}$ = 7,1 KW

Leistung und $\dfrac{7,1}{0,81}$ = 8,8 PS.

2. Stromverbrauch SA Ortsamt 1672 A.-St. für 2 Tage, hiezu 2 × 30 Zellen J 64 mit 576 A. max. Ladestrom, somit 576 × 60 = 34,560 KW Leistung =

$\dfrac{34560}{600}$ = 57 PS.

3. Für 10 V 6 A.-St. pro Tag 2 × 6 + 10% = 13 A.-St. für 2 Tage bei 9 A. max. Ladestrom der J 1-Zellen =

ist Lademasch. für $\dfrac{9 \cdot 13,5}{0,9}$ = 0,135 KW und $\dfrac{135}{0,81}$

= 0,167 PS.

B., C. u. D. Landzentralen V_1A, V_2A u. GV 10/II.

a) Anfangszustand.

Für V_1A Strombedarf für 9 A.-St. für 2 Tage + 10% = 18,3 A.-St. hiefür 2 × 30 Zellen J1. Raumbedarf für Akk.-Aufstellung 6 qm. (Ladetafel mit Argonal-Gleichrichter max 9 A und 1,5 qm Raumbedarf im Wählerraum)

V_2A Strombedarf 8,7 A.-St. für 2 Tage: 2 × 30 Zellen GO 22/1R Ladg. m. Fernsteuerung (Aufstellung im Wählerplan ersichtlich)

für GV 10/II Strombedarf für 2 Tage = 0,64 A.St. 1 × 30 Zellen Vto ³/₄ Ladg. m. Fernsteuerung (Aufstellung im Wählerplan ersichtlich).

B., C. u. D. Landzentral. V_1A, V_2A u. GV 10/II.

e) Endausbau normal.

Für V_1A Strombedarf für 2 Tage 63 + 10% = 69 A.-St. für 2 × 30 Zellen J 2 Akk.-Raum im Keller. Raumbedarf für 2 Etagengestelle à 3,50 m = 10 qm. Ladetafel max 18 A Ladung und Gleichrichter für 1,8 KW (Ladetafel im Amt)

für V_2A Strombedarf für 2 Tage 25,4 A.-St. hiefür 2 × 30 Zellen J1 auf 2 Etagengest. à 3,2 m = 6 qm Raumbedarf. (Ladung durch Argonal-Gleichr. im Wählerraum aufgestellt)

GV 10/II Strombedarf für 2 Tage = 2,9 A.St. 1 × 30 Zellen Vto ³/₄ mit Fernladung (Aufstellung im Wählerraum).

B., C. u. D. Landzentral. V_1A, V_2A u. GV 10/II.

e") Endausbau b. dopp. Gesprächsziffer.

Für V_1A Strombedarf für 2 Tage 39 A.-St. hiefür 2 × 30 Zellen J 4 m. 72 A.-St. Akk.-Raum im Keller, Raumbedarf 16 qm. Für Masch.-Raum mit 2 Lade-Masch.-Sätzen für 60-V-Batt. zu 3,30 KW und 4,5 PS sowie Schalttafel ist im Raum von 10 qm erforderlich

für V_2A Strombedarf 2 Tage 50,8 A.-St. hiefür 2 × 30 Zellen J2 max Ladestr. 18 A.-St. Akk.-Raum im Keller, Raumbedarf 10 qm. (Ladetafel mit Argonal-Gleichr. im Wählerraum)

für GV 10/II) Strombedarf 8,7 + 10% = 9,5 A.-St. für 2 Tage, hiezu 30 Zellen Vto, Fernsteuerung-Ladung. (Aufstellung im Wählerraum.)

III. Stromversorgungsanlagen im SA-Netzgruppensystem.

A. Im Hauptamte (SA-Amt und Fernamt).

a) Anfangszustand.   e) Endausbau mit normaler Gesprächsziffer.

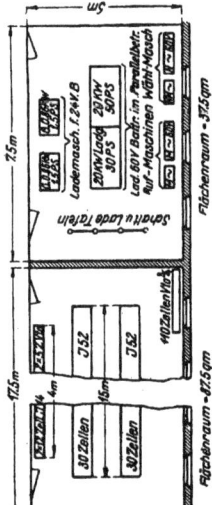

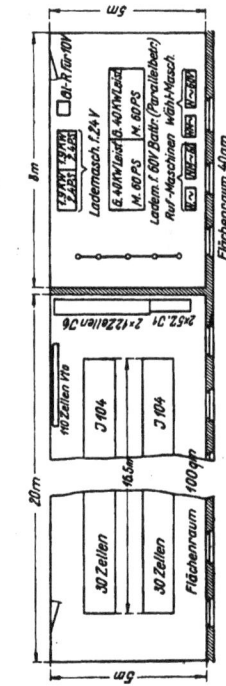

B. a) Verbundämter (Anfangszustand).

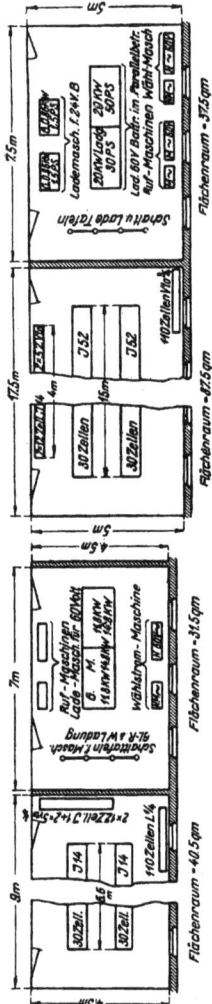

Schalttafel im Amtsraum aufgestellt.

Verb.-Amt 1:

Verb.-Amt 2: 1×30 Zellen *Go* 22/1 R, Raumbedarf hiezu 6 qm.
Verb.-Amt 3: 1×30 Zellen *Vto* $^3/_4$, Raumbedarf hiezu 1 Wandschrank.

C. e) Verbundämter (Endausbau mit normaler Gesprächsziffer).

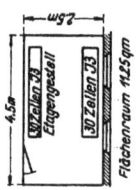

Verb.-Amt 1.

Ladeeinrichtung im Amt mit Gleichrichter.

Verb.Amt 2. 2 × 30 Zellen *J* 2. Raumbedarf hiezu 12 qm. Schalttafel for Ladung im Amt.
Verb.-Amt 3. 1 × 30 Zellen *Vto˙* Raumbedarf hiefür Wandschrank im Amt, desgl. Ladetafel.

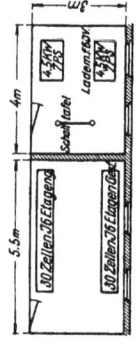

D. e'') Verbundämter (Endausbau mit doppelter Gesprächsziffer).

e'') Verb.-Amt 1.

Verb.-Amt 2. 2×30 Zellen *J* 3. Raumbedarf hiefür 11,25 qm Ladeeinrichtung hiezu im Amt.
Verb.-Amt 3. 1×30 Zellen *Go* 22/1R. Raumbedarf hiezu 6 qm. Gesamtfläche 16,5 + 12 qm.

Kostenvoranschläge für die Stromlieferungsanlagen einer Mittelwertsnetzgruppe.
A. Im Handbetriebssystem.

Vortrag	a) Anfangszustand			b) Endausbau — e) Normale Gesprächsziffer			b) Endausbau — e″) Doppelte Gesprächsziffer		
	Zahl der Einheit	Einheitskosten M.	Herstell.-kosten M.	Zahl der Einheit	Einheitskosten M.	Herstellungskosten M.	Zahl der Einheit	Einheitskosten M.	Herstellungskosten M.
1. Im Hauptamt einschl. Fernamt. — **a) Maschinenanlagen.**									
1. Schalttafeln mit allem Zubehör	2	1800,—	3600,—	3	1800,—	5400,—	3	1800,—	5400,—
2. Maschinensätze f. 24-Volt-Ladung	2 mit je 1,9 KW 2,0 PS	900,—	1800,—	2 mit je 7 KW 8,3 PS	1480,—	2960,—	2 mit je 14 KW 17,4 PS	2100,—	4200,—
3. Gleichrichter zur Ladung der 10-Volt-Batterie	—	—	—	1 0,4 KW	300,—	300,—	1 0,78 KW	300,—	300,—
4. Maschinensätze für 25-periodigen Rufstrom	1 + 1	388,— / 584,—	972,—	1 + 1	388,— / 584,—	972,—	1 + 1	388,— / 584,—	972,—
5. Zuteilungen für: Netzanschluß, Zähler	20 m 10 mm²	0,43	8,60	20 m 25 mm²	1,—	20,—	20 m 50 mm²	1,75	35,—
und Schalttafeln	20 m 1,5 mm²	0,11	2,20	20 m 2,5 mm²	0,20	4,—	20 m 2,5 mm²	0,20	4,—
6. Montagekosten u. Sonstiges	—	—	917,20	—	—	1444,—	—	—	1689,—
Summe der Maschinenanlagekosten A 1 a)	—	—	7300,—	—	—	11 100,—	—	—	12 600,—
b) Sammlerbatterien.									
1. Batterien für 24 Volt mit Gestellen	24 Zell. J 6	66,40	1594,—	24 Zell. J 22	209,65	5032,—	24 Zell. J 44	424,70	10 100,—
2. Batterien für 10 Volt mit Gestellen	10 Zell. Vto 10	7,5	75,—	10 Z. GO 22 1/R	14,50	145,—	10 Z. GO 22 1/R	14,50	145,—
3. Anoden- und Meßbatterien mit Gestellen	110 Zell. Vto 3/4	6,—	660,—	110 Zell. Vto 3/4	6,—	660,—	110 Zell. Vto	7,50	825,—
4. Lade- und Steigleitung	20 m 10 mm²	0,43	8,60	20 m 25 mm²	1,—	20,—	20 m 50 mm²	1,75	35,—
	20 m 2,5 mm²	0,20	4,—	20 m 4 mm²	0,25	5,—	20 m 6 mm²	0,30	6,—
	40 m 1,5 mm²	0,11	4,40	40 m 2,5 mm²	0,20	8,—	40 m 2,5 mm²	0,20	8,—
5. Montagekosten und zur Aufrundung	—	—	454,—	—	—	1130,—	—	—	1881,—
Summe der Batteriekosten A. 1. b)	—	—	2800,—	—	—	7000,—	—	—	13 000,—
2. In den Landzentralen. — **a) Ladeeinrichtungen.**									
1. Schalttafeln mit Ladeschaltern, Gleichrichtern und Polwechslern a) für 7 LZ 1	—	—	—	7	760,—	5320,—	7	760,—	5320,—
b) für 9 LZ 2	—	—	—	9	760,—	6840,—	9	760,—	6840,—
c) für 4 LZ 3	—	—	—	—	—	—	—	—	—
2. Material für Schalttafeln, Zähler und Netzanschluß	—	—	—	20 × 20 m 1,5 mm²	0,11	44,—	20 × 20 m 1,5 mm²	0,11	44,—
Montagekosten und zur Aufrundung	—	—	—	—	—	1796,—	—	—	1796,—
Summe der Ladeeinrichtungskosten A 2 a)	—	—	—	—	—	14 000,—	—	—	14 000,—
b) Sammlerbatterien.									
1. Batterien für 24 Volt für 7 LZ 1	—	—	—	7×24 Z GO22/1R	14,50	2436,—	7×24 Z J 1	16,—	2716,—
24 Volt für 9 LZ 2	—	—	—	9×24 Z GO22/1R	14,50	3132,—	9×24 Z GO 22/1R	14,50	3132,—
24 Volt für 4 LZ 3	—	—	—	—	—	—	—	—	—
2. Trockenelemente für 7 LZ 1	4 × 7	—	—	—	—	—	—	—	—
für 9 LZ 2	4 × 9	—	—	—	—	—	—	—	—
für 4 LZ 3	4 × 4	—	—	—	—	—	—	—	—
3. Lade- und Steigleitungen für 7 LZ 1	—	—	—	16×20 m 1,5 mm²	0,11	35,20	16×20 m 2,5 mm²	0,20	64,—
für 9 LZ 2	—	—	—	16×20 m 1,5 mm²	0,11	35,20	16×20 m 2,5 mm²	0,20	64,—
für 4 LZ 3	—	—	—	—	—	—	—	—	—
4. Montagekosten und zur Aufrundung	—	—	—	LZ 1 / LZ 2 / LZ 3	—	1661,60	—	—	1824,—
Summe d. Batteriekosten A 2 b)	—	—	—	—	—	7300,—	—	—	7800,—

B. Im Überweisungssystem

| Vortrag | a) Anfangszustand | | | b) Endausbau | | | | | |
| | | | | e) Normale Gesprächsziffer | | | e") Doppelte Gesprächsziffer | | |
	Zahl der Einheit	Einheitskosten M.	Herstell.-Kosten M.	Zahl der Einheit	Einheitskosten M.	Herstellungskosten M.	Zahl der Einheit	Einheitskosten M.	Herstellungskosten M.
1. Im Hauptamte einschl. Fernamt.									
a) Maschinenanlagen.									
1. Schalttafeln mit allem Zubehör	2,—	1500,—	3000,—	2,—	1800,—	3600,—	2,—	1800,—	3600,—
2. Maschinensätze für 24-V-Ladung	2 mit je 1,28 KW 1,58 PS	800,—	1600,—	2 mit je 3,68 KWu. 4,3 PS	1100,—	2200,—	2 mit je 7,2 KWu. 8,8 PS	1480,—	2960,—
3. desgl. für 10-V-Ladung	—	—	—	1 GLR. 0,08 KW	300,—	300,—	2 mit je 0,135 KW 0,167 PS	350,—	700,—
desgl. für 25 periodigen Rufstrom	1+1	388,— 584,—	972,—	1+1	388,— 584,—	972,—	1+1	388,— 584,—	972.—
4. Zuleitungen für Netzanschluß, Zähler und Schalttafel	20 m 6 mm² 30 m 2,5 mm²	0,35 0,20	7,— 6,—	20 m 16 mm² 20 m 4 mm² 20 m 2,5 mm²	0,70 0,15 0,20	14,— 5,— 4,—	20 m 25 mm² 20 m 6 mm² 20 m 4 mm²	1,— 0,15 0,25	20,— 7.— 5.—
5. Montagekosten und zur Aufrundung	—	—	1015,—	—	—	1105,—	—	—	1236,—
Summe d. Maschinen-Anlagekosten B 1 a)	—	—	6600,—	—	—	8200,—	—	—	9500,—
b) Sammlerbatterien.									
1. Batterien für 24 V mit Gestell	24 Zell. J 4	44,45	1067,—	24 Zell. J 12	114,—	2756,—	24 Zell. J 22	209,65	5032,—
2. Batterien für 10 V mit Gestell	10 Zell. Vto W	7,50	75,—	10 Zell. Go 22/1R	14,50	145,—	10 Zell. J 1	16,—	160,—
3. Anoden und Meßbatterien mit Gestell	110 Zell. Vto ³/₄	6,—	660,—	110 Zell. Vto	7,50	825,—	110 Zell. Vto	7,50	825,—
4. Lade- und Steigleitungen	20 m 6 mm² 60 m 2,5 mm²	0,35 0,20	7,— 12,—	20 m 16 mm² 40 m 4 mm² 20 m 2,5 mm²	0,70 0,25 0,20	14,— 10,— 4,—	20 m 25 mm² 40 m 6 mm² 40 m 4 mm²	1,— 0,35 0,25	20,— 14,— 10,—
5. Montagekosten und zur Aufrundung	—	—	479,—	—	—	746,—	—	—	1139,—
Summe der Batteriekosten B 1 b)	—	—	2300,—	—	—	4500,—	—	—	7200,—
2. Im S A-Ortsamt.									
a) Maschinenanlage.									
1. Schalttafeln mit allem Zubehör	1	1800,—	1800,—	1	1800,—	1800,—	2	1800,—	3600,—
2. Maschinensätze für 60-V-Ladung	2 m · je 5,72 KW 7,2 PS	1350,—	2700,—	2 m · je 17,3 KW 21,4 PS	2700,—	5400,—	2 m · je 18,0 KW 30,0 PS	2900,—	5800,—
3. Zuleitungen für Netzanschluß, Zähler und Schalttafeln	10 m 10 mm²	0,50	5,—	20 m 35 mm²	1,30	13,—	20 m 95 mm²	3,10	31,—
Montagekosten und zur Aufrundung	—	—	695,—	—	—	1087,—	—	—	1469,—
Summe der Maschinenanlage-Kosten B 2 a)	—	—	5200,—	—	—	8300,—	—	—	10900,—
b) Sammlerbatterien.									
1. Batterien für 60 V mit Bodengestellen	60 Zell. J 8	78,45	4707,—	60 Zell. J 24	228,—	13675,—	60 Zell. J 48	457,10	27426,—
2. Lade- und Steigleitungen	20 m 10 mm²	0,50	10,—	20 m 35 mm²	1,30	26,—	20 m 95 mm²	3,10	62,—
3. Montagekosten und zur Aufrundung	—	—	883,—	—	—	2099,—	—	—	4512,—
Summe d. Batteriekosten B 2 b)	—	—	5600,—	—	—	15800,—	—	—	32000,—
3. In den Landzentralen.									
a) Ladeeinrichtungen.									
1. Maschinensätze für 60-V-Ladung für 1 LZ 1	—	—	—	—	—	—	7×2 m · je 3 KW Leistg. 44,5 PS	1000,—	14000,—
2. Schalttafeln ohne Gleichrichter für 7 LZ 1 mit allem Zubehör	—	—	—	—	—	—	7	560,—	3920,—
zu übertragen:	—	—	—	—	—	—	—	—	17920,—

Vortrag	a) Anfangszustand			b) Endausbau					
				e) Normale Gesprächsziffer			e'') Doppelte Gesprächsziffer		
	Zahl der Einheit	Einheitskosten M.	Herstell.-kosten M.	Zahl der Einheit	Einheitskosten M.	Herstellungskosten M.	Zahl der Einheit	Einheitskosten M.	Herstellungskosten M.
Übertrag:	—	—	—	—	—	—	—	—	17920,—
3. Schalttafeln mit Ladeschaltern, Gleichrichtern u. Polwechslern für 7 LZ 1	7	760,—	5320,—	7	760,—	5320,—	—	—	—
desgl. für 9 LZ 2	9 m. GlR.	500,—	4500,—	9 m. GlR.	760,—	6840,—	9 m. GlR,	760,—	6840,—
desgl. für 4 LZ 3	4 m.Fernldg.	200,—	800,—	4 m.Fernldg.	260,—	1040,—	4 m.Fernldg.	260,—	1040,—
4. Zuleitungen für Netzanschluß, Zähler und Schalttafel	4 × 30 m 1,5 mm²	0,11	13,—	4 × 30 m 1,5 mm²	0,11	13,—	4 × 30 m 1,5 mm²	0,11	13,—
	16 × 30 m 2,5 mm²	0,20	96,—	16 × 30 m 2,5 mm²	0,20	96,—	16 × 30 m 2,5 mm²	0,20	96,—
Montagekosten und zur Aufrundung	—	—	1171,—	—	—	1691,—	—	—	2091,—
Summe der Ladeeinrichtungskosten B 3 a)	—	—	11900,—	—	—	15000,—	—	—	28000,—

b) Sammlerbatterien.

	a) Anfangszustand			e) Normale Gesprächsziffer			e'') Doppelte Gesprächsziffer		
1. Batterien für 60 V für 7 LZ 1 mit d. Holzgestellen	7×60 Zell. J 1	16,—	6720,—	7×60 Zell. J 2	25,15	10570,—	7×60 Zell. J 4	44,45	18669,—
für 9 LZ 2 mit den Holzgestellen	9×30 Zell. Go 22/1 R	14,50	3915,—	9×30 Zell. J 1	16,—	8640,—	9×60 Zell. J 2	25,15	13590,—
für 4 LZ 3 mit den Holzgestellen	4×30 Zell. Vto ³/₄	6,—	720,—	4×30 Zell. Vto ³/₄	6,—	720,—	4×30 Zell. Vto	7,50	1000,—
2. Lade- und Steigleitungen für 7 LZ 1	7×20 m 2,5 mm²	0,20	28,—	7×20 m 4 mm²	0,25	35,—	7×20 m 6 mm²	0,35	49,—
für 9 LZ 2	9×20 m 2,5 mm²	0,20	36,—	9×20 m 2,5 mm²	0,20	36,—	9×20 m 4 mm²	0,25	45,—
für 4 LZ 3	4×20 m 1,5 mm²	0,11	8,80	4×20 m 1,5 mm²	0,11	8,80	4×20 m 1,5 mm²	0,11	8,80
3. Transport- und Montagekosten	(30+55)·7 LZ1 (40+55)·9 LZ2 (20+25)·4 LZ3	—	1980,—	(90 55)·7 (80 55)·9 (30+45)·4	—	2530,—	(100+55)·7 (90+55)·9 (35 45)·4	—	2710,—
4. Sonstiges u. z. Aufrundung	—	—	1592,20	—	—	3360,20	—	—	5528,20
Summe der Batteriekosten B 3 b)	—	—	15000,—	—	—	25900,—	—	—	41600,—

C. Im SA-Netzgruppensystem.

1. Im Hauptamte einschließlich Fernamt.

a) Maschinenanlage.

	a) Anfangszustand			e) Normale Gesprächsziffer			e'') Doppelte Gesprächsziffer		
1. Schalttafeln mit Zubehör	3	1800,—	5400,—	3	1800,—	5400,—	4	1800,—	7200,—
2. Maschinensätze für 60 V	2 mit je 10 KW u. 14 PS	1800,—	3600,—	2 mit je 20 KW u. 30 PS	3100,—	6200,—	2 mit je 40 KW u. 60 PS	4500,—	9000,—
3. Maschinensätze für 24 V	GlR. f. 0,9 KW	300,—	300,—	2 mit je 0,860 KW, 1,5 PS	565,—	1130,—	2 mit je 1,9 KW 2,4 PS	900,—	1800,—
3. Gleichrichtersätze für 10 V	Ladewiderst. u. Schalter	300,—	300,—	Ladewiderst. u. Schalter	300,—	300,—	GlR. f. 1,3 KW	760,—	760,—
4. Maschinensätze für 25-periodigen Rufstrom	1 + 1	388,— 584,—	972,—	1 + 1	388,— 584,—	972,—	1 + 1	388,— 584,—	972,—
5. Maschinensätze für 50-periodigen Wählstrom	1 + 1	371,— 550,—	921,—	1 + 1	371,— 550,—	921,—	1 + 1	371,— 550,—	921,—
6. Zuleitungen für Netzanschluß, Zähler und Schalttafeln	10 m 25 mm² 10 m 2,5 mm²	1,— 0,20	25,— 2,—	10 m 150 mm² 5 m 4 mm² 10 m 2,5 mm²	4,70 0,25 0,20	47,— 1,25 2,20	10 m 300 mm² 5 m 4 mm² 10 m 2,5 mm²	9,50 0,25 0,20	95,— 1,25 2,—
7. Montagekosten, Transport und zur Aufrundung	—	—	1780,—	—	—	2 026,55	—	—	3148,75
Summe der Maschinenanlagekosten C 1 a)	—	—	13300,—	—	—	17 000,—	—	—	23900,—

Vortrag	a) Anfangszustand			b) Endausbau					
				e) Normale Gesprächsziffer			e") Doppelte Gesprächsziffer		
	Zahl der Einheit	Einheitskosten M.	Herstell.-Kosten M.	Zahl der Einheit	Einheitskosten M.	Herstellungskosten M.	Zahl der Einheit	Einheitskosten M.	Herstellungskosten M.

b) Sammlerbatterien.

Vortrag	Zahl der Einheit	Einh.	Herst.	Zahl der Einheit	Einh.	Herst.	Zahl der Einheit	Einh.	Herst.
1. Batterien für 60 V mit Holzgestellen	60 Zell. J 14	114,—	9000,—	60 Zell. J 52	491,50	29490,—	60 Zell. J 104	930,—	55800,—
2. Batterien für 24 V mit Holzgestellen	24 Zell. J 1	16,—	388,—	24 Zell. J 4	41,—	984,—	24 Zell. J 6	66,40	1594,—
3. Batterien für 10 V mit Holzgestellen	10 Zell. Vto $^3/_4$	6,—	60,—	10 Zell. Vto	7,50	75,—	10 Zell. J 1	16,—	160,—
4. Anoden- und Meßbatterien für 220 V mit Gestellen	110 Zell. L $^1/_4$	4,—	440,—	110 Zell. Vto $^3/_4$	6,—	660,—	110 Zell. Vto	7,50	825,—
5. Lade- und Steigleitungen	20 m 25 mm²	1,—	20,—	20 m 150 mm²	4,70	94,—	20 m 300 mm²	9,50	190,—
	20 m 4 mm²	0,25	5,—	40 m 4 mm²	0,25	10,—	40 m 6 mm²	0,35	14,—
	40 m 2,5 mm²	0,20	8,—	20 m 10 mm²	0,50	10,—	20 m 10 mm²	0,50	10,—
	60 m 1,5 mm²	0,11	6,60	60 m 2,5 mm²	0,20	12,—	80 m 4 mm²	0,25	20,—
6. Transport, Montagekosten und Sonstiges	140+55 40+55 20+45 30+60		445,— 1627,40	450+115 40+55 20+45 30+60		815,— 4850,—	870+150 80+55 30+45 30+60		1300,— 8187,—
Summe der Batteriekosten C 1, b)	—	—	12000,—	—	—	37000,—	—	—	68000,—

2. In den Verbundämtern V_1A, V_2A und V_3A (*Gv* 10/II.)

a) Maschinenanlagen:

Vortrag	Zahl der Einheit	Einh.	Herst.	Zahl der Einheit	Einh.	Herst.	Zahl der Einheit	Einh.	Herst.
1. Schalttafeln mit Zubehör für 7 V_1A	7 m. GlR. 0,9 KW	760,—	5320,—	1 m. GlR. 2,7 KW	860,—	6020,—	1	900,—	6300,—
für 9 V_2A	9 Fernldg.	500,—	4500,—	1 GlR.	760,—	6840,—	9 GlR.	860,—	7740,—
für 4 V_3A	4 Fernldg.	200,—	800,—	4 Fernldg.	300,—	1200,—	4	300,—	1200,—
2. Maschinensätze: für 6o-V-Ladung für V_2A	—	—	—	—	—	—	7×2 mit j. 4,5 KW 7 PS	1260,—	19640,—
3. Zuleitungen für Netzanschluß, Zähler und Schalttafel V_1-, V_2- u. V_3A.	7×20 m, 2,5 mm²	0,20	28,—	7×20 m, 6 mm²	0,35	49,—	7×20 m, 10 mm²	0,50	70,—
	9×10 m, 2,5 mm²	0,20	18,—	9×10 m, 0,5 mm²	0,20	18,—	9×10 m, 2,5 mm²	0,20	18,—
	4×10 m, 0,75 mm²	0,09	3,60	4×10 m, 1,6 mm²	0,11	4,40	4×10 m, 1,5 mm²	0,11	4,40
4. Montagekosten, Transport und zur Aufrundung	—	—	1530,40	—	—	2168,60	—	—	2227,60
Summe der Maschinenanlagekosten C 2 a)	—	—	12200,—	—	—	16300,—	—	—	37200,—

b) Sammlerbatterien.

Vortrag	Zahl der Einheit	Einh.	Herst.	Zahl der Einheit	Einh.	Herst.	Zahl der Einheit	Einh.	Herst.
1. Batterien für 6o-V-Ladung mit Gestellen: für 7 V_1A	7×60 Zell. J 1	16,—	6720,—	7×60 Zell. J 3	34,80	14616,—	7×60 Zell. J 6	66,40	27888,—
für 9 V_2A	9×30 Zell. Go 22/1 R	14,50	3915,—	9×60 Zell. J 2	25,15	13590,—	9×60 Zell. J 3	34,80	18792,—
für 4 V_3A (*Gv* 10/II)	4×30 Zell. Vto $^3/_4$	6,—	720,—	4×30 Zell. Vto	7,50	1000,—	4×30 Zell. Go 22/1 R	14,50	1740,—
2. Lade- und Steigleitungen für 7 V_1A, 9 V_2A und 4 V_3A	7×60 m, 2,5 mm²	0,20	84,—	7×60 m, 6 mm²	0,35	141,—	7×60 m, 10 mm²	0,50	210,—
	9×60 m, 1,5 mm²	0,11	59,40	9×60 m, 2,5 mm²	0,20	108,—	9×20 m, 6 mm²	0,35	63,—
	4×30 m, 0,75 mm²	0,09	10,80	4×40 m, 1,5 mm²	0,11	17,60	4×60 m, 2,5 mm²	0,20	48,—
							4×20 m, 1,5 mm²	0,11	8,80
3. Akkumulatoren, Montage, Laden und Füllen	—	7×LZ 1	945,—	—	—	1015,—	—	—	1225,—
	—	9×LZ 2	498,—	—	—	675,—	—	—	1305,—
	—	4×LZ 3	180,—	—	—	220,—	—	—	260,—
4. Montagekosten und zur Aufrundung	—	—	1867,80	—	—	4617,40	—	—	7460,20
Summe der Batteriekosten C 2 b):	—	—	15000,—	—	—	36000,—	—	—	59000,—

Zusammenstellung der Lieferungskosten für Maschinenanlagen und Sammlerbatterien.

Vortrag	a) Anfangszustand			b) Endausbau					
				e) Normale Gesprächsziffer			e'') Doppelte Gesprächsziffer		
	Zahl der Einheit	Einheitskosten RM.	Herstellungskosten RM.	Zahl der Einheit	Einheitskosten RM.	Herstellungskosten RM.	Zahl der Einheit	Einheitskosten RM.	Herstellungskosten RM.
I. Lademaschinen.	**A. Im Handbetriebssystem.**			**B. Im Überweisungssystem.**			**C. Im SA-Netzgruppen-System.**		
1. Im Hauptamte einschl. Fernamt a)	—	—	73 00,—	—	—	11 800,—	—	—	13 300,—
e)	—	—	111 00,—	—	—	16 500,—	—	—	17 000,—
e'')	—	—	126 00,—	—	—	20 400,—	—	—	23 900,—
2. In den Landzentralen 7 LZ 1, 9 LZ 2, 4 LZ 3 a)	—	—	—	—	—	11 900,—	—	—	12 200,—
e)	—	—	14 000,—	—	—	15 000,—	—	—	16 300,—
e'')	—	—	14 000,—	—	—	28 000,—	—	—	37 200,—
II. Sammlerbatterien.									
1. Im Hauptamte einschl. Fernamt a)	—	—	2 800,—	—	—	7 900,—	—	—	12 000,—
e)	—	—	7 000,—	—	—	20 300,—	—	—	37 000,—
e'')	—	—	13 000,—	—	—	39 200,—	—	—	68 000,—
2. In den Landzentralen 7 LZ 1, 9 LZ 2, 4 LZ 3 a)	—	—	—	—	—	15 000,—	—	—	15 000,—
e)	—	—	7 300,—	—	—	25 900,—	—	—	36 000,—
e'')	—	—	7 800,—	—	—	41 600,—	—	—	59 000,—

Berechnung der Ladestromkosten innerhalb eines Betriebsjahres.

	a) Anfangszustand				b) Endausbau							
					e) Normale Gesprächsziffer				e'') Doppelte Gesprächsziffer			
	Leistung in kW	Batterie-Spannung	kWh für 2—3 Tg.	Stromkosten pro Jahr $313 \cdot 0.5$ Tg. $= 156.5 \cdot 0.2$ M. $= 31.3$ M. RM.	Leistung in kW	Batterie-Spannung	kWh für 2—3 Tg.	Stromkosten pro Jahr $313 \cdot 0.5$ Tg. $= 156.5 \cdot 0.2$ M. $= 31.3$ M. RM.	Leistung in kW	Batterie-Spannung	kWh für 2—3 Tg.	Stromkosten pro Jahr $313 \cdot 0.5$ Tg. $= 156.5 \cdot 0.2$ M. $= 31.3$ M. RM.
A. Im Handbetriebssystem.												
1. Hauptamt einschl. Fernamt	1,9	24	5,7	178,5	7,—	24	21	660,—	14,—	24	42	1385,—
Verstärker-Batterien . . .	0,15	10	0,45	14,—	0,4	10	1,2	37,50	0,75	10	2,25	70,—
Summe der Stromkosten im Hauptamt A 1	—	—	—	192,50	—	—	—	697,50	—	—	—	1455,—
2. 7 Landzentr. 1	—	—	—	—	0,25	24	$0.75 \cdot 7 = 5.25$	164,—	0,5	24	$1.5 \cdot 7 = 10.5$	325,—
9 Landzentr. 2	—	—	—	—	0,2	24	$0.6 \cdot 9 = 5.4$	169,—	0,4	24	$1.2 \cdot 9 = 10.8$	338,—
4 Landzentr. 3	—	—	—	—	—	—	—	—	—	—	—	—
Summe der Stromkosten in den Landzentralen A 2) . .	—	—	—	—	—	—	—	333,—	—	—	—	663,—
B. Im Überweisungssystem.												
1. Hauptamt a) Überweisungsamt, Fernvermittlg. u. Fernamt .	1,28	24	3,84	120,—	3,86	24	11,58	364,—	7,1	24	21,30	669,—
b) Verstärkerbatterien . .	0,15	10	0,45	14,—	0,2	10	0,6	18,75	0,4	10	1,2	37,50
c) SA-Ortsamt	5,75	60	17,25	540,—	17,3	60	51,90	1652,—	36,—	60	108,—	3380,—
Summe der Stromkosten im Hauptamt B 1	—	—	—	674,—	—	—	—	2034,75	—	—	—	4086,50
2. 7 Landzentr. LZ 1	0,75	60	$2.25 \cdot 7 = 15.75$	492,50	1,5	60	$4.5 \cdot 7 = 31.5$	985,—	3,—	60	$9 \cdot 7 = 63$	1970,—
9 Landzentr. LZ 2	0,35	60	$1.05 \cdot 9 = 9.45$	296,—	0,8	60	$2.4 \cdot 9 = 21.6$	667,—	1,6	60	$4.8 \cdot 9 = 43.2$	1350,—
4 Landzentr. LZ 3	0,1	60	$0.3 \cdot 4 = 1.2$	37,50	0,2	60	$0.6 \cdot 4 = 2.4$	75,—	0,4	60	$1.2 \cdot 4 = 4.8$	150,—
Summe der Stromkosten in den Landzentralen B 2 . . .	—	—	—	826,—	—	—	—	1727,—	—	—	—	3470,—

11*

| | a) Anfangszustand | | | | b) Endausbau | | | | | | | |
| | | | | | e) Normale Gesprächsziffer | | | | e'') Doppelte Gesprächsziffer | | | |
	Leistung in kW	Batterie-Spannung	kWh für 2—3 Tg.	Stromkosten pro Jahr 313·0,5 Tg. 156,5·0,2 M. = 31,3 M. RM.	Leistung in kW	Batterie-Spannung	kWh für 2—3 Tg.	Stromkosten pro Jahr 313·0,5 Tg. 156,5·0,2 M. = 31,3 M. RM.	Leistung in kW	Batterie-Spannung	kWh für 2—3 Tg.	Stromkosten pro Jahr 313·0,5 Tg. 156,5·0,2 M. = 31,3 M. RM.
C. Im SA-Netzgruppensystem.												
1. Hauptamt												
a) Ortsamt	10,08	60	30,24	946,50	40	60	120,—	3760,—	80	60	240,—	7520,—
b) Fernamt	0,22	24	0,66	20,70	0,86	24	2,58	81,—	1,9	24	5,70	178,50
c) Verstärker-Batterien	0,2	10	0,6	18,80	0,65	10	1,95	61,—	1,3	10	3,90	124,—
Summe der Stromkosten im Hauptamt C 1	—	—	—	986,—	—	—	—	3902.—	—	—	—	7822,50
2. 7 Landzentr. V_1A	0,9	60	$\frac{2,7\cdot7}{=18,9}$	—	2,7	60	$\frac{8,1\cdot7}{=56,7}$	1780,—	5,4	60	$\frac{16,2\cdot7}{=113,4}$	3560,—
9 Landzentr. V_2A	0,7	60	$\frac{2,1\cdot9}{=18,9}$	1265,—	1,8	60	$\frac{5,4\cdot9}{=48,6}$	1512,—	3,6	60	$\frac{10,8\cdot9}{=97,2}$	3024,—
4 Landzentr. V_3A	0,2	60	$\frac{0,6\cdot4}{=2,4}$	—	—	—	—	—	—	—	—	—
Summe der Stromkosten in den Landzentralen C 2	—	—	—	1265,—	—	—	—	3292,—	—	—	—	6584,—

Verbrauch von Trockenelementen pro Jahr und Amt.

A. Im Handbetriebsamt.

| | a) Anfangszustand | | | Endausbau | | | | | |
| | | | | b) bei normaler Gesprächsziffer | | | c) bei doppelter Gesprächsziffer | | |
	Zahl der Elemente	Einzelkosten in RM.	Jährl. Gesamt-Kosten RM.	Zahl der Elemente	Einzelkosten in RM.	Jährl. Gesamt-Kosten RM.	Zahl der Elemente	Einzelkosten in RM.	Jährl. Gesamt-Kosten RM.
Landzentralen:									
7 LZ 1	3 × 4 × 7	2,20	184,80	—	—	—	—	—	—
9 LZ 2	3 × 4 × 9	2,20	237,60	—	—	—	—	—	—
4 LZ 3	3 × 4 × 4	2,20	105,60	3 × 4 × 4	2,20	105,60	6 × 4 × 4	2,20	211,20
Summe der Kosten für Trockenelemente	—	—	528,—	—	—	105,60	—	—	211,20

Zusammenstellung der jährl. Ladestromkosten und der jährl. Kosten für den Verbrauch von Trockenelementen.

	1. Im Handbetriebssystem	2. Im Überweisungssystem	3. Im SA-Netzgruppensystem
1. In den Hauptämtern:			
a)	192,— M.	674,— M.	986,— M.
e)	697,— „	2035,— „	3902,— „
e'')	1455,— „	4086,— „	7822,— „
2. In den Landzentralen: 7 LZ 1, 9 LZ 2, 4 LZ 3			
a)	528,— „	826,— „	1265,— „
e)	439,— „	1727,— „	3292,— „
e'')	874,— „	3470,— „	6584,— „

Darstellung der Lieferungskosten für die Strom-
lieferungsanlagen einer Mittelwertsnetzgruppe

A.) nach dem Handbetriebssystem
B.) " " Überweisungssystem
C.) " " S A Netzgruppensystem
in den 3 Baustufen a, e und e".

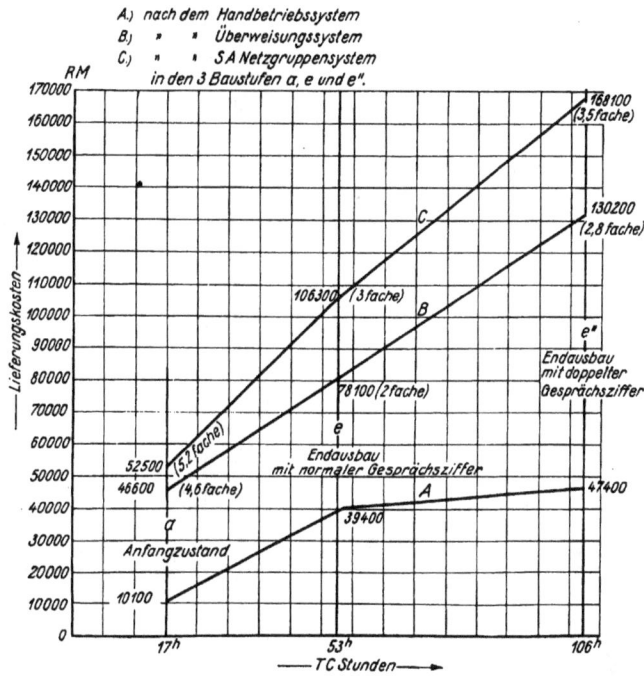

VIII.

Das weibliche Umschaltepersonal einer Mittelwertnetzgruppe.

Diensteinteilung des Fernamtes München zur Bestimmung des Personalfaktors bei 24 stündiger Dienstzeit.

Jahresarbeitsstunden eines Fernamtes mit ununterbrochener Dienstzeit, bezogen auf die Höchstzahl des zur verkehrsreichsten Betriebszeit nötigen Personals.

$$A = \underbrace{(305 \cdot 24 \cdot 0,55}_{\text{Werktagsdienst}} + \underbrace{60 \cdot 24 \cdot 0,37\, Z)}_{\text{Sonntagsdienst}}$$

$$+ 0,12 \underbrace{(4026 + 532)\, Z}_{\substack{\text{Aushilfen und}\\\text{Erkrankungen}}}$$

$$A = 5105\, Z$$

Jahresleistung einer Beamtin:

a) bei 48 Wochenstunden:

(52—7,5 für Urlaub u. Erkrankgn.) · 48 = 2136 Stunden

$$\frac{5105\, Z}{2136} = \mathbf{2{,}4}$$

b) bei 42 Wochenstunden:

(52—7,5 für Urlaub u. Erkrankgn.) · 42 = 1870 Stunden

$$\frac{5105\, Z}{1870} = \mathbf{2{,}75}$$

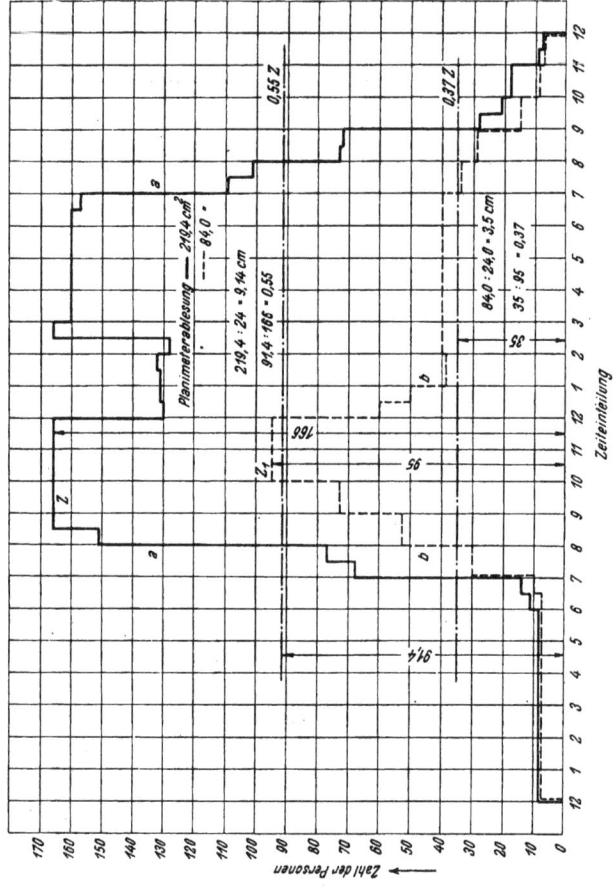

Zusammenstellung der Personalfaktoren aus Fernleitg.-Stellen der 8 OPDen Bayerns

a) bei 48 Wochenstunden:

1. München	2,40 · 166	=	398,40
2. Augsburg	1,94 · 19	=	36,86
3. Bamberg	2,11 · 10	=	21,10
4. Landshut	1,76 · 10	=	17,60
5. Nürnberg	2,12 · 111	=	235,32
6. Regensburg	1,70 · 30	=	51,00
7) Speyer	2,12 · 27	=	57,24
8. Würzburg	2,06 · 27	=	55,62
Zusammen	400	=	873,14

Durchschnitt rd. **2,20**

b) bei 42 Wochenstunden:

1. München	2,75 · 166	=	456,50
2. Augsburg	2,22 · 19	=	42,18
3. Bamberg	2,50 · 10	=	25,00
4. Landshut	2,01 · 10	=	20,10
5. Nürnberg	2,42 · 111	=	268,62
6. Regensburg	2,04 · 30	=	61,20
7. Speyer	2,43 · 27	=	65,61
8. Würzburg	2,35 · 27	=	63,45
Zusammen	400	=	1002,66

Durchschnitt rd. **2,50**

Diensteinteilung der VSt Roth b. Nürnberg
zur Bestimmung des Personalfaktors bei 12stündiger Dienstzeit.

Jahresarbeitsstunden eines Fernamtes mit 12stündigem Tagesdienste, bezogen auf die Höchstzahl des zur verkehrs-reichsten Betriebszeit nötigen Personals.

$$A = \left(\overbrace{305 \cdot 12}^{3660} \cdot 0{,}66 \, Z + \overbrace{60 \cdot 12}^{720} \cdot 0{,}5 \, Z \right) + \underbrace{0{,}12 \cdot (2415 + 360) \, Z}_{\substack{\text{Aushilfen und} \\ \text{Erkrankungen}}}$$
$$\underbrace{}_{\text{Werktagsdienst}} \quad \underbrace{}_{\text{Sonntagsdienst}}$$

$$A = 3109 \, Z$$

Jahresleistung einer Beamtin bei

a) 48 Wochenstunden:

$$(52 - 7{,}5 \text{ für Erkrankgn. und Urlaub}) \cdot 48 = 2136 \text{ St.}$$

$$\frac{3109}{2136} = 1{,}46$$

b) bei 42 Wochenstunden:

$$(52 - 7{,}5 \text{ für Urlaub und Erkrankgn.}) \cdot 42 = 1870 \text{ St.}$$

$$\frac{3109}{1870} = 1{,}66$$

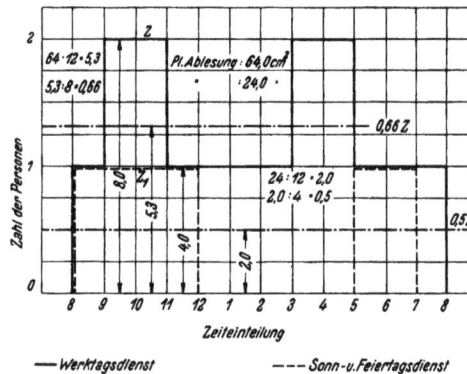

— Werktagsdienst   - - - Sonn-u.Feiertagsdienst

Zusammenstellung der Personalfaktoren aus Fernleitungsstellen der 8 OPD en Bayerns

	a) bei 48 Wochenstunden:			b) bei 42 Wochenstunden:	
1. München	1,78 · 2 =	3,56	1. München	2,01 · 2 =	4,02
2. Augsburg	1,34 · 3 =	4,02	2. Augsburg	1,53 · 3 =	4,59
3. Bamberg	1,73 · 5 =	8,65	3. Bamberg	1,96 · 5 =	9,80
4. Landshut	1,34 · 3 =	4,02	4. Landshut	1,53 · 3 =	4,59
5. Nürnberg	1,46 · 2 =	2,92	5. Nürnberg	1,66 · 2 =	3,32
6. Regensburg	1,37 · 2 =	2,74	6. Regensburg	1,57 · 2 =	3,14
7. Speyer	1,39 · 3 =	4,17	7. Speyer	1,58 · 3 =	4,74
8. Würzburg	1,14 · 2 =	2,28	8. Würzburg	1,31 · 2 =	2,62
Zusammen	22 =	32,36	Zusammen	22 =	36,82

Durchschnitt rd. **1,50**   Durchschnitt rd. **1,70**

Schaubild des Personalfaktors, abhängig von der Dienstzeit der Umschaltestellen und der Wochenleistung einer Beamtin.

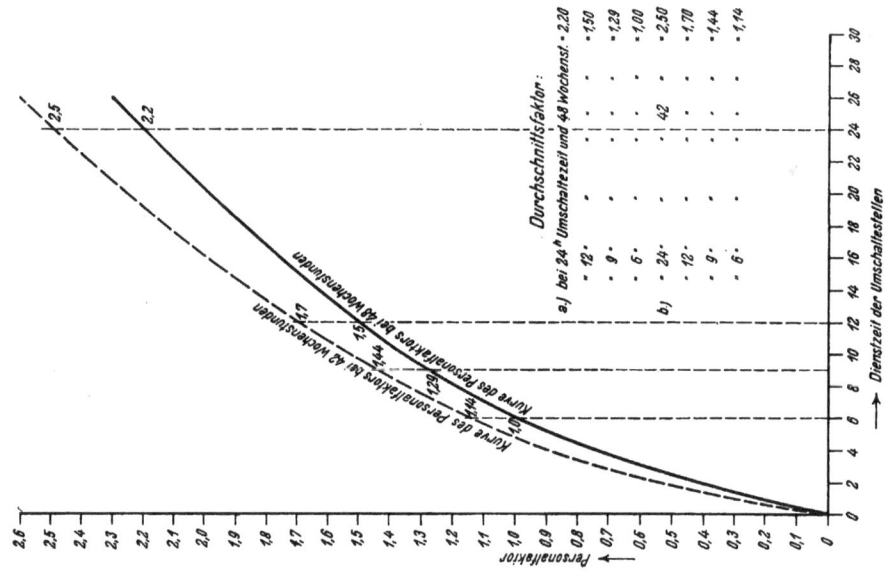

Diensteinteilung der VSt Eltmann der OPD Bamberg zur Bestimmung des Personalfaktors bei 6stündiger Dienstzeit.

Jahresarbeitsstunden eines Fernamtes mit 6stündigem Tagesdienst, bezogen auf die Höchstzahl des zur verkehrsreichsten Betriebszeit nötigen Personals:

$$A = (\underbrace{305 \cdot 6 \cdot 1\, Z}_{\text{Werktagsdienst}} + \underbrace{60 \cdot 6 \cdot 0{,}33\, Z}_{\text{Sonntagsdienst}})$$
$$+ \underbrace{0{,}12 \cdot (1830 + 120)\, Z}_{\substack{\text{Aushilfen und}\\ \text{Erkrankungen}}}$$

$$A = 2184$$

Jahresleistung einer Beamtin:

a) bei **48** Wochenstunden:

$$(52 - 7{,}5 \text{ f. Urlaub u. Erkrankung}) \cdot 48 = 2136 \text{ St.}$$
$$\frac{2184\, Z}{2136} = 1{,}02.$$

b) bei **42** Wochenstunden:

$$(52 - 7{,}5 \text{ f. Urlaub u. Erkrankung}) \cdot 42 = 1870 \text{ St.}$$
$$\frac{2184\, Z}{1870} = 1{,}17.$$

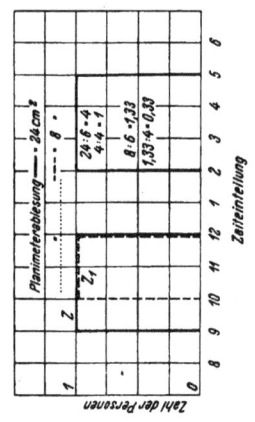

Zusammenstellung der Personalfaktoren aus Fernleitungsstellen der 8 OPDen Bayerns:

a) bei **48** Wochenstunden:

1. München   1,01 · 1 = 1,01
2. Augsburg 1,00 · 1 = 1,00
3. Bamberg   1,02 · 1 = 1,02
4. Landshut 1,00 · 1 = 1,00
5. Nürnberg 0,98 · 1 = 0,98
6. Regensbg. 0,99 · 1 = 0,99
7. Speyer   0,99 · 1 = 0,99
8. Würzburg 1,00 · 1 = 1,00

$$8 = 7{,}99$$
Durchschnitt = rd. **1,00**

b) bei **42** Wochenstunden:

1. München   1,15 · 1 = 1,15
2. Augsburg 1,14 · 1 = 1,14
3. Bamberg   1,17 · 1 = 1,17
4. Landshut 1,14 · 1 = 1,14
5. Nürnberg 1,13 · 1 = 1,13
6. Regensbg. 1,13 · 1 = 1,13
7. Speyer   1,13 · 1 = 1,13
8. Würzburg 1,14 · 1 = 1,14

$$8 = 9{,}13$$
Durchschnitt = rd. **1,14**

Kurve des Personalfaktors bei 48 Wochenstunden

Kurve des Personalfaktors bei 42 Wochenstunden

Personalfaktor ← / → Dienstzeit der Umschaltestellen

Durchschnittsfaktor:

a) bei 24ʰ Umschaltzeit und 48 Wochenst. · 2,20
   · 12 · · · 1,50
   · 9 ·   · · 1,29
   · 6 ·   · · 1,00
b) · 24 · · · 2,50
   · 12 · · · 1,70
   · 9 ·   · · 1,44
   · 6 ·   · · 1,14

Planimeterablesung = 24 cm²

$$\frac{24 \cdot 6 \cdot 4}{4 \cdot 1} \cdot 1{,}33$$
$$8 \cdot 6 \cdot 1{,}33$$
$$1{,}33 \cdot 4 \cdot 0{,}33$$

Zahl der Personen / Zeiteinteilung

Berechnung des Durchschnittsjahresbezuges des weiblichen Umschaltepersonales in Bayern.

(Nach dem Stand vom Juni 1925.)

Besoldungs-gruppe	Gesamtzahl der Personen	Wirkliche Gesamtausgaben für Juni 1925	für das Jahr 1925	Jahres-durchschnitt
VI	614	154406	1852872	3018
V	582	112337	1348044	2316
IV	884	128769	1545228	1748
außerplan-mässige Beamtinnen	1043	144682	1736184	1665
	3123	540194	6482328	2076 rd. 2100 RM

Jahresaufwand für die Gehälter des weiblichen Umschaltepersonales in einer Mittelwertsnetzgruppe.

A) Im Handbetriebs-, B) im Überweisungs- und C) im SA-Netzgruppensystem und zwar a) im Anfangszustand; e) im Endausbau; e'') im Endausbau mit doppelter Gesprächsziffer.

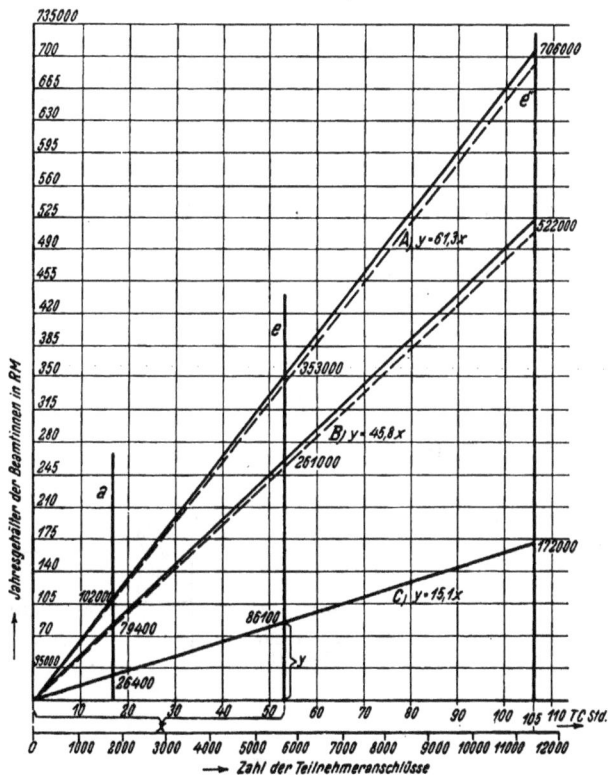

Zusammenstellung des Bedarfes an Umschaltepersonal für die handbetrieblich zu bedienenden Umschalteeinrichtungen einer Mittelwertsnetzgruppe

mit 24 stündiger Dienstzeit im Hauptamte und in den Fernämtern I. Klasse, mit 12 stündiger Dienstzeit in den V_1-Ämtern, mit 9 stündiger Dienstzeit in den V_2-Ämtern, mit 6 stündiger Dienstzeit in den $Gv10/II$ und mit 12 stündiger Dienstzeit in den Fernämtern II. Klasse des SA-Netzgruppensystems.

Bezeichnung der Ämter	Dienstzeit in Stunden	Zahl der Umschaltestellen	a) Im Anfangszustand der Anlagen			e) Im Endausbau mit normaler Gespr.-Ziffer			e″) Im Endausbau mit doppelter Gespr.-Ziffer		
			Zahl der Arbeitsplätze	Personalfaktor	Zahl der Personen	Zahl der Arbeitsplätze	Personalfaktor	Zahl der Personen	Zahl der Arbeitsplätze	Personalfaktor	Zahl der Personen

A. Im Handbetriebssystem.

Bezeichnung der Ämter	Dienstzeit	Zahl	Arbeitspl.	Pers.fak.	Pers.	Arbeitspl.	Pers.fak.	Pers.	Arbeitspl.	Pers.fak.	Pers.
1. Ortsamt	24 St.	1	2,7	2,2	5,94	10,0	2,2	22,00	20,0	2,2	44,00
2. Überweisungsamt	12 „	1	4,15	1,5	6,23	13,3	1,5	19,95	26,6	1,5	39,90
3. Vorschalteschrank	24 „	1	1,00	—	—	3,47	—	—	6,94	—	—
4. Aufsichten	24 „	1	0,79	—	—	2,68	—	—	5,36	—	—
5. Ortsauskunft	24 „	1	0,40	—	—	1,30	—	—	2,60	—	—
			2,19	2,2	4,82	7,45	2,2	16,39	14,90	2,2	32,78
6. V_1-Ämter	12 St.	7	0,63	1,5	6,61	2,21	1,5	23,20	4,42	1,5	46,60
7. V_2-Ämter	9 „	9	0,32	1,29	3,72	1,15	1,29	13,35	2,30	1,29	26,70
8. $Gv10/II$-Ämter	6 „	4	0,05	1,0	0,20	0,14	1,0	0,56	0,28	1,0	1,12
					27,52			95,45			191,10
Fernamt:											
9. Anmeldeplätze	24 St.	1	1,66	—	—	6,00	—	—	12,00	—	—
10. Fernschränke	„ „	1	6,70	—	—	22,90	—	—	45,80	—	—
11. Aufsicht	„ „	1	0,83	—	—	2,89	—	—	5,78	—	—
12. Auskunft	„ „	1	0,35	—	—	1,20	—	—	2,40	—	—
			9,54	2,2	20,99	32,99	2,2	72,58	65,98	2,2	145,16
Gesamtzahl der Personen bei A)					48,51			168,03			336,26

B. Im Überweisungssystem.

Bezeichnung der Ämter	Dienstzeit	Zahl	Arbeitspl.	Pers.fak.	Pers.	Arbeitspl.	Pers.fak.	Pers.	Arbeitspl.	Pers.fak.	Pers.
1. Überweisungsamt	24 St.	1	4,90	—	—	15,40	—	—	30,80	—	—
2. Vorschalteschrank	„	1	0,93	—	—	3,13	—	—	6,25	—	—
3. Aufsicht	„	1	0,62	—	—	1,96	—	—	3,92	—	—
4. Auskunft	„	1	0,40	—	—	1,30	—	—	2,60	—	—
Fernamt:											
5. Anmeldeplätze	„	1	1,96	—	—	6,28	—	—	12,56	—	—
6. Fernschränke	„	1	7,10	—	—	24,00	—	—	48,00	—	—
7. Aufsicht	„	1	0,94	—	—	3,14	—	—	6,29	—	—
8. Auskunft	„	1	0,35	—	—	1,20	—	—	2,40	—	—
Gesamtzahl der Personen bei B)			17,20	2,2	37,84	56,41	2,2	124,10	112,82	2,2	248,20

C. Im SA-Netzgruppensystem.

Bezeichnung der Ämter	Dienstzeit	Zahl	Arbeitspl.	Pers.fak.	Pers.	Arbeitspl.	Pers.fak.	Pers.	Arbeitspl.	Pers.fak.	Pers.
41 Fernämter	12 St.	—	—	—	—	—	—	—	—	—	—
12 Fernämter	24 „	—	—	—	—	—	—	—	—	—	—
1. Anmeldeplätze	14,7 „	1	1,96	—	—	6,28	—	—	12,56	—	—
2. Fernschränke	„ „	1	4,50	—	—	15,00	—	—	30,00	—	—
3. Aufsicht	„ „	1	0,69	—	—	2,24	—	—	4,49	—	—
4. Auskunft	„ „	1	0,35	—	—	1,20	—	—	2,40	—	—
Gesamtzahl der Personen bei C)			7,50	1,66	12,45	24,72	1,66	41,04	49,45	1,66	82,08

Personalverhältnis
A : B : C = 4 : 3 : 1

doppelte Einsparung

IX.
Das Mechanikerpersonal einer Mittelwertsnetzgruppe.
B. Überweisungssystem.

Vortrag der Apparatengattungen	a) Anfangszustand			b) Endausbau					
				e) Normale Gesprächsziffer			e'') Doppelte Gesprächsziffer		
	Zahl der Gattungen	Reduktionszahlen	Relaiseinheiten	Zahl der Gattungen	Reduktionszahlen	Relaiseinheiten	Zahl der Gattungen	Reduktionszahlen	Relaiseinheiten
I. Hauptamt.									
I. Vorwähler	900	4	3600	3000	4	12 000	3000	4	12 000
II. Vorwähler	80	4	320	240	4	960	360	4	1 440
I. Gruppenwähler	24	12	288	58	12	696	132	12	1 584
II. Gruppenwähler	24	8.	192	75	8	600	168	8	1 344
Meldewähler	4	4	16	6	4	24	10	4	40
Leitungswähler	63	15	945	210	15	3 150	300	15	4 500
Summe:			5361			17 430			20 908
II. (V_1-Amt) Landzentrale 1.									
I. Vorwähler	100	4	400	260	4	1 040	260	4	1 040
II. Vorwähler	10	4	40	20	4	80	30	4	120
I. Gruppenwähler	8	12	96	18	12	216	28	12	336
Leitungswähler	8	15	120	26	15	390	40	15	600
Summe:			656			1 726			2 096
III. (V_2-Amt) Landzentrale 2.									
I. Vorwähler	40	4	160	100	4	400	100	4	400
Leitungswähler	4	15	60	9	15	135	14	15	210
Summe:			220			535			610
IV. Landzentrale 3.									
I. Vorwähler	10	4	40	10	4	40	10	4	40
Leitungswähler	2	15	30	3	15	45	4	15	60
Summe:			70			85			100

Zusammenstellung der Relaiseinheiten.

Hauptamt	—	—	5 361	—	—	17 430	—	—	20 908
7 V_1-Ämter $\begin{Bmatrix} 7 \times 656 \\ 7 \times 1726 \\ 7 \times 2096 \end{Bmatrix}$	—	—	4 592	—	—	12 082	—	—	14 672
9 V_2-Ämter $\begin{Bmatrix} 9 \times 220 \\ 9 \times 535 \\ 9 \times 610 \end{Bmatrix}$	—	—	1 980	—	—	4 815	—	—	5 490
Summe:			11 933			34 327			41 070

Hiezu einen Entfernungszuschlag für die zerstreut liegenden Landzentralen, und zwar:

Bei den V_1-Ämtern 20% von 4592 .... =	918	von 12082	2416	von 14672	29 34			
Bei den V_2-Ämtern 70% von 1980 .... =	1 386	von 4815	3371	von 5490	38 43			
zusammen:	14237	—	40114	—	47847			
rund:	14000	—	40000	—	48000			

Für je 2800 Einheiten 1 Arbeitskraft zur Pflege der Anlage angenommen, ergibt einen Personalstand an Mechanikern:

in der Netzgruppe	5,0	—	14,3	—	17,2
hiervon treffen auf das Hauptamt	1,9	—	6,2	—	7,5
und auf die 20 Landzentralen	3,1	—	8,1	—	9,7
deren Sitz in V_1-Ämter verlegt ist	3 auf V_1-A	8	$\begin{cases} 7 \text{ auf } V_1\text{-}A \\ 1 \text{ auf } V_2\text{-}A \end{cases}$	10	$\begin{cases} 7 \text{ auf } V_1\text{-}A \\ 3 \text{ auf } V_2\text{-}A \end{cases}$

C. SA-Netzgruppensystem.
I. Hauptamt.

Vortrag der Apparatengattungen	Zahl der Gattungen	Reduktionszahlen	Relaiseinheiten	Zahl der Gattungen	Reduktionszahlen	Relaiseinheiten	Zahl der Gattungen	Reduktionszahlen	Relaiseinheiten
I. Vorwähler	900	4	3600	3000	4	12000	3000	4	12000
II. Vorwähler	80	4	320	240	4	960	360	4	1440
I. Gruppenwähler	28	12	336	75	12	900	160	12	1920
Übertrager für ank. Verkehr	30	16	480	58	16	928	78	16	1248
Gruppenwähler f. ank. Verkehr	8	8	64	58	8	464	78	8	624
Zeitzonenzähler	15	18	270	45	18	810	60	18	1080
II. Gruppenwähler	30	8	240	138	8	1104	300	8	2400
Übertrager für abgeh. Verkehr	28	16	448	58	16	928	78	16	1248
Meldewähler	5	4	20	17	4	68	27	4	108
Leitungswähler	72	18	1296	270	18	4860	360	18	6480
Ferngruppenwähler	25	8	200	75	8	600	150	8	1200
Wechselstrom-Ferngruppenwähler	10	18	180	20	18	360	40	18	720
Gruppenwähler für abgeh. Verkehr	30	8	240	60	8	480	75	8	600
Summe:	—	—	7694	—	—	24462	—	—	31 068

Vortrag der Apparatengattungen	a) Anfangszustand			b) Endausbau					
				e) Normale Gesprächsziffer			e'') Doppelte Gesprachsziffer		
	Zahl der Gattungen	Reduktions-zahlen	Relais-einheiten	Zahl der Gattungen	Reduktions-zahlen	Relais-einheiten	Zahl der Gattungen	Reduktions-zahlen	Relais-einheiten

II. V_1-Amt.

Vorwähler bzw. Anrufsucher . .	10	4	40	260	4	1040	260	4	1040
II. Vorwähler	10	10	100	20	10	200	30	10	300
Mitlaufwerk mit ZZZ	3	28	84	6	28	168	9	28	252
Überzähl. Mitlaufwerk	2	12	24	3	12	36	4	12	48
Gruppenwähler intern	4	12	48	9	12	108	14	12	168
Leitungswähler	7	18	126	21	18	378	30	18	540
Übertrager für abgeh. Verkehr .	3	16	48	6	16	96	9	16	144
Wechsel-Gleichstrom-Übertrager	3	14	42	6	14	84	9	14	126
Summe:	—	—	512	—	—	2110	—	—	2618

Vorstehende Summe kommt für sämtliche V_1-Ämter in Anrechnung.

III. V_1-Amt mit 2 V_2-Ämtern.

Übertrager für Durchgangs- und Überbrückungs-Verkehr . . .	4	10	40	10	10	100	14	10	140
Wechselstr.-Gleichstr.-Übertrager	3	14	42	5	14	70	7	14	98
Gruppenwähler für ank. Verkehr	4	8	32	9	8	72	14	8	112
Gleichstr.-Wechselstr.-Übertrager	4	14	56	6	14	84	8	14	112
Übertrager von 3 auf 2 Adern .	4	10	40	8	10	80	12	10	120
Summe:	—	—	210	—	—	406	—	—	582
Hiezu die Relaiseinheiten vom V_1-Amt	—	—	512	—	—	2110	—	—	2618
Gesamtsumme:	—	—	722	—	—	2516	—	—	3200

IV. V_1-Amt mit 1 V_2-Amt.

Übertrager f. Durchgangs-Verkehr	2	10	20	5	10	50	7	10	70
Wechselstr.-Gleichstr.-Übertrager	2	14	28	3	14	42	4	14	56
Gruppenwähler für ank. Verkehr	4	8	32	8	8	64	12	8	96
Gleichstr.-Wechselstr.-Übertrager	2	14	28	3	14	42	4	14	56
Übertrager von 3 auf 2 Adern . .	2	10	20	4	10	40	6	10	60
Summe:	—	—	128	—	—	238	—	—	338
Hiezu die Relaiseinheiten vom V_1-Amt	—	—	512	—	—	2110	—	—	2618
Gesamtsumme:	—	—	640	—	—	2348	—	—	2956

V. V_1-Amt mit 1 V_2-Amt und 1 Gruppenanlage.

Übertrager f. Durchgangsverkehr	4	10	40	7	10	70	9	10	90
Wechselstr.-Gleichstr.-Übertrager	3	14	42	4	14	56	5	14	70
Gruppenwähler für ank. Verkehr	4	8	32	8	8	64	12	8	96
Gleichstr.-Wechselstr.-Übertrager	4	14	56	5	14	70	6	14	84
Übertrager von 3 auf 2 Adern .	4	10	40	6	10	60	8	10	80
Summe:	—	—	210	—	—	320	—	—	420
Hiezu die Relaiseinheiten vom V_1-Amt	—	—	512	—	—	2110	—	—	2618
Gesamtsumme:	—	—	722	—	—	2430	—	—	3038

VI. V_2-Amt.

Anrufsucher	5	4	20	10	4	40	10	4	40
II. Vorwähler	5	10	50	10	10	100	10	10	100
Mitlaufwerk m. ZZZ	2	28	56	5	28	140	7	28	196
Übertrager für abgeh. Verkehr.	2	16	32	5	16	80	7	16	112
Überzähliges Mitlaufwerk . . .	1	12	12	1	12	12	1	12	12
Leitungswähler für ank. Verkehr und intern.	4	18	72	8	18	144	12	18	216
Übertrager für ank. Verkehr. .	2	16	32	4	16	64	6	16	96
Summe:	—	—	274	—	—	580	—	—	772

Vortrag der Apparatengattungen	a) Antangszustand			b) Endausbau					
				e) Normale Gesprächsziffer			e'') Doppelte Gesprächsziffer		
	Zahl der Gattungen	Reduktions- zahlen	Relais- einheiten	Zahl der Gattungen	Reduktions- zahlen	Relais- einheiten	Zahlen der Gattungen	Reduktions- zahlen	Relais- einheiten

VII. Gruppenanlage $Gv10/II$.

Anrufsucher	3	4	12	3	4	12	3	4	12
II. Vorwähler	3	10	30	3	10	30	3	10	30
Mitlaufwerk m. ZZZ	2	28	56	2	28	56	2	28	56
Überz. Mitlaufwerk	—	—	—	1	12	12	1	12	12
Übertrager für abgeh. Verkehr.	2	16	32	2	16	32	2	16	32
Leitungswähler intern.	—	—	—	1	18	18	1	18	18
Übertrager für ank. Verkehr.	2	16	32	2	16	32	2	16	32
Leitungswähler für ank. Verkehr	2	18	36	2	18	36	2	18	36
Summe:	—	—	198	—	—	228	—	· —	228

Zusammenstellung der Relaiseinheiten.

Hauptamt			7 694			24 462			31 068
V_1A mit 2 V_2-Ämtern	2	722	1 444	2	2 516	5 032	2	3 200	6 400
V_1A mit 1 V_2-Amt	1	640	640	1	2 348	2 348	1	2 956	2 956
V_1A m. 1 V_2-Amt u. 1 $Gv10$	4	722	2 888	4	2 430	9 720	4	3 038	12 152
V_2-Amt	9	274	2 466	9	580	5 220	9	772	6 948
$Gv10$	4	198	792	4	228	912	4	228	912
Summe:	—		15 924	—		47 694	—		60 436
Entfernungszuschlag von 30% für VA ohne Mechan.-Dienstsitz	30% v. 6 146		1 844	30% v. 15 852		4 756	30% v. 20 012		6 004
Gesamtsumme:	—	—	17 768	—	—	52 450	—	—	66 440
rund:	—		18 000	—		53 000	—		66 400

(Spalte: ohne Me.-|Dienst- chaniker|sitz für Diensts.|Mechan.)

Für je 2800 Einheiten 1 Arbeitskraft zur Pflege der Anlage angenommen, ergibt einen Personalstand an Mechanikern:

In der Netzgruppe	—	—	6,4	—	—	19,0	—	—	23,7
Hievon im Hauptamte	—	—	2,8	—	—	8,8	—	—	11,1
Und in den Verbundämtern	—	—	3,2	—	—	10,2	—	—	12,6

Übersicht
über den Stand des Mechanikerpersonals der 7 automatischen Umschaltestellen in München.

VSt I, ausgebaut auf 12 000 AO. Belegte AO = 11 604.

Auf 1000 belegte AO treffen $\dfrac{33,9}{11,604} = 2,9$ Arbeitskräfte für regelmäßige Unterhaltungsarbeit.

VSt II, ausgebaut auf 10 000 AO. Belegte AO = 9381.

Auf 1000 belegte AO treffen $\dfrac{29,95}{9,361} = 3,2$ Arbeitskräfte für regelmäßige Unterhaltungsarbeit.

VSt Schwabing, ausgebaut auf 5400 AO. Belegte AO = 5091.

Auf 1000 belegte AO treffen $\dfrac{19,00}{5,091} = 3,7$ Arbeitskräfte für regelmäßige Unterhaltungsarbeit.

VSt Haidhausen, ausgebaut auf 4200 AO. Belegte AO = 3820.

Auf 1000 belegte AO treffen $\dfrac{13,85}{3,820} = 3,6$ Arbeitskräfte für regelmäßige Unterhaltungsarbeit.

VSt Neuhausen, ausgebaut auf 3000 AO. Belegte AO = 2769.

Auf 1000 belegte AO treffen $\dfrac{10,00}{2,769} = 3,6$ Arbeitskräfte für regelmäßige Unterhaltungsarbeit.

VSt Sendling, ausgebaut auf 2800 AO. Belegte AO = 2470.

Auf 1000 belegte AO treffen $\dfrac{9,70}{2,470} = 3,9$ Arbeitskräfte für regelmäßige Unterhaltungsarbeit.

VSt Pasing, ausgebaut auf 800 AO. Belegte AO = 745.

Auf 1000 belegte AO treffen $\dfrac{4,45}{0,745} = 6$ Arbeitskräfte für regelmäßige Unterhaltungsarbeit.

Zusammen 26,9 Arbeitskräfte; daher treffen im Durchschnitt auf **1000 belegte Anruforgane** für die regelmäßigen Unterhaltungsarbeiten in den automatischen Umschaltestellen München s, die nach dem Erdsystem mit automatischer Fernvermittlung gebaut sind:

26,9 : 7 = **4 Arbeitskräfte.**

Bei 18 000 Relaiseinheiten für eine 2000er Gruppe oder
bei 9000 Relaiseinheiten für eine 1000er Gruppe

treffen auf 1 Arbeitskraft: $\dfrac{9000}{4} = 2250$ Relaiseinheiten.

Zusammenstellung des Bedarfes an Mechanikern

für die Unterhaltung der apparatentechnischen Einrichtungen einer Mittelwertsnetzgruppe.

A. Im Handbetriebssystem.

Vortrag	Zahl der Ämter	a) Im Anfangszustand				e) Im Endausbau mit normaler Gesprächsziffer				e″) Im Endausbau mit doppelter Gesprächsziffer			
		Anruforgane oder Sprechstellen	1 Mechaniker unterhält	im einzelnen	im ganzen	Anruforgane oder Sprechstellen	1 Mechaniker unterhält	im einzelnen	im ganzen	Anruforgane oder Sprechstellen	1 Mechaniker unterhält	im einzelnen	im ganzen
Im Ortsamt	1	900	1 000	0,90		3 000	1 000	3,00		3 000	800	3,75	
Im Überweisungsamt	1	36	150	0,24		66	150	0,44		119	150	0,79	
An den Vorschalteschränken	1	40	150	0,28		80	150	0,53		150	150	1,00	
Im Fernamt	1	27	30	0,90	2,22	54	30	1,80	5,77	108	30	3,60	9,14
In den LZ_1	7	490	700	0,70		1 750	700	2,30		1 750	600	2,69	
In den LZ_2	9	270	700	0,39		900	700	1,28		900	600	1,50	
In den LZ_3	4	12	700	0,01	1,10	40	700	0,06	3,64	40	600	0,07	4,26
Sprechstellenanschl. i. HA	—	900	1 000	0,90		3 000	1 000	3,00		3 000	1 000	3,00	
Sprechstellenanschl. i. d. LZ	—	770	700	1,10	2,10	2 690	700	3,84	6,84	2 690	700	3,84	6,84
Gesamtzahl d. Mechaniker bei A). . . .					5,42				16,25				20,24

B. Im Überweisungssystem.

Vortrag	Zahl der Ämter	Anruforgane oder Sprechstellen	1 Mechaniker unterhält	im einzelnen	im ganzen	Anruforgane oder Sprechstellen	1 Mechaniker unterhält	im einzelnen	im ganzen	Anruforgane oder Sprechstellen	1 Mechaniker unterhält	im einzelnen	im ganzen
Im SA-Amt	1	900	s. I. Teil Abschn. E II 1	1,90		3 000	s. I. Teil Abschn. E II 1	6,20		3 000	s. I. Teil Abschn. E II 1	7,50	
Im Überweisungsamt	1	46	150	0,31		109	150	0,73		198	150	1,32	
An den Vorschalteschränken	1	40	150	0,28		80	150	0,53		150	150	1,00	
Im Fernamt	1	27	30	0,90	3,39	54	30	1,80	9,26	108	30	3,60	13,42
In den SA-LZ_1 . . .	7	490	s. I. Teil Abschn. E II 1	3,10	3,10	1 750	s. I. Teil Abschn. E II 1	8,10	8,10	1 750	s. I. Teil Abschn. E II 1	11,30	11,30
In den SA-LZ_2 . . .	9	270				900				900			
In den SA-LZ_3 . . .	4	12				40				40			
Sprechstellenanschl. i. HA		900	800	1,12		3 000	800	3,75		3 000	800	3,75	
Sprechstellenanschl. i. d. LZ		770	600	1,28	2,40	2 690	600	4,50	8,25	2 690	600	4,50	8,25
Gesamtzahl d. Mechaniker bei B). . . .					8,89				25,61				32,97

C. Im SA-Netzgruppensystem.

Vortrag	Zahl der Ämter	Anruforgane oder Sprechstellen	1 Mechaniker unterhält	im einzelnen	im ganzen	Anruforgane oder Sprechstellen	1 Mechaniker unterhält	im einzelnen	im ganzen	Anruforgane oder Sprechstellen	1 Mechaniker unterhält	im einzelnen	im ganzen
Im SA-Amt	1	900	s. I. Teil Abschn. E II 2	3,20		3 000	s. I. Teil Abschn. E II 2	8,80		3 000	s. I. Teil Abschn. E II 2	11,10	
Im Fernamt	1	17	30	0,57	3,77	34	30	1,13	9,93	68	30	2,27	13,37
In den V_1-Ämtern .	7	490	s. I. Teil Abschn. E II 2	3,20	3,20	1 750	s. I. Teil Abschn. E II 2	10,20	10,20	1 750	s. I. Teil Abschn. E II 2	12,60	12,60
In den V_2-Ämtern .	9	270				900				900			
In den V_3-Ämtern .	4	12				40				40			
Sprechstellenanschl. i. HA		900	800	1,12		3 000	800	3,75		3 000	800	3,75	
Sprechstellenanschl. i. d. VA		770	600	1,28	2,40	2 690	600	4,50	8,25	2 690	600	4,50	8,25
Gesamtzahl d. Mechaniker bei C). . . .					9,37				28,38				34,22

Graphische Darstellung
des Bedarfes an Mechanikern und deren Gehälter für die Unterhaltung der apparatentechnischen Einrichtungen einer Mittelwertsnetzgruppe.

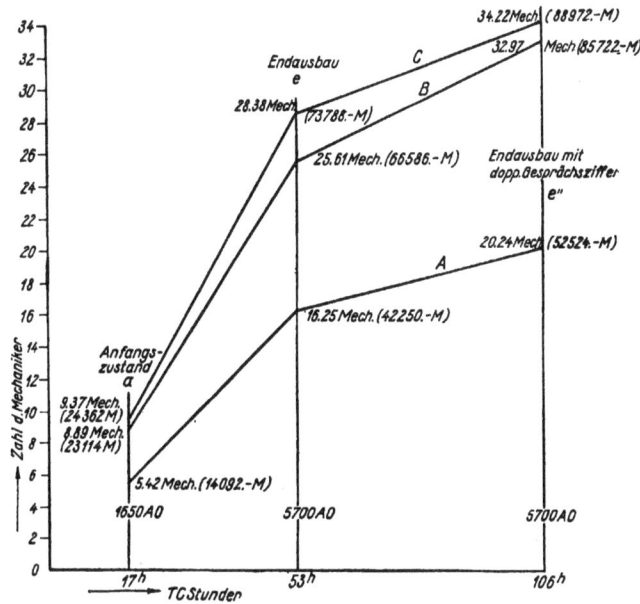

Berechnung
des Jahresgehaltes für das Mechanikerpersonal einer Mittelwertsnetzgruppe:

	a) Planmäßiges Beamtenpersonal (62%)					b) Im Arbeitnehmerverhältnis stehend. Hilfspersonal (38%)					Gesamtzahl bzw. Summe
	O W M. und Werkf. der Besoldungsgruppe A					der Lohngruppe					
	VII	VI	V	IV	III	II	III	IV	V	VI	
Zahl der Personen	14,58	26,83	33,58	23,33	19,91	35,75	10	1	11	13	188,98 Pers
Jahresgehalt einzeln in M.	4603,—	3712,—	2664,—	2584,—	2073,—	2386,80	2218,32	1937,52	1740,96	1235,52	—
Summe der Gehälter in M.	67111,74	85104,76	89457,12	60284,72	41273,43	85328,10	22183,20	1937,52	19150,56	16061,76	487892,91 M.

Daraus errechnet sich der Durchschnittsgehalt eines Mechanikers zu: 487892,91 : 188,98 = 2582,— M. oder rund 2600,— M.

X.

Die Kosten der fernmäßigen Behandlung von Vorortsgesprächen.

Berechnung der Kosten für die fernmäßige Behandlung eines Ferngesprächszettels

vom Ende der Schlußzeitstempelung am Fernarbeitsplatz bis zur Löschung der einbezahlten Fernsprechrechnung.

Vorbemerkung:

Die Kostenberechnung erstreckt sich auf folgende Punkte:

Kosten des Gesprächszettels (Papier und Druck)
Einsammeln der Gesprächszettel
Einreihung der Gesprächszettel
Feststellung der Gesprächsgebühr
Eintragung der Gesprächsgebühr in die Fernsprechrechnung
Buchung der Fernsprechrechnung
Einhebung des Geldes und
Löschung der Rechnung.

In den Monaten Oktober und November 1925 wurden für abgehende Ferngespräche 360 000 Gesprächszettel geschrieben; davon wurden 35 000 Zettel wieder gestrichen. Die gestrichenen Zettel laufen aber bis zur Prüfstelle gemeinsam mit den übrigen Zetteln und erfordern denselben Arbeitsaufwand wie die anrechnungsfähigen Zettel. Von der Prüfungsstelle ab werden nur noch die letzteren bearbeitet. In den nachfolgenden Berechnungen wird daher mit einem monatlichen Zettelanfall von $\frac{360\,000}{2} = 180\,000$ bzw. $\frac{360\,000 - 35\,000}{2} = 163\,000$ gerechnet. Gesprächszettel für den Durchgangsverkehr in München kommen für die Berechnung nicht in Betracht.

Soweit die Gesprächszettel in der Fernleitungsstelle behandelt werden, wurde der Zeitaufwand für einen Zettel als Mittelwert aus vielen Beobachtungen mit der Stoppuhr festgestellt und hiezu die Kosten der Beamtinnen für den gleichen Zeitaufwand ermittelt. Bei der Weiterbehandlung der Gesprächszettel in den Rechnungsstellen wurden Personal- und Sachausgaben ins Verhältnis zur Zahl der monatlich anfallenden Gespräche gesetzt; dabei mußte folgendes beachtet werden:

Bei der Rechnungs- und Prüfstelle ist das Gesamtpersonal ausschließlich mit der Ferngesprächsrechnung befaßt.

Im Kontobüro arbeitet das Gesamtpersonal an der Zusammenstellung der Gebühren für Ferngespräche und für fernmündlich aufgegebene Telegramme. Zahlenmäßig stehen beide im Verhältnis 9 : 1. Von dem Monatseinkommen des gesamten Kontobüropersonals ist also das 0,9fache für die Bearbeitung der Ferngespräche anzusetzen.

Im Abschlußbüro werden die Rechnungen für den Teilnehmer aufgestellt, und im Durchschlag die Kontoblätter angelegt. In jeder Rechnungsspalte erscheint höchstens ein Zahleneintrag. Jeder Zahleneintrag ist hinsichtlich der Arbeitsleistung dem anderen gleichwertig, nur bei den Ortsgesprächen ist er doppelt zu werten, weil gleichzeitig die Zahl der Gespräche angegeben werden muß. In der folgenden Kostenberechnung sind die monatlichen Zahleneinträge zusammengestellt und die näheren Erläuterungen gegeben. Die dort entwickelte Verhältniszahl 0,29 besagt, daß von dem Monatseinkommen des Gesamtpersonals des Abschlußbüros das 0,29fache für die Bearbeitung der Ferngespräche anzusetzen ist.

Im Versandbüro mit Adressiermaschine und im Eingangsbüro (Löschung der Rechnung) ist die Kostenausscheidung wie beim Abschlußbüro vorzunehmen, also die Verhältniszahl 0,29 anzuwenden; das gleiche gilt hinsichtlich der Kosten für die Geldeinhebung.

Kostenberechnung.

Die nachstehenden Berechnungen sind aufgebaut ohne Berücksichtigung der Tilgung und Verzinsung der Einrichtungen, der Raummietwerte, der Beleuchtung, Beheizung und Reinigung, der Pensionslasten und des Verwaltungszuschlages.

	Kosten f. 1 Gesprächszettel in Pfennig
I. Kosten eines Gesprächszettels.	
Papier und Druck	0,33
A. Herstellungskosten eines Gesprächszettels	0,33

II. Einsammeln und Einreihen der Gesprächszettel, Feststellung der Gesprächskosten.

Zur Behandlung eines Gesprächszettels sind folgende Arbeitszeiten nötig:

Von der Schlußzeitstempelung am Fernarbeitsplatz bis zur Einlage in die Rohrpost . 25″
Von der Ankunft am Rohrpostsender bis zur Buchhaltungsbeamtin . . . . . . 2″
Zur Feststellung der Gebühr . . . . 4″
Zum Einreihen . . . . 3″
Zum Ausreihen und zur Verbringung in die Rechnungsstelle . . . . 1″
Arbeitszeit für 1 Gesprächszettel . . . . 35″

Eine Beamtin verdient monatlich M. 160,— und arbeitet dafür 30,5—5 (Sonn- und Ruhetage) —3,1 (Krankheitstage) —1,7 (Urlaubstage) = 21 Tage = 21 × 8 = 168 Arbeitsstunden.

Eine Arbeitsstunde kostet also $\frac{160}{168} = 0,95$ M.

Die Behandlung eines Gesprächszettels erfordert $\frac{35}{60 \times 60} = 0,0097$ Arbeitsstunden.

Die Bearbeitung eines Gesprächszettels kostet somit 0,95 × 0,0097 = 0,92 Pfg.

Es sind noch hinzuzurechnen:

$\frac{1}{8}$ von 0,92 Pfg. für Dienstreserven und
$\frac{1}{8}$ von 0,92 Pfg. für Dienstpausen

zusammen $\frac{1}{4}$ von 0,92 Pfg.

Die Gesamtkosten für die Bearbeitung eines Gesprächszettels berechnen sich also demnach zu 0,92 × 1,25 Pfg. . . . . = | 1,15

III. Technischer Dienst des Zetteleinsammelns.

Jährlicher Aufwand an Arbeitszeit:

Für Reinigung der Walzen am Rohrpostsender. . . . . 14 Tage
Für Störungsbehebung in den Saugrohren . . . . 26 ,,
Für anteilige Wartung der Maschinenstation . . . . 13 ,,
Für Anteil der Sonn- und Feiertage, Urlaube und Erkrankungen . . . . . . 6 ,,
Für Auswechslung der Filter an den Saugrohren . . . . 14 ,,
                                                Jährlich 73 Tage

Mithin treffen auf 1 Monat $\frac{73}{12} = 6$ Tage.

Ein technischer Beamter verdient monatlich M. 250,— und arbeitet dafür 30,5—5 (Sonn- und Feiertage) —0,5 (Krankheitstage) —2 (Urlaubstage) = 23 Tage.

6 Arbeitstage kosten also $\frac{250}{23} × 6 = 65$.— M.

Hiezu die Hälfte der Stromkosten ($\frac{1}{2}$ für Druck- und $\frac{1}{2}$ für Sauglufterzeugung) in

einem Monat mit . . . $\frac{125}{2} = 63$,— M.

und für Materialverbrauch rd. 5,— M.

Zusammen monatlich 133,— M.

In einem Monat werden 180000 Gesprächszettel durch die Saugrohre der Zettelpost befördert. Somit entfallen auf einen Gesprächszettel Kosten von 13300 : 180000 Pfg. . . = | 0,074

IV. Eintragung der Gesprächsgebühr bei der Rechnungs- und Prüfstelle (Sollaufstellung).

Tätig sind 6 Beamtinnen (Gr. VI) mit einem durchschnittl. Monatseinkommen von je M. 247,—, zusammen also 247 × 6 = 1482,— M.

Verarbeitet werden monatlich 180000 Gesprächszettel. Auf einen Gesprächszettel entfallen somit 148200 : 180000 Pfg. . . . . | 0,823

B. Kosten für Einsammeln der Zettel, Gebührenfestsetzung und Eintragung der Gesprächsgebühr | 2,047

V. Buchung der Fernsprechrechnung beim Kontobüro.

Tätig sind 4 Beamtinnen (Gr. V) und 9 Beamtinnen (Gr. VI) mit einem durchschnittlichen Monatseinkommen von je 202,— M. bzw. 247,— M., zusammen also 202 × 4 + 247 × 9 = 3031,— M.

Auf die Fernsprechrechnung entfallen 3031 × 0,9 = 2728,— M. monatlich (siehe Vorbemerkung).

Verarbeitet werden monatlich 163000 Gesprächszettel. Auf einen Gesprächszettel treffen somit 272800 : 163000 Pfg. . . . . == | 1,675

VI. Buchung der Fernsprechrechnung beim Abschlußbüro.

Tätig sind 3 Beamtinnen (Gr. V) und 2 Beamtinnen (Gr. VI) mit einem durchschnittl. Monatseinkommen von je 202 M. bzw. 247 M., zusammen also 202 × 3 + 247 × 2 = 1100 M.

Der auf die Ferngesprächsberechnung entfallende Kostenanteil beträgt 1100 × 0.29 = 320,— M. monatlich. (Siehe Vorbemerkung.)

Gebucht werden monatlich 163000 Gesprächszettel. Auf einen Gesprächszettel treffen somit 32000 : 163000 Pfg. . . . . == | 0,196

Übertrag: | 1,871

	Kosten f. 1 Gesprächszettel in Pfennig
Übertrag:	1,871

VII. Adressendruck und Versand der Fernsprechrechnungen.

Tätig sind 1 Beamter (Gr. V) und 3 Beamte (Gr. VI) mit einem durchschnittlichen Monatseinkommen von je 202,— M. bzw. 247,— M., zusammen also $202 + 247 \times 3 = 943$,— M.

Der auf die Behandlung der Fernsprechgebühren entfallende Kostenanteil beträgt $943 \times 0,29 = 273$,— M. monatlich (siehe Vorbemerkung).

Verarbeitet werden monatlich 163 000 Gesprächszettel. Auf einen Gesprächszettel treffen somit 27 300 : 163 000 Pfg. . . . . == | 0,168 |

| C. Kosten für Buchungen und Adressendruck | 2,039 |

VIII. Einhebung der Geldbeträge.

Beim *PA* I München ist ein Beamter (Gr. IV) dauernd mit Einhebungen beschäftigt; ihm ist eine Beamtin (Gr. IV) 1 Stunde lang zur Aushilfe zugeteilt; ferner wird die Tätigkeit dieser beiden durch einen Beamten (Gr. VIII) mit einem täglichen Aufwand von $^{1}/_{2}$ Stunde überwacht.

Die monatlich anfallenden Gehälter betragen:

Für 1 Beamten (Gr. IV) . 180,— M.
Für 1 Aushilfe . . . . 24,— ,,
Für 1 Beamten (Gr. VIII) . 25,— ,,
Für Dienstreserven . . . 11,— ,,

Zusammen 240,— M.

Es werden täglich 350, monatlich also $350 \times 25 =$ rd. 8800 Rechnungen einkassiert. Auf eine Rechnung entfallen also 24000 : 8800 = 2,73 Pfg. Einhebungskosten.

In München werden monatlich rd. 26 000 Rechnungen über Fernsprechgebühren ausgegeben; hieraus errechnet sich ein Gesamtaufwand von $26 000 \times 0,0273 = 710$,— M.

Der auf die Ferngesprächgebühren entfallende Kostenanteil beträgt $710 \times 0,29 = 206$,— M. monatlich (siehe Vorbemerkung).

Verarbeitet werden monatlich 163 000 Gesprächszettel. Auf einen Gesprächszettel treffen demnach 20 600 : 163 000 Pfg. . . . . == | 0,126 |

IX. Löschung der Rechnung im Eingangsbüro.

Tätig sind 8 Beamtinnen (Gr. VI) mit einem durchschnittlichen Monatseinkommen von je 247,— M., zusammen also $8 \times 247 = 1976$,— M.

Der auf die Behandlung der Ferngesprächgebühren entfallende Kostenanteil beträgt $1976 \times 0,29 = 570$,— M. monatlich.

Verarbeitet werden monatlich 163 000 Exemplare, demnach treffen auf einen Gesprächszettel 57000 : 163 000 Pfg. . . . . == | 0,35 |

| D. Kosten für Einhebung der Geldbeträge | 0,476 |

X. Materialaufwand und Instandhaltung der Maschinen der Rechnungsstelle.

Der Papierverbrauch bemißt sich nach der Ausgabe von monatlich 26 000 Rechnungen über Fernsprechgebühren. Hiezu sind nötig:

Rechnungsformblätter, 1 Stück zu 1,3 Pfg.; 26 000 Stück . . . = 340,— M.
Kontoblätter, für je 10 Rechnungen 1 Blatt, ı St. zu 35 Pfg.; 2600 St. == 91,— ,,
Maschinenstreifen . . . . rd. = 5,— ,,
Durchschreibpapier, 1 Stück zu 22 Pfg.; 100 Stück . . . . ∶ = 22,— ,,
Briefumschläge, 1 Stück zu 0,8 Pfg.; 26000 Stück . . . . = 208,— ,,
Farbbänder, 1 Stück zu 200 Pfg.; 10 Stück . . . . . . == 20,— ,,
Einhebungslisten und Briefumschläge für die Rücksendungen der *PA* rd. = 50,— ,,
Ferner für Unterhaltung der Maschinen bei der Rechnungsstelle . rd. = 120,— ,,
Betriebsstrom für diese Maschinen . . . . rd. = 5,— ,,
Zuschlag für Papierabfälle und Sonstiges . . . . . . rd. == 39,— ,,

Zus. monatlich 900,— M.

Der auf die Behandlung der Ferngesprächgebühren entfallende Kostenanteil beträgt $900 \times 0,29 = 261$,— M. monatlich. Verarbeitet werden monatlich 163 000 Gesprächszettel, somit treffen auf einen Gesprächszettel 26 100 : 163 000 Pfg. . . . . == | 0,16 |

XI. Beitreibungen und Pfändungen.

Hiefür erwachsen keine Kosten, da der Aufwand durch die Beitreibungs- und Pfändungsgebühren gedeckt ist.

| E. Kosten für Materialverbrauch und Sonstiges | 0,16 |

Zusammenstellung.

A. Kosten für Herstellung und Lieferung eines Gesprächszettels	0,33
B. Kosten für Einsammeln der Zettel, Gebührenfestsetzung und Eintragung der Gesprächsgebühr in die Rechnung	2,047
C. Kosten für Buchungen und Adressendruck	2,039
D. Kosten für Einheben des Geldes	0,476
E. Kosten für Materialienbrauch und Sonstiges	0,16
Die fernmäßige Behandlung eines Gesprächszettels kostet	5,052 Pfg.

Zusammenstellung

über den Anfall an Vorortsgesprächen innerhalb eines Betriebsjahres in einer Mittelwertsnetzgruppe.

A. Im Handbetriebssystem mit beschränkter Dienstzeit in den Landzentralen.

Art der Umschaltestellen	Zahl der Ämter	a) im Anfangszustand						e) im Endausbau mit normaler Gesprächsziffer						e'') im Endausbau m.dopp. Gesprächsziffer					
		Teilnehmerzahl pro Amt	Teilnehmerzahl im ganzen	Gesprächsziffer	Tägl. Anfall an Vorortsgesprächen	Gesprächstage im Jahr	Jährlicher Anfall an Vorortsgesprächen	Teilnehmerzahl pro Amt	Teilnehmerzahl im ganzen	Gesprächsziffer	Tägl. Anfall an Vorortsgesprächen	Gesprächstage im Jahr	Jährlicher Anfall an Vorortsgesprächen	Teilnehmerzahl pro Amt	Teilnehmerzahl im ganzen	Gesprächsziffer	Tägl. Anfall an Vorortsgesprächen	Gesprächstage im Jahr	Jährlicher Anfall an Vorortsgesprächen
1. Im Hauptamt	1	875	875	0,36	315,00	—	—	3000	3000	0,3	900,00	—	—	3000	3000	0,6	1800,00	—	—
2. In der LZ 1	7	70	490	1,05	514,50	—	—	250	1750	0,91	1592,50	—	—	250	1750	1,82	3185,00	—	—
3. In der LZ 2	9	30	270	1,08	291,60	—	—	100	900	1,2	1080,00	—	—	100	900	2,4	2160,00	—	—
4. In der LZ 3	4	3	12	1,55	18,60	—	—	10	40	1,35	54,00	—	—	10	40	2,7	108,00	—	—
Jahresanfall	—	—	—	—	1139,70	313	356 726,10 rd. 350 000	—	—	—	3626,50	313	1 135 094,5 rd. 1 135 000	—	—	—	7253,00	313	2 270 189,00 rd. 2 270 000

B. Im Überweisungssystem mit unbeschränkter Dienstzeit.

Art der Umschaltestellen	Zahl der Ämter	a) im Anfangszustand						e) im Endausbau mit normaler Gesprächsziffer						e'') im Endausbau m.dopp. Gesprächsziffer					
		Teilnehmerzahl pro Amt	Teilnehmerzahl im ganzen	Gesprächsziffer	Tägl. Anfall an Vorortsgesprächen	Gesprächstage im Jahr	Jährlicher Anfall an Vorortsgesprächen	Teilnehmerzahl pro Amt	Teilnehmerzahl im ganzen	Gesprächsziffer	Tägl. Anfall an Vorortsgesprächen	Gesprächstage im Jahr	Jährlicher Anfall an Vorortsgesprächen	Teilnehmerzahl pro Amt	Teilnehmerzahl im ganzen	Gesprächsziffer	Tägl. Anfall an Vorortsgesprächen	Gesprächstage im Jahr	Jährlicher Anfall an Vorortsgesprächen
1. Im Hauptamt	1	875	875	0,36	315,00	—	—	3000	3000	0,3	900,00	—	—	3000	3000	0,6	1800,00	—	—
2. In der LZ 1	7	70	490	1,19	583,10	—	—	250	1750	1,0	1750,00	—	—	250	1750	2,0	3500,00	—	—
3. In der LZ 2	9	30	270	1,29	348,30	—	—	100	900	1,5	1350,00	—	—	100	900	3,0	2700,00	—	—
4. In der LZ 3	4	3	12	2,26	27,12	—	—	10	40	2,5	100,00	—	—	10	40	5,0	200,00	—	—
Jahresanfall	—	—	—	—	1273,52	313	398 611,8 rd. 400 000	—	—	—	4100,00	313	1 283 300,00 rd. 1 283 000	—	—	—	8200,00	313	2 566 600,00 rd. 2 566 000

12*

XI.

Raum- und Flächenbedarf, Beleuchtungskosten und Mobiliar- und Werkzeugbedarf für die Umschalteeinrichtungen einer Mittelwertsnetzgruppe.

Berechnung des Flächen- und Raumbedarfes für die Umschalteeinrichtungen mit Nebenräumen einer Mittelwertsnetzgruppe.

| | a) Anfangszustand | | | | | b) Endausbau | | | | | | | | | |
| | | | | | | e) mit normaler Gesprächsziffer | | | | | e'') mit doppelter Gesprächsziffer | | | | |
	Personenzahl	Flächeninhalt im einzelnen in m²	Flächeninhalt im ganzen in m²	Raumhöhe in m	Rauminhalt in m³	Personenzahl	Flächeninhalt im einzelnen in m²	Flächeninhalt im ganzen in m²	Raumhöhe in m	Rauminhalt in m³	Personenzahl	Flächeninhalt im einzelnen in m²	Flächeninhalt im ganzen in m²	Raumhöhe in m	Rauminhalt in m³
A. Handbetriebssystem.															
1. Hauptamt.															
1. Hauptverteiler	—	—	17	4	68	—	—	28	4	112	—	—	28	4	112
2. Ortsamt	—	—	69	4	276	—	—	132	4	528	—	—	231	4	924
3. Fernamt	—	—	73	4	292	—	—	134	4	536	—	—	265	4	1060
4. Aufsicht	2	—	15	4	60	11	—	40	4	160	25	—	80	4	320
5. Stromlieferungsanlage	—	—	25	3	75	—	—	52	3	156	—	—	78	3	234
6. Kleiderablage	38	$10 + 38 \cdot 0,5$	30	4	120	132	$10 + 132 \cdot 0,5$	80	4	320	262	$10 + 262 \cdot 0,5$	150	4	600
7. Werkstätte	3	10	30	4	120	9	10	90	4	360	12	10	120	4	480
8. Raum für Werkmeister	1	15	15	4	60	1	15	15	4	60	1	15	15	4	60
9. hiezu 40% für Gänge, Stiegenhäuser, Keller, Speicher	—	—	100	—	400	—	—	220	—	880	—	—	400	—	1600
Summa A 1	—	—	374	—	1471	—	—	791	—	3112	—	—	1367	—	5390
2. Landzentrale 1 mit Mechaniker.															
1. Amt	—	—	11	4	44	—	—	28	4	112	—	—	35	4	140
2. Stromlieferungsanlage	—	—	—	—	—	—	—	4	2	8	—	—	4	2	8
3. Werkstätte	—	—	15	4	60	—	—	15	4	60	—	—	15	4	60
4. 40% Zuschlag für Gänge, Stiegenhäuser usw.	—	—	10	—	40	—	—	20	—	72	—	—	22	—	85
Summa A 2	—	—	36	—	144	—	—	67	—	252	—	—	76	—	293
3. Landzentrale 1 ohne Mechaniker.															
1. Amt	—	—	11	4	44	—	—	—	—	—	—	—	—	—	—
2. Stromlieferungsanlage	—	—	—	—	—	—	—	—	—	—	—	—	—	—	—
3. 40% Zuschlag für Gänge, Stiegenhäuser usw.	—	—	5	—	20	—	—	—	—	—	—	—	—	—	—
Summa A 3	—	—	16	—	64	—	—	—	—	—	—	—	—	—	—
4. Landzentrale 2 mit Mechaniker.															
1. Amt	—	—	—	—	—	—	—	—	—	—	—	—	19	4	76
2. Stromlieferungsanlage	—	—	—	—	—	—	—	—	—	—	—	—	3	2	6
3. Werkstätte	—	—	—	—	—	—	—	—	—	—	—	—	15	4	60
4. 40% Zuschlag für Gänge, Stiegenhäuser usw.	—	—	—	—	—	—	—	—	—	—	—	—	15	—	60
Summa A 4	—	—	—	—	—	—	—	—	—	—	—	—	52	—	202

	a) Anfangszustand					b) Endausbau — e) mit normaler Gesprächsziffer					b) Endausbau — e'') mit doppelter Gesprächsziffer				
	Personenzahl	Flächeninhalt im einzelnen in m²	Flächeninhalt im ganzen in m²	Raumhöhe in m	Rauminhalt in m³	Personenzahl	Flächeninhalt im einzelnen in m²	Flächeninhalt im ganzen in m²	Raumhöhe in m	Rauminhalt in m³	Personenzahl	Flächeninhalt im einzelnen in m²	Flächeninhalt im ganzen in m²	Raumhöhe in m	Rauminhalt in m³

5. Landzentrale 2 ohne Mechaniker.

	Pers	F.einz	F.ganz	RH	RI	Pers	F.einz	F.ganz	RH	RI	Pers	F.einz	F.ganz	RH	RI
1. Amt	—	—	11	4	44	—	—	12	4	48	—	—	19	4	76
2. Stromlieferungsanlage	—	—	—	—	—	—	—	3	2	6	—	—	3	2	6
3. 40% Zuschlag für Gänge, Stiegenhäuser usw.	—	—	5	—	17	—	—	6	—	24	—	—	9	—	36
Summa A 5	—	—	16	—	61	—	—	21	—	78	—	—	31	—	118

6. Landzentrale 3.

	Pers	F.einz	F.ganz	RH	RI	Pers	F.einz	F.ganz	RH	RI	Pers	F.einz	F.ganz	RH	RI
1. Amt	—	—	3	4	12	—	—	3	4	12	—	—	3	4	12
2. 40% Zuschlag für Gänge, Stiegenhäuser usw.	—	—	2	—	5	—	—	2	—	5	—	—	2	—	5
Summa A 6	—	—	5	—	17	—	—	5	—	17	—	—	5	—	17

B. Überweisungssystem.
1. Hauptamt.

	Pers	F.einz	F.ganz	RH	RI	Pers	F.einz	F.ganz	RH	RI	Pers	F.einz	F.ganz	RH	RI
1. SA-Amt mit Hauptverteiler	—	—	64	3	192	—	—	137	3	411	—	—	154	3	462
2. Überweisungs-Amt	—	—	58	4	232	—	—	111	4	444	—	—	177	4	708
3. Fernamt	—	—	73	4	292	—	—	134	4	536	—	—	265	4	1060
Aufsicht	3	—	15	4	60	11	—	40	4	160	23	—	80	4	320
4. Stromlieferungsanlage	—	—	88	3	264	—	—	115	3	345	—	—	119	3	357
5. Kleiderablage	49	10+ 49·0,5	35	4	140	168	10+ 168·0,5	94	4	376	336	10+ 168·0,5	178	4	712
6. Werkstätte	4	10	45	3	135	13	10	130	3	390	17	10	170	3	510
7. Raum für Oberwerkmeister	1	15	15	3	45	1	15	15	3	45	1	15	15	3	45
8. 40% Zuschlag für Gänge, Stiegenhäuser usw.	—	—	160	—	480	—	—	300	—	1000	—	—	460	—	1380
Summa B 1	—	—	553	—	1840	—	—	1076	—	3707	—	—	1618	—	5554

2. Landzentrale 1 mit Mechaniker.

	Pers	F.einz	F.ganz	RH	RI	Pers	F.einz	F.ganz	RH	RI	Pers	F.einz	F.ganz	RH	RI
1. SA-Amt	—	—	11	3	33	—	—	28	3	84	—	—	28	3	84
2. Stromlieferungsanlage	—	—	6	2	12	—	—	10	2	20	—	—	10	2	20
3. Werkstätte	—	—	15	3	45	—	—	15	3	45	—	—	15	3	45
4. Autogarage	—	—	20	3	60	—	—	20	3	60	—	—	20	3	60
5. 40% Zuschlag für Gänge, Stiegenhäuser usw.	—	—	21	—	63	—	—	29	—	87	—	—	29	—	87
Summa B 2	—	—	73	—	213	—	—	102	—	296	—	—	102	—	296

3. Landzentrale 1 ohne Mechaniker.

	Pers	F.einz	F.ganz	RH	RI	Pers	F.einz	F.ganz	RH	RI	Pers	F.einz	F.ganz	RH	RI
1. Amt	—	—	11	3	33	—	—	—	—	—	—	—	—	—	—
2. Stromlieferungsanlage	—	—	6	2	12	—	—	—	—	—	—	—	—	—	—
3. 40% Zuschlag für Gänge, Stiegenhäuser usw.	—	—	7	—	21	—	—	—	—	—	—	—	—	—	—
Summa B 3	—	—	24	—	66	—	—	—	—	—	—	—	—	—	—

4. Landzentrale 2 mit Mechaniker.

	Pers	F.einz	F.ganz	RH	RI	Pers	F.einz	F.ganz	RH	RI	Pers	F.einz	F.ganz	RH	RI
1. Amt	—	—	—	—	—	—	—	10	3	30	—	—	10	3	30
2. Stromlieferungsanlage	—	—	—	—	—	—	—	5	3	15	—	—	5	3	15
3. Werkstätte	—	—	—	—	—	—	—	15	3	45	—	—	15	3	45
4. Autogarage	—	—	—	—	—	—	—	20	3	60	—	—	20	3	60
5. 40% Zuschlag für Gänge, Stiegenhäuser usw.	—	—	—	—	—	—	—	20	—	60	—	—	20	—	60
Summa B 4	—	—	—	—	—	—	—	70	—	210	—	—	70	—	210

5. Landzentrale 2 ohne Mechaniker.

	Pers	F.einz	F.ganz	RH	RI	Pers	F.einz	F.ganz	RH	RI	Pers	F.einz	F.ganz	RH	RI
1. Amt	—	—	10	3	30	—	—	10	3	30	—	—	10	3	30
2. Stromlieferungsanlage	—	—	5	3	15	—	—	5	3	15	—	—	5	3	15
3. 40% Zuschlag für Gänge, Stiegenhäuser usw.	—	—	6	—	18	—	—	6	—	18	—	—	6	—	18
Summa B 5	—	—	21	—	63	—	—	21	—	63	—	—	21	—	63

| | a) Anfangszustand | | | | | b) Endausbau | | | | | | | | | |
| | | | | | | e) mit normaler Gesprächsziffer | | | | | e'') mit doppelter Gesprächsziffer | | | | |
	Personenzahl	Flächeninhalt im einzelnen in m²	Flächeninhalt im ganzen in m²	Raumhöhe in m	Rauminhalt in m³	Personenzahl	Flächeninhalt im einzelnen in m²	Flächeninhalt im ganzen in m²	Raumhöhe in m	Rauminhalt in m³	Personenzahl	Flächeninhalt im einzelnen in m²	Flächeninhalt im ganzen in m²	Raumhöhe in m	Rauminhalt in m³

6. Landzentrale 3.

1. Amt mit Stromlieferungsanlage	—	—	6	3	18	—	—	6	3	18	—	—	6	3	18
2. 40% Zuschlag für Gänge, Stiegenhäuser usw.	—	—	3	—	9	—	—	3	—	9	—	—	3	—	9
Summa B6	—	—	9	—	27	—	—	9	—	27	—	—	9	—	27

C. SA-Netzgruppensystem.
1. Hauptamt.

1. SA-Amt	—	—	77	3	231	—	—	164	3	492	—	—	187	3	562
2. Fernamt	—	—	66	4	264	—	—	115	4	460	—	—	192	4	768
3. Stromlieferungsanlage	—	—	72	3	216	—	—	125	3	375	—	—	140	3	420
4. Aufsicht	2	—	15	4	60	5	—	30	4	120	10	—	60	4	240
5. Kleiderablage	11	10+ 11·0,5	16	4	64	37	10+ 37·0,5	30	4	120	72	10+ 72·0,5	50	4	200
6. Werkstätte	5	10	50	3	150	14	10	140	3	420	18	10	180	3	540
7. Raum für Oberwerkmeister	1	15	15	3	45	1	15	15	3	45	1	15	15	3	45
8. 40% Zuschlag für Gänge, Stiegenhäuser usw.	—	—	125	—	400	—	—	250	—	800	—	—	330	—	1100
Summa C1	—	—	436	—	1430	—	—	869	—	2832	—	—	1154	—	3875

2. V₁-Amt mit Mechaniker.

1. Amt	—	—	13	3	39	—	—	30	3	90	—	—	30	3	90
2. Stromlieferungsanlage	—	—	10	2	20	—	—	12	2	24	—	—	30	2	60
3. Werkstätte	—	—	15	3	45	—	—	15	3	45	—	—	15	3	45
4. Autogarage	—	—	20	3	60	—	—	20	3	60	—	—	20	3	60
5. 40% Zuschlag für Gänge, Stiegenhäuser usw.	—	—	22	—	66	—	—	30	—	90	—	—	36	—	108
Summa C2	—	—	80	—	230	—	—	107	—	309	—	—	131	—	363

3. V₁-Amt ohne Mechaniker.

1. Amt	—	—	13	3	39	—	—	—	—	—	—	—	—	—	—
2. Stromlieferungsanlage	—	—	10	2	20	—	—	—	—	—	—	—	—	—	—
3. 40% Zuschlag für Gänge, Stiegenhäuser usw.	—	—	9	—	27	—	—	—	—	—	—	—	—	—	—
Summa C3	—	—	32	—	86	—	—	—	—	—	—	—	—	—	—

4. V₂-Amt mit Mechaniker.

1. Amt	—	—	—	—	—	—	—	12	3	36	—	—	13	3	39
2. Stromlieferungsanlage	—	—	—	—	—	—	—	6	3	18	—	—	8	3	24
3. Werkstätte	—	—	—	—	—	—	—	15	3	45	—	—	15	3	45
4. Autogarage	—	—	—	—	—	—	—	20	3	60	—	—	20	3	60
5. 40% Zuschlag für Gänge, Stiegenhäuser usw.	—	—	—	—	—	—	—	20	—	60	—	—	24	—	72
Summe C4	—	—	—	—	—	—	—	73	—	219	—	—	80	—	240

5. V₂-Amt ohne Mechaniker.

1. Amt	—	—	8	3	24	—	—	12	3	36	—	—	13	3	39
2. Stromlieferungsanlage	—	—	4	3	12	—	—	6	3	18	—	—	8	3	24
3. 40% Zuschlag für Gänge, Stiegenhäuser usw.	—	—	5	—	15	—	—	8	—	24	—	—	8	—	24
Summe C5	—	—	17	—	51	—	—	26	—	78	—	—	29	—	87

6. Gruppenanlage Gv10/n.

1. Amt mit / 2. Stromlieferungsanlage	—	—	7	3	21	—	—	7	3	21	—	—	7	3	21
3. 40% Zuschlag für Gänge, Stiegenhäuser usw.	—	—	3	—	9	—	—	3	—	9	—	—	3	—	9
Summe C0	—	—	10	—	30	—	—	10	—	30	—	—	10	—	30

Zusammenstellung des Flächen- und Raumbedarfes für die Umschalteinrichtungen einer Mittelwertsnetzgruppe.

| | a) Anfangszustand | | | b) Endausbau | | | | | |
| | | | | e) mit normaler Gesprächsziffer | | | e'') mit doppelter Gesprächsziffer | | |
	Zahl der Ämter	Flächeninhalt in m²	Rauminhalt in m³	Zahl der Ämter	Flächeninhalt in m²	Rauminhalt in m³	Zahl der Ämter	Flächeninhalt in m²	Rauminhalt in m³
A. Im Handbetriebssystem.									
1. Hauptamt	1	374	1 471	1	791	3 112	1	1 367	5 390
2. LZ_1 mit Mechaniker	2	72	288	7	469	1 764	7	532	2 051
3. LZ_1 ohne ,,	5	80	320	--	—	—	—	—	—
4. LZ_2 mit ,,	—	—	—	—	—	—	1	52	202
5. LZ_2 ohne ,,	9	144	549	9	189	702	8	248	944
6. LZ_3	4	20	68	4	20	68	4	20	68
7. Werkstätten und Magazine für das leitungstechnische Personal	—	150	450	—	300	900	—	300	900
Summe A	—	840	3 146	—	1 769	6 546	—	2 519	9 555
B. Im Überweisungssystem.									
1. Hauptamt	1	553	1 840	1	1 076	3 707	1	1 618	5 554
2. LZ_1 mit Mechaniker	3	219	639	7	714	2 072	7	714	2 072
3. LZ_1 ohne ,,	4	96	264	--	—	—	--	—	—
4. LZ_2 mit ,,	—	—	—	1	70	210	3	210	630
5. LZ_2 ohne ,,	9	189	567	8	168	504	6	126	378
6. LZ_3	4	36	108	4	36	108	4	36	108
7. Werkstätten und Magazine für das leitungstechnische Personal	—	150	450	—	300	900	—	300	900
Summe B	—	1 243	3 868	—	2 364	7 501	—	3 004	9 642
C. Im SA-Netzgruppensystem.									
1. Hauptamt	1	436	1 430	1	869	2 832	1	1 154	3 875
2. V_1A mit Mechaniker	3	240	690	7	749	2 163	7	917	2 541
3. V_1A ohne ,,	4	128	344	—	—	—	—	—	—
4. V_2A mit ,,	—	—	—	1	73	219	4	320	960
5. V_2A ohne ,,	9	153	459	8	208	624	5	145	435
6. $Gv10/n$	4	40	120	4	40	120	4	40	120
7. Werkstätten und Magazine für das leitungstechnische Personal	—	150	450	—	300	900	—	300	900
Summe C	—	1 147	3 493	—	2 239	6 858	—	2 876	8 831

Entwicklung des Anteiles der Grundbesitzfläche von Postdienstgebäuden für die Umschalteeinrichtungen und Nebenräume einer Mittelwertsnetzgruppe.

| a) Anfangszustand | | b) Endausbau | | | |
| | | e) mit normaler Gesprächsziffer | | e'') mit doppelter Gesprächsziffer | |
Flächeninhalt in m²	Rauminhalt in m³	Flächeninhalt in m²	Rauminhalt in m³	Flächen inhalt in m²	Rauminhalt in m³
A. Im Handbetriebssystem.					
rund 1 680		rund 3 540		rund 5 040	
B. Im Überweisungssystem.					
Verdoppelung der oben errechneten Bodenflächen rund ... 2 480		rund 4 720		rund 6 000	
C. Im SA-Netzgruppensystem.					
rund 2 300		rund 4 480		rund 5 750	

Rauminhalt für die Beheizung der Räume einer Mittelwertsnetzgruppe.

a) Anfangszustand		b) Endausbau	
	Rauminhalt in m³	e) mit normaler Gesprächsziffer — Rauminhalt in m³	e″) mit doppelter Gesprächsziffer — Rauminhalt in m³

A. Im Handbetriebssystem.

Abzüge für unbeheizte Räume

A.	a	e	e″			
	75	156	234			
	400	880	1 600			
	—	56	56	3 146	6 546	9 555
	280	504	595	— 1 003	— 2 036	— 3 033
	—	54	54	2 143	4 510	6 522
	153	216	324			
	20	20	20			
	75	150	150			
	1 003	2 036	3 033			

B. Im Überweisungssystem.

B.						
	264	345	357			
	480	900	1 380			
	72	140	140			
	180	420	420	3 868	7 501	9 642
	441	609	609	— 1 845	— 2 897	— 3 389
	135	135	135	2 023	4 604	6 253
	162	162	162			
	36	36	36			
	75	150	150			
	1 845	2 897	3 389			

C. Im SA-Netzgruppensystem.

C.						
	216	375	420			
	400	800	1 100			
	140	168	420			
	180	420	420	3 493	6 858	8 831
	462	630	756	— 1 806	— 3 056	— 3 899
	135	135	135	1 687	3 802	4 932
	—	180	300			
	162	162	162			
	36	36	36			
	75	150	150			
	1 806	3 056	3 899			

Berechnung der jährl. Brennstunden einer Lampe bei 24, 21, 14,7 12,9 und 6 Stunden Dienstzeit.

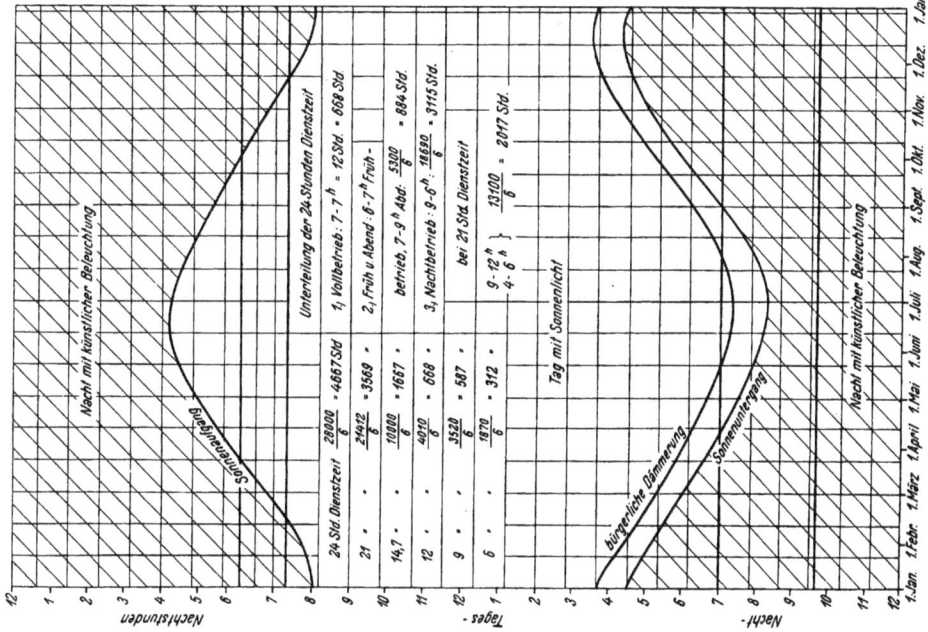

Zusammenstellung des Raumbedarfes und der Beleuchtungskosten für die Umschalteinrichtungen einer Mittelwertsnetzgruppe.

A. Im Handbetriebssystem
B. Im Überweisungssystem
C. Im S.A-Netzgruppensystem

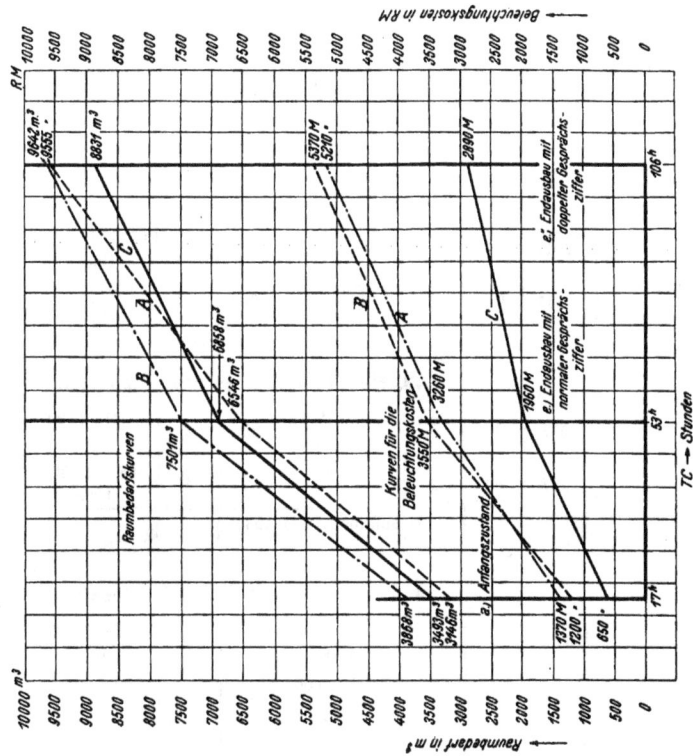

Berechnung der Beleuchtungskosten für die von Hand bedienten Umschalteeinrichtungen einer Mittelwertsgruppe.

A. Handbetriebssytem (21 Std. Dienstzeit).

	Zahl der Brennstunden	Kerzenstärke der Lampen	a) Anfangszustand		b) Endausbau e) mit normaler Gesprächsziffer		b) Endausbau e'') mit doppelter Gesprächsziffer	
			Zahl der Lampen	kWh	Zahl der Lampen	kWh	Zahl der Lampen	kWh

1. Ortsamt (21 Std. Dienstzeit).

	Zahl der Brennstunden	Kerzenstärke	Zahl Lampen	kWh	Zahl Lampen	kWh	Zahl Lampen	kWh
Vollbetrieb	668	25	10	$\frac{668 \cdot 10 \cdot 25}{1000} = 170$	33	$\frac{33 \cdot 668 \cdot 25}{1000} = 560$	63	$\frac{63 \cdot 668 \cdot 25}{1000} = 1065$
	668	100	2	$\frac{2 \cdot 668 \cdot 100}{1000} = 134$	4	$\frac{4 \cdot 668 \cdot 100}{1000} = 268$	8	$\frac{8 \cdot 668 \cdot 100}{1000} = 534$
Früh- und Abendbetrieb	884	25	5	$\frac{5 \cdot 884 \cdot 25}{1000} = 110$	16	$\frac{16 \cdot 884 \cdot 25}{1000} = 354$	31	$\frac{31 \cdot 884 \cdot 25}{1000} = 684$
	884	100	1	$\frac{1 \cdot 884 \cdot 100}{1000} = 89$	2	$\frac{2 \cdot 884 \cdot 100}{1000} = 177$	4	$\frac{4 \cdot 884 \cdot 100}{1000} = 354$
Nachtbetrieb	2017	25	3	$\frac{3 \cdot 2017 \cdot 25}{1000} = 151$	8	$\frac{8 \cdot 2017 \cdot 25}{1000} = 402$	16	$\frac{16 \cdot 2017 \cdot 25}{1000} = 804$
	2017	100	1	$\frac{1 \cdot 2017 \cdot 100}{1000} = 202$	1	$\frac{1 \cdot 2017 \cdot 100}{1000} = 202$	1	$\frac{1 \cdot 2017 \cdot 100}{1000} = 202$

2. Fernamt (21 Std. Dienstzeit).

	Zahl der Brennstunden	Kerzenstärke	Zahl Lampen	kWh	Zahl Lampen	kWh	Zahl Lampen	kWh
Vollbetrieb wie beim Überweisungssystem	—	—	—	216	—	700	—	1290
	—	—	—	200	—	400	—	534
Früh- und Abendbetrieb wie beim Überweisgs.-system	—	—	—	133	—	464	—	746
	—	—	—	89	—	265	—	353
Nachtbetrieb	2017	25	3	$\frac{3 \cdot 2017 \cdot 25}{1000} = 151$	13	$\frac{13 \cdot 2017 \cdot 25}{1000} = 650$	18	$\frac{18 \cdot 2017 \cdot 25}{1000} = 900$
	2017	100	1	$\frac{1 \cdot 2017 \cdot 100}{1000} = 202$	2	$\frac{2 \cdot 2017 \cdot 100}{1000} = 403$	2	$\frac{2 \cdot 2017 \cdot 100}{1000} = 403$

3. Hauptverteiler (9 Std. Dienstzeit).

	Zahl der Brennstunden	Kerzenstärke	Zahl Lampen	kWh	Zahl Lampen	kWh	Zahl Lampen	kWh
	587	25	2	$\frac{587 \cdot 2 \cdot 25}{1000} = 29$	2	$\frac{587 \cdot 2 \cdot 25}{1000} = 29$	2	$\frac{587 \cdot 2 \cdot 25}{1000} = 29$
	587	50	2	$\frac{587 \cdot 2 \cdot 50}{1000} = 59$	4	$\frac{587 \cdot 4 \cdot 50}{1000} = 118$	4	$\frac{587 \cdot 4 \cdot 50}{1000} = 118$
				Summe A 1—3): 1935	—	4992	—	8016

4. Landzentrale 1 (12 Std. Dienstzeit).

	Zahl der Brennstunden	Kerzenstärke	Zahl Lampen	kWh	Zahl Lampen	kWh	Zahl Lampen	kWh
	668	25	1	$\frac{668 \cdot 1 \cdot 25}{1000} = 17$	5	$\frac{668 \cdot 5 \cdot 25}{1000} = 85$	7	$\frac{668 \cdot 7 \cdot 25}{1000} = 119$
	668	50	1	$\frac{668 \cdot 1 \cdot 50}{1000} = 34$	2	$\frac{668 \cdot 2 \cdot 50}{1000} = 68$	3	$\frac{668 \cdot 3 \cdot 50}{1000} = 102$
				Summe: 51	—	153	—	221
7 Landzentr. LZ 1 . . .	—	—	—	7 · 51 = 357	—	7 · 153 = 1071	—	7 · 221 = 1547

Zahl der Brennstunden	Kerzenstärke der Lampen	a) Anfangszustand		b) Endausbau			
				e) mit normaler Gesprächsziffer		e'') mit doppelter Gesprächsziffer	
		Zahl der Lampen	kWh	Zahl der Lampen	kWh	Zahl der Lampen	Whk

5. Landzentrale 2 (9 Std. Dienstzeit).

Zahl der Brennstunden	Kerzenstärke	Zahl der Lampen	kWh	Zahl der Lampen	kWh	Zahl der Lampen	Whk
587	25	1	$\frac{587 \cdot 25 \cdot 1}{1000} = 15$	1	$\frac{587 \cdot 25 \cdot 1}{1000} = 15$	4	$\frac{587 \cdot 4 \cdot 25}{1000} = 59$
587	50	1	$\frac{587 \cdot 50 \cdot 1}{1000} = 29$	1	$\frac{587 \cdot 50 \cdot 1}{1000} = 29$	1	$\frac{587 \cdot 1 \cdot 50}{1000} = 29$

9 Landzentr. LZ 2 . . .

				Summe: 44	—	44	88
—	—	—	$9 \cdot 44 = 396$		$9 \cdot 44 = 396$		$9 \cdot 88 = 793$

6. Landzentrale 3 (6 Std. Dienstzeit).

Zahl der Brennstunden	Kerzenstärke	Zahl der Lampen	kWh	Zahl der Lampen	kWh	Zahl der Lampen	Whk
312	1	1	$\frac{312 \cdot 1 \cdot 50}{1000} = 16$	1	$\frac{312 \cdot 1 \cdot 50}{1000} = 16$	1	$\frac{312 \cdot 1 \cdot 50}{1000} = 16$

4 Landzentr. LZ 3 . . .

—	—	—	$4 \cdot 16 = 64$	—	$4 \cdot 16 = 64$	—	$4 \cdot 16 = 64$

Zusammenstellung.

			a)		e)		e'')
Hauptamt mit Fernamt u. H V	—	—	—	1935	—	4992	—	8016
Landzentr. 1 .	—	—	—	357	—	1071	—	1547
Landzentr. 2 .	—	—	—	396	—	396	—	793
Landzentr. 3 .	—	—	—	64	—	64	—	64
Summe A:	—	—	—	2752	—	6523	—	10 420
Beleuchtungskosten	Preis f. 1 kWh = 0,50 M.			$2752 \cdot 0,50 = 1376$ M.	—	$6533 \cdot 0,50 = 3262$ M.	—	$\frac{10420 \cdot 0,50}{} = 5210$ M.
				Gesamtkosten a) rd. 1370 M.	—	e) rd. 3260 M.	—	e'') rd. 5210 M.

B. Überweisungssystem (24 Std. Dienstzeit).

1. Überweisungsamt.

	Zahl der Brennstunden	Kerzenstärke	Zahl der Lampen	kWh	Zahl der Lampen	kWh	Zahl der Lampen	Whk
Vollbetrieb 7—7 Uhr	668	25	8	$\frac{668 \cdot 8 \cdot 25}{1000} = 134$	25	$\frac{25 \cdot 668 \cdot 25}{1000} = 418$	46	$\frac{46 \cdot 668 \cdot 25}{1000} = 768$
	668	100	2	$\frac{668 \cdot 2 \cdot 100}{1000} = 134$	4	$\frac{4 \cdot 668 \cdot 100}{1000} = 268$	6	$\frac{6 \cdot 668 \cdot 100}{1000} = 400$
Früh- und Abendbetrieb	884	25	4	$\frac{884 \cdot 4 \cdot 25}{1000} = 89$	12	$\frac{12 \cdot 884 \cdot 25}{1000} = 268$	23	$\frac{23 \cdot 884 \cdot 25}{1000} = 510$
	884	100	1	$\frac{884 \cdot 1 \cdot 100}{1000} = 89$	2	$\frac{2 \cdot 884 \cdot 100}{1000} = 177$	3	$\frac{3 \cdot 884 \cdot 100}{1000} = 265$
Nachtbetrieb 9—6 Uhr	3115	25	2	$\frac{2 \cdot 3115 \cdot 25}{1000} = 156$	6	$\frac{6 \cdot 3115 \cdot 25}{1000} = 467$	11	$\frac{11 \cdot 3115 \cdot 25}{1000} = 860$
	3115	100	1	$\frac{1 \cdot 3115 \cdot 100}{1000} = 311$	1	$\frac{1 \cdot 3115 \cdot 100}{1000} = 100$	2	$\frac{2 \cdot 3115 \cdot 100}{1000} = 623$

	Zahl der Brenn-stunden	Kerzen-stärke der Lampen	a) Anfangszustand		b) Endausbau: e) mit normaler Gesprächsziffer		b) Endausbau: e'') mit doppelter Gesprächsziffer	
			Zahl der Lampen	kWh	Zahl der Lampen	kWh	Zahl der Lampen	kWh
2. Fernamt.								
Vollbetrieb	668	25	13	$\frac{13 \cdot 668 \cdot 25}{1000} = 216$	42	$\frac{42 \cdot 668 \cdot 25}{1000} = 700$	77	$\frac{77 \cdot 668 \cdot 25}{1000} = 1290$
	668	100	3	$\frac{3 \cdot 668 \cdot 100}{1000} = 200$	6	$\frac{6 \cdot 668 \cdot 100}{1000} = 400$	8	$\frac{8 \cdot 668 \cdot 100}{1000} = 534$
Früh- und Abend-betrieb	884	25	6	$\frac{6 \cdot 884 \cdot 25}{1000} = 133$	21	$\frac{21 \cdot 884 \cdot 25}{1000} = 464$	34	$\frac{34 \cdot 884 \cdot 25}{1000} = 746$
	884	100	1	$\frac{1 \cdot 884 \cdot 100}{1000} = 89$	3	$\frac{3 \cdot 884 \cdot 100}{1000} = 265$	4	$\frac{4 \cdot 884 \cdot 100}{1000} = 353$
Nacht-betrieb	3115	25	3	$\frac{3 \cdot 3115 \cdot 25}{1000} = 234$	13	$\frac{13 \cdot 3115 \cdot 25}{1000} = 1012$	19	$\frac{19 \cdot 3115 \cdot 25}{1000} = 1480$
	3115	100	1	$\frac{1 \cdot 3115 \cdot 100}{1000} = 312$	2	$\frac{2 \cdot 3115 \cdot 100}{1000} = 624$	2	$\frac{2 \cdot 3115 \cdot 100}{1000} = 624$
				Summe B 1—2): 2097		5374		8453
Beleuchtungs-kosten	Preis f. 1 kWh = 0,50 M.		2097·0,50 = 1049 M.		5374·0,50 = 2687 M.		8453·0,50 = 4227 M.	
Hierzu: Beleuchtungskosten für den automatischen Teil des Überweisungs-systems.			1650·0,15 = 150 M.		5700·0,15 = 855 M.		5700·0,20 = 1140 M.	
			Gesamtkosten a) = 1199 M.		e) = 3542 M.		e'') = 5367 M.	
			rd. 1200 M.		3550 M.		5370 M.	

C. *SA*-Netzgruppensystem.

Als mittlere Brennstundenzahl kommen für das Netzgruppenfernamt 1667 Stunden in Anrechnung bei einer durchschnittlichen Dienstzeit von 14,7 Stunden.

	Zahl der Brennstunden	Kerzenstärke der Lampen	a) Zahl der Lampen	a) kWh	e) Zahl der Lampen	e) kWh	e'') Zahl der Lampen	e'') kWh
Fernamt	1667	25	12	$\frac{12 \cdot 1667 \cdot 25}{1000} = 500$	33	$\frac{33 \cdot 1667 \cdot 25}{1000} = 1376$	56	$\frac{56 \cdot 1667 \cdot 25}{1000} = 2334$
	1667	100	3	$\frac{3 \cdot 1667 \cdot 100}{1000} = 500$	5	$\frac{5 \cdot 1667 \cdot 100}{1000} = 834$	7	$\frac{7 \cdot 1667 \cdot 100}{1000} = 1167$
				Summe C): 1000		2210		3501
Beleuchtungs-Kosten	Preis f. 1 kWh = 0,50 M.		1000 · 0,50 = 500 M.		2210 · 0,50 = 1105 M.		3501 · 0,50 = 1750 M.	
Hiezu: Beleuchtungskosten f. den automatischen Teil der *SA*-Netzgruppe mit 0,15 M. pro Anschluß und Jahr für jedes angeschlossene Anruforgan . . .			1650 · 0,15 = 150 M.		5700 · 0,15 = 855 M.		5700 · 0,20 = 1140 M.	
			Gesamtkosten a) = 650 M.		e) = 1960 M.		e'') = 2890 M.	

Berechnung der Kosten für Mobiliar und Werkzeug für eine Mittelwertsnetzgruppe.

Vortrag	a) Anfangszustand			b) Endausbau e) mit norm. Gesprächsziff.			e'') mit doppelt. Gesprächsziff.		
	Zahl der Einheiten	Einheitskosten RM.	Herstellungskosten RM.	Zahl der Einheiten	Einheitskosten RM.	Herstellungskosten RM.	Zahl der Einheiten	Einheitskosten RM.	Herstellungskosten RM.

A. Handbetriebssystem.

1. Drehstühle f. d. Arbeitsplätze d. Haupt- und Fernämter	22			73			130		
LZ 1	7			21			35		
LZ 2	9			18			27		
LZ 3	4			4			4		
Summe	42	40	1680	116	40	4 640	196	40	7 840
2. Büroeinrichtung für das Aufsichtspersonal, bestehend aus									
1 Schreibtisch . . . . 70 M.									
2 Stühlen . . . . 22 ,,									
1 Kleiderschrank . . . 53 ,,									
1 Waschtisch . . . . 33 ,,									
1 Aktenhund . . . . 22 ,,									
Summe 200 M.	1	200	200	2	200	400	3	200	600
3. Garderobeschränke	48	15	720	168	15	2 520	336	15	5 040
4. Werkbänke für die Mechaniker	5	300	1500	16	300	4 800	20	300	6 000
5. Drehbänke für die Mechaniker	3	1000	3000	8	1000	8 000	10	1000	10 000
6. Materialschränke	2	250	500	3	250	750	4	250	1 000
7. Büroeinrichtung für die Oberwerkmeister	1	200	200	2	200	400	3	200	600
Summe A.			7800			21 510			31 080

B. Überweisungssystem.

1. Drehstühle f. d. Überweisungs- und Fernamt	20	40	800	61	40	2 440	115	40	4 600
2. Büroeinrichtung für das Aufsichtspersonal	1	200	200	2	200	400	3	200	600
3. Garderobeschränke	38	15	570	124	15	1 860	248	15	3 720
4. Werkbänke für die Mechaniker	9	300	2700	26	300	7 800	33	300	9 900
5. Drehbänke für die Mechaniker	4	1000	4000	13	1000	13 000	16	1000	16 000
6. Materialschränke	3	250	750	9	250	2 250	11	250	2 750
7. Büroeinrichtungen für die Oberwerkmeister	3	200	600	9	200	1 800	11	200	2 200
Summe B.			9620			29 550			39 770

C. SA-Netzgruppensystem.

1. Drehstühle	9	40	360	28	40	1 120	52	40	2 080
2. Büroeinrichtung für das Aufsichtspersonal	1	200	200	2	200	400	3	200	600
3. Garderobeschränke	12	15	180	41	15	615	82	15	1 230
4. Werkbänke für die Mechaniker	9	300	2700	28	300	8 400	34	300	10 200
5. Drehbänke	4	1000	4000	13	1000	13 000	16	1000	16 000
6. Materialschränke	3	250	750	9	250	2 250	11	250	2 750
7. Büroeinrichtungen für die Mechaniker	3	200	600	9	200	1 800	11	200	2 200
Summe C.			8790			27 585			35 060

XII.
Berechnung des Verwaltungszuschlages für den Kostenvergleich einer Mittelwertsnetzgruppe.

Ausgaben für das telegraphentechnische Personal in Bayern.
(Stand vom 1. November 1925.)

a) Planmäßige Beamte:

1. A XIII: 3 Ministerialräte
            1 Abteilungsdirektor

                                    4 à 10 429 =   41 716 RM.

2. A XII: 22 Oberposträte
          , 3 Oberpostdirektoren

                               25 à 8 073 =   201 825 RM.

3. A XI: 2 Posträte
           1 Telegraphendirektor

                               3 à 7 257 =   21 771 RM.

4. A X: 3 Telegraphendirektoren
         1 techn. Ministerialamtmann
      20   »   Postamtmänner

                               24 à 6 346 =   152 304 RM.

5. A IX: 20 techn. Obertelegrapheninspektoren

                                        à 5 957 =   101 140 RM.

6. A VIII: 23   »   Telegrapheninspektoren

                                        à 4 554 =   104 742 RM.

7. A VII: 14   »   Obertelegraphensekretäre
         103 Telegraphen-Oberwerkmeister
         83 Telegraphen-Oberbauführer

                             200 à 4 079 =   815 800 RM.

8. A VI: 129 Telegraphenwerkmeister
        78 Telegraphen-Bauführer

                             207 à 3 362 =   695 934 RM.

9. A V: 111 Telegraphen-Werkführer
       200 Telegraphenassistenten

                             311 à 2 883 =   896 613 RM.

10. A IV: 28 Telegraphen-Betriebsassistenten
        348 Telegraphen-Oberleitungsaufseher

                             376 à 2 579 =   969 704 RM.

11. A III: 443 Telegraphen-Leitungsaufseher

                                   à 2 315 = 1 025 545 RM.

                                  Summe a) 5 027 094 RM.

b) Außerplanmäßige Beamte:

12.	3 Postassessoren	à 4923 =	14 769 RM.
13.	⌀ tech. Telegraphenpraktikanten	à 2844 =	— RM.
14.	180 Telegraphenmechaniker	à 2010 =	361 800 RM.

Summe b):   376 569 RM.

Hiezu Summe a): 5 027 094 RM.

Gesamtaufwand: 5 403 663 RM.

rund 1800 Personen à 3000 RM.

Bemerkung: Die Ministerialzulagen und die Stelle des Präsidenten der OPD Landshut sind nicht berücksichtigt, dagegen sind die Stellen der 7 Tel.-Betriebsreferenten und der 3 Vorstände der Betriebsämter mit aufgenommen.

Hiezu noch 10% für die Zentralverwaltung und für die zentralen Ämter . . . .   540 000 RM.

Gesamtsumme: 5 943 663 RM.

XIII. Der Kostenvergleich für die verschiedenen

I. Die Ausgaben einer

Vortrag	Baustufen: a) Anfangs-zustand, e) Endausbau, e'') Endausbau m. d. GZ.	A. Nach dem reinen Handbetriebssystem mit beschränkter Dienstzeit, mit OB-Apparaten in den Landzentralen und ZB-Apparaten im Hauptamt			
		Zahl der Einheiten	Einmalige Ausgaben		Jährl. Ausgaben
			Einheits-kosten RM.	Herstellungs-kosten RM.	Abschrbgs.-Quote ohne Gehalt usw.	Gesamt-Ausgaben RM.
A. Das Leitungsnetz für den Vororts- und Bezirksverkehr, dessen einmalige Herstellungskosten und jährliche Unterhaltungskosten. (Siehe Anhang II. Abschnitt.)						
I. Für den Vorortsverkehr . . . . . . (Siehe Anhang S. 32, 34, 35 u. 36.)	a	543,4 km	333,0	181 443,60	64,5	35 019,40
	e	1786 km	301,0	537 635,20	37,0	66 625,60
	e''	3247 km	249,2	808 934,40	21,9	84 927,40
II. für den Bezirksverkehr . . . . . . Siehe Anhang S. 32, 34, 35 u. 36.)	a	500 km	237,0	118 539,20	46,0	23 008,80
	e	1000 km	447,0	447 542,40	39,7	39 656,40
	e''	2000 km	294,3	588 608,00	24,8	49 500,50
Summe 1	a	—	—	299 982,80	—	58 028,20
	e	—	—	985 177,60	—	106 282,00
	e''	—	—	1 397 542,40	—	134 427,90
B. Teilnehmeranschlüsse, deren Herstellung und Unterhaltung.						
I. Sprechstelleneinrichtungen einschl. Sicherungskästchen:						
1. Nach dem OB-System . . . . . . (Siehe Anhang S. 39 u. Abhandl. I. Teil Abschnitt B I.)	a	772 App.	180	138 960	34	26 248
	e	2 690 ,,	180	484 200	34	91 460
	e''	2 690 ,,	180	484 200	34	91 460
2. nach dem ZB-System . . . . . . (Siehe Anhang S. 39 u. Abhandl. I. Teil Abschnitt B I.)	a	875 ,,	160	140 000	27	23 625
	e	3 000 ,,	160	480 000	27	81 000
	e''	3 000 ,,	160	480 000	27	81 000
3. nach dem SA-System . . . . . . (Siehe Anhang S. 39 u. Abhandl. I. Teil Abschnitt B I.)	a	—	—	—	—	—
	e	—	—	—	—	—
	e''	—	—	—	—	—
II. Teilnehmeranschlußleitungen und zwar:						
a) oberirdisch verlegt . . . . . . (Siehe Anhang S. 46 u. Abhandl. I. Teil Abschnitt B II.)	a	1 700 km	267	453 900	39	66 300
	e	5 900 ,,	267	1 575 300	39	230 100
	e''	5 900 ,,	267	1 575 300	39	230 100
b) unterirdisch verlegt . . . . . . (Siehe Anhang S. 40 u. 43 und Abhandl. I. Teil Abschnitt B II.)	a	1 500 ,,	123	184 500	10	15 000
	e	5 000 ,,	123	615 000	10	50 000
	e''	5 000 ,,	123	615 000	10	50 000
Summe 2	a	—	—	917 360	—	131 173
	e	—	—	3 154 500	—	452 560
	e''	—	—	3 154 500	—	452 560

Systeme einer Mittelwertsnetzgruppe.

Mittelwertsnetzgruppe.

	B. und C. Nach dem vollautomatischen Schleifensystem mit ununterbrochener Dienstzeit								
	B. mit handbetrieblicher Fern- und Nebenstellenvermittlung sowie fernmäßiger Abwicklung des gesamten Fernsprechverkehrs				C. mit vollautomatischem Nah- und Nebenstellenverkehr, Zeit- und Zonenzähleinrichtung und Wechselstromfernwählung				
Zahl der Einheiten	Einmalige Ausgaben		Jährl. Ausgaben		Zahl der Einheiten	Einmalige Ausgaben		Jährl. Ausgaben	
	Einheits-kosten RM.	Herstellungs-kosten RM.	Abschrbgs.-Quote ohne Gehalt usw.	Gesamt-Ausgaben RM.		Einheits-kosten RM.	Herstellungs-kosten RM.	Abschrbgs.-Quote ohne Gehalt usw.	Gesamt-Ausgaben RM.
994,0 km	306,4	304 554,0	57,4	57 084,4	1303,2 km	231,2	302 316,8	44,6	58 060,0
2220,2 km	360,2	799 688,8	37,8	83 929,6	2696,6 km	294,4	793 673,2	32,1	86 342,8
3572,0 km	278	993 265,6	29,4	105 281,4	3999,8 km	232,2	928 765,6	25,8	103 330,6
500 km	244,7	122 345,6	46,9	23 445,6	500 km	226,4	113 172,8	43,6	21 823,2
1000 km	443,2	443 299,2	39,4	39 468,8	1000 km	425	425 078,4	37,5	37 534,4
2000 km	303,6	607 328,0	25,3	50 652,8	2000 km	291,6	583 366,4	24,4	48 780,8
—	—	426 899,6	—	80 530,0	—	—	415 489,6	—	79 883,2
...	...	1 242 988,0	—	123 398,4	—	—	1 218 751,6	—	123 877,2
—	—	1 600 593,6	—	155 934,2	...	—	1 512 132,0	—	152 111,4
—	—	—	—	—	—	—	—	—	—
—	—	—	—	—	—	—	—	—	—
—	—	—	—	—	—	—	—	—	—
—	—	—	—	—	—	—	—	—	—
—	—	—	—	—	—	—	—	—	—
—	—	—	—	—	—	—	—	—	—
1647	180	296 460	30	49 410	1647 km	180	296 460	30	49 410
5690	180	1 024 200	30	170 700	5690 ,,	180	1 024 200	30	170 700
5690	180	1 024 200	30	170 700	5690 ,,	180	1 024 000	30	170 700
—	—	453 900	—	66 300	—	—	453 900	—	66 300
—	—	1 575 300	—	230 100	—	—	1 575 300	—	230 100
—	—	1 575 300	—	230 100	—	—	1 575 300	—	230 100
—	—	184 500	—	15 000	—	—	184 500	—	15 000
—	—	615 000	—	50 000	—	—	615 000	—	50 000
—	—	615 000	—	50 000	—	—	615 000	—	50 000
—	—	934 860	—	130 710	—	—	934 860	—	130 710
—	—	3 214 500	—	450 800	—	—	3 214 500	—	450 800
—	—	3 214 500	—	450 800	—	—	3 214 500	—	450 800

Vortrag	Baustufen: a) Anfangszustand, e) Endausbau, e'') Endausbau m. d. GZ.	A. Nach dem reinen Handbetriebssystem mit beschränkter Dienstzeit, mit *OB*-Apparaten in den Landzentralen und *ZB*-Apparaten im Hauptamt				
			Einmalige Ausgaben		Jährl. Ausgaben	
		Zahl der Einheiten	Einheitskosten RM.	Herstellungskosten RM.	Abschrbgs.-Quote ohne Gehalt usw.	Gesamt-Ausgaben RM.
C. Umschalteeinrichtungen. [1] Hiezu Sachkosten siehe Abhandlung I. Teil Abschnitt C IV.						
I. Die von Hand bedienten Einrichtungen.						
a) Das Ortsamt mit den Fernvermittlungs-, Überweisungs- und Ortsschränken . . (Siehe Anhang S. 69.)	a	—	—	68 800	13 % [1]	10 483,0
	e	—	—	**226 500**	13 % [1]	**34 305,0**
	e''	—	—	322 000	13 % [1]	47 044,0
b) Das Überweisungsamt mit den F.V.- und Ü.-Schränken . . . . (Siehe Anhang S. 73.)	a	—	—	—	—	—
	e	—	—	—	—	—
	e''	—	—	—	—	—
c) Die Landzentralen *LZ*1, *LZ*2 und *LZ*3 . (Siehe Anhang S. 70.)	a	770	35	27 040	13 % [1]	5 055,0
	e	**2700**	**37**	**100 120**	13 % [1]	**18 416,0**
	e''	2700	58	155 980	13 % [1]	25 678,0
d) Das im Hauptamte untergebrachte Fernamt (Siehe Anhang S. 71, 73 u. 76.)	a	4	12 000	48 000	13 % [1]	6 321,0
	e	**13**	**9 000**	**117 000**	13 % [1]	**15 372,0**
	e''	24	8 400	201 600	13 % [1]	26 532,0
II. Die automatischen Umschalteeinrichtungen						
1. Im Hauptamte . . . . (Siehe Anhang S. 74 u. 76.)	a	—	—	—	—	—
	e	—	—	—	—	—
	e''	—	—	—	—	—
2. In den Landzentralen bzw. Verbundämtern (Siehe Anhang S. 75 u. 79.)	a	—	—	—	—	—
	e	—	—	—	—	—
	e''	—	—	—	—	—
Summe 3	a	—	—	143 840	—	21 859,0
	e	—	—	**443 620**	—	**68 093,0**
	e''	—	—	679 580	—	99 254,0
D. Stromlieferungsanlagen.						
I. Die Maschinenanlagen. [1] (12 % Verzinsung und Tilgung + jährl. Stromkosten siehe Abhandlung I. Teil Abschn. D.)						
1. Im Hauptamte . . . . (Siehe Anhang S. 99.)	a	—	—	7 300	—	1 056,5 [1]
	e	—	—	**11 100**	—	**2 029,5 [1]**
	e''	—	—	12 600	—	2 967,0 [1]
2. In den Landzentralen bzw. Verbundämtern (Siehe Anhang S. 99.)	a	7+9+4=20	—	—	—	528,0 [1]
	e	—	—	**14 000**	—	**2 118,0 [1]**
	e''	—	—	14 000	—	2 554,0 [1]
II. Die Sammlerbatterien. [1] (15 % Verzinsung u. Tilgung siehe Abh. I. Teil Abschn. D).						
1. Im Hauptamte . . . . (Siehe Anhang S. 99.)	a	—	—	2 800	—	420,0 [2]
	e	—	—	**7 000**	—	**1 050,0 [2]**
	e''	—	—	13 000	—	1 950,0 [2]
2. In den Landzentralen bzw. Verbundämtern (Siehe Anhang S. 99.)	a	7+9+4=20	—	—	—	844,8 [2]
	e	—	—	**7 300**	—	**1 095,0 [2]**
	e''	—	—	7 800	—	1 170,0 [2]
Summe 4	a	—	—	10 100	—	2 849,3
	e	—	—	**39 400**	—	**6 292,5**
	e''	—	—	47 400	—	8 641,0

B und C. Nach dem vollautomatischen Schleifensystem mit ununterbrochener Dienstzeit									
B. mit handbetrieblicher Fern- und Nebenstellenvermittlung sowie fernmäßiger Abwicklung des gesamten Fernsprechverkehrs					C. mit vollautomatischem Nah- und Nebenstellenverkehr, Zeit- und Zonenzähleinrichtung und Wechselstromfernwählung				
Zahl der Einheiten	Einmalige Ausgaben		Jährl. Ausgaben		Zahl der Einheiten	Einmalige Ausgaben		Jährl. Ausgaben	
	Einheitskosten RM.	Herstellungskosten RM.	Abschrbgs.-Quote ohne Gehalt usw.	Gesamt-Ausgaben RM.		Einheitskosten RM.	Herstellungskosten RM.	Abschrbgs.-Quote ohne Gehalt usw.	Gesamt-Ausgaben RM.

Nebenrechnung:

$$\left\{\begin{array}{l} 0,13 \cdot 68\,800 + 900 \cdot 1,5 + 36 \cdot 3 + 27 \cdot 3 \,\text{M.} = 8\,944 + 1350 + 108 + 81 = 10\,483 \,\text{M.} \\ 0,13 \cdot 226\,500 + 3000 \cdot 1,5 + 66 \cdot 3 + 54 \cdot 3 \,\text{M.} = 29\,445 + 4500 + 198 + 162 = 34\,305 \,\text{M.} \\ 0,13 \cdot 322\,000 + 3000 \cdot 1,5 + 120 \cdot 3 + 108 \cdot 3 \,\text{M.} = 41\,860 + 4500 + 360 + 324 = 47\,044 \,\text{M.} \end{array}\right\}$$

Nebenrechnung:

					$\left\{\begin{array}{l} 0,13 \cdot 42\,200 + 50 \cdot 3 + 27 \cdot 3 = 5486 + 231 = 5717 \,\text{M.} \\ 0,13 \cdot 145\,800 + 110 \cdot 3 + 54 \cdot 3 = 18\,954 + 492 = 19\,446 \,\text{M.} \\ 0,13 \cdot 212\,600 + 178 \cdot 3 + 108 \cdot 3 = 27\,638 + 858 = 28\,496 \,\text{M.} \end{array}\right\}$				
—	—	42 200	13 %[1]	5 717,0					
—	—	145 800	13 %[1]	19 446,0					
—	—	212 600	13 %[1]	28 496,0					
—	—	—	—	—	—	—	—	—	—
—	—	—	—	—	—	—	—	—	—
—	—	—	—	—	—	—	—	—	—
4,5 Schr.	11 200	50 400	13 %[1]	6 333,0	3 Schr.	12 300	36 900	13 %[1]	4 848,0
13 Schr.	9 100	118 300	13 %[1]	15 541,0	9 Schr.	9 000	81 000	13 %[1]	10 632,0
24 Schr.	8 500	204 200	13 %[1]	26 870,0	16 Schr.	8 200	131 200	13 %[1]	17 260,0
900	161	145 000	12 %[1]	17 724,0	900	222	200 000	12 %[1]	24 480,0
3000	148	445 000	12 %[1]	54 444,0	3000	207	620 000	12 %[1]	75 870,0
3000	173	520 000	12 %[1]	63 624,0	3000	263,5	790 000	12 %[1]	96 660,0
772	260	201 500	12 %[1]	24 576,0	772	326	252 000	12 %[1]	30 634,0
2690	163	440 000	12 %[1]	53 814,0	2690	225	605 000	12 %[1]	74 100,0
2690	200	538 000	12 %[1]	66 012,0	2690	265	714 000	12 %[1]	87 288,0
—	—	439 100	—	54 350,0	—	—	488 900	—	59 962,0
—	—	1 149 100	—	143 245,0	—	—	1 306 000	—	160 602,0
—	—	1 474 800	—	185 002,0	—	—	1 635 200	—	201 208,0
—	—	11 800	—	2 082,0[1]	—	—	13 300	—	2 582,0[1]
—	—	16 500	—	4 014,0[1]	—	—	17 000	—	5 942,0[1]
—	—	20 400	—	6 534,5[1]	—	—	23 900	—	10 690,5[1]
7+9+4=20	—	11 900	—	2 254,0[1]	7+9+4=20	—	12 200	—	2 729,0[1]
—	—	15 000	—	3 563,0[1]	—	—	16 300	—	5 248,0[1]
—	—	28 000	—	6 830,0[1]	—	—	37 200	—	11 048,0[1]
—	—	7 900	—	1 185,0[2]	—	—	12 000	—	1 800,0[2]
—	—	20 300	—	3 045,0[2]	—	—	37 000	—	5 550,0[2]
—	—	39 200	—	5 880,0[2]	—	—	68 000	—	10,200,0[2]
7+9+4=20	—	15 000	—	2 250,0[2]	7+9+4=20	—	15 000	—	2 250,0[2]
—	—	25 900	—	3 885,0[2]	—	—	36 000	—	5 400,0[2]
—	—	41 600	—	6 240,0[2]	—	—	59 000	—	8 850,0[2]
—	—	46 600	—	7 771,0	—	—	52 500	—	9 361,0
—	—	77 700	—	14 507,0	—	—	106 300	—	22 140,0
—	—	129 200	—	25 484,5	—	—	188 100	—	40 788,5

13*

Vortrag	Baustufen: a) Anfangszustand, e) Endausbau, e') Endausbau m. d. GZ.	A. Nach dem reinen Handbetriebssystem mit beschränkter Dienstzeit, mit *OB*-Apparaten in den Landzentralen und *ZB*-Apparaten im Hauptamt			
		Zahl der Einheiten	Einmalige Ausgaben		Jährl. Ausgaben	
			Einheitskosten RM.	Herstellungskosten RM.	Abschrbgs.-Quote ohne Gehalt usw.	Gesamt-Ausgaben RM.
E. Der Personalbedarf in den Umschaltestellen sowie die fernmäßige Behandlung von Vorortsgesprächen.						
I. Das weibliche Umschaltepersonal . .	a	48,51	2 100	—	—	rd. 102 000
(Siehe Anhang S. 105 u. 106.)	e	168,03	2 100	—	—	rd. 353 000
	e″	336,26	2 100	—	—	rd. 706 000
II. Das Mechanikerpersonal	a	5,42	2 600	—	—	14 092
(Siehe Anhang S. 110 u. 111.)	e	16,25	2 600	—	—	42 250
	e″	20,24	2 600	—	—	52 524
III. Die Kosten der fernmäßigen Behandlung von Vorortsgesprächen	a	266 000	50	—	—	13 300
	e	735 000	50	—	—	36 750
(S. Anh. S. 114 u. Abhandl. I. Teil Abschn. E III.)	e″	1 700 000	50	—	—	85 000
Summe 5	a	—	—	—	—	129 392
	e	—	—	—	—	432 000
	e″	—	—	—	—	843 524
F. Baugrund- und Gebäudeanteil sowie die bewegliche Habe.						
I. Gebäudeanteil	a	3 150 cbm	40	126 000	10 %[1])	13 545
	e	6 550 cbm	40	262 000	10 %[1])	28 165
(Siehe Anhang S. 119.)	e″	9 560 cbm	40	382 400	10 %[1])	41 108
[1]) Hiezu Unterhaltungsquote von 0,30 M. pro cbm Gebäuderaum.						
II. Baugrundanteil	a	1 680 qm	15	25 200	10 %	2 520
	e	3 540 qm	15	53 100	10 %	5 310
(Siehe Anhang S. 119.)	e″	5 040 qm	15	75 600	10 %	7 560
III. Beheizung der Diensträume. . . .	a	2 140 cbm	—	—	0,5	1 070
	e	4 510 cbm	—	—	0,5	2 255
(Siehe Anhang S. 120.)	e″	6 520 cbm	—	—	0,5	3 260
IV. Beleuchtung der Diensträume . . .	a	—	—	—	—	1 370
	e	—	—	—	—	3 260
(Siehe Anhang S. 123 u. 124.)	e″	—	—	—	—	5 210
V. Reinigung der Diensträume	a	840 qm	—	—	0,25	210
	e	1 770 qm	—	—	0,25	443
(Siehe Anhang S. 119.)	e″	2 520 qm	—	—	0,25	630
VI. Mobiliar und Werkzeuge	a	—	—	7 800	15 %	1 170
	e	—	—	21 510	15 %	3 230
(Siehe Anhang S. 125.)	e″	—	—	31 080	15 %	4 660
VII. Automobile zur Störungsbehebung . .	a	—	—	—	—	—
	e	—	—	—	—	—
(Siehe Abhandlung I. Teil Abschnitt F VII.)	e″	—	—	—	—	—
Summe 6	a	—	—	159 000	—	19 885
	e	—	—	336 610	—	42 663
	e″	—	—	489 080	—	62 428

B. und C. Nach dem vollautomatischen Schleifensystem mit ununterbrochener Dienstzeit									
B. mit handbetrieblicher Fern- und Nebenstellenvermittlung sowie fernmäßiger Abwicklung des gesamten Fernsprechverkehrs					C. mit vollautomatischem Nah- und Nebenstellenverkehr, Zeit und Zonenzähleinrichtung und Wechselstromfernwählung				
Zahl der Einheiten	Einmalige Ausgaben		Jährl. Ausgaben		Zahl der Einheiten	Einmalige Ausgaben		Jährl. Ausgaben	
	Einheitskosten RM.	Herstellungskosten RM.	Abschrbgs.-Quote ohne Gehalt usw.	Gesamt-Ausgaben RM.		Einheitskosten RM.	Herstellungskosten RM.	Abschrbgs.-Quote ohne Gehalt usw.	Gesamt-Ausgaben RM.
37,84	2 100	—	—	rd. 79 400	12,45	2 100	—	—	rd. 26 400
124,10	2 100	—	—	rd. 261 000	41,04	2 100	—	—	rd. 86 100
248,20	2 100	—	—	rd. 522 000	82,08	2 100	—	—	rd. 172 000
8,89	2 600	—	—	23 114	9,37	2 600	—	—	24 362
25,61	2 600	—	—	66 586	28,38	2 600	—	—	73 788
32,97	2 600	—	—	85 722	34,22	2 600	—	—	88 972
300 000	50	—	—	15 000	—	—	—	—	—
883 000	50	—	—	44 150	—	—	—	—	—
1 920 000	50	—	—	96 000	—	—	—	—	—
—	—	—	—	117 514	—	—	—	—	50 762
—	—	—	—	371 736	—	—	—	—	159 888
—	—	—	—	703 722	—	—	—	—	260 972
3 870 cbm	40	154 800	10 %[1]	16 641	3 490 cbm	40	139 600	10 %[1]	15 007
7 500 cbm	40	300 000	10 %[1]	32 250	6 860 cbm	40	274 400	10 %[1]	29 498
9 640 cbm	40	385 600	10 %[1]	41 452	8 830 cbm	40	353 200	10 %[1]	37 969
2 480 qm	15	37 200	10 %	3 720	2 300 qm	15	34 500	10 %	3 450
4 720 qm	15	70 800	10 %	7 080	4 480 qm	15	67 200	10 %	6 720
6 000 qm	15	90 000	10 %	9 000	5 750 qm	15	86 250	10 %	8 625
2 020 cbm	—	—	0,5	1 010	1 690 cbm	—	—	0,5	845
4 600 cbm	—	—	0,5	2 300	3 800 cbm	—	—	0,5	1 900
6 250 cbm	—	—	0,5	3 125	4 930 cbm	—	—	0,5	2 465
—	—	—	—	1 200	—	—	—	—	650
—	—	—	—	3 550	—	—	—	—	1 960
—	—	—	—	5 370	-	—	—	—	2 890
1 240 qm	—	—	0,25	310	1 150 qm	—	—	0,25	288
2 360 qm	—	—	0,25	590	2 240 qm	—	—	0,25	560
3 000 qm	—	—	0,25	750	2 880 qm	—	—	0,25	720
—	—	9 620	15 %	1 440	—	—	8 790	15 %	1 320
—	—	29 550	15 %	4 430	—	—	27 585	15 %	4 140
—	—	39 770	15 %	5 970	—	—	35 060	15 %	5 260
3	5 500	16 500	2 600	7 800	3	5 500	16 500	2 600	7 800
8	5 500	44 000	2 600	20 800	10	5 500	55 000	2 600	26 000
11	5 500	60 500	2 600	28 600	12	5 500	66 000	2 600	31 200
—	—	218 120	—	32 121	—	—	199 390	—	29 360
—	—	444 350	—	71 000	—	—	424 185	—	70 778
—	—	575 870	—	94 267	—	—	540 510	—	89 129

Vortrag	Baustufen: a) Anfangszustand, e) Endausbau, e'') Endausbau m. d. GZ.	A. Nach dem reinen Handbetriebssystem mit beschränkter Dienstzeit, mit OB-Apparaten in den Landzentralen und ZB-Apparaten im Hauptamt				
		Zahl der Einheiten	Einmalige Ausgaben		Jährl. Ausgaben	
			Einheitskosten RM.	Herstellungskosten RM.	Abschrbgs.-Quote ohne Gehalt usw.	Gesamt-Ausgaben RM.
G. Sonstiges und zur Abrundung.						
1. Der Pensionsanteil des Bedienungs- und Pflegepersonals . . . . (Siehe Abhandlung I. Teil Abschnitt G I.)	a	—	—	—	10%	11 610
	e	—	—	—	10%	39 500
	e''	—	—	—	10%	75 850
2. Die Ausgaben für das techn. Personal im inneren Verwaltungsdienste u. für die Zentralverwaltung (Siehe Abhandlung I. Teil Abschnitt G II.)	a	—	—	—	—	80 000
	e	—	—	—	—	160 000
	e''	—	—	—	—	180 000
3. Die sächlichen Ausgaben für den inneren Verwaltungsdienst . . . . (Siehe Abhandlung I. Teil Abschnitt G II.)	a	—	—	—	—	20 000
	e	—	—	—	—	40 000
	e''	—	—	—	—	50 000
4. Zur Abrundung sämtlicher Ausgaben . . .	a	—	—	9 717,2	—	5 203,5
	e	—	—	5 692,4	—	2 609,5
	e''	—	—	6 897,6	—	3 315,1
Summe 7	a	—	—	9 717,2	—	116 813,5
	e	—	—	5 692,4	—	242 109,5
	e''	—	—	6 897,6	—	309 165,1

I. Zusammenstellung der gesamten

Summe 1	a	—	—	299 982,8	—	58 028,2
	e	—	—	985 177,6	—	106 282,0
	e''	—	—	1 397 542,4	—	134 427,9
Summe 2	a	—	—	917 360	—	131 173
	e	—	—	3 154 500	—	452 560
	e''	—	—	3 154 500	—	452 560
Summe 3	a	—	—	143 840	—	21 859
	e	—	—	443 620	—	68 093
	e''	—	—	679 580	—	99 254
Summe 4	a	—	—	10 100	—	2 849,3
	e	—	—	39 400	—	6 292,5
	e''	—	—	47 400	—	8 641
Summe 5	a	—	—	—	—	129 392
	e	—	—	—	—	432 000
	e''	—	—	—	—	843 524
Summe 6	a	—	—	159 000	—	19 885
	e	—	—	336 610	—	42 663
	e''	—	—	489 080	—	62 428
Summe 7	a	—	—	9 717,2	—	116 813,5
	e	—	—	5 692,4	—	242 109,5
	e''	—	—	6 897,6	—	309 165,1
Gesamtsumme der Ausgaben	a	—	—	1 540 000	—	480 000
	e	—	—	4 965 000	—	1 350 000
	e''	—	—	5 775 000	—	1 910 000

B. und C. Nach dem vollautomatischen Schleifensystem mit ununterbrochener Dienstzeit									
B. mit handbetrieblicher Fern- und Nebenstellenvermittlung sowie fernmäßiger Abwicklung des gesamten Fernsprechverkehrs					C. mit vollautomatischem Nah- und Nebenstellenverkehr, Zeit- und Zonenzähleinrichtung und Wechselstromfernwählung				
Zahl der Einheiten	Einmalige Ausgaben		Jährl. Ausgaben		Zahl der Einheiten	Einmalige Ausgaben		Jährl. Ausgaben	
	Einheits-kosten RM.	Herstellungs-kosten RM.	Abschrbgs.-Quote ohne Gehalt usw.	Gesamt-Ausgaben RM.		Einheits-kosten RM.	Herstellungs-kosten RM.	Abschrbgs.-Quote ohne Gehalt usw.	Gesamt-Ausgaben RM.
—	—	—	—	10 250	—	—	—	—	5 080
—	—	—	—	32 760	—	—	—	—	16 000
—	—	—	—	60 770	—	—	—	—	26 100
—	—	—	—	80 000	—	—	—	—	80 000
—	—	—	—	160 000	—	—	—	—	160 000
—	—	—	—	180 000	—	—	—	—	180 000
—	—	—	—	20 000	—	—	—	—	20 000
—	—	—	—	40 000	—	—	—	—	40 000
—	—	—	—	50 000	—	—	—	—	50 000
—	—	4 412,4	—	2 754,0	—	—	8 860,4	—	4 881,8
—	—	6 362,0	—	2 553,6	—	—	5 263,4	—	5 914,8
—	—	5 036,4	—	4 020,3	—	—	9 558,0	—	3 891,1
—	—	4 412,4	—	113 004,0	—	—	8 860,4	—	109 961,8
—	—	6 362,0	—	235 313,6	—	—	5 263,4	—	221 914,8
—	—	5 036,4	—	294 790,3	—	—	9 558,0	—	259 991,1

Ausgaben einer Mittelwertsnetzgruppe.

—	—	426 899,6	—	80 530,0	—	—	415 489,6	—	79 883,2
—	—	1 242 988,0	—	123 398,4	—	—	1 218 751,6	—	123 877,2
—	—	1 600 593,6	—	155 934,2	—	—	1 512 132,0	—	152 111,4
—	—	934 860	—	130 710	—	—	934 860	—	130 710
—	—	3 214 500	—	450 800	—	—	3 214 500	—	450 800
—	—	3 214 500	—	450 800	—	—	3 214 500	—	450 800
—	—	439 100	—	54 350	—	—	488 900	—	59 962
—	—	1 149 100	—	143 245	—	—	1 306 000	—	160 602
—	—	1 474 800	—	185 002	—	—	1 635 200	—	201 208
—	—	46 600	—	7 771,0	—	—	52 500	—	9 361
—	—	77 700	—	14 507,0	—	—	106 300	—	22 140
—	—	129 200	—	25 484,5	—	—	188 100	—	40 788,5
—	—	—	—	117 514	—	—	—	—	50 762
—	—	—	—	371 736	—	—	—	—	159 888
—	—	—	—	703 722	—	—	—	—	260 972
—	—	218 128	—	32 121	—	—	199 390	—	29 360
—	—	444 350	—	71 000	—	—	424 185	—	70 778
—	—	575 870	—	94 267	—	—	540 510	—	89 129
—	—	4 412,4	—	113 004,0	—	—	8 860,4	—	109 961,8
—	—	6 362,0	—	235 313,6	—	—	5 263,4	—	221 914,8
—	—	5 036,4	—	294 790,3	—	—	9 558,0	—	259 991,1
—	—	2 070 000	—	536 000	—	—	2 100 000	—	470 000
—	—	6 135 000	—	1 410 000	—	—	6 275 000	—	1 210 000
—	—	7 000 000	—	1 910 000	—	—	7 100 000	—	1 455 000

Vortrag	Baustufen: a) Antangszustand, e) Endausbau, e′′) Endausbau m.d. GZ.	A. Nach dem reinen Handbetriebssystem mit beschränkter Dienstzeit, mit *OB*-Apparaten in den Landzentralen und *ZB*-Apparaten im Hauptamt				
		Zahl der Einheiten	Einmalige Ausgaben		Jährl. Ausgaben	
			Einheitskosten RM.	Herstellungskosten RM.	Abschrbgs.-Quote ohne Gehalt usw.	Gesamt-Ausgaben RM.

II. Die Mehreinnahmen durch die Ein-

Vortrag						
1. Im Ortsverkehr	a	—	—	—	—	—
(Siehe Anhang S. 140 u. Abhandlung III. Teil	e	—	—	—	—	—
Abschnitt A.)	e′′	—	—	—	—	—
2. Im Vorortsverkehr	a	—	—	—	—	—
(Siehe Anhang S. 140 u. Abhandlung III. Teil	e	—	—	—	—	—
Abschnitt A.)	e′′	—	—	—	—	—
Summe II.	a	—	—	—	—	—
	e	—	—	—	—	—
	e′′	—	—	—	—	—

III. Der Wirtschaftsvergleich der 3 Systeme als das Ergebnis

Vortrag						
1. Die Gesamtausgaben	a	—	—	—	—	480 000
	e	—	—	—	—	**1 350 000**
	e′′	—	—	—	—	1 910 000
2. Die Mehreinnahmen	a	—	—	—	—	—
	e	—	—	—	—	—
	e′′	—	—	—	—	—
Der Abgleich und die Wertigkeit der 3 Systeme	a	—	—	—	—	480 000
	e	—	—	—	—	**1 350 000**
	e′′	—	—	—	—	1 910 000

Zahl der Einheiten	Einmalige Ausgaben		Jährl. Ausgaben		Zahl der Einheiten	Einmalige Ausgaben		Jährl. Ausgaben	
	Einheits-kosten RM.	Herstellungs-kosten RM.	Abschrbgs.-Quote ohne Gehalt usw.	Gesamt-Ausgaben RM.		Einheits-kosten RM.	Herstellungs-kosten RM.	Abschrbgs.-Quote ohne Gehalt usw.	Gesamt-Ausgaben RM.

B. und C. Nach dem vollautomatischen Schleifensystem mit ununterbrochener Dienstzeit

B. mit handbetrieblicher Fern- und Nebenstellenvermittlung sowie fernmäßiger Abwicklung des gesamten Fernsprechverkehrs

C. mit vollautomatischem Nah- und Nebenstellenverkehr, Zeit- und Zonenzähleinrichtung und Wechselstromfernwählung

führung der unbeschränkten Dienstzeit.

Zahl der Einheiten	Einheitskosten RM.	Herstellungskosten RM.	Abschrbgs.-Quote ohne Gehalt usw.	Gesamt-Ausgaben RM.	Zahl der Einheiten	Einheitskosten RM.	Herstellungskosten RM.	Abschrbgs.-Quote ohne Gehalt usw.	Gesamt-Ausgaben RM.
26 000	0,15	—	—	3 900	26 000	0,15	—	—	3 900
140 000	0,15	—	—	21 000	140 000	0,15	—	—	21 000
280 000	0,15	—	—	42 000	280 000	0,15	—	—	42 000
32 000	0,40	—	—	12 800	32 000	0,40	—	—	12 800
100 000	0,40	—	—	40 000	100 000	0,40	—	—	40 000
200 000	0,40	—	—	80 000	200 000	0,40	—	—	80 000
—	—	—	—	16 700	—	—	—	—	16 700
—	—	—	—	61 000	—	—	—	—	61 000
—	—	—	—	122 000	—	—	—	—	122 000

der durch die Mehreinnahmen gekürzten jährlichen Ausgaben.

Zahl der Einheiten	Einheitskosten RM.	Herstellungskosten RM.	Abschrbgs.-Quote ohne Gehalt usw.	Gesamt-Ausgaben RM.	Zahl der Einheiten	Einheitskosten RM.	Herstellungskosten RM.	Abschrbgs.-Quote ohne Gehalt usw.	Gesamt-Ausgaben RM.
—	—	—	—	536 000	—	—	—	—	470 000
—	—	—	—	1 410 000	—	—	—	—	1 210 000
—	—	—	—	1 910 000	—	—	—	—	1 455 000
—	—	—	—	16 700	—	—	—	—	16 700
—	—	—	—	61 000	—	—	—	—	61 000
—	—	—	—	122 000	—	—	—	—	122 000
—	—	—	—	519 300	—	—	—	—	453 300
—	—	—	—	1 349 000	—	—	—	—	1 149 000
—	—	—	—	1 788 000	—	—	—	—	1 333 000

Die einmaligen Lieferungskosten einer Mittelwertsnetzgruppe.

A. Im Handbetriebssystem   B. Im Überweisungssystem   C. Im SA-Netzgruppensystem

in den 3 Baustufen: a) Anfangszustand, e) Endausbau mit normaler Gesprächsziffer, e') Endausbau mit doppelter Gesprächsziffer.

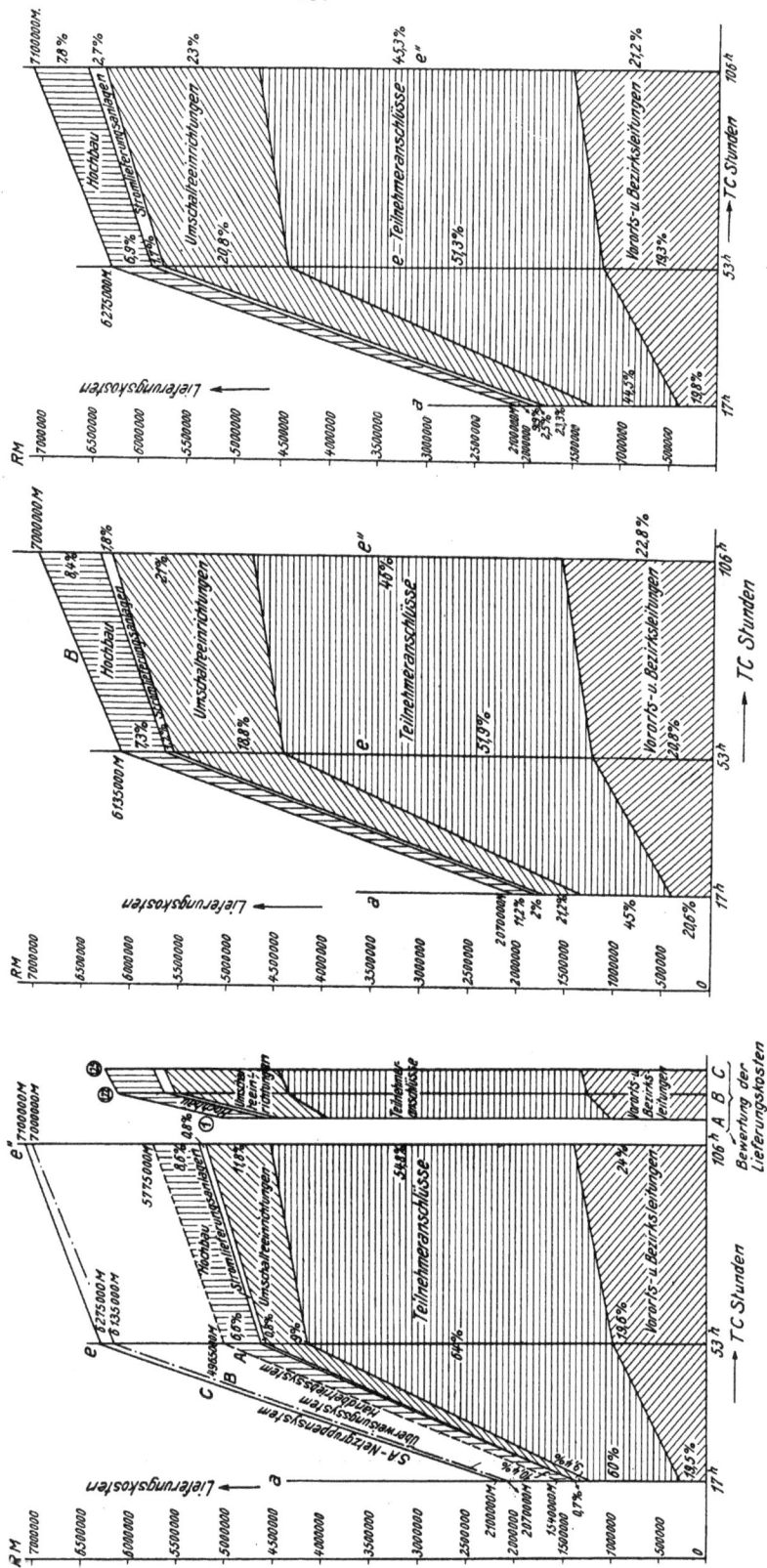

Die jährlichen Kosten einer Mittelwertsnetzgruppe.

A. Im Handbetriebssystem **B. Im Überweisungssystem** **C. Im SA-Netzgruppensystem**

in den 3 Baustufen: a) Anfangszustand, e) Endausbau mit normaler Gesprächsziffer, e′) Endausbau mit doppelter Gesprächsziffer.

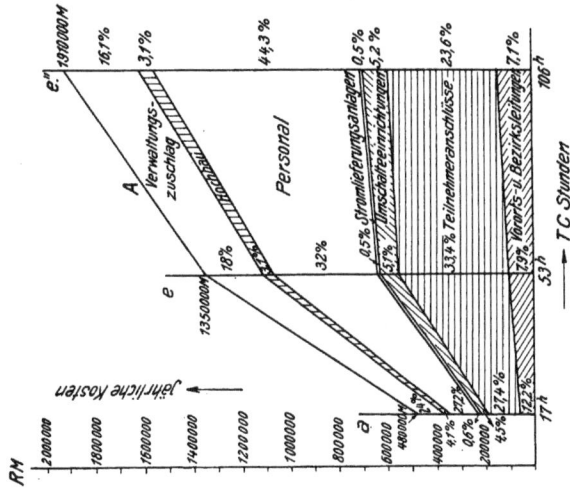

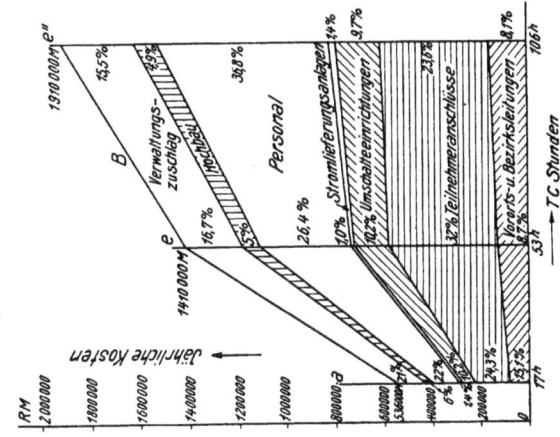

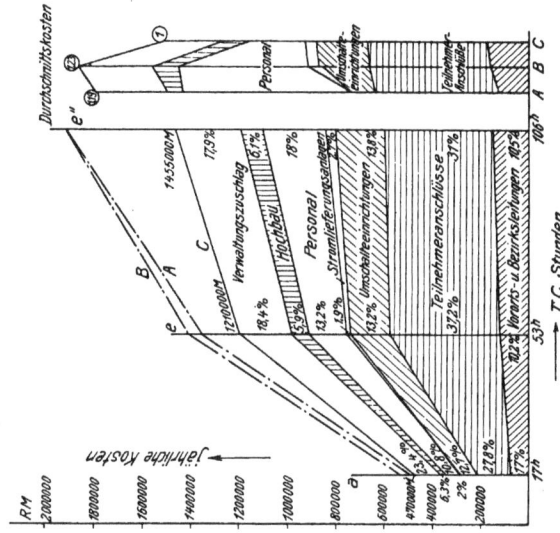

XIV.

Die Wertigkeit der verschiedenen Umschaltesysteme einer Mittelwertsnetzgruppe.

Zusammenstellung

über die jährliche Mehrung an Orts- und Vorortsgesprächen in einer Mittelwertsnetzgruppe beim Übergang vom Handbetriebs- zum vollautomatischen System durch die Einführung einer 24 stündigen Dienstzeit.

Art der Umschaltestellen	Zahl der Ämter	Teilnehmer in jedem Amte	Gesamtzahl der Teilnehmer	Im Ortsverkehr							Im Vorortsverkehr					
				tägl. Gesprächsziffer				Zahl der Gesprächstage im Jahre	Jährl. Mehrung an Gesprächen	tägl. Gesprächsziffer				Zahl der Gesprächstage im Jahre	Jährliche Mehrung an Gesprächen
				bei beschränkter Dienstzeit	bei unbeschränkter Dienstzeit	Mehrung im einzelnen	im ganzen			bei beschränkter Dienstzeit	bei unbeschränkter Dienstzeit	Mehrung im einzelnen	im ganzen		
a) im Anfangszustand der Anlagen.															
1. Im Hauptamte	1	875	875	3,40	3,42	0,02	17,50	—	—	0,36	0,36	0	0	—	—
2. In den LZ_1 oder in den V_1-Ämtern	7	70	490	1,20	1,32	0,12	58,80	—	—	1,05	1,19	0,14	68,60	—	—
3. In den LZ_2 oder in den V_2-Ämtern	9	30	270	0,73	0,86	0,13	35,10	—	—	1,08	1,29	0,21	56,70	—	—
4. In den LZ_3 oder in den $Gv\ 10/n$	4	3	12	0,19	0,27	0,08	0,96	—	—	1,55	2,26	0,71	8,52	—	—
Jahresanfall	—	—	—	—	—	—	112,36	313	35 168,68	—	—	—	133,82	313	41 885,66
e) im Endausbau bei normaler Gesprächsziffer.															
1. Im Hauptamte	1	3000	3000	3,90	3,90	0	0	—	—	0,30	0,30	0	0	—	—
2. In den LZ_1 oder in den V_1-Ämtern	7	250	1750	1,82	2,00	0,18	315,0	—	—	0,91	1,00	0,09	157,5	—	—
3. In den LZ_2 oder in den V_2-Ämtern	9	100	900	1,20	1,50	0,30	270,0	—	—	1,20	1,50	0,30	270,0	—	—
4. In den LZ_3 oder in den $Gv\ 10/n$	4	10	40	0,25	0,50	0,25	10,0	—	—	1,35	2,50	0,15	6,0	—	—
Jahresanfall	—	—	—	—	—	—	595,0	313	186 235,0	—	—	—	433,5	313	135 685,50
e") im Endausbau bei Verdoppelung der Gesprächsziffer.															
1. Im Hauptamte	1	3000	3000	7,80	7,80	0	0	—	—	0,60	0,60	0	0	—	—
2. In den LZ_1 oder in den V_1-Ämtern	7	250	1750	3,60	4,00	0,40	700,0	—	—	1,82	2,00	0,18	315,0	—	—
3. In den LZ_2 oder in den V_2-Ämtern	9	100	900	2,40	3,00	0,60	540,0	—	—	2,40	3,00	0,60	540,0	—	—
4. In den LZ_3 oder in den $Gv\ 10/n$	4	10	40	0,50	1,00	0,50	20,0	—	—	2,70	5,00	0,30	12,0	—	—
Jahresanfall	—	—	—	—	—	—	1260,0	313	394 380,0	—	—	—	867,0	313	271 371,0

Wertigkeit der 3 Umschaltesysteme einer Mittelwertsnetzgruppe.

SA-Netzgruppen-, : Überweisungs-, : Handbetriebssystem $= C : B : A = 1 : 0,81 : 0,79$.

Jährliche Einsparungen

im SA-Netzgruppensystem gegenüber A.): im Anfangszustand a) im Endausbau e)

26 700 RM.   201 000 RM.

in jeder Netzgruppe; daher im Verwaltungsgebiete Bayern:

1 415 100 RM. bei a) und 10 653 000 RM. bei e).

Somit Einsparung pro Teilnehmeranschluß:

16,40 RM. bei a) und 35.30 RM. bei e).

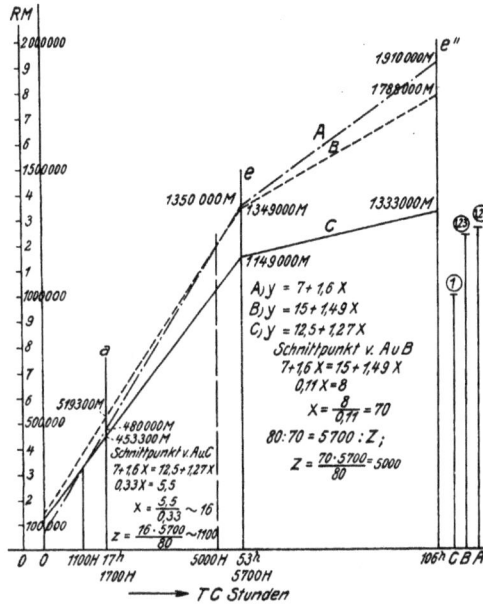

Zahl der Teilnehmer-Hauptanschlüsse in den Netzgruppenanlagen Bayerns am 1. Januar 1925.

Netzgruppen-Mittelpunkt	Hauptamt	V_1-Amt	V_2-Amt	Gv 10/II	Gesamtzahl	Netzgruppen-Mittelpunkt	Hauptamt	V_1-Amt	V_2-Amt	Gv 10/II	Gesamtzahl
1. München	27 472	1321	830	16	28 639	28. Buchloe	78	594	337	18	1027
2. Nürnberg	14 933	1319	793	4	17 049	29. Markt Redwitz	222	715	38	3	978
3. Augsburg	3 648	550	244	11	4 453	30. Traunstein	287	356	319	7	969
4. Würzburg	2 642	839	580	12	4 073	31. Reichenhall	485	440	25	3	953
5. Ludwigshafen	2 038	1868	150	4	4 060	32. Weilheim	185	390	325	10	910
6. Regensburg	1 839	502	182	10	2 533	33. Weiden	300	289	301	19	909
7. Hof	909	1157	166	—	2 332	34. Mühldorf	220	351	315	7	893
8. Neustadt a. H.	1 111	369	751	2	2 233	35. Cham	172	307	373	14	866
9. Bamberg	1 268	434	380	13	2 095	36. Neu-Ulm	276	351	225	6	858
10. Kaiserslautern	1 267	341	282	6	1 896	37. Nördlingen	251	379	181	44	855
11. Aschaffenburg	1 017	382	265	10	1 774	38. Kronach	738	387	147	3	775
12. Landau	951	407	360	4	1 722	39. Memmingen	401	233	112	24	771
13. Bayreuth	754	602	351	—	1 707	40. Pfarrkirchen	96	407	180	25	708
14. Straubing	505	782	358	7	1 697	41. Garmisch	531	155	13	5	704
15. Koburg	965	687	21	—	1 673	42. Zweibrücken	532	30	71	5	638
16. Passau	750	591	288	15	1 644	43. Freising	222	293	96	7	618
17. Kempten	759	483	372	24	1 638	44. Dillingen	109	319	142	32	602
18. Landshut	553	483	511	12	1 559	45. Weissenburg	194	253	115	13	575
19. Pirmasens	1 213	87	146	7	1 453	46. Kirchheim-Bolanden	166	350	26	9	541
20. Schweinfurt	749	330	355	3	1 437	47. Zwiesel	137	188	171	6	502
21. Ingolstadt	420	719	196	48	1 393	48. Kusel	148	71	23	8	450
22. Rosenheim	497	567	223	11	1 298	49. Neustadt a. A.	112	249	51	17	429
23. Kissingen	430	438	345	25	1 238	50. Lohr	121	178	79	22	390
24. Ansbach	406	497	177	7	1 087	51. Beilngries	47	225	95	21	388
25. Schaftlach	42	765	253	15	1 075	52. Rothenburg	185	173	19	10	387
26. Lindau	500	272	302	—	1 074	53. Füssen	140	97	120	4	361
27. Amberg	408	518	115	17	1 058						

Inhaltsverzeichnis zum Anhang.